영양사

완벽마무리를 책임진다!

출제경향을 반영한 핵심이론 | 바로 복습이 가능한 핵심문제 | 적중률 높은 최종마무리 출제예상문제

2교시

식품학 및 조리원리
급식, 위생 및 관계법규

SD에듀
(주)시대고시기획

머리말

한 방송에서 스타강사 김미경 대표의 "꿈의 현장은 미래가 아닌 오늘이었다."라는 강의를 듣고 제 마음에 감동과 깊은 반성이 쓰나미처럼 밀려 왔습니다.

『오늘의 나는 과거에 내가 노력한 삶의 결과물이고, 미래의 나는 오늘 최선을 다하는 나에 의해 만들어진다.』는 깨달음을 얻게 되었습니다. 노력에 대한 성과가 눈으로 보이지 않을 때, 그 어디에서든 핑계를 가져다 댔던 제 자신에게 답이 되었던 것이지요.

수험생 여러분들께서도 가끔 자신이 가야 하는 목표에 대해 무기력해질 때 위의 말을 마음에 되새겨 보세요. 여러분의 목표를 향해 걸어가는 발걸음이 조금 더 가볍지 않을까라는 생각을 합니다. 수험생 여러분 지금껏 잘 해왔습니다. 참 잘하셨습니다. 조금 더 힘을 내시고 좋은 성과 이루어 내시길 하는 바람입니다.

지금 이 글을 쓰고 있는 현실의 저는 과거에 노력한 제 삶에서 바라본 미래였습니다. 과거에서 바라본 미래를 현실에서 만날 수 있도록 지도해주신 명춘옥 교수님, 배영희 교수님, 조성문 교수님, 허남윤 교수님, 오창호 교수님, 염건 교수님 그리고 항상 곁에서 응원해 주시는 멘토 박민영 교수님, 김호경 교수님, 마지막으로 집필에 몰입할 수 있도록 제 아이의 인성과 교육을 지도해주신 박지선 선생님께 진심으로 감사드립니다.

김민정 편저자 올림

시험일정

구 분	일 정	비 고
응시원서접수	• 인터넷 접수 : 2022년 09월경 • 국시원 홈페이지 [원서접수] • 외국대학 졸업자로 응시자격 확인서류를 제출하여야 하는 자는 위의 접수기간 내에 반드시 국시원에 방문하여 서류확인 후 접수 가능함	• 응시수수료 : 90,000원 • 접수시간 : 해당 시험직종 접수 시작일 09:00부터 접수 마감일 18:00까지
시험시행	• 일시 : 2022년 12월경 • 국시원 홈페이지 [시험안내] → [영양사] → [시험장소(필기/실기)]	응시자 준비물 : 응시표, 신분증, 필기도구 지참 ※ 컴퓨터용 흑색 수성사인펜은 지급함
최종합격자 발표	• 2023년 1월경 • 국시원 홈페이지 [합격자조회]	휴대전화번호가 기입된 경우에 한하여 SMS 통보

※ 정확한 시험일정은 시행처에서 확인하시기 바랍니다.

 응시자격

1. 2016년 3월 1일 이후 입학자

다음 내용에 모두 해당하는 자가 응시할 수 있습니다.

➡ 다음의 학과 또는 학부(전공) 중 1가지

① 학과 : 영양학과, 식품영양학과, 영양식품학과

② 학부(전공) : 식품학, 영양학, 식품영양학, 영양식품학

※ 학칙에 의거한 '학과명' 또는 '학부의 전공명'이어야 하며, 위와 명칭이 상이한 경우 반드시 담당자 확인 요망(1544~4244)

➡ 교과목(학점) 이수 : '영양관련 교과목 이수증명서'로 교과목(학점) 확인 가능

① 영양관련 교과목 이수증명서에 따른 18과목 52학점을 전공(필수 또는 선택)과목으로 이수해야 함

② 2016년 3월 1일 이후 영양사 현장실습 교과목 이수 시 80시간 이상(2주 이상), 영양사가 배치된 집단급식소, 의료기관, 보건소 등에서 현장 실습하여야 함

③ 법정과목과 그에 해당하는 유사인정과목은 동일한 과목이므로, 여러 개 이수해도 1개 과목 이수로만 인정(단, 학점은 합산 가능)

시험안내

2. 2010년 5월 23일 이후 ~ 2016년 2월 29일 입학자

다음 내용에 모두 해당하는 자가 응시할 수 있습니다.

➡ 식품학 또는 영양학 전공 : 식품학, 영양학, 식품영양학, 영양식품학 중 1가지
※ 학칙에 의거한 '전공명'이어야 하며, 위와 명칭이 상이한 경우 반드시 담당자 확인 요망(1544-4244)

➡ 교과목(학점) 이수 : '영양관련 교과목 이수증명서'로 교과목(학점) 확인 가능
① 영양관련 교과목 이수증명서에 따른 18과목 52학점을 전공(필수 또는 선택)과목으로 이수해야 함
② 2016년 3월 1일 이후 영양사 현장실습 교과목 이수 시 80시간 이상(2주 이상), 영양사가 배치된 집단급식소, 의료기관, 보건소 등에서 현장 실습하여야 함
③ 법정과목과 그에 해당하는 유사인정과목은 동일한 과목이므로, 여러 개 이수해도 1개 과목 이수로만 인정(단, 학점은 합산 가능)

3. 2010년 5월 23일 이전 입학자

2010년 5월 23일 이전 고등교육법에 따른 학교에 입학한 자로서 종전의 규정에 따라 응시자격을 갖춘 자는 국민영양관리법 제15조 제1항 및 동법 시행규칙 제7조 제1항의 개정규정에도 불구하고 시험에 응시할 수 있습니다. 다음 내용에 해당하는 자가 응시할 수 있습니다.

➡ 식품학 또는 영양학 전공 : 식품학, 영양학, 식품영양학, 영양식품학 중 1가지
※ 학칙에 의거한 '전공명'이어야 하며, 위와 명칭이 상이한 경우 반드시 담당자 확인 요망(1544-4244)

4. 국내대학 졸업자가 아닌 경우

다음 내용의 어느 하나에 해당하는 자가 응시할 수 있습니다.

➡ 외국에서 영양사면허를 받은 사람
➡ 외국의 영양사 양성학교 중 보건복지부장관이 인정하는 학교를 졸업한 사람

5. 다음 내용의 어느 하나에 해당하는 자는 응시할 수 없습니다.

➡ 정신건강복지법 제3조 제1호에 따른 정신질환자. 다만, 전문의가 영양사로서 적합하다고 인정하는 사람은 그러하지 아니하다.
➡ 감염병예방법 제2조 제13호에 따른 감염병환자 중 보건복지부령으로 정하는 사람
➡ 마약 · 대마 또는 향정신성의약품 중독자
➡ 영양사 면허의 취소처분을 받고 그 취소된 날부터 1년이 지나지 아니한 자

응시원서 접수

1. 인터넷 접수 대상자

방문접수 대상자를 제외하고 모두 인터넷 접수만 가능

※ 방문접수 대상자 : 보건복지부장관이 인정하는 외국대학 졸업자 중 국가시험에 처음 응시하는 경우는 응시자격 확인을 위해 방문접수만 가능합니다.

2. 인터넷 접수 준비사항

➡ **회원가입 등**
① 회원가입 : 약관 동의(이용약관, 개인정보 처리지침, 개인정보 제공 및 활용)
② 아이디 / 비밀번호 : 응시원서 수정 및 응시표 출력에 사용
③ 연락처 : 연락처1(휴대전화번호), 연락처2(자택번호), 전자 우편 입력
※ 휴대전화번호는 비밀번호 재발급 시 인증용으로 사용됨

➡ **응시원서 : 국시원 홈페이지 [시험안내 홈] → [원서접수] → [응시원서 접수]에서 직접 입력**
① 실명인증 : 성명과 주민등록번호를 입력하여 실명인증을 시행, 외국국적자는 외국인등록증이나 국내거소신고증상의 등록번호 사용. 금융거래 실적이 없을 경우 실명인증이 불가능함. NICE신용평가정보(1600-1522)에 문의
② 공지사항 확인
※ 원서 접수 내용은 접수 기간 내 홈페이지에서 수정 가능(주민등록번호, 성명 제외)

➡ **사진파일 : jpg 파일(컬러), 276x354픽셀 이상 크기, 해상도는 200dpi 이상**

3. 응시수수료 결제

➡ **결제 방법 : 국시원 홈페이지 [응시원서 작성 완료] → [결제하기] → [응시수수료 결제] → [시험선택] → [온라인계좌이체 / 가상계좌이체 / 신용카드] 중 선택**
➡ **마감 안내 : 인터넷 응시원서 등록 후, 접수 마감일 18:00까지 결제하지 않았을 경우 미접수로 처리**

4. 접수결과 확인

➡ **방법 : 국시원 홈페이지 [시험안내 홈] → [원서접수] → [응시원서 접수결과]**
➡ **영수증 발급 : http://www.tosspayments.com → [결제내역 확인] → [결제방법 선택 조회] → [출력]**

5. 응시원서 기재사항 수정

➜ **방법 : 국시원 홈페이지 [시험안내 홈] → [마이페이지] → [응시원서 수정]**

➜ **기간 : 시험 시작일 하루 전까지만 가능**

➜ **수정 가능 범위**

① 응시원서 접수기간 : 아이디, 성명, 주민등록번호를 제외한 나머지 항목

② 응시원서 접수기간~시험장소 공고 7일 전 : 응시지역

③ 마감~시행 하루 전 : 비밀번호, 주소, 전화번호, 전자 우편, 학과명 등

④ 단, 성명이나 주민등록번호는 개인정보(열람, 정정, 삭제, 처리정지) 요구서와 주민등록초본 또는 기본
증명서, 신분증 사본을 제출하여야만 수정 가능

6. 응시표 출력

➜ **방법 : 국시원 홈페이지 [시험안내 홈] → [응시표 출력]**

➜ **기간 : 시험장 공고일부터 시험 시행일 아침까지 가능**

➜ **기타 : 흑백으로 출력하여도 관계없음**

 시험과목

시험과목 수	문제수	배 점	총 점	문제형식
4	220	1점/1문제	220점	객관식 5지선다형

 시험시간표

구 분	시험과목(문제수)	교시별 문제수	시험형식	입장시간	시험시간
1교시	영양학 및 생화학(60) 영양교육, 식사요법 및 생리학(60)	120	객관식	~ 08:30	09:00 ~ 10:40 (100분)
2교시	식품학 및 조리원리(40) 급식, 위생 및 관계법규(60)	100		~ 11:00	11:10 ~ 12:35 (85분)

※ 식품·영양 관계법규 : 식품위생법, 학교급식법, 국민건강증진법, 국민영양관리법, 농수산물의 원산지 표시에 관한 법률, 식품 등의 표시·광고에 관한 법률과 그 시행령 및 시행규칙

 합격기준

1. 합격자 결정

➔ 합격자 결정은 전 과목 총점의 60% 이상, 매 과목 40% 이상 득점한 자를 합격자로 합니다.

➔ 응시자격이 없는 것으로 확인된 경우에는 합격자 발표 이후에도 합격을 취소합니다.

2. 합격자 발표

➔ 합격자 명단은 다음과 같이 확인할 수 있습니다.

① 국시원 홈페이지 [합격자조회]

② 국시원 모바일 홈페이지

➔ 휴대전화번호가 기입된 경우에 한하여 SMS로 합격여부를 알려드립니다.

※ 휴대전화번호가 010으로 변경되어, 기존 01* 번호를 연결해 놓은 경우 반드시 변경된 010 번호로 입력(기재)하여야 합니다.

 합격률

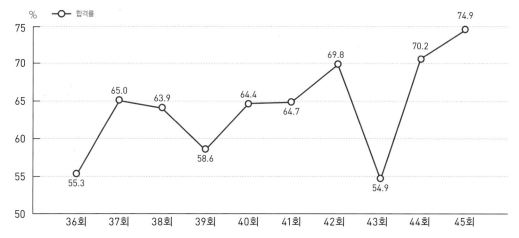

회 차	36	37	38	39	40	41	42	43	44	45
응시자	7,487	7,690	7,250	6,892	6,998	6,888	6,464	6,411	6,633	5,972
합격자	4,139	4,998	4,636	4,041	4,504	4,458	4,509	3,522	4,657	4,472
합격률(%)	55.3	65.0	63.9	58.6	64.4	64.7	69.8	54.9	70.2	74.9

이 책의 구성과 특징

출제경향을 반영한 핵심이론

완벽한 마무리를 위해 군더더기는 싹 빼, 핵심이론만 철저히 준비했습니다.

따로따로가 아닌 하나로, 한 눈에!

각각 공부한 내용, 하지만 비교하면 더 쉽게 이해할 수 있습니다. 빠른 마무리 를 위한 전문가의 연구결과입니다.

☑ 당 류

• 특 성
- 용해성 : 강한 수용성, 온도·농도에 영향을 받음(온도↑ 용해성 증가)
- 단맛의 강도 : 과당 > 자당(설탕) > 포도당 > 맥아당(엿당) > 갈락토오스 > 유당
- 흡습성 : 주위 환경으로부터 수분을 흡수하는 것이며 용해도와 관련이 있음(과당 > 포도당·설탕·유당), 건조한 환 서는 표면이 건조해져 덩어리짐(설탕)
- 조리성 : 음식에 단맛을 부여, 텍스처에 중요한 역할, 캐러멜화되어 향과 색 부여, 당장처리로 보존기간 증가
- 갈색화 반응(비효소적 갈변 반응) : 캐러멜화 반응, 마이야르 반응
• 결정형 캔디와 비결정형 캔디 : 설탕의 결정 유무
- 결정형 캔디 : 결정이 질서정연하게 분포된 캔디(쉽게 깨물 수 있음). 폰당, 퍼지, 누가 등
- 비결정형 캔디 : 당도가 높고 결정형성 방해물질이 많아 끈적거리는 캔디. 캐러멜, 브리틀, 마시멜로 등

☑ 곡 류

• 쌀
- 주 단백질 : glutelin류인 오리제닌(oryzenine)이 약 80% 차지
- 찹쌀 : amylopectin 100%
- 멥쌀 : amylopectin 80% + amylose 20%
- 도정에 따라 영양성분이 다름(현미 > 5분도미 > 7분도미 > 10분도미)
• 밀
- 불용성 단백질 : 글루테닌, 글리아딘
- 가용성 단백질 : 알부민, 글로불린

분 류	세몰리나(semolina)	강력분(strong flour)	중력분(medium flour)	박력분(weak flour)
글루텐 함량	13% 이상	11~13%	10~12%	9% 이하
용도 및 특성	파스타용 (제분공정에서 밀가루를 얻고 남는 단단한 입자)	식빵, 마카로니 (끈기·탄력성 높아 부피·조직이 양호한 제품에 사용)	국수, 만두피 등 다목적용 (제면성, 퍼짐성 우수)	튀김옷, 파이, 케이크 (글루텐 형성이 적고 전 함량이 높아 바삭함)
경 도	듀럼밀 (단백질·회분 함량 多)	경질밀 (단백질 함량 多)	경질밀 + 연질밀	연질밀 (단백질 함량 小)
원 료	카로티노이드 색소 함유	일반밀		

- 첨가물
  ⓐ 지방 : 반죽을 부드럽게 함
  ⓑ 설탕 : 캐러멜화, 흡습성 있어 글루텐 형성 방해
  ⓒ 달걀 : 가열에 의한 단백질 응고로 반죽의 형태를 단단하게 함
  ⓓ 소금 : 글리아딘의 점성·신장성 증가, 망상구조 치밀하게 함(글루텐 강화)
  ⓔ 팽창제 : 가스 발생 → 다공질의 가볍고 부풀게 하는 역할
- 국수 : 국수 중량의 6~7배의 물 → 삶기(물이 끓어오르면 찬물 한 컵 넣음) → 즉시 냉각

01 좋은 쌀의 특징으로 옳은 것은? 2018.12

① 점성이 약한 것
② 길고 가는 것
③ 단단하고 부서지지 않는 것
④ 찹쌀처럼 쌀알에 전부 백색이 생겨야 함
⑤ 쌀알에 반점이 있어야 함

02 당류 가공품 중 결정형 캔디로 옳은 것은?

① 폰 당   ② 캔 디
③ 브리틀   ④ 캐러멜
⑤ 마시멜로

03 쌀의 주 단백질로 옳은 것은? 2018.12

① 제 인   ② 오리제닌
③ 글리아딘   ④ 글루테닌
⑤ 호르데인

04 튀김의 바삭한 질감을 살리기 위한 방법으로 옳은 것은?
2018.12   2021.12

① 듀럼밀을 사용한다.
② 박력분을 사용한다.
③ 5%의 식소다를 첨가한다.
④ 밀가루에 우유를 넣고 많이 치댄다.
⑤ 미지근한 물로 반죽한다.

---

01 좋은 쌀 판별 방법
• 이물질이 없어야 함
• 쌀알이 광택이 나고 맑아야 하며 모양이 균일하며 반점이 없어야 함
• 쌀알에 찹쌀처럼 전부 또는 부분적인 백색이 안 생겨야 함
• 쌀에 금이 간 것이 없고 싸라기나 부러진 쌀이 없어야 함
• 도정일자가 명기되어 있어야 함

에는 폰당, 누가(디비니티), 퍼지, 얼음
있다.

03 ② 쌀의 주 단백질은 glutelin 류인 오리제닌(oryzenine)으로 약 80% 차지하고 있다.
• 보리 : 호르데인(hordein), 글루테린(glutelin)
• 밀 : 글루테닌(glutenin), 글리아딘(gliadin)
• 옥수수 : 제인(zein)

글루텐 형성을 방해
짧게 하여 바삭한 식감

% 이하
가 → 탄산가스 발생과 함
됨

01 ③ 02 ① 03 ② 04 ②

바로 복습이 가능한 핵심문제

핵심이론을 학습 후 바로 문제풀이를 할 수 있어 완벽히 이해를 했는지 확인할 수 있습니다.

기출유사문제로 복습

시험에 출제된 기출문제를 재구성·복원하여 출제경향을 파악할 수 있습니다.

이 책의 구성과 특징

과목별 출제경향에 맞는 문제풀이

식품학 및 조리원리, 급식 · 위생 및 관계법규로 나누어 출제경향에 맞는 문제들만 수록했습니다.

적중률 높은 최종마무리 출제예상문제

핵심이론과 핵심문제 풀이 후에는 출제 가능성이 높은 예상문제로 실력을 다져보세요.

1과목 최종마무리 식품학 및 조리원리

01 식품의 조리방법 중 '데치기'의 주된 목적으로 옳은 것은?

① 식품의 깨끗한 세척
② 영양소를 증가시키기 위해
③ 효소의 불활성화를 시키기 위해
④ 해충의 예방을 위해

02 식품의 특성에 관한 설명으로 옳은 것은?

① 용해는 어떤 용질이 포화 용액이 될 때까지 녹아 들어간 용질의 양을 말하며 용해도는 에 따라 달라지지 않는다.
② 점성(viscosity)은 액체가 접해있는 표면적을 최소로 유지하기 위해 분자들이 서로 짐 장력이다.
③ 표면장력(surface tension)은 유체에 힘을 주었을 때 흐름에 대한 내부 저항을
④ 탄성(elasticity)은 외력에 의해 변형된 물체가 그 힘이 제거되면 원래의 상태로
⑤ 산화(oxidation)는 물질이 산소를 잃거나 수소를 얻는 반응이다.

> 해설 ① 용해도 : 용매와 용질의 종류 · 온도에 따라 달라진다.
> ② 점성 : 유체에 힘을 주었을 때 흐름에 대한 내부 저항이다.
> ③ 표면장력 : 액체가 접해있는 표면적을 최소로 유지하기 위해 분자들이 서로 잡아당겨 표면을 작게 하려는 힘이다.
> ⑤ 산화(oxidation) : 물질이 산소와 화합하거나 수소를 잃는 반응이다(연소, 녹이 든 쇠).

03 화학적 조리방법으로 효소에 의한 식품으로 옳은 것은?

① 식 혜   ② 된 장
③ 증 편   ④ 요구르트
⑤ 김 치

> 해설 ① 효소에 의한 것 : 식혜(엿기름), 치즈(rennet) 등
> ②·③·④·⑤ 발효에 의한 것

04 오징어 초무침을 할 때 양념을 넣는 순서로 옳은 것은? `2019.12` `2021.12`

① 소금 → 식초 → 설탕 → 참기름   ② 식초 → 설탕 → 소금 → 참기름
③ 설탕 → 소금 → 식초 → 참기름   ④ 설탕 → 식초 → 소금 → 참기름

해설 분자량이 큰 설탕은 확산속도(침투속도)가 느리고 분자량이 작은 소금은 확산속도(침투속도)가 빠르기 때문에 분자량이
순으로 넣어주게 되면 음식에 양념이 골고루 잘 배어들게 한다. 참기름은 오일 막을 형성시켜 양념이 재료에 고르
것을 방해하기 때문에 가장 나중에 넣는다. 분자량이 작은 소금이 먼저 들어가게 되면 세포 사이로 침투하여 설탕
공간을 충분히 주지 못하기 때문에 같은 양의 소금을 넣었더라도 더 짜다.

[설탕 → 소금]   [소금 → 설탕]

05

① 복사 – 물체에 열이 접촉되어 식품에 전달되는 방식
② 전도 – 열전달 속도가 가장 빠름
③ 대류 – 공기의 밀도차에 의한 순환
④ 복사 – 열전달 속도가 느림
⑤ 전도 – 열전달 매체 없이 열이 직접 전달되는 방식

해설
① 복사 : 열전달 매체 없이 열이 직접 전달되는 방식이다.
② 전도 : 열전달 속도가 느리다.
④ 복사 : 열전달 속도가 가장 빠르다.
⑤ 전도 : 물체에 열이 접촉되어 식품에 전달되는 방식이다.

① 랄 표면이 높고 가금속도가 빠르다.
② 파장이 길어 식품 속까지 열전달이 잘 된다.
③ 표면이 높은 온도를 유지하므로 갈변현상이 일어나지 않는다.
④ 식품 속 물분자들의 빠른 진동·회전에 의해 마찰열이 발생하는 원리로 열로 식품을 데우기 때문에 수분이
필요하다.
⑤ microwave는 금속을 투과하지 못해 반사되기 때문에 투과되는 경질유리, 도자기 등을 사용한다.

해설 전자레인지의 파장은 극초단파로 짧다.

정답 04 ③ 05 ③ 06 ②

**모르는 문제는 있을 수 없다!
꼼꼼한 전문가 해설**

모르는 문제도 완벽하게 자신의 것으
로 만드는 것이 중요합니다. 전문가가
풀이한 해설로 실력을 한 단계 더 업
그레이드하세요.

혼자 공부하기 힘드시다면 방법이 있습니다.
SD에듀의 동영상 강의를 이용하시면 됩니다.
www.sdedu.co.kr ➜ 회원가입(로그인) ➜ 강의 살펴보기

영양사 2교시

식품학 및
조리원리

📝 조리 기초

- 목 적

  소화성, 영양흡수의 효용성 증진, 기호성, 위생 안전성, 저장성, 운반성의 용이 및 증진을 위함
- 방 법
  - 물리적 조리
    - ⓐ 끓이기, 삶기, 찜, 굽기, 튀기기, 볶기, 지짐
    - ⓑ 살균, 영양·흡수의 효용성·소화율·풍미 증가
    - ⓒ 전자레인지 : microwave를 식품에 조사 → 식품 속 물 분자들의 빠른 진동 → 마찰열 발생 → 가열 조리(파장이 짧아 금속은 투과하지 못해 반사됨)

      ※ 파장이 짧음, 금속 투과 ×, 갈변 ×, 영양소 손실↓, 수분 증발로 중량 감소
  - 화학적 조리
    - ⓐ 효소 : 식혜(엿기름), 치즈(rennet)
    - ⓑ 발효 : 된장, 치즈, 술, 김치, 요구르트
- 기초과학
  - 콜로이드(colloid) : 보통 10~100nm의 아주 작은 입자 또는 큰 분자가 다른 물질에 분산되어 있는 균일한 비결정인 물질
  - 수소이온농도(pH) : 용액 1L 속에 들어 있는 수소이온의 그램이온수
  - 용해도 : 용매와 용질의 종류·온도에 따라 달라짐
  - 산화 : 물질이 산소와 화합하거나 수소를 잃는 반응(연소, 녹이 든 쇠)
  - 삼투압 : 반투막을 사이에 두고 낮은 농도의 용매가 높은 농도의 용매로 스며드는 압력
  - 점성 : 유체에 힘을 주었을 때 흐름에 대한 내부 저항
  - 표면장력 : 액체가 접해 있는 표면적을 최소로 유지하기 위해 분자 간에 잡아당겨 표면을 작게 하려는 힘
  - 탄성 : 외력에 의해 변형된 물체가 그 힘이 제거되면 원래의 상태로 되돌아가는 성질
- 열전달 방식
  - 복사 : 열전달 매체 없이 직접 식품에 열전달(열전달 속도 가장 빠름), 브로일링, 숯불구이 등
  - 전도 : 열원 → 조리도구 → 식품에 열전달(열전달 속도 느림)
  - 대류 : 공기·물·기름 → 밀도차에 의해 순환 → 식품에 열전달

📝 자유수와 결합수

자유수(유리수, free water)	결합수(bound water)
• 보통의 물에 가까운 형태	• 식품 내의 고분자 화합물(탄수화물, 단백질 등)에 수소결합 등과 강하게 묶여 있는 수분
• 용매로 작용(전해질 잘 녹임)	• 용매로 사용 불가능
• 미생물의 생육·증식에 이용	• 미생물의 생육·증식에 이용 안 됨
• 0℃ 이하에서 결빙	• 0℃ 이하에서 결빙 안 됨
• 100℃ 이상 가열 및 건조 시 쉽게 제거	• 자유수보다 밀도 큼
• 비중 4℃에서 가장 큼	• 증기압 낮음 → 100℃ 이상 가열 및 건조·압착에 의해 제거 안 됨
• 끓는점·녹는점 높음	• 화학반응에 관여하지 않음
• 증발열·비열·표면장력·점성 큼	• 자유수보다 밀도 높음
• 화학반응에 관여(조건 : 대기압 하)	
• 결합수보다 밀도 낮음	

01 조리 시 채소 등의 재료를 잘게 써는 목적으로 가장 옳은 것은? `2018.12`

① 영양소 손실을 방지하기 위해서
② 조미료의 침투를 용이하게 하기 위해서
③ 가열·냉각 시 열전도와 냉각 시간을 짧게 하기 위해서
④ 갈변현상을 방지하기 위해서
⑤ 주·부재료의 크기를 고르게 하기 위해서

02 열 전도율이 가장 빠른 것은? `2018.12`

① 플라스틱 ② 유 리
③ 금 속 ④ 도자기
⑤ 실리콘

03 진공 포장된 식품을 저온에서 장시간 조리하는 방법으로 옳은 것은? `2017.02`

① sauteing ② poaching
③ steaming ④ sous-vide
⑤ stewing

04 조리 시 영양의 손실도가 가장 낮은 것은? `2017.12`

① 튀기기 ② 데치기
③ 끓이기 ④ 볶 기
⑤ 지지기

05 조리용 계량기구의 계량단위로 옳지 않은 것은? `2019.12`

① 1컵 = 200mL ② 1컵 = 200cc
③ 1큰술 = 15mL ④ 1큰술 = 3작은술
⑤ 1작은술 = 3mL

---

01 썰기의 목적은 먹기에 편리하고 외관상 기호도를 높이며 식재료의 표면적을 증가시켜 양념의 침투 및 조리를 용이하게 하기 위해서이다.

02 열 전도율이 가장 빠른 것은 금속이다.

03 sous-vide는 밀폐된 비닐봉지에 담긴 음식물을 미지근한 물속에 오랫동안 데우는 조리법이다.

04 고온에서 단시간 조리하는 튀기는 조리방법이 영양의 손실도가 가장 낮다.

05 계량단위
• 1작은술 = 5cc = 5mL
• 1큰술 = 3작은술 = 15cc = 15mL
• 1컵 = 약 13큰술 = 200cc = 200mL

01 ② 02 ③ 03 ④ 04 ① 05 ⑤

📝 수분활성(Aw ; water activity)

- 식품 중의 수분은 환경조건(가수분해반응, 미생물 생육, 효소반응 등)에 영향을 주기 때문에 식품 저장수명은 수분함량(%)의 영향을 받는 것이 아닌 수분활성(Aw)의 영향을 받음
- 수분활성 : 한 온도에서 식품의 수증기압(P)과 순수한 물의 수증기압(P_0)의 비율(식품에 들어 있는 물의 자유도를 나타내는 지표)
- 식품의 Aw < 1.0
  - 과일·채소·육류·생선류 등 : 0.98~0.99
  - 건조과일 : 0.72~0.80
  - 곡류·두류 등 : 0.60~0.64
- 미생물 생육에 필요한 최저 Aw
  세균(0.90~0.94) > 효모(0.88) > 곰팡이(0.80) > 내건성 곰팡이(0.65) > 내삼투압성 곰팡이(0.60)
- 수분활성도(Aw) 조절 → 미생물 제어 → 보존효과 높임

📝 등온흡습곡선

식품의 수분활성도(Aw)와 수분함량(%)과의 관계를 나타내는 곡선(조건 : 일정 온도) : 역 S자형

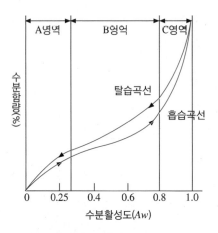

	A영역	B영역	C영역
특 징	• 식품 구성성분과 수분의 강한 결합 → 용매 작용 ✕ • 안정성·저장성 낮음 • 이온결합	• 용매 작용 ✕ • 안정성·저장성 가장 좋음(최적 수분함량) • 비극성 수소결합	• 식품 구성성분과 수분의 약한 결합 → 용매 작용(자유롭게 이동) • 식품 중 95% 이상 차지 • 미생물 생육에 이용 • 화학반응 촉진
수분의 존재	단분자층	다분자층	응축된 모세관수(다공질 구조)
형 태	결합수		자유수

01 같은 수분활성도에서 흡습이 탈습보다 낮아 등온탈습·흡습곡선이 일치하는 않는 현상은? `2018.12`

① 다형현상
② 경화현상
③ 동질이상현상
④ 이장현상
⑤ 이력현상

02 등온흡습곡선에서 식품의 안정성과 저장성이 가장 좋은 영역으로 옳은 것은?

① 단분자층
② 다분자층
③ 응축된 모세관수
④ 대기수분 영역
⑤ 표면층

03 Aw를 낮추는 방법으로 옳지 않은 것은?

① 온도를 낮춘다.
② 건조시킨다.
③ 당을 첨가한다.
④ 염을 첨가한다.
⑤ pH를 조절한다.

04 수분활성도(water activity ; Aw)에 대한 설명으로 옳지 않은 것은? `2019.12`

① 마이야르 반응은 수분활성도가 0.25일 때 가장 빠르게 일어난다.
② 용질의 몰수가 높을수록 수분활성도는 증가한다.
③ 세균의 생육에 필요한 최저 수분활성도는 0.9이다.
④ 식품의 수분활성도는 1보다 작다.
⑤ 수분활성도는 임의의 온도에서 그 식품의 수증기압과 순수한 물이 갖는 최대 수증기압의 비로 나타낸다.

05 식품의 수분활성도 연결이 옳지 않은 것은? `2017.12`

① 과일 - 0.98~0.99
② 채소 - 0.98~0.99
③ 곡물 - 0.72~0.80
④ 두류 - 0.60~0.64
⑤ 건조과일 - 0.72~0.80

---

01 ⑤ 히스테리시스 현상(hysteresis, 이력현상) : 식품의 수분 흡착과 탈착 과정 중 같은 Aw에서 수분함량이 달라 나타나는 현상으로 등온곡선의 굴곡부분에서 가장 큼
① 다형현상 : 같은 화학 조성 물질이 압력·온도 등 변화에 의해 결정 구조가 달라지는 현상
② 경화현상 : 액체상의 식물성 유지에 수소를 가하고 촉매를 사용하여 쇼트닝 등의 고체상 유지로 되는 현상
③ 동질이상현상 : 같은 화학 조성 물질이지만 서로 다른 결정형을 가지고 있는 것(흑연과 다이아몬드)
④ 이장현상 : 두부, 잼, 젤리 등 저장 시 수분이 빠져 나오는 현상

02 다분자층이 식품의 최적 수분함량으로 안정성과 저장성이 가장 좋은 영역이다.

03 수분활성도 낮추기 위한 방법
• 식염, 설탕 등 용질을 첨가한다.
• 농축, 건조에 의한 수분을 제거한다.
• 냉동 등 온도를 낮춘다.

04 ① 마이야르 반응은 수분활성도가 0.5~0.8일 때 가장 빠르게 일어나며 0.25 이하에서는 반응이 일어나지 않는다.
② 수분활성도는 $\dfrac{\text{용질의 몰수}}{\text{용질의 몰수 - 용매의 몰수}}$ 이며 용질의 몰수가 높을수록 증가한다.
③ 미생물 생육에 필요한 최저 수분활성도 : 세균(0.90~0.94) > 효모(0.88) > 곰팡이(0.80) > 내건성 곰팡이(0.65) > 내삼투압성 곰팡이(0.60)
④ 식품의 수분활성도는 1보다 작다(과일·채소·육류·생선류 등 : 0.98~0.99, 건조과일 : 0.72~0.80, 곡류·두류 등 : 0.60~0.64).
⑤ 수불활성도는 식품속의 물의 자유도를 나타내는 지표로 임의의 온도에서 그 식품의 수증기압(P)과 순수한 물이 갖는 최대 수증기압(P_0)의 비로 Aw = P/P_0로 나타낸다.

05 식품의 수분활성도
• 과일·채소·육류·생선류 등 : 0.98~0.99
• 건조과일 : 0.72~0.80
• 곡류·두류 등 : 0.60~0.64

---

01 ⑤ 02 ② 03 ⑤ 04 ① 05 ③

안심Touch

탄수화물

분류			종류	특징			
단당류 (monosaccharide)	탄소(C)수	3탄당(C₃) (triose)	D,L-글리세르알데하이드	• 시럽 형태 • 물·알코올에 잘 녹음			환원당
			다이하이드록시아세톤				
		4탄당(C₄) (tetrose)	에리트로오스, 트레오스				
		5탄당(C₅) (pentose)	리보오스	핵산(RNA, DNA), 뉴클레오티드, 보조효소, Vit B₂ 등의 당성분			
			아라비노오스	세포 밖 존재, 복합다당류(펙틴, 검, 헤미셀룰로오스 등)에 널리 분포			
			자일로오스	• xylan 형태로 존재 • 자일리톨 제조 원료로 사용 • 저칼로리 감미료 • 식물의 목재, 볏짚, 왕겨 등			
		6탄당(C₆) (hexose)	글루코오스	• 과일, 채소류, 곡류, 전분 • 감미도 강(설탕의 약 0.7배)			
			만노오스	• 포도당의 2-에피머(epimer) • 감미 : 설탕의 약 60% • 곤약감자, 백합뿌리, 감귤류			
			갈락토오스	• 포유류의 젖 • 감미 : 설탕의 약 60% • lactose의 구성성분			
			프락토오스	• sucrose의 구성성분 • 이눌린의 구성 당 • 감미도 강[설탕의 1.8배(β형), 0.6배(α형)] • 과일, 꿀			
소당류 (oligosaccharide)		2당류 (disaccharides)	셀로바이오스	2개의 글루코오스가 β-1,4 글루코시드 결합(환원성)			환원당
			락토오스 (젖당, 유당)	• 1분자의 D-글루코오스와 1분자의 D-갈락토오스로 구성 • 감미 : 설탕의 약 1/5 • 결핍 : 유당불내증	물에 잘 용해 ×	발효 × → 유산균이 젖산 생성	
			말토오스 (맥아당, 엿당)	• 2분자의 포도당이 α-1,4 글루코시드 결합 • 엿기름	물에 잘 용해	효모 발효 → 에탄올, CO₂↑	
			수크로오스 (자당)	• 상품명 : 설탕 • 글루코오스와 프락토오스가 α-1,2 글루코시드 결합 • 비환원당(사탕나무, 사탕수수의 주성분)			전화당
		3당류 (trisaccharide)	라피노오스	당 3분자(갈락토오스, 글루코오스, 프락토오스)가 글리코시드로 결합한 당			비환원당
		4당류 (tetraose)	스타키오스	• 글루코오스, 프락토오스와 2분자의 갈락토오스가 글리코시드 결합(환원성 ×) • 두루미냉이의 뿌리, 두류(두류 섭취 → stachyose 미생물 발효 → gas 발생)			

01 5탄당 중 RNA, 뉴클레오티드, 보조효소의 구성분으로 생체 내 대사에 관여하는 것은?

① 리보오스   ② 아라비노오스
③ 만노오스   ④ 라피노오스
⑤ 스타키오스

02 두루미냉이의 뿌리에 들어 있으며 환원성이 없는 4당류는?

① 라피노오스   ② 셀로바이오스
③ 에리트로오스   ④ 트레오스
⑤ 스타키오스

03 다음 그림과 같이 케톤기를 갖고 있으며 환원력을 가지고 있는 6탄당은? `2018.12`

① 글루코오스   ② 프락토오스
③ 갈락토오스   ④ 만노오스
⑤ 자일로오스

04 글루코오스로만 구성된 당으로 옳은 것은? `2017.12`

① 락토오스   ② 말토오스
③ 수크로오스   ④ 라피노오스
⑤ 스타키오스

01 리보오스(ribose)는 생체 내 대사에 관여하며 리보핵산(RNA) · 뉴클레오티드 · 보조효소를 구성하는 당성분이다.

02 스타키오스(stachyose)는 글루코오스, 프락토오스와 갈락토오스 2분자의 글리코시드가 결합된 것으로 두루미냉이의 뿌리와 콩 등에 들어 있다.

03 fructose(과당)는 돼지감자 속에 있는 이눌린의 구성 성분으로, 케톤기를 갖고 있으며 환원력이 있는 6탄당이다.

04 ② 말토오스(맥아당, 엿당) : 글루코오스 + 글루코오스
① 락토오스(젖당, 유당) : 글루코오스 + 갈락토오스
③ 수크로오스(자당) : 글루코오스 + 프락토오스
④ 라피노오스 : 갈락토오스 + 글루코오스 + 프락토오스의 글루코시드 결합
⑤ 스타키오스 : 글루코오스, 프락토오스와 2분자의 갈락토오스가 글리코시드 결합

01 ①   02 ⑤   03 ②   04 ②

다당류 (polysacc haride)	단순다당류 (simple polysaccharide)	전 분	• glucose 구성 당 • 고구마, 감자, 곡류 등 • 저장다당류	아밀로오스	• 글루코오스가 α-1,4 글루코시드 결합으로 연결한 사슬 다당류 • 아밀로펙틴과 함께 전분을 구성하는 성분 • 요오드반응 : 청색 • 용해도 : 잘 녹음 • 호화·노화 쉬움 • 분자량 적음
				아밀로펙틴	• 글루코오스의 α-1,4 글루코시드 결합된 직쇄상 분자에 글루코오스의 α-1,6 글루코시드 결합으로 곁사슬로 연결한 다당류 • 요오드반응 : 적갈색 • 용해도 : 잘 녹지 않음 • 호화·노화 어려움 • 분자량 많음
		셀룰로오스	• 식물 세포벽 • 난소화성 • 구조다당류		
		이눌린	• 과당 제조원료 • 탄수화물 대체제로 이용 • 저장다당류 • 돼지감자, 우엉, 달리아 뿌리 • 분해효소 : inulase		
		글리코겐	• 동물의 간, 근육에 존재 • 저장다당류 • 요오드 : 적갈색		
		덱스트린(호정)	전분·곡분을 산·열·효소 등으로 가수분해 시 전분에서 말토오스에 이르는 중간단계에서 생기는 가수분해산물 총칭		
	복합다당류 (compound polysaccharides)	펙 틴	• 과 일 • 식품첨가물(겔화제, 증점제, 안정제, 유화제) : 잼, 젤리, 구조다당류		
		헤미셀룰로오스	• 식물세포벽을 이루는 물질(알칼리에 녹는 다당류의 총칭) • 식물의 20% 차지 • 구조다당류 • 보리, 밀, 밀짚 등		
		알긴산	• 갈조류(미역, 다시마 등) • 불용성 다당류 • 식품첨가물(안정제 : 아이스크림, 마요네즈 등)		
		한 천	• 홍조류인 우뭇가사리를 끓인 다음 식혀서 굳힌 끈끈한 물질 • 식품첨가물(안정제 : 빵·과자·청량음료)		
		키 틴	• 갑각류(새우, 게 등) 껍질을 산 처리하여 얻음. 구조다당류 • 식품첨가물(증점제, 안정제), 의약, 기능성식품, 화장품 등 이용(항암, 면역활성, 항균 등)		

01 미역 등의 갈조류에 함유된 불용성 다당류로 점도안정제로 사용되는 것은?

① 펙 틴
② 우뭇가사리
③ 구아검
④ 카라기난
⑤ 알긴산

01 알긴산(alginic acid)은 모든 갈조류의 세포 사이를 채우는 불용성 점질의 다당류로 아이스크림, 잼 등의 점도안정제로 사용된다.

02 다음 중 β-아밀라아제에 대한 설명으로 옳은 것은?

2019.12

① 전분의 $\alpha-1,4$결합을 무작위로 가수분해하여 텍스트린을 생성시키는 효소로 계속해서 말토오스와 글루코오스로 분해한다.
② 말토오스를 가수분해하여 2분자의 글루코오스를 생성하는 효소이다.
③ 전분의 $\alpha-1,4$ 글리코시드 결합에 작용하여 비환원성 말단에서부터 맥아당 단위로 가수분해하는 효소이다.
④ 전분분자들의 결합을 글루코오스 단위로 말단에서부터 가수분해하여 글루코오스를 생성시키는 효소이다.
⑤ 글리코겐, 아밀로펙틴 중의 $\alpha-1,6$ 글루코시드 결합을 선택적으로 절단하는 가수분해효소이다.

02 ③ β-아밀라아제(당화효소) : 타액, 곡류, 엿기름 등에 존재
① α-아밀라아제(액화효소) : 타액, 췌장액 등에 존재
② 말타아제(maltase) : 맥아, 곰팡이, 이자액 등에 존재
④ 글루코아밀라아제(glucoamylase) : 동물의 간 조직 등에 존재
⑤ 이소아밀라아제(isoamylase) : 식물, 효모 등에 존재

03 과당의 제조 원료인 이눌린이 다량 함유되어 있는 것은?

2018.12

① 카사바
② 고구마
③ 곡 류
④ 돼지감자
⑤ 칡

03 단순다당류인 이눌린은 과당의 제조 원료가 되며 저장다당류로 돼지감자·우엉·달리아 뿌리에 다량 함유되어 있다.

01 ⑤ 02 ③ 03 ④

📝 단당류의 유도체

유도체	종류	특징	
당알코올 (sugar alcohol)		단당류의 알데하이드기(–CHO)·케톤기(–C=O)를 환원하여 생기는 알코올	
	소르비톨	• 과 일 • 감미료·보습제·Vit C 합성원료로 사용됨 • 감미 : 설탕의 50%	포도당·과당 환원
	만니톨	• 해조류 • 감미료	mannose 환원
	자일리톨	• 과일류·베리류 • 자일로오스를 환원하여 만듦 • 충치 예방 • 감미료 • 감미 : 설탕과 비슷	
	이노시톨	• Vit B군 일종 • 영양강화제	
아미노당 (aminos sugar)		6탄당의 2번 탄소의 수산기(–OH) → 아미노기(–NH$_2$)로 치환	
	글루코사민	• 갑각류(새우·게 껍질) • 키틴(chitin)의 구성 당 • 증점제·안정제	N–acetyl compound로 존재
	갈락토사민	콘드로이틴황산(D–galactosamine) 구성(연골)·당지질(뇌·신경)	
우론산 (uronic acid)		• 단당류의 6번 탄소의 산화 • –CH$_2$OH → 카복시기(COOH)로 산화 → 우론산	
	글루쿠론산	독성물질(phenol계)과 결합 → 소변 배출 → 해독작용	glucose 산화
	갈락투론산	펙틴·식물점질물·검질·세균 다당류 등의 구성성분	glucose 산화
	만누론산	• 해조류(다시마·미역) • 알긴산 구성성분	mannose 산화
알돈산 (aldonic acid)		aldose의 알데하이드기(–CHO) → 카복시기(–COOH)로 산화 → 알돈산	
	글루콘산	• 곰팡이·세균에 존재 • 산미료·산도조절제·팽창제	
당산 (saccharic acid)		ironic acid의 알데하이드기(–CHO) → 카복시기(–COOH)로 산화 → 당산	
	글루카르산	식물체·당의 발효액에 존재	
검류 (gum)		• 유화제, 안정제, 점착제, 팽윤제, 겔 형성제, 결합제 등으로 널리 이용 • 검류 + 물 → 점성용액·겔 형성(친수성)	
		• 식물종자 : 구아검, 로커스트빈검 • 식물수액 : 아라비아검, 트라가칸트검 • 해조류 : 한천, 카라기난, 알긴 • 미생물 : 잔탄검	

01 저칼로리 감미료로 사용되는 단당류의 유도체는?

2021.12

① 글루코사민(glucosamine)
② 소르비톨(sorbitol)
③ 글루쿠론산(glucuronic acid)
④ 갈락토사민(galactosamine)
⑤ 갈락투론산(galacturonic acid)

02 해조류에 존재하며, 감미료로 이용되는 당알코올류로 옳은 것은?

① mannitol
② sorbitol
③ xylitol
④ inositol
⑤ ribitol

03 포도당의 1자리 알데하이드기가 카복시기와 치환된 형태로 사상균이나 아세트산균의 글루콘산 발효로 다량 생성되는 것은?

① 알돈산
② 우론산
③ 당 산
④ 아미노당
⑤ 당알코올

04 다음 중 천연 gum질에 대한 설명으로 옳지 않은 것은?

① 한천은 고온에서 sol 상태가 되며 냉각 시 gel화된다.
② 잔탄검은 콩의 종자배유로부터 얻어지는 검질이다.
③ 로커스트빈검은 냉수에는 불용이며 가열 시 용해된다.
④ 카라기난은 홍조류에 속하는 해조물 추출물이다.
⑤ 한천은 미생물 배지로 이용된다.

---

01 소르비톨(sorbitol)
당알코올의 일종으로, 포도당이나 과당이 환원된 것으로 과실 중에 존재한다. 주로 비타민 C, L-sorbose의 합성원료로서 이용되며, 비만증·당뇨병 환자를 위한 감미료로 사용되는데 소화흡수가 잘 되지 않는 단점이 있다.

02 만니톨(mannitol)
여섯 개의 하이드록시기를 갖는 당알코올로 글루코오스의 전기적 환원, 전화당의 수소첨가, 해조류에서 추출로 얻고, 감미료로 사용한다.

03 알돈산(aldonic acid)은 알도오스의 알데하이드기가 카복시기로 산화된 것이다.

04 잔탄검은 Xanthomonas campestris 세균이 글루코오스를 산화하여 생성한 균체 외에 축적하는 수용성 다당류이다.

📝 전분의 호화 · 노화

		호 화	노 화
영향을 미치는 요인	전분의 종류	• 입자 크기가 작을수록 호화온도가 높고 호화는 느림(쌀 전분 68~78℃, 고구마 전분 58~66℃) • 아밀로펙틴이 많을수록 호화속도 느림 • 서류(감자, 고구마) > 곡류(옥수수, 쌀, 밀)	• 전분 입자가 작을수록 노화가 쉬움 • 아밀로펙틴이 많을수록 노화 어려움 • 곡류(옥수수 · 쌀 · 밀) > 서류(감자 · 고구마)
	수분함량	수분함량(최소 30%) 높을수록 잘 일어남	30~60% 노화 최적(10%↓ 또는 60%↑ 노화 어려움)
	pH	알칼리성 조건 → 팽윤과 호화 촉진	산성에서 노화 촉진(단, 강산에서 노화 지연)
	온 도	온도(60℃ 전후) 높을수록 호화 촉진	0~5℃ 최적
	염 류	수소결합에 영향을 주어 호화 촉진 (단, 황산염은 호화 억제)	황산염(황산마그네슘) 노화 촉진
종 류		쌀 → 밥 등	실온 · 냉장고 보관된 딱딱하게 굳은 밥 · 빵 · 떡 등
억제방법		–	• 수분 제거(80℃↑ 열풍건조 → 수분 제거, 0℃↓ 동결건조 → 수분 15% 이하) • 설탕 첨가(탈수제 작용, 예 양갱) • 냉동(−30~−20℃) • 유화제 : 콜로이드 용액 안정도 증가시켜 전분분자 침전 · 결정 형성 억제 → 노화 억제

📝 지질의 분류

• 성상 : 지방(fat, 고체상), 오일(oil, 액체상)

분 류	단순지질(simple lipid)	복합지질(compound lipid)	유도지질(derived lipid)
특 징	지방산 + 알코올 → 에스테르 결합	지방산 + 알코올 + 질소 · 인 · 당 등 결합된 지방질	단순지질 · 복합지질의 가수분해물
종 류	• 중성지질 • 지방산 : 포화지방산, 불포화지방산 • 콜레스테롤 에스테르 : 지방산 + 콜레스테롤 → 에스테르 결합 • 아실글리세롤 : 글리세롤 + 지방산 • 왁스 : 고급알코올 + 고급지방산 → 에스테르 결합, 동 · 식물체 보호물질, 인체 내 소화되지 않음	• 당지질 : 글리세롤 + 지방산 + 당 • 인지질 : 글리세롤 + 지방산 + 인산 + 질소함유기 • 스핑고인지질 : 스핑고 + 지방산 + 단순당류	지방산, 고급알코올, 스테롤, 스핑고신 등

01 전분의 특징과 해당 식품을 바르게 연결한 것은?

2018.12   2020.12

① 겔화 – 도토리묵
② 노화 – 쿠키
③ 당화 – 양갱
④ 노화 – 뻥튀기
⑤ 호화 – 누룽지

---

01 전분의 변화
- 당화 : 식혜, 엿, 조청, 고추장 등
- 호정화(덱스트린) : 뻥튀기, 미숫가루, 누룽지, 토스트, 쿠키 등
- 호화 : 밥, 떡, 죽 등
- 노화 : 상온의 굳어진 밥·떡 등
- 겔화 : 묵

---

02 전분의 노화에 영향을 미치는 요인으로 옳지 않은 것은?

2019.12

① 산성에서 노화가 억제된다.
② 황산염은 노화를 촉진시킨다.
③ 동결하면 노화가 억제된다.
④ 노화의 최적 수분함량은 30~60%이다.
⑤ 아밀로펙틴 함량이 많을수록 노화되기 어렵다.

---

02 전분의 노화에 영향을 미치는 요인
- 설탕 : 탈수제 역할 → 노화 방지
- pH : 산성 → 노화 촉진, 알칼리성 → 노화 억제
- 온도 : 0~5℃(냉장)에서 노화 촉진(-30~-20℃ 이하 냉동 보관 시 노화 억제)
- 수분 : 30~60%에서 노화 최적(10%↓ 또는 60%↑ 노화 억제)
- 염류 : 황산염은 노화 촉진[무기염류는 노화 억제(호화 촉진)]
- 전분 종류 : 아밀로오스가 아밀로펙틴보다 노화 촉진 빠름

---

03 당화를 이용한 식품으로 옳지 않은 것은? 2019.12

① 미숫가루
② 식 혜
③ 고추장
④ 감 주
⑤ 엿

03
- 덱스트린(호정)화 : 전분에 물을 가하지 않고 160~170℃로 건열 시 글루코시드 결합이 끊어져 텍스트린(호정)으로 변화하는 것으로 뻥튀기, 미숫가루, 누룽지, 토스트 등이 해당한다.
- 당화 : 다당류를 당화 효소 또는 산의 작용으로 가수분해하여 감미가 있는 당(단당류 또는 이당류)으로 바꾸는 반응으로 식혜, 엿, 고추장, 감주 등이 해당한다.

---

04 지방의 최종분해산물로 옳은 것은? 2017.12

① 글리세롤
② 고급알코올
③ 인 산
④ 스핑고신
⑤ 스테롤

---

04 지방산은 글리세롤과 유리지방산으로 가수분해되고, 좋지 않은 냄새가 난다.

---

01 ① 02 ① 03 ① 04 ①

안심Touch

📝 지방산

유지의 대부분 차지, 카복시기(RCOOH)를 갖는 직쇄상 화합물

분류		특징	
이중결합 유무 (영양학적 분류)	포화지방산	탄소수 10개 이하 : 액체(실온)	• 이중결합 없음 • 융점 높음(상온 고체), 산화안정성 좋음 • 팔미트산, 부티르산, 카프로산 등(버터, 돼지기름)
		탄소수 11개 이상 : 고체(실온)	
	불포화지방산	• 이중결합 1개 이상 가짐(이중결합 多 → 산화 쉬움·불안정) • 기하이성질체로 cis와 trans지방산 있음 • 올레산, 리놀레산, 리놀렌산 등(콩기름·옥수수유·채종유 등 → 융점 낮아 상온에서 액체) ＊트랜스지방 : 불포화지방산의 이중결합 + 수소	
분자량 크기	저급지방산	탄소수 4~6개의 짧은 사슬	
	고급지방산	탄소수 14개 이상의 긴 사슬	

📝 유지의 성질

분류		특성
물리적	녹는점	• 트라이아실글리세롤의 혼합으로 고유의 녹는점 갖지 못함 • 고체지지수(solid fat index ; SFI)로 표시(녹는점 범위가 넓기 때문) • 융점 : 불포화지방산 < 포화지방산(높음)
	비중	15℃에서 측정. 범위 0.91~0.99
	점도	• 25℃에서 측정 • 유체의 점성(끈적거림) 정도 • 탄소수 적을수록·불포화도 높을수록 → 점도 감소 • 고온 가열 → 점도 증가
	(가)소성	외부의 물리적 힘 → 형태 바뀜 → 원래 상태로 복원 안 됨
	발연점	• 가열 → 유지 표면의 엷고 푸른 연기(acrolein) 발생하는 온도 • 발연점 낮아지는 경우 　- 유리지방산·저급지방산의 함량 多 　- 가열시간·횟수 多 　- 이물질 혼입 多 　- 유지 표면적 넓을수록
	굴절률	• 굴절률이 커지는 경우 　- 지방산의 탄소사슬이 길수록 　- 평균분자량이 클수록 　- 유지 불포화도가 높을수록
	유화성	• 유화제에 의해 물에 분산됨 • 수중유적형(oil-in-water ; O/W) : 우유, 아이스크림, 마요네즈 • 유중수적형(water-in-oil ; W/O) : 버터, 마가린
	동질이상현상	한 분자의 트라이아실글리세롤이 2개 이상의 결정구조로 존재하는 현상

01 초콜릿의 식감과 광택을 증진시키기 위해 하는 템퍼링의 원리로 옳은 것은? `2017.12`

① 쇼트닝성
② 동질이상현상
③ 크리미성
④ 소 성
⑤ 유화성

02 체내에서 합성되지 않는 필수 지방산 중 오메가(ω)-6계열의 지방산은? `2018.12`

① SDA
② EPA
③ 리놀레산
④ 알파-리놀렌산
⑤ 올레산

03 다음 중 포화지방산으로 옳지 않은 것은? `2018.12`

① 스테아르산
② 부티르산
③ 팔미트산
④ 카프로산
⑤ 아라키돈산

04 유지의 성질에 관한 설명으로 옳지 않은 것은? `2019.12`

① 불포화도가 높을수록 점도는 감소한다.
② 불포화도가 높을수록 용해성은 감소한다.
③ 불포화도가 높을수록 비중은 증가한다.
④ 불포화도가 높을수록 굴절률은 증가한다.
⑤ 불포화도가 높을수록 요오드가는 감소한다.

---

01 2개 이상의 지방의 결정구조를 가진 현상을 동질이상현상(동질다형현상)이라고 한다. 카카오 버터의 결정구조가 가열·냉각을 반복하는 템퍼링 과정에서 녹는점이 낮은 α형(약 65℃)의 결정구조가 상온에서 안정한 β형(70~72℃)의 구조로 바뀌게 되어 초콜릿 특유의 식감과 광택이 좋아진다.

02 필수 지방산
- 오메가-3 지방산(Omega-3 fatty acids) : DHA (도코사헥사에노산 ; docosahexaenoic acid), EPA(에이코사펜타에노산 ; eicosapentaenoic acid), SDA(stearidonic acid), ETA(eicosatetraenoic acid), 알파-리놀렌산(α-linolenic acid ; ALA)
- 오메가-6 지방산(Omega-6 fatty acids) : 감마-리놀렌산(γ-linolenic acid), 리놀레산(lionleic acid), 아라키돈산(arachidonic acid)
- 오메가-9 지방산(Omega-9 fatty acids) : 올레산(oleic acid)

03 아라키돈산(arachidonic acid)은 이중결합수가 4개인 불포화지방산이다.

04

불포화도가 높을수록	비 중	증 가
	굴절률	
	요오드가	
	융 점	감 소
	점 도	
	용해성	

화학적	비누화(검화, saponification)		• 알칼리에 의한 유지 에스테르 가수분해 • 비누화값 : 유지 1g을 비누화하는 데 필요한 KOH의 mg 수, 저급지방산 多 → 비누화값↑, 고급지방산 多 → 비누화값↓
	산 화	자동산화	유지에 공기 중 산소가 흡수되어 일어나는 산화
		가열산화	유지를 고온으로 가열하여 일어나는 산화
		효소산화	지방산화효소(lipoxidase, lipoxygenase)에 의해 일어나는 불포화지방산의 산화
	비산화	가수분해	가수분해에 의한 산패 → 불쾌취 생성(화학적 가수분해와 효소에 의한 가수분해가 있음) 예 고온 시 유증기와 접하는 튀김기름
	변 향		• 정제된 유지에서 정제 전 유지의 냄새가 발생하는 현상 • 과정 : 변향(변향취) → 산패(산패취) • 발생 : 리놀렌산 많은 유지, 아이소리놀레산이 많은(수소 첨가된) 유지 • 억제방법 : 저온저장, 광선차단, 금속오염 방지 등

✎ 산화적 산패

• 자동산화

	산화에 미치는 영향인자	유해작용	산화 억제법
온 도	높아질수록 반응속도 커짐	• 독성물질 생성 • 맛·색·냄새 등 변화 • 점도 증가 • 영양가 저하	• 저온부관 • 과열 피하기 • 자외선 차단(어두운 곳, 갈색병 보관) • 산소 → CO_2 또는 N_2로 치환 • 공기접촉 최소화(진공포장, 탈산소제)
금속이온	산화의 촉진작용 Cu > Fe > Ni > Sn(산화촉진 작용 크기)		
광 선	자외선, 단파장 → 산화 촉진		
산 소	• O_2 농도 낮을 때 → 산화속도는 산소량에 비례 • O_2 농도 높을 때 → 산화속도는 산소량과 무관		
수 분	수분함량 多 → 산화 촉진		
지방산의 불포화도	이중결합 多 → methylene(–CH)기 수 증가 → 산화 촉진		• 산화방지제 사용 • 상승제 사용 : 산화방지제의 효과에 도움을 줌 (자신은 항산화 작용에 관여 ×)

• 가열산화

고온 가열 시 일어나는 산화로 가열중합반응(thermal polymerization)과 열분해(pyrolysis)가 일어남

01 유지의 검화가에 대한 설명으로 옳은 것은? `2018.12`

① 유지의 불포화도가 높을수록 검화가 높다.
② 유지의 가열 시 검화가가 증가한다.
③ 지방 분자량이 작을수록 검화가가 높다.
④ 버터위조검정에 사용된다.
⑤ 고급지방산이 많을수록 검화가가 높다.

01 • 라이헤르트-마이슬값(Reichert-Meissl value)은 저급지방산(부티르산 등) 함량 측정에 사용되며 버터의 위조검정에 이용된다.
• 비누화가(검화가) : 유지 1g을 비누화하는 데 필요한 KOH의 mg 수
• 알칼리에 의한 에스터의 가수분해이며 불포화도가 높을수록 검화가는 작다(불포화도↑ ⇨ 자동산화 속도↑).
• 분자량이 작고(버터 지방, 야자유, 팜 종자유), 저급지방산이 많은 유지가 값이 높다.
• 분자량이 크고(유채 기름 등), 고급지방산이 많은 유지, 불검화물이 많은 유지가 값이 낮다.
• 불검화물은 wax 성분 중 알칼리성으로 비누화되지 않는 물질로, 물에 녹지 않으나 에테르에는 녹는다(탄화수소, 고급알코올, 스테롤, wax 등).

02 유지의 변향에 대항 설명으로 옳지 않은 것은?

① 대두유 등 linolenic acid 함량이 많은 유지에서 잘 일어난다.
② 자외선에 의해 촉진된다.
③ 산화적 산패가 일어나기 전의 풋내·비린내 같은 이취를 말한다.
④ linolenic acid 함량이 낮은 옥수수유에서는 잘 일어나지 않는다.
⑤ 변향은 다량의 과산화물의 축적이 보인다.

02 변향은 초기에 생성되는 과산화물의 축적이 거의 보이지 않으며, 일반유지에서 일어나는 산화적 산패와 구별된다.

03 유지의 자동산화 진행과정 중 개시단계에서 생성되는 것은? `2019.12`

① 중합체(polymer)
② 카르보닐 화합물(carbonyl compound)
③ 유리기(free radical)
④ 과산화물(hydroperoxide)
⑤ 이성질체(isomer)

03 유지의 자동산화반응
• 개시단계 : 라디칼 생성(열·빛 등 노출 → 유리 라티컬 생성 → 산소 결합 → 과산화물 라디칼 생성)
• 전파단계 : 과산화물 생성, 연쇄 반응 지속적
• 종료단계
  − 중합반응 → 고분자중합체 형성
  − 분해반응 → 카르보닐 화합물(알데하이드, 케톤, 알코올 등) 생성

01 ③ **02** ⑤ **03** ③

아미노산의 종류

- 아미노산 : 분자 안에 아미노기($-NH_2$)와 카복시기($-COOH$)를 갖는 유기화합물(단백질의 구성단위), 단백질을 구성하는 아미노산 → 20여 종, 대부분의 식품 : L-형 아미노산

분류		종류
지방족 아미노산 (직선상 연결)	중 성	글리신(glycine), 알라닌(alanine), 발린*(valine), 류신*(leucine), 이소류신*(isoleucine)
	하이드록시	세린(serine), 트레오닌*(threonine)
	산 성	아스파트산(aspartic acid), 글루탐산(glutamic acid)
	염기성	리신*(lysine), 아르기닌(arginine), 히스티딘(histidine)
	함 황	메티오닌*(methionine), 시스테인(cysteine)
	친수성	아스파라긴(asparagine), 글루타민(glutamine)
환상 아미노산 (고리구조)	이미노산(amino acid) / 중 성	프롤린(proline)
	방향족 / 중 성	페닐알라닌*(phenylalanine), 트립토판*(tryptophan), 티로신(tyrosine)

*성인 필수아미노산

아미노산의 성질

분류		특성
양성전해질	양성이온	아미노산 한 분자 안에 양전하와 음전하를 동시에 가지고 있음(양성물질)
	등전점	양이온과 음이온의 농도가 같아 전하가 0(전기적으로 중성)이 되는 pH를 말함
용해성		• 극성용매(물) · 묽은산 · 알칼리 · 염류 용액 → 잘 녹음(단 티로신, 시스테인은 물에 녹지 않음) • 비극성 유기용매(알코올 · 에테르 · 아세톤 · 클로로포름) → 잘 녹지 않음(단, 프롤린, 히드록시프롤린은 알코올에 잘 녹음)
자외선 흡수		방향족 아미노산(티로신 · 트립토판 · 페닐알라닌) : 자외선 흡수(280nm 파장에서 흡광도 측정) → 단백질 함량 측정
광학적 성질		L형의 α-아미노산
소수성		물을 싫어하는 경향(물에 잘 녹지 않음) : 지방족 아미노산(아스파라긴 · 글루타민 제외), 방향족 아미노산 ※ 친수성 : 아스파라긴 · 글루타민, 중성 범위에서는 염기성 · 산성 아미노산이 전하를 띠어 물에 녹음
맛		• 펩타이드 · 아미노산의 특유한 감칠맛 • 조미료 : 글루탐산 Na염(MSG)
화학 반응	닌히드린반응	• 아미노산 정색 반응 • 시료의 중성 용액(pH 5 최적) + 닌히드린 용액(0.1~1.0%) → 가열 → 적자색 나타냄(최대 흡수파장 570nm)
	카보닐 화합물과의 반응	축합반응 α-아미노기 + 알데하이드 or 케톤 → 시프(schiff) 염기 생성 비효소적 갈변반응(마이야르 반응)의 시작단계
	탈탄산반응	탈탄산효소 작용에 의해 아미노산에서 카복시기가 제거되는 반응 예 히스티딘(카복시기 제거) → 히스타민 생성(알레르기 반응, 산 분비 증가)

01 단백질 2차 구조로 입체구조를 형성하는 것은? 2018.12

① 수소결합
② 이온결합
③ 펩타이드결합
④ 소수성결합
⑤ S-S결합

02 아미노산의 양전하 수와 음전하 수의 전체 합이 0이 될 때의 pH는? 2020.12

① 임계점
② 등전점
③ 어는점
④ 응고점
⑤ 비등점

03 다음 중 중성 아미노산으로 옳은 것은? 2017.02

① 아스파트산
② 리 신
③ 글루탐산
④ 아르기닌
⑤ 알라닌

04 아미노산의 성질 중 시프(schiff) 염기를 생성하는 화학반응은?

① 닌히드린반응
② 캐러멜화 반응
③ 탈탄산반응
④ 카르보닐 화합물과의 반응
⑤ 뷰렛반응

---

01 단백질의 구조
- 1차 구조 : Peptide 결합으로 연결된 직선상의 배열
- 2차 구조 : 수소결합의 입체구조 형성
- 3차 구조 : 수소결합, S-S결합, 이온결합, 소수성 결합의 휘거나 구부러져 형성하는 입체적인 구상 또는 섬유상의 공간구조
- 4차 구소 : 3차 구조를 이루는 입체적인 폴리펩타이드가 모여 하나의 생리적 기능을 가지는 단백질의 집합체

02 등전점(Isoelectric point)
양전하와 음전하를 동시에 지닐 수 있는 분자가 포함하는 양전하 수와 음전하 수가 같아져서 전체 전하의 합이 0이 되는 pH이다.

03 아미노산
- 중성 아미노산 : 글리신(glycine), 알라닌(alanine), 발린(valine), 류신(leucine), 이소류신(isoleucine)
- 염기성 아미노산 : 리신(lysine), 아르기닌(arginine), 히스티딘(histidine)
- 산성 아미노산 : 아스파트산(aspartic acid), 글루탐산(glutamic acid)

04 카르보닐 화합물과의 반응에서 α-아미노기와 알데하이드 혹은 케톤의 축합반응으로 schiff 염기가 생성된다.

---

01 ① 02 ② 03 ⑤ 04 ④

📝 단백질 분류

분류			특 징	물 용해성	열 응고성	알코올 (60~80%)
조성 (이화학적 성질)	단순 단백질		아미노산만으로 구성된 구조가 간단한 단백질			
		알부민	• 생체 내 기본물질을 이룸 • 동물성 : 오브알부민(난백), 락트알부민(유즙), 혈청알부민(혈청), 미오겐(근육) • 식물성 : 류코신(맥류), 레구멜린(대두), 리신(피마자씨)	○	○	×
		글로불린	• 생체 내 기본물질을 이룸 • 동물 조직, 체액에 존재 • 동물성 : 혈청글로불린(혈청), 락토글로불린(유즙), 오브글로불린-라이소자임(난백), 액틴-미오신(근육), 피브리노겐(혈장) • 식물성 : 글리시닌(대두), 아라킨(땅콩), 투베린(감자)	×	○	×
		글루테린	• 곡류에 함유되어 있는 단백질 • 글루탐산 함량 높음 • 오리제닌(쌀), 글루테닌(밀), 호르데인(보리)	×	×	×
		프롤라민	• 식물 종자에 함유 • 글루탐산, 프롤린, 류신 많이 함유 • 글리아딘(밀), 제인(옥수수)	×	×	○
		히스톤	• DNA와 결합한 핵단백질 • 고등동물 대부분의 세포에 들어 있는 염기성 단백질 • 적혈구, 흉선	○	×	×
		프로타민	• 등뼈동물의 정자에서 DNA와 복합제를 만드는 헥딘백질 • 연어, 정어리, 고등어	○	×	×
		알부미노이드	• 동물체 보호조직에 존재 • 콜라겐, 엘라스틴, 케라틴	×	×	×
	복합 단백질		• 단순단백질에 비단백성(인산·지질·핵산·당질·색소·금속 등) 물질의 결합 • 생체 내의 생리적 중요한 활성			
		인단백질	• 단백질 + 인산 • 체액의 pH 유지 • 효소작용 조절 • 우유(카세인), 달걀노른자(포스비틴, 비텔린)			
		지단백질	• 단백질 + 지질 • 동·식물 세포 보호 • 난황(리포단백질)			
		핵단백질	• 단백질 + 핵산(DNA, RNA) • 세포핵에 존재 • 백혈구, 적혈구, 배아, 효모 등에 함유			
		당단백질	• 단백질 + 당 • 난백(오보뮤신, 오보뮤코이드)			
		색소단백질	• 단백질 + 색소성분 • 산소운반, 호흡작용 • 혈액(헤모글로빈), 근육(미오글로빈), 갑각류 껍데기(아스타잔틴)			
		금속단백질	• 단백질 + Fe, Cu, Zn 등 • 효소, 호르몬 구성성분			
	유도 단백질		천연단백질이 물리·화학·효소적 작용에 의해 변형된 단백질			
		1차 유도단백질 (변성단백질)	• 물리적·화학적·효소적 처리에 의한 천연단백질의 성질 변성 • 젤라틴, 프로티안, 메타프로테인, 응고단백질			
		2차 유도단백질 (분해단백질)	• 1차 유도단백질이 가수분해되어 아미노산이 되기까지의 중간 생성물 • 프로테오스, 펩톤, 펩타이드			

01 다음 중 단순단백질의 종류가 아닌 것은?

① 글로불린 ② 헤모글로빈
③ 글루테린 ④ 알부민
⑤ 프롤라민

02 유도단백질에 대한 설명으로 옳은 것은?

① 천연단백질을 효소적 처리로만 변성을 유도한 것이다.
② 천연단백질의 성질이 약간 변화된 것을 1차 유도단백질, 즉 분해단백질이라 한다.
③ 1차 유도단백질을 가수분해하여 만든 것이 2차 유도단백질이다.
④ 2차 유도단백질에는 젤라틴, 프로티안, 메타프로테인, 응고단백질 등이 있다.
⑤ 1차 유도단백질에는 프로테오스, 펩톤, 펩타이드 등이 있다.

03 곡류에 많고 쌀의 오리제닌, 보리의 호르데인 등이 대표적으로 함유되어 있는 단순단백질은?

① 알부민 ② 프로타민
③ 알부미노이드 ④ 글루테린
⑤ 글로불린

04 천연단백질을 물리적·화학적으로 처리하여 얻은 유도단백질은? `2021.12`

① 젤라틴 ② 알부미노이드
③ 프롤라민 ④ 알부민
⑤ 글루텔린

01 헤모글로빈은 복합단백질(색소단백질)에 속한다.

02 유도단백질은 천연단백질을 물리·화학·효소적 처리에 의한 변성을 유도한 것으로, 1차 변성단백질(젤라틴, 프로티안, 메타프로테인, 응고단백질 등)과 2차 분해단백질(프로테오스, 펩톤, 펩타이드 등)이 있다.

03 글루테린은 곡류에 함유되어 있는 단백질로 글루탐산이 다량 함유되어 있다.

04 유도단백질
- 제1차 유도단백질(변성단백질)
  - 물리적·화학적·효소적 처리에 의한 천연단백질의 성질 변성
  - 젤라틴, 프로티안, 메타프로테인, 응고단백질
- 제2차 유도단백질(분해단백질)
  - 1차 유도단백질이 가수분해되어 아미노산이 되기까지의 중간 생성물
  - 프로테오스, 펩톤, 펩타이드

01 ② 02 ③ 03 ④ 04 ①

📝 단백질 성질

분 류		특 성
등전점		• 특정 pH에서 양전하와 음전하가 중화되면서 전기적으로 중성(0)이 될 때 • 대부분 단백질 등전점 : pH 4~6 • 등전점에서 점도·삼투압·팽윤·용해도는 최소, 흡착력·기포·탁도·침전은 최대
용해성		• 단백질의 종류에 따라 물·pH·염·유기용액에 대한 용해도 다름 　– 염용효과(salting-in) : 대부분의 단백질이 묽은 중성용액에 잘 녹는 현상 　– 염석효과(salting-out) : 중성 염류의 농도가 높을 때 단백질이 침전하는 현상
정색 반응 (정량·정성)	닌히드린 반응	아미노산 정색 반응(적자색)
	폴린-데니스 반응	티로신, 트립토판, 시스테인 잔기와 정색 반응
	뷰렛 반응	• 적자색~청자색(단백질용액 + 수산화나트륨용액 → 알칼리성으로 변화 → 황산구리용액 첨가) • Polypeptide의 정색 반응
	잔토프로테인 반응	• 진한 질산(나이트로화) → 황색, 알칼리성 → 등황색 • 벤젠핵을 지닌 아미노산을 동정하는 데 사용
	홉킨스-콜 반응	무수아세트산 → 진한 황산 첨가(적자색 환 형성)
응고성		에탄올, 산(황산·염산·질산), 효소, 열(60~70℃ 가열. 젤라틴, 프로타민 제외)에 의해 응고

📝 단백질의 변성

• 물리·화학·효소적 요인에 의해 천연단백질의 특유한 고차구조가 변하여 본래의 형태로 돌아갈 수 없는 불가역적인 상태
• 변성요인
　– 화학적 : 산·알칼리·염류·금속이온·알코올·아세톤·효소
　– 물리적 : 가열·동결·건도·광선·압력
　– 효소적 : 응유효소(rennin : 우유 속 함유)
• 성 질
　– 용해도 감소
　– 결정성 소실
　– 단백질 특유의 성질 상실(효소작용·hormone의 생리작용·독성·면역성)
　– 수화성 변화
　– 부피 증가 → 점도 증가
　– 소화율 증가
　– 반응성 증가
　– 변성 청색 이동(변성 → 단백질 용액 → 자외선 흡수 스펙트럼 단파장 쪽 이동)
• 단백질 품질평가
　– 생물가(biological value) : 생물이 흡수한 질소량에 대한 체내 보유 질소량의 백분, 생물가 높을수록 → 체내 이용률↑
　– 단백가(protein score) : 단백질 영양가를 필수아미노산 조성으로 판정하는 방법

01 다음 중 생물가가 가장 높은 것은? 2018.12

① 우 유 ② 밀가루
③ 감 자 ④ 달 걀
⑤ 옥수수

02 단백질의 성질에 대한 설명으로 옳지 않은 것은?

① 뷰렛 반응은 펩타이드 결합이 구리이온과 착염을 형성하여 보라색으로 발색한다.
② 아미노산에 닌히드린 용액을 가하면 등황색이 된다.
③ 단백질은 양성물질이다.
④ 단백질은 등전점에서 양전하와 음전하를 나타낸다.
⑤ 중성 염류의 농도가 높을 때 단백질 침전현상이 일어나는 것을 염석효과라 한다.

03 열에 의한 단백질 변성에 대해 옳게 설명한 것은? 2019.12

① 수분이 많을수록 열변성을 억제시킨다.
② 포도당과 설탕은 열변성을 억제시킨다.
③ 전해질이 들어있는 염화물 등은 열변성을 억제시킨다
④ 등전점에서 열변성이 가장 느리게 진행된다.
⑤ 식품의 종류에 관계없이 열변성 온도는 동일하다.

04 글루코오스를 갈락토오스로 변화시켜 얻어진 분해 물질의 혼합액을 과당포도당액으로 만드는 과정에서 이용되는 효소로 옳은 것은? 2017.02

① 가수분해효소
② 결합효소
③ 산화반응효소
④ 결합효소
⑤ 이성화효소

---

01 생물가는 단백질의 체내 이용률(체내에 축적된 단백질 흡수량)을 판정하는 단백질 품질 평가법의 하나로 수치가 높을수록 좋다(달걀 : 94, 우유 : 85, 쇠고기 : 69, 밀 : 67, 감자 : 67, 옥수수 : 60, 밀가루 : 52).

02 닌히드린 반응은 아미노산의 정색 반응으로 적자색을 나타낸다.

03 단백질 열변성에 영향을 주는 인자
설탕 → 억제
┌ 소금(전해질)
├ 수분 → 촉진
└ 등전점

04 • epimerase(이성화효소) : isomerization(이성질화) 과정을 촉매하는 주요 효소이다.
• 이성화당(포도당과 과당의 혼합액 = 과당·포도당액상) : 포도당을 epimerase 또는 알칼리를 사용해 과당으로 이성질화시켜 만든 당이다.

---

01 ④ 02 ② 03 ② 04 ⑤

📝 식품의 식물성 색소

분류 및 종류					특 징	
지용성 (아세톤, 에테르, 벤젠에 녹음)	클로로필	chlorophyll a	고등 식물	청록색	• 식물의 녹색 색소를 대표(엽록소에 의한 것) • 존재비 : chlorophyll a(3) : chlorophyll b(1) • 4개의 피롤(pyrrole) 가운데 Mg^{2+} 가짐(헤모글로빈과 구조 비슷) • 피롤과 에스테르 형성 → 지용성	
		chlorophyll b		황록색		
		chlorophyll c	해조류			
		chlorophyll d				
	카로티노이드	카로틴류	α-카로틴		• 주황색(당근, 호박, 오렌지) • 1분자의 비타민 A로 전환	• 과일·채소의 황색, 오렌지색, 등적색 • 쉽게 산화, 열·약산·알칼리에 안정 • α, β, γ-카로틴은 체내에서 분해됨
			β-카로틴		• 주황색(당근, 호박, 오렌지) • 2분자의 프로비타민 A	
			γ-카로틴		엷은 황색(당근, 채소류, 감귤류)	
			리코펜		적색(토마토, 수박, 당근)	
		잔토필류 (크산토필류)	캡산틴		적색(고추, 파프리카)	
			크립토잔틴		• 프로비타민 A • 주황색(오렌지, 감, 난황)	
			루테인		주황색(호박, 난황, 고추)	
			지아잔틴		황색(옥수수, 오렌지, 호박, 난황)	
수용성	플라보노이드	안토시아닌	페랄고니딘계		• 채소나 과일의 적색과 자색(보라색) • 열에 불안정 • 당과 결합한 배당체로 존재 • benzol핵에 수산기를 가져 폴리페놀 화합물이라고도 함 • 옥소늄 이온(oxonium ion) 화합물 이룸	
			시아니딘계			
			델피니딘계			
			말비딘계			
		안토잔틴	플라본계		• 무색~담황색 • 식물에 널리 분포(감자, 연근, 무, 배추줄기, 양파, 고구마 등)	
			플라보놀			
			플라바논			
			플라바논올			
			이소플라본			
	탄닌류	카테킨류			• 미숙한 곡류·과일 등 수렴성의 떫은맛·쓴맛 유기물 • 갈산(gallic acid) 유도체로 구성 • 쉽게 산화·중합 → 흑갈색의 중합체 형성 • 금속과 복합염 형성 : 회색, 갈색, 적색, 청록색	
		루코안토시안류				
		폴리페놀류	클로로겐산			
			카페산			

📝 동물성 색소

분류 및 종류			특 징
동물성	미오글로빈	근육색소	• heme(비단백질) + globin(단백질) = 1 : 1 결합 • 산소 저장 작용
	헤모글로빈	혈색소	heme(비단백질) + globin(단백질) = 1 : 4 결합
	카로티노이드		카로티노이드 관련 현상 : 아스타잔틴(청록색) → 가열 → 아스타신(붉은색)

01 갑각류인 새우와 게 껍데기 등을 가열 시 나타나는 붉은 색소는? 2019.12

① 키 틴
② 아스타잔틴
③ 제아잔틴
④ 아스타신
⑤ 리코펜

02 박피한 우엉과 연근의 변색을 방지하기 위해 식초물에 침지하는데 이때 관여하는 색소는? 2018.12

① 안토시아닌
② 잔토필
③ 안토잔틴
④ 카로틴
⑤ 클로로필

03 적양배추를 식초에 절였을 때 용출되는 붉은 색소는? 2021.12

① 아스타잔틴
② 플라보노이드
③ 제아잔틴
④ 미오글로빈
⑤ 안토시아닌

04 착색료와 영양강화제로 사용되는 식품첨가물로 옳은 것은? 2017.02

① 안토시아닌
② 카로틴
③ 잔토필
④ 클로로필
⑤ 안토잔틴

05 동물성 식품에 존재하는 색소는? 2021.12

① 미오글로빈
② 페오피틴
③ 베타인
④ 안토잔틴
⑤ 카로티노이드

01 카로티노이드 관련 현상으로 청록색의 아스타잔틴(astaxanthin)에 열을 가하게 되면 붉은색의 아스타신(astacin)으로 변한다.

02 백색·담황색 채소 속에는 플라보노이드 계열의 안토잔틴 색소가 있다.

03 안토시아닌
적양배추에 함유된 안토시아닌 색소는 화학적으로 불안정하여 pH에 따라서 색이 달라지는데 산성에서는 붉은색, 중성에서는 보라색, 염기성에서는 녹색·청색을 나타낸다.

04 카로틴은 카로티노이드 색소의 하나로 붉은색을 띠며 식물(토마토·당근·고구마 등)과 초식동물의 지방에 들어 있다. 식품첨가물인 착색제로 사용되며, 프로비타민 A의 효력이 있다.

05 미오글로빈(myoglobin)
근세포 속에 있는 헤모글로빈과 비슷한 헴단백질로 적색 색소를 함유하고 있어 조류나 포유류의 근육을 붉게 염색하는 물질이다.

01 ④ 02 ③ 03 ⑤ 04 ② 05 ①

식품의 갈변

- 효소적 갈변 : 페놀류의 산화효소가 활성화되어 갈변현상을 일으킴
  - 폴리페놀 산화효소 : 페놀을 산화하여 퀴논을 생성하는 반응을 촉진하는 Cu^{2+}를 가진 효소, 사과·바나나의 박피·절단 → 산화 → 효소와 반응 → 멜라닌 색소 생성(갈색·흑색의 갈변), polyphenol → 중합 → melanin(갈색)
  - 티로시나아제 : 폴리페놀 산화효소와 작용기작이 유사하여 Cu^{2+}를 가진 효소, 감자 갈변의 주요물질인 티로신의 페놀기 산화 → 멜라닌 색소 생성, monophenol(tyrosine) → dihydroxyphenylalanine → 중합 → melanin
  - 억제방법 : 효소 활성 조절, 환원성 물질 첨가
- 효소적 갈변 억제방법

구 분	효소 활성 억제			산소 접촉 차단		기질 환원·희석	
기 작	pH 조절	열처리	염소이온 처리	금속류(철·구리)에 의한 산화 촉진 회피	산소 차단	환원물질 처리	수용성 기질 희석
사용 사례	묽은 구연산물에 침지	60℃ 이상 가열	소금물에 침지	스테인레스 칼날 사용 등	물·소금물·설탕물에 침지, 탄산·질소가스 충전	아황산염·아황산가스 처리	물에 침지(티로신)

- 비효소적 갈변
  - 마이야르 반응 : 아미노기($-NH_2$)와 카르보닐기($-CO-$) 반응 → 갈색물질인 maillard 생성, 반응에 온도가 가장 많은 영향을 줌, 알칼리에서 반응속도가 커지고 당의 종류에 따라 속도가 다름(커피·홍차·간장의 갈변)
  - 아스코르브산 산화반응 : 비가역적 산화 → 항산화제 기능 상실 → 갈색화 반응(CO_2 생성, 과일 통조림의 팽창 요인, 감귤류·주스의 갈변), pH 낮을수록 증가
  - 캐러멜화 반응 : 당류의 가열에 의한 산화·분해 → 갈색 물질 생성(자연 발생적이지 않음), 식품의 향·맛에 기여 (빵·과자·캔디·비스킷의 갈변, 간장·된장 : 마이야르·캐러멜화 반응이 동시 일어남), 최적 pH 6.5~8.2

식물성 식품의 냄새

- 과일 냄새(방향족 알코올류, 지방산 에스테르, 테르펜류)
  - 바나나 : 아이소아밀아세테이트(isoamyl acetate), 아이소아밀아이소발레레이트(isoamyl isovalerate)
  - 복숭아 : 에틸포메이트(ethyl formate)
  - 배·사과 : 아밀포메이트(amyl formate), 에틸아세테이트(ethyl acetate), 아이소아밀포메이트(isoamyl formate)
  - 레몬·라임 : 시트랄(citral), 리모넨(limonene)
- 채소 냄새(휘발성 유황화합물, 알데하이드류, 케톤류)
  - 겨자 : 시니그린(sinigrin) → 미로시나아제(myrosinase) → 알릴아이소티오시아네이트(allyl isothiocyanate) 생성
  - 표고버섯 : 렌티오닌(lenthionine)
  - 양파 : 알리이나아제(alliinase) → 프로페닐설펜산(최루 성분) → 프로판다이올-s-옥사이드 → 프로피온알데하이드·황화수소로 분해
  - 양파 : 프로필메르캅탄(propyl mercaptan), 디알릴디설파이드(diallyl disulfide)
  - 무 : 메틸메르캅탄(methyl mercaptan)
  - 오이 : 2,6-nonadienal(휘발성 카르보닐 화합물)
  - 마늘 : 알리인 → 알리나아제 → 알리신 생성
  - 미나리 : 미르센(myrcene)
  - 쑥 : 투욘(thujone)

01 가열에 의한 비효소적 갈변이 일어나는 마이야르 반응에 관여하는 것은? `2017.02`

① 당질과 지방
② 당질과 단백질
③ 수분과 지방
④ 당 질
⑤ 비타민과 단백질

02 마이야르(Maillard) 반응의 초기 단계에서 일어나는 것은? `2019.12`

① 탈아미노 반응
② 멜라노이딘 형성
③ 스트레커 분해 반응
④ 아마도리 전위 반응
⑤ 히드록시 메틸 부르푸랄 생성

03 껍질을 제거한 연근의 갈변을 억제할 수 있는 방법은? `2021.12`

① 공기에 노출하기
② 작게 자르기
③ 식소다물에 담그기
④ 실온에 두기
⑤ 식초물에 담그기

04 박피한 사과의 갈변을 일으키는 데 관여하는 색소로 옳은 것은? `2018.12`

① 멜라닌
② 카라멜
③ 티로시나제
④ 퀘르세틴
⑤ 잔토필

---

01 마이야르 반응은 당(환원당)과 단백질(아미노 화합물) 사이에서 일어나는 비효소적 갈색화 반응으로 아미노카르보닐 반응이라고도 한다.

02 Maillard 반응기작
- 초기 : 색의 변화 없음, 환원당과 아미노기 화합물의 축합반응, 아마도리 전위(질소배당체가 대응하는 ketose로 전위되는 것)
- 중간 : 아마도리 전위 생성물질 산화 및 분해, 당의 산화(osone류 생성, HMF, reductone류 생성 등) → 당 생성물이 갈변에 관여
- 최종 : aldol 축합반응, strecker 반응, 멜라노이딘 생성 반응 → 형광성 갈색 물질의 멜라노이딘 색소 형성

03 연근은 폴리페놀, 클로로겐산으로 인해서 쉽게 갈변하기 때문에 식초와 같이 조리하거나 식초물에 담갔다가 조리한다. 또한, 식초는 연근의 유효성분이 손실되는 것을 막고 흡수가 잘되도록 돕는 작용을 한다.

04 박피·절단된 사과가 산소에 노출되면 폴리페놀 산화효소에 의해 멜라닌 색소를 생성(갈색·흑색)한다.

01 ② 02 ④ 03 ⑤ 04 ①

안심Touch

- 기타 냄새(향신료)
  - 커피 : furfuryl 알코올(furfural 유도체)
  - 후추 : 차비신(chavicine), 피페린(piperine)
  - 계피 : 신나믹알데하이드(cinnamic aldehyde), 시트랄(citral), 유게놀(eugenol)
  - 정향 : 유게놀(eugenol)
  - 박하 : 멘톨(menthol), 멘톤(menthon)

동물성 식품의 냄새

- 육류(amine 화합물) : 불쾌취(ammonia, methyl mercaptane), 가열조리 carbonyl 화합물(methanal, ethanal, propanone, alcohol, acetic acid, propionic acid)
- 어패류(amine 화합물)
  - 해수어 : TMA(trimethylamine)
  - 담수어 : 피페리딘(piperidine), δ-amino valeraldehyde, δ-aminovaleric acid
- 우유·유제품(지방산·carbonyl)
  - 우유 : 저급지방산[아세톤(acetone), 아세트알데하이드(acetaldehyde), 황화메틸(methyl sulfide), 프로피온산(propionic acid), 부티르산(butyric acid)]
  - 버터 : 저급지방산, 아세토인(acetoin), 다이아세틸(diacetyl)
  - 치즈 : 에틸-ß-메틸메르캅토프로피오네이트(ethyl-ß-methyl mercaptopropionate)
  - 발효유 : 혐기적(2,3-butanediol), 호기적(acetoin, diacetyl)

냄새 성분의 변화

분류 및 종류		특징
가열조리	밥 지을 때	aldehyde류, ammonia, acetone
	아미노카르보닐(amino carbonyl)	dicarbonyl 화합물 + 아미노산 → 가열 → 아미노 리덕톤 + 알데하이드(냄새성분)
	캐러멜 향	포도당 → 가열 → furfural, hydroxymethyl furfural
	빵	발효 → acetoin 산화 → diacetyl
	채소 삶을 때(무, 양파, 마늘 등)	dimethyl disulfide → 가열 → mercaptan류(황화합물)
발효	단백질류	• 단백질 미생물 발효 → 펩타이드, 아미노산 생성(풍미 형성) • 콩발효 → 간장, 된장 • 수산물 → 멸치액젓, 까나리액젓
훈연	유기산류	유기산류, 카르보닐 화합물, 페놀류, 살균력(저장성 생김)
부패	밥	• 묵은 쌀 이취 : n-caproaldehyde • 쉰밥 : 부티르산(butyric acid)
	지방식품	ketone류
	단백질	ammonia · methyl mercaptane · H_2S · indole · skatole

01 다음 중 식품과 향미성분으로 옳게 연결된 것은?

2017.02

① 커피 – eugenol

② 계피 – furfural

③ 오이 – 2,6-nonadienal

④ 마늘 – piperine

⑤ 겨자 – diacetyl

02 아미노카르보닐(amino carbonyl) 반응에서 생성되는 것은?

① dextrin ② caramel

③ melanoidin ④ cinamon

⑤ Saccharification

03 다음 중 담수어의 비린내 성분으로 옳은 것은?

① piperidine ② TMA

③ dimethyl sulfide ④ butyric acid

⑤ acetoin

04 어류와 육류 식품의 주요 냄새 성분으로 옳은 것은?

① 케톤류 ② 테르펜류

③ 에스테르류 ④ 아민류

⑤ 알코올류

05 버터의 고유한 향기 성분으로 옳은 것은? 2017.12

① 피페리딘 ② 트리메틸아민

③ 암모니아 ④ 다이아세틸

⑤ 부티르산

---

01 ① 커피 : furfural

② 계피 : eugenol

④ 마늘 : dially disulfide

⑤ 겨자 : allyl isothiocyanate

02 아미노산과 카르보닐 화합물(환원당)이 반응하여 갈색의 착색 중합물인 멜라노이딘(melanoidin)을 생성한다.

03 ② TMA : 해수어 비린내 성분

③ dimethyl sulfide : 해조류 건조 시 냄새

④ butyric acid : 밥의 쉰 냄새

⑤ acetoin : 버터의 향기 성분

04 어류나 육류 속의 단백질, 아미노산 등이 분해되어 amine 화합물을 생성한다.

05 동물성 식품의 냄새

- 다이아세틸(diacetyl) : 버터 등의 유제품의 향기 성분
- 피페리딘(piperidine) : 담수어의 비린 냄새 성분
- 트리메틸아민(TMA) : 해수어의 비린 냄새 성분
- 암모니아, 메틸 메르캅탄(ammonia, methyl mercaptane) : 육류의 불쾌취 성분
- 부티르산(낙산 ; butyric acid) : 유지방에 많이 들어있는 성분으로 산패취 성분

01 ③ 02 ③ 03 ① 04 ④ 05 ④

✍ 미각의 생리현상

- 맛의 대비 : 주된 맛에 다른 맛을 혼합할 경우 주된 맛을 더욱 강하게 느끼게 되는 현상
- 맛의 억제 : 서로 다른 맛이 혼합되었을 때 주된 맛이 약해지는 현상
- 맛의 상승 : 유사한 맛이 혼합되어 가지고 있는 맛보다 더 강한 맛으로 느껴지는 현상
- 맛의 상쇄 : 두 가지 맛이 혼합하여 맛이 약해지거나 각각의 고유한 맛을 나타내지 못하는 현상
- 맛의 순응(맛의 피로) : 계속 같은 맛을 보면 맛이 변하거나 미각의 둔화로 거의 느끼지 못하는 현상
- 맛의 변조 : 한 가지 맛을 본 후 다른 맛이 정상적으로 느껴지지 않는 현상
- 맛의 상실 : 열대식물인 김네마 실베스터의 잎을 씹은 후 일시적으로 단맛과 쓴맛을 느낄 수 없게 되는 현상

✍ 맛의 분류

- 단 맛
  - 천 연
    - ⓐ 당류 : 단당류(포도당, 과당), 이당류(자당, 맥아당, 유당), 당알코올(소르비톨, 만니톨, 자일리톨)
    - ⓑ 아미노산 : L-류신산(당뇨병 환자의 감미료로 사용), 글리신, 알라닌, 프롤린, 세린
    - ⓒ 방향족 화합물 : 글리시리진, 필로둘신(당뇨병 환자의 감미료로 사용), 스테오비사이드, 페릴라틴[비식품 감미료(담배의 향료)]
    - ⓓ 황화합물 : 메틸메르캅탄, 프로필메르캅탄
  - 인 공
    - ⓐ 사용 가능 : 아스파탐, 아세설팜칼륨, 사카린(당뇨병 환자의 감미료로 사용), 수크랄로오스
    - ⓑ 사용 금지 : 둘신(소화효소 억제작용, 중추신경계 자극, 간 종양, 혈액독, 간장·신장장애), 사이클라메이트
- 매운맛
  - 산-아마이드류 : 캡사이신(고추), 차비신(후추), 산쇼올(산초)
  - 황화합물류 : 시니그린(흑겨자, 고추냉이), 시날빈(백겨자)
  - 황화아릴류 : 디알릴디설파이드(양파), 알리신(마늘)
  - 방향족 알데하이드·케톤류 : 진저롤·쇼가올·진저론(생강), 쿠르쿠민(울금), 신남알데하이드(계피)
- 쓴 맛
  - 알칼로이드 : 카페인(커피·녹차·코코아), 테오브로민(코코아, 초콜릿), 퀴닌(퀴나)
  - 배당체 : 나린진(밀감 껍질), 쿠쿠르비타신(오이 꼭지), 퀘세틴(양파 껍질)
  - 케톤류 : 후물론(맥주 홉), 루풀론(맥주 홉), 투욘(쑥)
  - 아미노산(단백질 분해물) : L-트립토판, L-류신, L-페닐알라닌
  - 무기염류 : 염화마그네슘, 염화칼슘
  - 기타 : 리모넨(감귤류 껍질), 이포메아마론(흑반병에 걸린 고구마), 사포닌(콩, 도토리)

01 폴리페놀의 일종으로 녹차의 떫은맛을 나타내는 성분은?

2018.12

① 이포메아마론　　② 커피산
③ 엘라그산　　　　④ 시부올
⑤ 카테킨

02 감귤류의 쓴맛 성분으로 옳은 것은?　2018.12

① 나린진　　　　② 리모넨
③ 사포닌　　　　④ 카페인
⑤ 쿠쿠르비타신

03 식품과 그 고유의 매운맛 성분이 바르게 연결된 것은?

2018.12

① 겨자 – 캡사이신
② 마늘 – 프로필알릴 디설파이드
③ 생강 – 진저올
④ 고추 – 차비신
⑤ 양파 – 샨쇼올

04 감귤류의 쓴맛 성분을 제거하는 효소로 옳은 것은?

2018.12

① 나린기나아제
② 미로시나아제
③ 펙티나아제
④ 티로시나아제
⑤ 리폭시게나아제

---

01 ⑤ catechin : 녹차의 떫은맛
① ipomeamarone : 고구마의 쓴맛
② coffeic acid : 커피의 떫은맛
③ ellagic acid : 밤 속껍질의 떫은맛
④ shibuol : 감 속 떫은맛

02 쓴맛 성분
- 휴물론(humulone) : 맥주의 홉(hops)
- 리모넨(limonene) : 레몬
- 사포닌(saponin) : 콩
- 카페인(caffeine) : 커피, 녹차, 코코아
- 쿠쿠르비타신(cucurbitacin) : 오이

03 마늘 – 알리신, 겨자 – 시니그린, 고추 – 캡사이신, 양파 – 프로필알릴 디설파이드, 후추 – 차비신, 산초 – 샨쇼올

04 ① naringinase : 나린진의 람노오스와 글루코오스와의 사이의 결합을 절단하여 쓴맛을 제거하는 나린진(naringin) 가수분해 효소
② myrosinase : 겨자씨에 들어 있어 조직 파괴 시 자극적인 냄새·매운맛 나타내게 하는 효소
③ pectinase : 투명 과즙의 제조 및 귤 내과피의 박피 등에 사용하는 펙틴 가수분해효소
④ tyrosinase : 감자 등 박피하여 공기 중에 노출 시 검게 변화시키는 효소
⑤ lipoxygenase : 콩나물 비린내 원인 효소

01 ⑤ 02 ① 03 ③ 04 ①

- 감칠맛
  - 아미노산과 유도체 : 글루탐산(다시마), 글루타민, 글리신, 크레아틴, 크레아티닌, 아스파라긴, 베타인, 테아닌
  - 펩타이드 : 카노신, 엔세린, 글루타치온
  - 뉴클레오티드 : 구아닐산, 이노신산
  - 기타 : 호박산(조개류), 타우린, trimethylamine oxide(TMAO)
- 신 맛
  - 유기산 : 초산(아세트산), 젖산, 숙신산(호박산), 사과산(말산), 구연산(시트르산), 주석산(타르타르산), 아스코르브산, 글루콘산
  - 무기산 : 탄산, 인산

미생물의 생육과 영향인자

- 수분활성도(Aw) : 미생물 몸체의 주성분이며 생리 기능을 조절하고 자유수를 이용
  - 건조한 환경에서의 발육 능력 : 곰팡이 > 효모 > 세균(간균이 구균보다 발육 능력 더 억제)
  - 미생물의 종류에 따라 수분량 요구량은 다르나 일반적으로 세균의 발육을 위해서는 약 50%의 수분이 필요
  - 수분활성도 낮추기 위한 방법
    ⓐ 식염, 설탕 등 용질의 첨가
    ⓑ 농축, 건조에 의한 수분의 제거
    ⓒ 냉동 등 온도 강하에 의한 수분활성도 저하
- 산소요구도 : 생육에 따른 산소 필요도
  - 호기성 미생물 : 생육에 산소를 필요로 하는 균(곰팡이, Bacillus, Micrococcus, 방선균 등)
  - 미호기성 미생물 : 산소의 분합대가 낮은 곳에서 생장 가능한 미생물. 산소 농도 2~10%(Campylobacter)
  - 혐기성 미생물 : 통성 혐기성균(Escherichia, 효모), 편성 혐기성균(Clostridium, Bifidobacterium 등)
- 수소이온농도(pH)
  - 세균 : pH 6.5~7.5의 중성 또는 약알칼리성 영역에서 발육
  - 곰팡이·효모 : pH 4~6의 약산성에서 발육
  - 생육억제 : pH가 낮은(pH 4.5) 초산, 젖산 등을 이용하여 미생물 증식 억제
- 온도 : 미생물은 온도에 따라 저온균(0~25℃), 중온균(25~45℃), 고온균(45~75℃)으로 나뉨
- 삼투압 : 소금물(10%)과 당액(50%)에서는 요구 수분량의 부족으로 미생물 생육이 억제
- 미생물의 세대기간과 증식곡선
  - 세대기간 : 총균수 = 초기균수 × 2^n(n : 세대수)
  - 증식곡선
    ⓐ 유도기 : 균의 수 증가 없음. 새로운 생육환경의 적응 기간(세포의 크기 커짐 → RNA 함량 증가·대사활동 활발)
    ⓑ 대수기 : 세포수의 급격한 증가, 균수 대수적으로 증가, 대사산물 증가, 세포질의 합성속도와 분열속도 거의 비례, 세대기간 가장 짧고 일정, 세포크기 일정, 균 증식곡선이 직선에 가까워짐
    ⓒ 정지기 : 배양기간 중 세포수 최대, 생균수 일정(증식 세포수와 사멸 세포수 동일)
    ⓓ 사멸기 : 미생물의 사멸로 미생물의 수가 감소하는 기간

01 오징어 · 문어 · 새우 등 아미노산이 풍부하여 감칠맛을 내는 성분으로 옳은 것은? `2018.12`

① 글루타민산
② 이노신산
③ 구아닐산
④ 베타인
⑤ 알긴산

02 조개의 감칠맛을 내는 유기산으로 옳은 것은? `2017.02`

① 구연산(citric acid)
② 호박산(succinic acid)
③ 주석산(tartaric acid)
④ 초산(acetic acid)
⑤ 젖산(lactic acid)

03 미생물의 생육 단계 중 미생물 수가 가장 급증하는 단계는? `2020.12`

① 유도기
② 대수기
③ 정지기
④ 사멸기
⑤ 쇠퇴기

04 유산균 phage의 예방대책으로 옳은 것은?

① 탈지유의 용량을 늘린다.
② starter를 다량 첨가한다.
③ 유산을 첨가하여 배양한다.
④ rotation system으로 균주를 바꾼다.
⑤ 열처리를 충분히 한다.

---

01 감칠맛
- 아미노산계 : 글루타민산(다시마), 베타인(오징어, 문어)
- 핵산계 : 이노신산(가다랑어), 구아닐산(표고버섯)

02 ① 감귤류 : 구연산(citric acid)
③ 포도 : 주석산(tartaric acid)
④ 식초 : 초산(acetic acid)
⑤ 김치 : 젖산(lactic acid)

03 미생물 증식곡선에서 대수기에 해당하는 내용이다. 이 기간에는 균수가 대수적으로 증가한다.

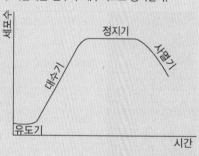

미생물의 생육곡선

04 파지 방지대책으로는 철저한 소독 · 청결, 내성균주의 이용, 숙주를 바꾸는 로테이션 시스템의 실시 등이 있다.

📝 세균의 형태 및 종류

형태		종류	Gram	아포	편모
간균(Bacillus)	• 단간균 • 간 균 • 장간균 • 연쇄상간균 coryne형 간균	Coryneforms	+	×	단모(양단편모)
		Listeria	+	×	주모균
		Yersinia	−	×	
		E-coli	−	×	
		Salmonella	−	×	
		Botulinus	+	○	
		Bacillus	+	○	
		Welchii	+	○	×
구균(coccus)	단구균	Micrococcus	+	×	×
	포도상구균	Staphylococcus	+	×	×
	연쇄상구균	Streptococcus	+	×	×
나선균(Spirillum)	나선상	Spirillum	−	×	단모(양단편모)
	screw상	Campylobacter	−	×	
	콤마상(호균)	Vibrio	−	×	단편모

📝 젖산 생성균

정상발효젖산균 (homo형)	당으로부터 100%로 젖산만 생성	
	Streptococcus	• Gram 양성, 구균, 통성혐기성 • Sc. thermophilus : 요구르트 • Sc. lactis : 치즈, 요구르트 • Sc. faecalis : 젖산균 제제나 미생물 정량, 배설물에 의한 식품오염의 위생 상태 지표
	Pediococcus	• Gram 양성, 구균, 미호기성, 소금에 절인 채소 발효, 알코올 음료 부패 • Ped. damnosus : 맥주 diacetyl 생성(유해균) • Ped. halophilus : 간장, 된장, 내염성
	Lactobacillus	• Gram 양성, 간균, 미호기성 or 편성혐기성, 항균물질 생산 → 유해세균 생육 억제 • L. casei : 치즈 • L. bulgaricus : 요구르트 • L. acidophilus : 정장작용, 요구르트, acidophilus milk • L. plantarum : 김치 발효 후기 • L. homohiochii : 화락균, 일본 청주 백탁 산패
이상발효젖산균 (hetero형)	당으로부터 젖산 이외에 ethanol, acetic acid, CO_2 등 생성	
	Lactobacillus	• Gram 양성, 간균, 미호기성 or 편성혐기성 • L. heterohiochii : 화락균, 일본 청주 백탁 산패(L. homohiochii : hetero형) • L. brevis : 채소 발효
	Leuconostoc	• Gram 양성, 구균, 채소·과일 분포 • Leu. mesenteroides : 김치 발효 초기, dextran 생성 • 버터, 치즈 starter
	Bifidobacterium	• Gram 양성, 무포자 • B. infantis, B. bifidum, B. longum : 요구르트, 정장제

01 다음 중 간장과 된장의 제조에 사용되는 주요 곰팡이는?

① Saccharomyces pastorianus
② Aspergillus niger
③ Hansenula anomala
④ Aspergillus oryzae
⑤ Proteus vulgaris

02 이상발효젖산균으로 청주 제조에 관여하는 미생물은?

① Pediococcus damnosus
② Lactobacillus sake
③ Lactobacillus heterohiochii
④ Pseudomonas aeruginosa
⑤ Lactobacillus casei

03 간장, 된장을 만들 때 곡류에 Aspergillus oryzae를 번식시킨 코지를 이용하는 것과 관계가 없는 것은?

① 당화효소의 이용
② 단백질 분해효소의 이용
③ 지방 분해효소의 이용
④ 장류의 색소 형성
⑤ 장류의 주된 맛과 향기 부여

04 젖산균으로 김치의 발효 초기에 생육하여 이상발효에 관여하는 것은? 2019.12

① Streptococcus mutans
② Leuconostoc mesenteroides
③ Saccharomyces cerevisiae
④ Pediococcus cerevisiae
⑤ Aspergillus oryzae

---

01 ① Saccharomyces pastorianus : 맥주 혼탁 유해균
② Aspergillus niger : 검은빵곰팡이
③ Hansenula anomala : 산막효모이나 청주 발효의 향미 부여
⑤ Proteus vulgaris : 우유 산패

02 ① Pediococcus damnosus : 맥주의 diacteyl을 생성하는 유해균
③ Lactobacillus heterohiochii : 화락균, 청주의 백탁 산패
④ Pseudomonas aeruginosa : 녹농균으로 우유의 색을 청색으로 변색시킴
⑤ Lactobacillus casei : 치즈 제조에 이용

03 장류의 균주가 갖추어야 할 조건
• protease의 효소 활성
• glutamic acid의 생성능력
• 전분 당화작용이 강해야 함

04 ② Leuconostoc mesenteroides : 김치의 발효 초기에 관여하여 점질물을 생성하는 젖산균
① Streptococcus mutans : 입속 충치균
③ Saccharomyces cerevisiae : 맥주의 상면발효
④ Pediococcus cerevisiae : 맥주 변패
⑤ Aspergillus oryzae : 간장, 된장

01 ④ 02 ② 03 ④ 04 ②

📝 포자형성균

종 류		특 징
Bacillus	Gram 양성, 간균, 호기성 or 통성혐기성, 토양에 분포	
	subtilis	• 고초균, subtilin(항생물질) 생성, biotin을 생육인자로 요구하지 않음 • 된장, 청국장, 간장
	natto(납두균)	고초균, 청국장, 점질물 생성, biotin을 생육인자로 요구
	coagulans	통조림 falt sour 원인균
	stearothermophilus	통조림 falt sour 원인균 및 부패균
	cereus	식중독 원인균
	anthracis	탄저균
Clostrium	Gram 양성, 간균, 편성혐기성, 단백질 분해력 강, 체외 독소	
	botulinum	botulin(neurotoxin, 신경독소) 생성
	sporogenes	통조림 팽창·부패
	perfringens	welchii형 식중독균
	butylicum	부티르산(butyric acid) 생성
	acetobutyricum	전분질 분해 → acetone과 butanol 생성
	tetani	파상풍균

📝 미생물의 이용

- 간 장
  - 코지 곰팡이 : Aspergillus oryzae, Aspergillus sojae
  - 내염성 세균 : Pediococcus halophilus
  - 내염성 효모 : Zygosaccharomyces rouxii, Candida versatilis(Torulopsis versatilis)
- 된 장
  - Aspergillus oryzae : 당화효소, 단백질 분해
  - Streptococcus faecalis : 잡균 번식 제어
  - Pediococcus sojae, Pediococcus halophilus : 숙성
  - Zygosaccharomyces rouxii : 숙성, 향미 부여
  - Candida versatilis : 후숙
- 청국장 : Bacillus subtilis(고초균), Bacillus natto(납두균) → 점질물 생산
- 술
  - 포도주 : Saccharomyces cerevisiae, Saccharomyces bayanus, Botrytis cinerea(귀부균), Saccharomyces ellipsoideus
  - 맥 주
    ⓐ 주요균 : 상면발효(Saccharomyces cerevisiae), 하면발효(Saccharomyces carlsbergensis), 에테르냄새(Hansenula anomala)
    ⓑ 변패 : Pediococcus cerevisiae, Lactobacillus pastorianus, Acetobacter pasteurianus(초산균) → 혼탁, 신맛 생성

01 간장 양조에 관계되는 미생물들로 묶은 것은?

> ㉠ 효 모   ㉡ 곰팡이
> ㉢ 세 균   ㉣ 방선균
> ㉤ 바이러스

① ㉠, ㉡, ㉢   ② ㉠, ㉢, ㉤
③ ㉡, ㉢, ㉣   ④ ㉣, ㉤
⑤ ㉠, ㉡, ㉢, ㉣, ㉤

01 간장의 균주
- 곰팡이 : Aspergillus oryzae, Aspergillus sojae
- 효모 : Zygosaccharomyces rouxii, Candida versatilis(Torulopsis versatilis), Saccharomyces cerevisiae
- 세균 : 젖산균(Pediococcus halophilus)

02 포도에 귀부현상을 일으켜 달고 맛있는 디저트 와인을 만드는 데 관계하는 곰팡이는?

① Botrytis cinerea
② Saccharomyces cerevisiae
③ Saccharomyces carlsbergensis
④ Aspergillus oryzae
⑤ Saccharomyces ellipsoideus

02 Botrytis cinerea(귀부균)는 잿빛 곰팡이 병이라고도 불리며 포도껍질에 자라 포도 내 수분을 증발시키고, 당과 맛을 강화시켜 디저트 와인을 만드는 데 관여한다.

03 맥주의 상면발효에 관여하는 미생물로 옳은 것은?

① Saccharomyces cerevisiae
② Saccharomyces carlsbergensis
③ Botrytis
④ Saccharomyces ellipsoideus
⑤ Pediococcus cerevisiae

03 맥주 발효에 이용되는 효모
- 상면발효 : 효모가 맥아즙의 표면에서 발효하여 만드는 맥주로 표면발효라고도 하며 에일맥주가 대표적(Saccharomyces cerevisiae)
- 하면발효 : 하면효모를 써서 비교적 낮은 온도에서 발효한 맥주(Saccharomyces carlsbergensis)

04 청국장 제조에 관여하는 미생물은? `2017.12` `2020.12`

① Bacillus subtilis
② Lactobacillus bulgaricus
③ Aspergillus sojae
④ Penicillium roqueforti
⑤ Saccharomyces ellipsoideus

04 ② Lactobacillus bulgaricus : 요구르트
③ Aspergillus sojae : 간장
④ Penicillium roqueforti : 치즈
⑤ Saccharomyces ellipsoideus : 포도주

01 ①   02 ①   03 ①   04 ①

- 청주 : Aspergillus oryzae, Saccharomyces cerevisiae
- 탁주 : 입국 곰팡이(Aspergillus niger, Asp. kawachii), 분국 곰팡이(Aspergillus usamii, Aspergillus shirousamii, Rhizpous japonicus, Aspergillus awamori)
- 요구르트 : Lactobacillus bulgaricus, streptococcus thermophilus
- 김치 : Streptococcus faecalis, Leuconostoc mesenteroides, Lactobacillus brevis, Lactobacillus plantarum 등

✍ 효 모

• 특 징
  - 유기영양을 이용하여 살아가는 단세포 생물로 진핵세포(자낭균류와 불완전균류)
  - 통성혐기성(공기의 여부와 무관), 내산성, 출아법(양극·다극출아), 분열법, 균사 만들지 않음
  - 포자 형성 : 무성적 생성포자(단위생식, 위접합, 분절포자, 후막포자, 사출포자), 유성적 생성포자(자낭포자, 담자포자, 겨울포자)
• 종류와 특징

분류	효모 종류		특 징
자낭균	Saccharomyces속	S. cerevisiae	상면맥주효모, 빵효모, 청주효모
		S. carlsbergensis	하면맥주효모
		S. sake	청주 제조
		S. ellipsoideus	포도주 제조
		S. pastorianus	맥주 혼탁 유해균
		S. rouxii	간장 제조
	Hansenula속	H. anomala	산막효모이나 청주 발효(후숙) 시에는 알코올에서 에스테르를 생성하여 향미 높임
	Lipomyces속	L. starkeyi	유지 생성
	Pichia속	P. membranaefaciens	산막효모(film yeast)
무포자	Trichosporon속	T. pullulans	산막효모(film yeast)
	Candia속	C. lipolytica	버터 변패 / 탄화수소 자화성 강(석유효모)
		C. tropicalis	사료효모
		C. albicans	피부질환(캔디다증 유발)
		C. utilis	xylose를 자화 → 사료효모·핵산 조미료 원료 제조, 비타민 B_1 생산 능력 강
		C. guilliermondii	riboflavin(Vit B_2) 생산 능력 강
		C. robusta	
	Torulopsis속	T. versatilis	호염성, 간장 발효 시 향미 생성. 후숙효모
		T. etchellsii	
	Rhodotorula속	R. glutinis	유지 생성

01 에멘탈 치즈의 숙성과정 중 CO_2를 발생하여 cheese eye 를 형성하는 미생물은? 2019.12

① Propionibacterium shermanii
② Aspergillus oryzae
③ Mucor rouxii
④ Penicillium chrysogenum
⑤ Streptococcus mutans

02 김치의 숙성과정에서 젖산을 생성하여 발효를 일으키는 미생물로 옳은 것은? 2018.12

① Leuconostoc mesenteroides
② Lactobacillus bulgaricus
③ Saccharomyces sake
④ Saccharomyces ellipsoideus
⑤ Bacillus subtilis

03 효모와 곰팡이를 이용하여 만든 식품으로 옳은 것은?
2018.12

① 버 터　　　　② 치 즈
③ 막걸리　　　　④ 청국장
⑤ 요구르트

---

01 치즈 눈(cheese eye)이라는 작은 구멍이 있는 에멘탈 치즈는 숙성과정 중에 혐기성 균인 propionic acid균(Propionibacterium shermanii)에 의해 propionic acid 발효가 되어 가스구멍이 생기게 된다.

02 • 김치 : Streptococcus faecalis, Leuconostoc mesenteroides, Lactobacillus brevis, Lactobacillus plantarum 등
• 요구르트 : Lactobacillus bulgaricus
• 청주 : Saccharomyces cerevisiae(sake)
• 포도주 : Saccharomyces ellipsoideus
• 청국장 : Bacillus subtilis

03 • 곰팡이, 효모
　－ 막걸리 : Aspergillus 속(누룩곰팡이), Saccharomyces coreanus(효모)
• 세 균
　－ 청국장 : Bacillus natto(납두균), Bacillus subtilis(고초균)
　－ 요구르트 : 락토바실러스 불가리쿠스 (Lactobacillus bulgaricus)
　－ 버터 : Streptococcus lactic, Streptococcus creamoris
• 곰팡이
　－ 치즈 : 페니실리움 로크포르티(Penicillium roqueforti)

01 ①　02 ①　03 ③

📝 당 류

• 특 성
  - 용해성 : 강한 수용성, 온도·농도에 영향을 받음(온도↑ 용해성 증가)
  - 단맛의 강도 : 과당 > 자당(설탕) > 포도당 > 맥아당(엿당) > 갈락토오스 > 유당
  - 흡습성 : 주위 환경으로부터 수분을 흡수하는 것이며 용해도와 관련이 있음(과당 > 포도당·설탕·유당), 건조한 환경에서는 표면이 건조해져 덩어리짐(설탕)
  - 조리성 : 음식에 단맛을 부여, 텍스처에 중요한 역할, 캐러멜화되어 향과 색 부여, 당장처리로 보존기간 증가
  - 갈색화 반응(비효소적 갈변 반응) : 캐러멜화 반응, 마이야르 반응
• 결정형 캔디와 비결정형 캔디 : 설탕의 결정 유무
  - 결정형 캔디 : 결정이 질서정연하게 분포된 캔디(쉽게 깨물 수 있음). 폰당, 퍼지, 누가 등
  - 비결정형 캔디 : 당도가 높고 결정형성 방해물질이 많아 끈적거리는 캔디. 캐러멜, 브리틀, 마시멜로 등

📝 곡 류

• 쌀
  - 주 단백질 : glutelin류인 오리제닌(oryzenine)이 약 80% 차지
  - 찹쌀 : amylopectin 100%
  - 멥쌀 : amylopectin 80% + amylose 20%
  - 도정에 따라 영양성분이 다름(현미 > 5분도미 > 7분도미 > 10분도미)
• 밀
  - 불용성 단백질 : 글루테닌, 글리아딘
  - 가용성 단백질 : 알부민, 글로불린
  - 밀가루 종류 및 용도

분 류	세몰리나(semolina)	강력분(strong flour)	중력분(medium flour)	박력분(weak flour)
글루텐 함량	13% 이상	11~13%	10~12%	9% 이하
용도 및 특성	파스타용 (제분공정에서 밀가루를 얻고 남는 단단한 입자)	식빵, 마카로니 (끈기·탄력성 높아 부피·조직이 양호한 제품에 사용)	국수, 만두피 등 다목적용 (제면성, 퍼짐성 우수)	튀김옷, 파이, 케이크 (글루텐 형성이 적고 전분 함량이 높아 바삭함)
경 도	듀럼밀 (단백질·회분 함량 多)	경질밀 (단백질 함량 多)	경질밀 + 연질밀	연질밀 (단백질 함량 小)
원 료	카로티노이드 색소 함유	일반밀		

  - 첨가물
    ⓐ 지방 : 반죽을 부드럽게 함
    ⓑ 설탕 : 캐러멜화, 흡습성 있어 글루텐 형성 방해
    ⓒ 달걀 : 가열에 의한 단백질 응고로 반죽의 형태를 단단하게 함
    ⓓ 소금 : 글리아딘의 점성·신장성 증가, 망상구조 치밀하게 함(글루텐 강화)
    ⓔ 팽창제 : 가스 발생 → 다공질의 가볍고 부풀게 하는 역할
  - 국수 : 국수 중량의 6~7배의 물 → 삶기(물이 끓어오르면 찬물 한 컵 넣음) → 즉시 냉각

01 좋은 쌀의 특징으로 옳은 것은? `2018.12`

① 점성이 약한 것
② 길고 가는 것
③ 단단하고 부서지지 않는 것
④ 찹쌀처럼 쌀알에 전부 백색이 생겨야 함
⑤ 쌀알에 반점이 있어야 함

02 당류 가공품 중 결정형 캔디로 옳은 것은?

① 폰 당   ② 캔 디
③ 브리틀   ④ 캐러멜
⑤ 마시멜로

03 쌀의 주 단백질로 옳은 것은? `2018.12`

① 제 인   ② 오리제닌
③ 글리아딘   ④ 글루테닌
⑤ 호르데인

04 튀김의 바삭한 질감을 살리기 위한 방법으로 옳은 것은?
`2018.12`   `2021.12`

① 듀럼밀을 사용한다.
② 박력분을 사용한다.
③ 5%의 식소다를 첨가한다.
④ 밀가루에 우유를 넣고 많이 치댄다.
⑤ 미지근한 물로 반죽한다.

---

01 좋은 쌀 판별 방법
• 이물질이 없어야 함
• 쌀알이 광택이 나고 맑아야 하며 모양이 균일하며 반점이 없어야 함
• 쌀알에 찹쌀처럼 전부 또는 부분적인 백색이 안 생겨야 함
• 쌀에 금이 간 것이 없고 싸라기나 부러진 쌀이 없어야 함
• 도정일자가 명기되어 있어야 함

02 결정형 캔디에는 폰당, 누가(디비니티), 퍼지, 얼음 사탕 등이 있다.

03 ② 쌀의 주 단백질은 glutelin류인 오리제닌(oryzenine)으로 약 80% 차지하고 있다.
• 보리 : 호르데인(hordein), 글루테린(glutelin)
• 밀 : 글루테닌(glutenin), 글리아딘(gliadin)
• 옥수수 : 제인(zein)

04 글루텐 형성 방해 요인
• 설탕 : 흡습성이 있어 글루텐 형성을 방해
• 유지 : 글루텐의 길이를 짧게 하여 바삭한 식감을 줌
• 온도 : 낮은 온도
• 박력분 : 글루텐 함량 9% 이하
• 식소다 : 0.01~0.2% 첨가 → 탄산가스 발생과 함께 수분 증발 → 바삭해짐

01 ③   02 ①   03 ②   04 ②

안심Touch

- 옥수수
  - 단백질 : prolamine류인 제인(zein) 다량 함유
  - 황색 옥수수 : 루테인(lutein), 제아잔틴(zeaxanthin)
  - 적색 옥수수 : 안토시아닌
  - 가공 : 물엿, 시럽, 전분, 식용유 등
- 보 리
  - 단백질 : 프롤라민류(호르데인과 글루테린)
  - ß-글루칸(식이섬유 일종) 다량 함유 → 콜레스테롤 억제, 변비 예방
  - 필수아미노산인 트립토판(tryptophan)은 쌀보다 많음, 섬유질 다량 함유
  - 가공 : 엿기름, 맥주, 식혜, 엿, 위스키 등. 할맥이나 압맥으로 가공 시 소화율 높아짐

✍ 서 류

- 감 자
  - 대부분 전분질로 구성
  - 단백질 : 투베린(globulin의 일종)
  - 솔라닌(solanin) : 당알칼로이드 성분 → 가수분해 → 독성 형성 → 식중독 유발. 녹색 껍질·싹 주위 다량 존재, 서늘하고 통풍이 잘되는 어두운 곳 보관, 껍질 박피 시 70% 제거, 열에 강해 파괴가 잘 안됨(약 285℃에서 분해)
  - 셉신(sepsine) : 감자의 부패 시 생성되는 독성 물질
  - 갈변현상 : 산소 접촉 방지(물에 담그기), 가열 시 예방
  - 10℃ 저장 시 효소작용에 의해 당 형성(단맛)·갈변(튀김 시) → 품질 저하
  - 조리 : 조림, 볶음, 오븐, 굽기, 튀김(120℃ 이상 고온 조리 시 발암물질인 acrylamide 생성됨)
- 고구마
  - Vit A 전구물질인 카로티노이드 풍부
  - 호박고구마(ß-카로틴), 자색고구마(안토시아닌)
  - 단백질 : 이포메인(ipomein)
  - 수지배당체 : 유백색 점성 성분인 얄라핀(jalapin)
  - 흑반병 쓴맛 : 이포메아마론(ipomeamarone)
  - 갈변현상 : 절단 단면 → 폴리페놀 옥시다아제(polyphenol oxidase)의 작용
  - 저온에서 서서히 조리·가열하면 단맛 상승
  - 보관방법 : 고온작물로 저온저장 시 냉해 발생, 15℃ 이상 온도 저장
- 토 란
  - 점성물질 : 갈락탄(galactan)
  - 아린맛 : 호모겐티신산(homogentisic acid)
  - 피부자극 : 껍질 내 즙액의 수산염과 알칼로이드에 의해 가려움증 유발 → 가열 시 제거됨

01 옥수수를 주식으로 섭취 시 생기는 피부병인 펠라그라는 니아신(niacin)과 그 전구체의 부족으로 생기는데 그 전구체로 옳은 것은? 2018.12

① 리 신
② 트립토판
③ 트레오닌
④ 메티오닌
⑤ 아르기닌

02 보리에 함유된 다당류로서 점성이 높아 혈중 콜레스테롤을 낮추는 것은? 2021.12

① 베타글루칸
② 호르데인
③ 오리제닌
④ 글리아딘
⑤ 제 인

03 고구마를 구울 때 전분이 당화되어 단맛이 생성되는데 이때 작용하는 효소로 옳은 것은? 2018.12

① β-아밀라아제
② 리폭시게나아제
③ 프로테아제
④ 펙티나아제
⑤ 티로시나아제

04 곡류 단백질로 호르데인(hordein)이 주된 식품은? 2019.12

① 쌀
② 옥수수
③ 콩
④ 보 리
⑤ 밀

📝 육류의 특성

- 성 분
  - 단백질 : 약 20%, 미오겐(근장단백질), 액틴·미오신(근원섬유단백질), 엘라스틴·콜라겐(결합조직단백질)
  - 지질 : 대부분의 중성지방으로 5~80%, 쇠고기·돼지고기 > 가금류(오리·닭 등)
  - 탄수화물 : 간이나 근육에 글리코겐으로 존재
- 근육조직(muscle tissue)
  - 동물조직의 30~40% 차지하며 운동 수행 역할, 횡문근(근육의 수축·이완에 관여), 심근(심장을 구성), 평활근(모든 내장 기관 구성)으로 구성
  - 구조 : 근막 > 근섬유 > 근원섬유(근육단백질) > 액틴 + 미오신
  - 근섬유(muscle fiber) : 약 20,000개의 근원섬유의 모임. 동물의 연령, 성, 노동정도, 먹이(사료)의 종류에 따라 길이와 두께 다름
- 결합조직(connective tissue)
  - 동물체의 기관 및 조직(근육·지방조직)을 둘러싸고 있는 얇은 막, 위치 고정 등을 지지하는 조직. 콜라겐, 엘라스틴, 레티쿨린 등
  - 콜라겐 : 가열 → sol화 → gel화 예 도가니탕
  - 엘라스틴 : 황색의 탄성섬유, 가열 → 변화 없음(질겨서 식용 불가능)
- 지방조직(adipose tissue)
  - 올레산, 팔미트산, 스테아르산 등
  - 지방조직 함량 : 돼지고기 > 소고기, 오리고기 > 닭고기·칠면조고기
  - 마블링(marbling) : 근육 내 지방의 줄무늬, 지방은 근섬유 길이를 짧게 함
  - 특징 : 수분 증발 억제, 저장·조리 → 지방의 변화 풍미, 질 결정
- 색 소
  - 근육의 색, 성숙정도, 부위에 따라 미오글로빈과 헤모글로빈 양에 의해 결정(주로 미오글로빈의 heme 색이 기여)
    예 가금류 : 밝은색(백색근) → 미오글로빈에 의한 것
  - 육색소(myoglobin) : 1globin + 1Hem, 노쇠한 동물 > 어린 동물(예 소의 근육의 색은 송아지보다 더 짙음)
  - 혈색소(hemoglobin) : 4globin + 1Hem
- 사후강직(경직) 및 숙성
  - 사후강직 : 도살된 후 근육이 단단하게 굳는 현상(질기고 보수성이 적어 먹기 힘들기 때문에 끝난 후에 조리해야 함)
  - 숙성 : 근육 내 분해효소(프로테아제)에 의해 자기소화(근원섬유단백질 분해)가 일어나 근육의 길이가 짧아져 연해지고, 유리 아미노산 oligopeptide가 생성되어 맛·풍미·보수성이 증가
  - 숙성시간이 길어지면 미생물의 번식과 산패로 육질이 나빠질 수 있음

01 소 등의 척추동물의 혈색소에 내포된 금속분자의 연결로 옳은 것은?

① hemoglobin - Cu
② hemocyanin - Fe
③ hemoglobin - Fe
④ hemocyanin - Cu
⑤ myoglobin - Fe

02 돈육에 풍부하게 들어있으며 유황을 함유하고 있는 수용성 비타민은? `2019.12`

① 엽 산　　　　② 피리독신
③ 판토텐산　　　④ 티아민
⑤ 리보플라빈

03 육류의 섬유상 단백질이 가열에 의해 전환(생성)되는 수용성 단백질은? `2018.12`

① 리 신　　　　② 글리신
③ 엘라스틴　　　④ 젤라틴
⑤ 미오신

04 육류의 근육 속에 들어 있는 색소 단백질은? `2019.12`

① 헤모글로빈　　② 미오글로빈
③ 미오신　　　　④ 콜라겐
⑤ 액 틴

---

01 Fe는 혈색소 hemoglobin에 존재하며 산소를 운반하는 일을 한다.

02 비타민 B_1 함량

돼지고기 > 소고기
(0.4~0.6mg/100g)　(0.07mg/100g)

약 10배

03 결합조직의 구성 단백질에는 콜라겐, 엘라스틴 등이 있으며 콜라겐은 가열에 의해 수용성의 젤라틴으로 전환되지만 엘라스틴은 젤라틴으로 변하지 않는다.

04 ② 미오글로빈(myoglobin) : 근육 세포 속 붉은 색소 단백질
① 헤모글로빈(hemoglobin) : 혈액 속 붉은 색소 단백질로 각 조직에 산소를 운반함
③ 미오신(myosin) : 근원섬유를 구성하는 단백질
④ 콜라겐(collagen) : 결합조직, 섬유상 구조 단백질
⑤ 액틴(actin) : 미오신과 함께 근원섬유를 구성하는 단백질

---

01 ③　02 ④　03 ④　04 ②

안심Touch

육류의 변화

- 가열에 의한 변화
  - 보수력·중량 감소 : 약 55~80℃에서 근섬유 길이 수축(단백질 3차 구조 풀림 → 응고단백질 사이의 교차결합이 생김 → 가늘고 길이 짧아짐 → 수축·지방·육즙 용출 → 보수력·중량 감소)
  - 조직의 변화
    ⓐ 근육조직 : 가열 → 수축되어 질겨짐. 가열온도 50~70℃에서 근원섬유 단백질(액틴·미오신) 변성 → 응고·수축, 겔 형성 → 질겨짐
    ⓑ 결합조직 : 가열 → 부드러워짐. 콜라겐(collagen) + 물 → 가열 → 수소결합 끊김 → 65℃ 이상에서 젤라틴화되어 용출 → 부드러워짐(단, 엘라스틴은 변화 없음)
  - 색소의 변화
    ⓐ 생육 : myoglobin(적자색) → oxymyoglobin(선홍색) → metmyoglobin(적갈색)
    ⓑ 가열수육 : oxymyoglobin(선홍색) → metmyochromogen(갈색)
  - 풍미변화 : 가열 시 이노신(Inosine), 아미노산(Amino acid), 황화수소 등의 맛 성분들이 분해되어 풍미를 가져옴
  - 응고 온도 : tropomyosin 80℃↑, actin 70~80℃, myosin 55℃(40~60℃에서 변성·응고로 인한 질김 현상의 주요 원인)
- 육류의 연화
  - 기계적 방법 : 두들기거나 다짐(근섬유와 결합조직 끊어줌 → 연화)
  - 숙성 : 근육 내 효소 작용으로 생긴 젖산, 인산 → 콜라겐이 젤라틴으로 팽윤되는 과정 도움 → 연화
  - 단백질 분해효소 첨가 : 파파야(papain), 파인애플(bromelin), 무화과(ficin), 키위(actinidin), 배·무(protease) 등
  - pH 변화 : 산성이나 염기성을 첨가
  - 당 첨가 : 보수력 증가 → 연화

육류의 조리법

- 건열조리 : 물을 사용하지 않고 공기, 기름 등에 의해 조리하는 방법으로 근육단백질의 질을 최대화하기 위한 조리법, 질긴 결합조직이 적고 지방이 고루 분포된 부위(안심·등심) 적합
  - 구이, 스테이크, 불고기
- 습열조리 : 물 또는 수증기로 장시간 가열하는 조리 방법(콜라겐 → 젤라틴), 질긴 결합조직이 많아 사태, 우둔, 양지머리 등의 조리에 적합
  - 수육, 국거리, 찜, 곰탕, 장조림
- 가 공
  - 베이컨 : 돼지 삼겹살 염지 → 훈연(방부성·기호성↑)
  - 햄 : 뒷다리 살 + 소금 절임(아질산염 첨가) → 조미료·향신료·증량제 → 훈연(독특한 풍미, 보존성 가짐)
  - 소시지 : 분쇄육 + 조미료·향신료 첨가 → 케이싱에 충전 → 훈연·살균 가공
  - 콘비프(Corned beef) 소시지 : 쇠고기를 염장한 후 쪄서 통조림으로 만든 것

01 쇠고깃국을 끓일 때 고기를 찬물에서부터 서서히 끓이는 이유로 옳은 것은? `2017.12`

① 소 누린내를 없애기 위해
② 염용성 단백질을 용출하기 위해
③ 육즙의 용출량을 적게하기 위해
④ 지방의 용출량을 적게하기 위해
⑤ 수용성 물질을 충분히 용출하기 위해

02 연육작용에 도움을 주는 브로멜린이라는 소화효소가 들어 있는 식품은? `2017.12` `2020.12`

① 파인애플　　　　② 키 위
③ 파파야　　　　　④ 배
⑤ 무화과

02 키위 – 액티니딘, 파파야 – 파파인, 무화과 – 피신

03 육류의 사후강직 후 숙성과정 중에서 일어나는 현상은? `2018.12`

① 단백질 분해　　　② 육질의 연화
③ pH 감소　　　　④ 보수성 감소
⑤ 미생물 증식

03 사후강직 후 경직의 해제(숙성)된 육류를 적절한 냉장 보관시 pH는 도살 직후보다 약간 상승되며 육질의 연화, 감칠맛・보수성 등이 증가된다. 단, 숙성 시간이 지나칠 경우 단백질 분해, 지방 산패, pH 상승, 미생물 증식이 일어난다.

04 고기에 산소가 접촉하였을 때 선홍색으로 변하는 원인은? `2017.12`

① 미오글로빈　　　② 메트미오글로빈
③ 헤모글로빈　　　④ 헤마틴
⑤ 옥시미오글로빈

04 육색소 미오글로빈이 O_2와 결합하여 선명한 선홍색인 옥시미오글로빈이 된다.

05 건열조리 시 열전달의 매개가 되는 것은? `2017.02`

① 공기, 기름　　　② 공기, 수증기
③ 물, 공기　　　　④ 물, 기름
⑤ 기름, 수증기

05 습열조리의 열전달 매개는 물과 수증기이고, 건열조리의 열전달 매개는 기름, 공기이다.

01 ⑤　02 ①　03 ②　04 ⑤　05 ①

안심Touch

📝 어패류

• 성 분
  - 단백질 : 아미노산(세린, 트레오닌, 메티오닌, 시스틴, 티로신, 트립토판 등)
  - 지방 : 고도 불포화지방산(EPA, DHA 등) 多 → 산화 쉬움
  - 요오드, 인 : 해수어 多
  - 어류의 껍질 : 콜라겐
  - 맛 성분 : 아미노산(글리신, 알라닌, 글루탐산) → 지미 성분
  - 트리메틸아민옥사이드(TMAO), 비테인 → 생선의 단맛, IMP, AMP, ATP → 구수한 맛
  - 비린내 : TMAO → 세균의 환원 → TMA(Trimethylamine) 생성 → 비린내
  - 홍어, 가오리, 상어 냄새 : 요소(urea) → urease → 강한 냄새의 암모니아 생성
• 색 소
  - 카로티노이드 : 붉은 살(연어 · 송어)
  - 멜라닌 : 어피의 흑색, 문어 · 오징어 먹물
  - 갈치 껍질 : 구아닌(guanine, 은백색의 유기색소)
  - 새우, 게 껍데기 : 아스타잔틴(astaxanthin) → 가열 → 아스타신(astacin)

📝 어취 제거 방법

• 물 세척 : 비린내 주성분인 수용성인 TMA와 물에 쉽게 용해되는 암모니아를 제거
• 산 첨가(식초 · 레몬즙 : 비린내 성분 + 산) → 중화
• 알코올 첨가(맛술, 청주) : 알코올의 숙신산(호박산 : Succinic acid)이 어취를 억제(가열에 의해 알코올 휘발)
• 함황채소 및 향미채소 : 황화아릴류(무, 양파, 파)의 함황물질 → 어취 감소, 향미채소(쑥갓, 미나리, 고수) : 특유의 강한
  향 → 어취 약하게 느낌
• 우유, 된장, 고추장 : 흡착력이 강한 단백질(콜로이드성) 입자 → 비린내 성분 흡착 → 어취 제거
• 기타 첨가재료
  - 생강(쇼가올 : shogaol, 진저론 : zingerone) : 미뢰 둔감, 어취물질 변성, 탈취 작용 → 어취 약화
  - 고추냉이 · 겨자(머스타드 유 : mustard oil) 성분 : 미뢰 둔감 → 어취 약화
  - 고추(캡사이신 : capsaicin), 후추(차비신 : chavicine) → 어취 약화

01 생선의 조리과정 중의 변화로 옳지 않은 것은? 2019.12

① 생선조림 시 콜라겐이 젤라틴으로 변한다.
② 후추를 넣으면 비린내가 감소한다.
③ 생선은 끓고 있는 양념 속에 넣어야 모양이 유지된다.
④ 생선전은 붉은살 생선보다 흰살 생선이 적합하다.
⑤ 생선에 레몬즙을 뿌리면 생선살이 단단해지고 트리메틸아민의 함량이 증가한다.

02 어묵제조에 사용되는 섬유상 단백질로 점성과 탄력성을 생기게 하는 것은? 2019.12

① 엘라스틴
② 젤라틴
③ 미오겐
④ 콜라겐
⑤ 액토미오신

03 다음 중 바다생선의 비린 냄새 성분으로 옳은 것은? 2018.12

① 구아닌
② 요 소
③ 피레리딘
④ 트리메틸아민
⑤ 히스타민

04 어패류의 비린 냄새를 제거하기 위한 방법으로 옳은 것은? 2017.12

① 우유에 담그기
② 햇빛에 두기
③ 설탕물로 씻기
④ 끓는 물로 데치기
⑤ 포를 뜨기

01 생선의 비린내 제거 방법
• 비린 냄새 성분인 트리메틸아민과 암모니아는 수용성 성분으로 물에 씻으면 제거되며 산과 결합 시 중화되어 냄새성분이 감소한다.
• 알코올(청주, 포도주 등)을 넣고 조리 시 비린 냄새 성분과 함께 휘발된다.
• 향신성(양파, 파, 마늘, 후추, 미나리 등) 재료는 비린 냄새를 감소시킨다.
• 우유의 카세인 단백질은 생선의 비린 냄새 성분을 흡착하여 감소시킨다.

02 생선의 섬유상 단백질(myosin, actin, actomyosin)에 2~3%의 염을 넣고 갈게 되면 점성이 생기고, 이때 용해된 단백질에 의해 탄력성이 생긴다.

03 ④ 트리메틸아민(trimehtylamine) : 해수어 특유의 비린 냄새
① 구아닌(guanine) : 갈치 껍질의 은백색의 유기색소
② 요소(urea) : 홍어, 가오리 등의 냄새 성분
③ 피페리딘(piperidine) : 담수어 특유의 비린 냄새
⑤ 히스타민(histamine) : 알레르기를 일으키는 원인 물질

04 어취 제거 방법에는 물로 세척, 산·알코올 첨가, 향신료 사용, 우유에 침지 등이 있다.

01 ⑤   02 ⑤   03 ④   04 ①

안심Touch

📝 선도판정법

- 관능검사 : 시각·촉각·미각·후각 등으로 검사하는 방법(개인차가 있어 객관적 표준이 되지 못하는 단점이 있음)

항 목	신 선	부 패
눈	• 맑고 투명 • 약간의 외부 돌출	탁 함
아가미	선홍색	• 갈색·흑색 • 부패취 • 점액물질 생성
비 늘	• 광 택 • 비늘 단단하게 배열	• 광택 없음 • 비늘 손상되어 있음
탄력성(근육)	• 사후경직 시 탄력성 있음 • 손으로 눌렀을 때 쉽게 본래의 형태로 복원 (복부 : 탄력·팽팽)	• 시간경과 후 탄력성↓ • 손으로 눌렀을 때 본래의 형태로 복원 ×
냄 새	굴 냄새와 같은 바다 냄새	TMA, 암모니아 등 심한 비린내 및 부패취

- 화학검사

휘발성 염기질소 (VBN)	• 신선어육 : 5~10mg% • 보통어육 : 15~25mg% • 초기 부패어육 : 30~40mg% • 부패어육 : 50mg%↑
Trimethylamine (TMA)	• 신선한 어패류 : 3mg%↓ • 초기부패 이패류 : 4~6mg%
히스타민	알레르기 유발 : 4~10mg%
K 값	• 매우 신선함 : 10%↓ • 신선도 양호 : 20%↓ • 신선도 떨어짐 : 40~60% • 초기부패 : 60~80%
pH	• 신선함 : pH 5.5 전후 • 초기부패 : pH 6.0~6.2

- 물리적 검사 : 식품의 경도, 점성, 탄력성, 전기저항 등을 측정하는 방법
- 생물학적 검사 : 일반 세균수를 측정하여 선도를 측정하는 방법(식품 1g 또는 1mL당 10^5 안전단계, $10^7 \sim 10^8$이면 초기부패단계)

01 식품의 초기 부패 세균수는? 2019.12

① $10^2 \sim 10^3$CFU/g

② $10^4 \sim 10^5$CFU/g

③ $10^7 \sim 10^8$CFU/g

④ $10^{10} \sim 10^{11}$CFU/g

⑤ 10^{13}CFU/g 이상

02 식품의 화학적 부패판정의 지표로 관련이 없는 것은?

① 휘발성 염기질소

② 히스타민

③ 트릴메틸아민

④ 아크릴아미드

⑤ K 값

03 어류의 선도판정 시 신선한 어류로 보기 어려운 것은?

① 눈이 외부로 돌출되어 있다.

② 비늘은 단단하게 배열되어 있다.

③ 아가미색은 선홍색이다.

④ 휘발성 염기질소가 적다.

⑤ 식품 1g당 세균의 수가 10^7이면 신선한 것이다.

04 신선한 어류에 해당하는 것은? 2020.12

① 휘발성 염기질소가 50mg% 이상이다.

② 눈알이 들어가 있다.

③ 손으로 눌렀을 때 흐물흐물하다.

④ 아가미색이 짙은 갈색이다.

⑤ 어류 특유의 냄새가 난다.

01 식품 1g당 세균수가 10^5 미만은 신선한 것, $10^7 \sim 10^8$은 초기부패 상태이다.

02 아크릴아미드(Acrylamide)

전분 급원식품(감자·고구마)을 120℃ 이상 고온에서 조리하는 과정 중 생성되며 장기간 다량 섭취 시 암 유발 및 유전독성이 발견된다. 조리하지 않은 식품에는 존재하지 않고 끓이는 식품 등에서는 아크릴아미드 함량이 낮거나 검출한계 이하로 존재한다.

03 세균수가 식품 1g당 10^5 미만은 신선한 것, $10^7 \sim 10^8$은 초기부패(어육 1g 중 세균의 수) 상태이다.

04 ① 휘발성 염기질소가 5~10mg%이다.

② 눈은 투명하고 광채가 있으며 돌출되어 있어야 한다.

③ 손으로 눌렀을 때 단단하며 탄력성이 있어야 한다.

④ 아가미색은 선홍색이다.

01 ③ 02 ④ 03 ⑤ 04 ⑤

📝 난 류

- 난백 : 오브알부민, 오보글로불린, 오보뮤코이드, 아비딘
  - 효소 : 라이소자임(항균성)
- 난 황
  - 리포비텔린, 리포비텔레닌, 비텔레닌 : 레시틴과 결합된 인단백질 → 유화성
  - 인지질 : 레시틴, 세팔린 → 유화성 큼(수중유적형 유화액 형성)
- 신선란 품질판정법
  - 외관평가 : 달걀의 청결정도, 난각질·난형의 이상 유무
    ⓐ 껍질 : 외관에 오염(분변·피·깃털·난황오염 등) 적은 것. 점란·사포질란·돌기란(뾰루지)·기형란 등이 보이지 않는 것, 난각이 두껍고 거칠며 광택이 없는 것
    ⓑ 비중 : 비중 1.08~1.09(신선한 달걀 → 가라앉음, 신선하지 않은 달걀 → 물 위로 뜸)
  - 내용물에 의한 평가
    ⓐ 난백계수 : 신선 – 0.14~0.17, 오래된 것 – 0.1 이하
    ⓑ 난황계수 : 신선 – 0.36~0.44, 오래된 것 – 0.3 이하
    ⓒ 농후난백(된 난백)의 높이가 높고 수양난백(묽은 난백)의 양이 적은 것이 신선
  - 기 타
    ⓐ 투광판정 : 투광검사기로 달걀에 빛을 투과하여 내용물을 관찰하고 등급을 판정하는 것
    ⓑ 호우유닛 : 달걀 난백의 높이와 달걀 무게를 기초값으로 하여 산식에 의해 결정되는 값

📝 난류의 조리성

- 응고성(알부민과 글로불린의 불용화현상)
  - 온도, 가열시간, 농도, 첨가물(산·소금·설탕)
  - 종류 : 완숙·반숙란, 수란, 달걀 프라이, 스크램블 에그 등
- 기포성
  - 난백의 단백질인 글로불린에 의해 교반 시 거품이 일어나는 물리적 변성. 부드러운 조직감, 팽창제 역할(부피 증가)
  - 거품형성에 영향을 주는 인자 : 온도(상온 > 냉장), 시간, 교반 방법, 난백의 성질(수양난백 > 농후난백), pH
  - 종류 : 머랭, 스펀지 케이크 등
- 유화성
  - 난황은 수중유적형이며 레시틴이 갖고 있는 친수성기와 소수성기에 의해 유화성 띰
  - 종류 : 마요네즈, 케이크 반죽
- 변색(녹변현상)
  - 조건 : 산란 후 오래된 달걀(pH 증가 → 난각 내의 CO_2 외부 방출 → 황화제1철 생성속도 빨라짐)
  - 장시간 가열, 완숙 후 뜨거운 물 속 방치
  - 반응 : 철(Fe) + 황화수소(H_2S) → 황화제1철(FeS) 생성(암녹색)
  - 예방 : 삶은 달걀의 급랭, 빠른 탈각, 식용산화제 첨가

01 달걀을 장기간 저장할수록 변화되는 것으로 옳지 않은 것은?

2019.12

① 농후난백의 높이가 높아진다.
② 기포성이 커진다.
③ 수분 증발로 기실이 커진다.
④ 난황의 위치가 한쪽으로 치우치게 된다.
⑤ 수분과 이산화탄소가 증발한다.

02 비오틴의 흡수를 방해하는 물질로 생난백에 함유되어 있는 단백질은? 2019.12

① 레시틴
② 아비딘
③ 스쿠알렌
④ 콘알부민
⑤ 오보뮤코이드

03 난백의 기포성에 대해 설명이 옳은 것은? 2018.12

① 산을 첨가하면 기포성이 작아진다.
② 유지를 첨가하면 기포성이 커진다.
③ 유화제를 첨가하면 기포성이 커진다.
④ 등전점에 가까울수록 잘 형성된다.
⑤ 설탕을 첨가하면 기포성이 커진다.

04 가열한 달걀의 녹변현상과 관계 있는 것은?

2018.12   2021.12

① 황화제1철
② 황화구리
③ 황화수소
④ 염화칼륨
⑤ 염화마그네슘

---

01 농후난백(된 난백)의 높이가 높고 수양난백(묽은 난백)의 양이 적은 것이 신선하다.

02 아비딘(avidin)은 생난백에 소량 들어 있는 당단백질로 바이오틴과 결합해 바이오틴의 흡수를 저해한다.

03 난백의 기포성

기포성 커지는 조건	기포성 방해되는 조건
등전점	설탕 첨가
산 첨가	우유 첨가
실 온	기름 첨가

04 • 녹변현상 : 난황 속 철과 난백 속 황화수소가 열에 의해 반응하여 황화제1철을 생성($Fe + H_2S \rightarrow FeS$)
• 녹변현상 생성 조건
  – 산란 후 오래된 달걀(pH 증가 → 난각 내의 이산화탄소 외부 방출 → 황화제1철 생성속도 빨라짐)
  – 장시간 가열, 완숙 후 뜨거운 물 속 방치
• 녹변현상 예방 : 삶은 달걀의 급랭, 빠른 탈각, 식용산화제 첨가

01 ① 02 ② 03 ④ 04 ①

안심Touch

우 유

- 단백질 : 커드(카세인), 유청단백질(락토글로불린, 락트알부민, 면역글로불린)
- 지 질
  - 중성지방(98%), 인지질(1%), 스테로이드
  - 불쾌취 : 유지방 가수분해 → 불쾌취 형성(살균으로 불활성화시킴)
  - 균질화 : 우유 표면에 지방층이 형성되는 것을 방지하는 것으로서 우유의 지방구를 파쇄시켜 지방의 크기를 줄여 안정성과 질을 높여 소화·맛·텍스처를 크게 향상시킴
- 살균방법

살균법	저온 장시간살균(LTLT)	고온 단시간살균(HTST)	초고온 순간살균(UHT)
특 징	• 비용 저렴 • 간편한 방법	• 우유의 대량·연속적 처리 가능 • 내열성균 거의 사멸	• 영양소 파괴 최소화 • 살균효과 극대화 • 완전멸균 가능
온 도	63~65℃	72~75℃	130~150℃
시 간	30분	15~20초	0.5~5초

- 가열에 의한 변화
  - 단백질 응고 : 65℃에서 유청단백질(락트알부민, 락토글로불린) 응고, casein은 열에 강함
  - 피막형성 : 40℃ 가열 시 피막 형성(지방과 유청단백질)
  - 피막형성 방지 : 가열 시 뚜껑 덮거나 젓기
  - 갈변현상 : 당과 단백질의 비효소적 갈변반응(mailliard 반응)

유제품

- 크 림
  - 우유에서 분리한 유지방, 우유 표면에 떠오르는 지방질 액
  - 커피크림 18~20%, 휘핑크림 40%
  - 저온과 지방함량 높을수록 → 입자의 안정으로 거품이 잘 남
- 버 터
  - 우유에서 분리한 크림을 천천히 교반시켜 유지방구 파괴 후 유지방을 모아 굳게 만듦
  - 유지방 80% 이상(상온에서 고형), 유중수적형(버터, 마가린)
- 치즈 : 산·효소(레닌)·유산발효에 의해 우유 단백질 응고시킴

01 우유에 당을 넣어 가열할 때 일어나는 갈색변화의 주된 원인으로 옳은 것은?

① 호정화 반응
② 티로신에 의한 갈변
③ 캐러멜화 반응
④ 아스코르브산의 산화작용
⑤ 마이야르 반응

02 우유를 균질화하는 이유로 옳은 것은? `2018.12`

① 크림층을 분리시키기 위해
② 지방구를 감소시키기 위해
③ 지방의 산화를 억제하기 위해
④ 불쾌취를 감소시키기 위해
⑤ 갈변현상을 방지하기 위해

03 호상요구르트를 만들 때 우유의 카세인을 응고시키기 위해 첨가하는 것은? `2017.02`

① 중 탕   ② 소 금
③ 레 닌   ③ 설 탕
⑤ 탄산칼슘

04 다음과 같은 특징을 보이는 우유 가공 방법은?
`2017.12` `2020.12`

> • 지방구의 크기가 1㎛ 정도로 미세하다.
> • 소화와 흡수를 좋게 한다.
> • 유지방의 분리를 막아준다.

① 균질화   ② 건 조
③ 강 화   ④ 청 정
⑤ 가열살균

---

01 마이야르 반응은 당과 단백질 사이에서 일어나는 비효소적 갈변반응으로 아미노–카보닐 반응이라고도 한다.

02 균질화란 우유의 지방구를 파쇄하여 지방의 크기를 줄여 안정성과 텍스처·맛·소화를 높이기 위해 하는 조작이다. 그러나 잘게 쪼개져 많아진 지방구의 표면적은 커져 지방의 산화로 변패가 일어나기 쉬워진다.

03 카세인 단백질은 열에 강하여 응고되지 않으나, 산과 레닌(응유효소)에 의해 응고된다.

04 균질화
원유에 강한 압력을 가해 입자를 균일한 형태로 만들어 주는 공정으로, 큰 지방구의 크림층 형성을 방지하며, 맛과 소화·흡수도 좋아진다.

01 ⑤ 02 ② 03 ③ 04 ①

안심Touch

📝 두 류

- 성 분
  - 주단백질 : 글리시닌이 약 84% 차지, 아미노산 조성 중 리신 풍부
  - 레시틴 : 두뇌세포 구성성분
  - 사포닌 : 인슐린 억제(비만 억제), 혈중 콜레스테롤 감소, 항암, 항산화, 항노화, HIV 증식 억제, 과량섭취 시 설사
  - 트립신 저해 작용인 안티트립신과 독성 등 유해물질 가열 시 파괴
  - 이소플라본 : 페놀계 노란색 색소, 에스트로겐과 비슷한 기능 담당
  - 소화율 : 조리된 콩(65%) < 된장(80%) < 두부(95%)
- 조리 및 가공
  - 두부 : 콩 분쇄 → 두유와 비지 분리 → 끓이기 → 간수 첨가 → 순두부 형성하여 얻은 제품[글리시닌의 염류(Mg^{2+}, Ca^{2+})와 산에 응고하는 성질을 이용]
  - 팥 : 처음 삶은 물 버리기(수용성 성분인 사포닌의 장 자극으로 설사 유발)

📝 유지류

- 종 류
  - 식물성 유지 : 불포화지방산 80%, 올레산, 리놀레산 함량 多, 실온에서 액체(참기름, 들기름, 올리브유, 옥수수유, 면실유, 미강유, 대두유 등)
  - 동물성 유지 : 포화지방산(팔미트산, 스테아르산) 높음, 상온에서 고체(라드, 우지, 어유, 버터)
  - 가공 유지 : 식용유지에 수소 첨가 또는 에스터 교환으로 변형시킨 유지(쇼트닝, 마가린)
- 물리적 성질
  - 용해성(solubility) : 물에 녹지 않고 유기용매(에테르, 벤젠)에 녹음. 탄소수 많을수록, 불포화지방산 적을수록 용해도 감소
  - 비중(specific gravity) : 0.01~0.99로 물보다 작아 물 위로 뜸(15℃ 측정). 불포화도 클수록 비중 큼
  - 비열(specific heat) : 물질의 온도를 1℃ 올리는 데 필요한 열량. 0.47cal/g℃로 비열이 작아 온도 변화 쉬움
  - 발연점(smoke point) : 유지를 가열할 때 유지 표면에 엷은 푸른 연기(아크롤레인)가 발생할 때의 온도
  - 인화점(flash point) : 인화성 물질이 가열되어 불꽃·화염 등으로 불이 붙어 타는 데 필요한 최저 온도
- 경화(hydrogenation) : 불포화지방산의 이중결합 → 수소 첨가 → 포화지방산(융점↑, 고체상)

01 날콩에 함유된 성분 중 단백질의 소화작용을 방해하는 것은? 2020.02

① 글리시닌
② 리폭시게나제
③ 트립신저해제
④ 아비딘
⑤ 헤마글루티닌

02 거품발생의 원인이며 과량섭취 시 설사를 유발시키는 팥에 함유된 수용성 성분으로 옳은 것은? 2017.02

① 사포닌
② 리 신
③ 글로불린
④ 트립토판
⑤ 트립신

03 두부 제조 과정 중 거품을 제거하기 위해 첨가하는 것은? 2019.12

① 온 수
② 레몬즙
③ 0.3%의 중조
④ 1%의 소금
⑤ 기 름

04 빈대떡·청포묵·숙주나물을 조리하기 위해 이용한 두류로 옳은 것은? 2018.12

① 대 두
② 녹 두
③ 팥
④ 라마콩
⑤ 완두콩

05 우지와 돈지(라드) 등 동물성 유지에 많이 들어있는 지방산은? 2017.02

① erucic acid
② linoleic acid
③ oleic acid
④ palmitic acid
⑤ linolenic acid

01 트립신저해제는 콩에 함유되어 있으며, 열에 약하여 가열하면 쉽게 불활성화된다.

02 Saponin은 계면활성이 있는 거품을 내는 식물성분으로 주로 콩류, 팥, 아스파라거스 등에 많이 함유되어 있다.

03 두부의 제조과정에서 거품 발생의 제거에 사용되는 소포는 확산력이 큰 기름상의 물질이다.

05 ④ 팔미트산(palmitic acid) : 팜유(식물성), 우지·돈지(동물성)
① 에루신산 : 유채씨유
②·⑤ 리놀레산, 리놀렌산 : 대두유
③ 올레산 : 올리브유

01 ③ 02 ① 03 ⑤ 04 ② 05 ④

- 조리에 의한 성질
  - 가소성(plasticity) : 유지가 물리적 힘에 의해 자유롭게 변하는 성질(반죽)
  - 유화성(emulsibility) : 유화제를 첨가하여 물과 지방이 혼합된 것
  - 수중유적형(O/W) : 물에 유분이 분산. 우유, 생크림, 마요네즈
  - 유중수적형(W/O) : 기름에 물이 분산. 버터, 마가린
  - 쇼트닝성(shortening quality) : 글루텐의 길이를 짧게 하여 바삭한 식감을 줌
  - 크리밍성(creaming quality) : 버터, 쇼트닝, 마가린 등 교반 시 공기가 들어가 매끄러운 크림 형성
  - 튀김(frying) : 고온 단시간 조리. 수분 증발·기름 흡수 → 바삭해짐
  - 달걀 : 튀김옷의 단단함과 바삭한 질감을 줌
  - 식소다 : 0.01~0.2% 첨가 → 탄산가스 발생과 함께 수분 증발 → 바삭해짐
- 유지의 산패 방지 및 보관법
  - 산소 : 진공포장, 탈산소제
  - 온도 : 저온저장
  - 항산화제 : BHT, BHA, 토코페롤, sesamol(참기름), gossypol(면실유)
  - 상승제 : 구연산, Vit C, 중합인산염 등. 항산화제 효과 증진시킴

01 버터와 설탕을 섞어 크림을 만들 때 공기를 넣어 부피를 증가시키고, 색을 하얗게 하며, 부드럽게 만드는 과정은?

2017.12

① 유화성
② 기포성
③ 가소성
④ 쇼트닝성
⑤ 크리밍성

01 크리밍성(Creaming quality)은 고형유지를 교반하여 내부에 공기를 품게 하여 부피를 증가시키고, 색을 희게 하여, 부드럽게 만드는 것이다.

02 식빵에 버터나 마가린이 잘 발리는 것과 관련된 조리성은?

2017.12

① 가소성
② 쇼트닝성
④ 유화성
③ 용해성
⑤ 크리밍성

02 가소성이란 유지가 물리적 힘에 의해 자유롭게 변하는 성질을 뜻한다.

03 유지의 일시적 유화성을 이용한 유화액으로 옳은 것은?

2018.12

① 프렌치드레싱
② 버 터
③ 마가린
④ 마요네즈
⑤ 아이스크림

03 일시적 유화액은 French dressing처럼 물과 기름처럼 분리된 상태에서 유화제의 도움 없이 젓기, 흔들기 등을 통해 일시적으로 혼합된 상태를 말하며, 이를 멈추거나 시간이 지나면 다시 분리되는 안정된 상태로 돌아가게 된다.

04 유지의 처리과정 중 기름의 녹는점을 낮추게 하는 처리과정은? 2018.12 2021.12

① 추출처리
② 정제처리
③ 경화처리
④ 용출처리
⑤ 동유처리

04 동유처리(winterization, 탈납)는 유지를 저온(약 −1~+3℃ 부근)에서 녹는점이 높은 아실글리세롤 또는 왁스를 석출(결정)시켜 액상 기름만을 얻을 때 쓰는 공정이다(예 샐러드 오일).

05 참기름에 함유된 천연항산화 물질은? 2020.12

① 세안토시아닌
② 블랙커런트
③ 루테인
④ 세사몰
⑤ 카테킨

05 참기름에는 천연항산화 성분인 세사몰과 토코페롤이 들어 있어 쉽게 변질되지 않는다.

01 ⑤ 02 ① 03 ① 04 ⑤ 05 ④

안심Touch

해조류 및 버섯류

• 해조류
  - 성분 : 무기질 다량 함유, 성인병, 암예방, 다이어트 효과적
    ⓐ 요오드(갑상선호르몬 티록신 만듦. 신진대사, 체온·땀 조절 등)
    ⓑ 알긴산(동맥경화 예방, 변비 예방, 중금속 제거 및 항균작용)
    ⓒ 푸코이단(식이섬유), 칼슘(뇌신경계의 원활한 도움), 철분(빈혈 예방)
    ⓓ 마그네슘(혈관확장, 치유력 효과), 셀레늄(항산화)
  - 조리 : 세척·조리 시 수용성 비타민, 무기질 등 손실 및 유출 → 단시간 세척·조리 및 국물 섭취
• 버섯류
  - 성 분
    ⓐ Vit D 풍부, lentinan(면역력 강화), eritadenine(콜레스테롤 농도 조절)
    ⓑ 색소 : 안트라퀴논(anthraquinone)계
    ⓒ 향성분 : matsutakeol(송이), lentionin(표고)
    ⓓ 종류 : 식용버섯(양송이버섯, 느타리버섯, 표고버섯, 목이버섯 등), 약용버섯(영지버섯, 상황버섯, 차가버섯 등), 독버섯(식중독을 일으킴. 독우산광대버섯, 화경버섯 등)
  - 조 리
    ⓐ 조리 시 물속에 감칠맛 성분 및 기타 수용성 성분이 유출되므로 국물도 함께 이용
    ⓑ 표고버섯 : 생표고 → 건조(레티오닌, 구아닐산 생성) → 감칠맛 증가, 특유 향 생성

01 미역에 많이 함유된 점성다당류는? 2021.12

① 카라기난
② 이눌린
③ 구아검
④ 잔탄검
⑤ 알긴산

02 한천의 원료로 사용되는 해조류는? 2020.12

① 미 역
② 톳
③ 트리코데스뮴
④ 우뭇가사리
⑤ 매생이

03 표고버섯의 감칠맛을 내는 성분은?

① 호박산
② 구아닐산
③ 글루타민산
④ 알긴산
⑤ 유기산

04 미역에 들어 있는 주요성분으로 혈액을 맑게 해주며 변비 예방에 도움을 주는 것은? 2017.12

① 알긴산
② 푸코이단
③ 호박산
④ 글루타민산
⑤ 유기산

01 알긴산(alginic acid)
미역, 다시마 등 갈조류 세포벽의 점액질 다당류 성분이다.

02 한 천
복합다당류로 홍조류인 우뭇가사리를 끓인 다음 식혀서 굳힌 끈끈한 물질안정제(빵·과자·청량음료)이다. 냉수에 녹지 않으나 뜨거운 물에 잘 녹는 친수성의 성질을 가지고 있고, 냉각 시 형성된 gel을 재가열 시 다시 용해되는 가역성의 물질이다. 한천은 젤라틴의 약 10배의 응고력을 가지고 있으며, 당 첨가 시 분자 간의 거리를 단축시켜 점탄성을 증가시키며 장시간 가열 시 점성을 잃고 착색된다.

03 구아닐산은 건조한 표고버섯의 핵산계 지미성분이다.

04 알긴산은 미역 등 갈조류의 세포 사이를 채우는 불용성 다당류로 동맥경화·변비 예방, 중금속·나트륨 체외 배출, 항균작용 등의 역할을 하며 식품첨가물의 안정제로 사용한다.

영양사 완벽마무리를 책임진다!!

급식, 위생
및 관계법규

급식관리 · 식품위생

급식유형 및 체계

유 형	급식체계	특 징	장 점	단 점
체계별	전통식	• 가장 오래된 형태 • 음식의 생산·분배·서비스가 한 곳에서 연속적으로 이루어짐 • 수요예측 가능하여 분산조리 가능(음식물 보유 시간 줄임)	• 저장되지 않아 양질 음식 제공 • 비용 절감(배달비용×, 냉장·냉동 보관비×, 식재료 가격 변동 시 메뉴 조정 가능)	• peak time 인력 집중(업무 편중) → 인력관리 어려움(노동 생산성 떨어짐, 인건비 많이 소요) • 숙련된 조리인력 및 완전한 급식시설 필요
체계별	중앙 공급식	소비의 시간적·공간적 분리(생산장소와 배식장소의 분리)	• 시설투자비·인건비 절감 • 공동조리로 음식의 일정한 품질 유지 • 식재료 대량 구매 → 비용 절감 • 대량 생산 → 생산성 증대	• 운반 시 문제점 : 비용 상승, 배송시간, 배송 지연 시 급식 제공 어려움, 위생·맛·영양적 측면 품질 저하, 운반차량의 보온기기 필요 • 단위급식소의 재가열기기 필요
체계별	조리(예비) 저장식	조리된 음식 → 냉장·냉동 저장 → 배식 (재가열)	• 음식의 생산과 소비의 시간적 분리로 계획적 생산(식재료비 절감), 시간적 여유(급식 질 향상, 인건비·노동력 절감) • 효율적 배치	• 투자시설비·운영기술 필요 • 저장 : 저장비용·위생관리·품질유지 제어프로그램 필요 • 재가열을 통한 품질 저하·미생물학적 안전성을 위한 레시피 개발 필요
체계별	조합식 (편의급식)	• 냉장·냉동·건조식품 이용 • 생산과 소비의 분리	• 주방 필요 없이 급식 가능(시설비·관리비 절약) • 식품의 재가열로 단순조작 가능(빠른 서비스) • 인건비 절감(노동시간 절감, 숙련 조리사 필요 ×)	• 병원급식(환자식) 부적합 • 다양한 기호 충족 어려움 • 단가 비쌈 • 식재료 저장공간 필요
운영 형태별	직 영	• 비영리 목적으로 특정 다수인에게 영양·복지를 위해 급식소를 직접 운영 • 학교, 산업시설, 복지시설, 병원 등	• 양질의 식사·서비스 제공 → 급식대상자의 생산성 높임 • 영양·위생관리 철저	• 서비스 저하 • 인건비, 생산비 상승
운영 형태별	임 대	기관에서 급식관련 시설 일체 임대업자에게 임대	–	경영 노하우 없는 업체 → 값싸고 질 낮은 음식 제공
운영 형태별	위 탁	운영을 전문 위탁급식업체에 위탁	원가·인건비·운영관리·설비관리에 있어 효율적	• 급식 품질 저하[전문성 부족한 업체, 이윤 추구(신규설비투자 조건일 경우 투자금 회수 등)] • 시설·설비 등 책임소재 분쟁
급식 대상별	학 교	• 영양적 식사 제공 → 건강증진 • 올바른 식습관 형성(편식교정) → 식생활 개선 • 국가 식량정책에 기여	–	집단 식중독 발병 가능
급식 대상별	산업체	• 근로자의 영양관리·건강유지 → 생산성 향상과 기업 이윤 증대 → 국가 경제 발전 기여가 목적 • 관공서, 연수원, 공장 등	• 인간관계 유지(동료·상사) • 영양교육·상담 → 질병예방	–
급식 대상별	병 원	질병 치료·회복 도모	–	• 환자식에 대한 다각적 연구와 노력 필요 • 인건비 많이 소요(병실까지 배식) • 1인 3식(연중무휴) 생산을 위한 설비 점검·수리 필요 • 식사 수·내용 확인(입·퇴원 정산) • 철저한 위생 관리 필요
급식 대상별	군 대	건강·체력·사기 유지 → 국민 재산과 생명 보호	–	조리시설 제약 → 다양한 메뉴 제공 어려움

01 병동배선 방식의 특징으로 옳은 것은? `2018.12` `2021.12`

① 중앙통제가 쉽다.
② 적온급식이 가능하다.
③ 인건비가 절약된다.
④ 감독하기 용이하다.
⑤ 시설비가 적게 든다.

02 수요에 맞게 시간대별로 일정량씩 조리하는 급식생산 방법은? `2019.12` `2021.12`

① 분산조리
② 공동조리
③ 대량조리
④ 조리냉동·냉장
⑤ 메뉴엔지니어링

03 학교급식의 효과로 옳은 것은? `2018.12`

① 식품의 선별능력을 키운다.
② 바람직한 식습관 형성을 돕는다.
③ 영양교사를 두지 않아도 균형 있는 영양섭취가 가능하다.
④ 집단식중독 발병이 없다.
⑤ 메뉴선택이 자유로워서 학생의 기호충족에 알맞다.

04 생산, 배식, 서비스가 같은 장소에서 이루어지며 노동생산성은 낮고 인건비는 높은 급식체계는? `2020.12`

① 편이식 급식
② 전통적 급식
③ 중앙공급식 급식
④ 조합식 급식
⑤ 예비저장식

---

01 쟁반서비스의 두 가지 형태
- 병동배선방식(분산배식)
  - 주조리장에서 검수·조리 → 가열장치·냉장장치의 운반차컨베이너로 이동 → 병동별 간이취사실에서의 상차림·배선관리·식기세정
  - 인력이 많이 필요, 적온급식 가능, 취사시설은 크지 않아도 가능하나 간이취사실이 필요하며 시설비가 많이 듦
- 중앙배선방식
  - 중앙취사실에서의 모든 조리 → 환자개인별 상차림 → 냉장·온장장치가 된 배선차·컨베이너·카트 이용하여 이동 → 환자 배식 → 식기 회수 및 세정(중앙취사실)
  - 1인 분량의 정량 공급이 용이하여 식품비 절약됨, 적온급식이 어려움, 취사실 면적은 커야 하며 병동별 간이취사실 설치가 불필요, 시설비가 적게 듦, 인건비 절약 가능

02 분산조리 : 고객수와 기기 용량에 맞게 시간 간격을 두고 조리하는 것

03 학교급식의 목적
균형 있는 영양섭취, 도덕 교육의 실습장, 집단영양지도에 기여, 편식교정, 올바른 식사태도와 바람직한 식습관 형성, 협동 정신 함양, 지역사회에서 식생활 개선 및 식량의 생산과 소비에 한 올바른 이해와 정부의 식량 소비정책에 기여

04 전통식 급식제도(conventional food service system)
- 한 주방에서 모든 음식 준비가 이루어져 같은 장소에서 소비되는 제도로서 생산 과정에서부터 소비되는 시간이 짧다.
- 직업의 분업이 일정치 못하여 생산성 저하를 초래하고 노동비용이 높아진다.

01 ② 02 ① 03 ② 04 ②

📝 식단작성

• 급식 대상자에게 영양과 기호를 만족시킬 수 있도록 음식의 조리와 분량을 정하여 식사를 계획하는 것
  – 대상자에 따라 필요한 영양에 맞는 식단 제공
  – 발주·검수·조리·배식·평가의 체계적 계획 가능 → 시간 절약
  – 계획에 의해 예산 낭비 최소화
  – 자유로운 식품 선택으로 대상자의 기호 반영

• 유의사항
  – 영양적 고려 : 급식대상자 특징에 맞게 필요 6개 식품군 활용하여 영양량 결정
    ⓐ 탄수화물(55~65%) : 단백질(7~20%) : 지방(15~30%)
    ⓑ 주식(60%) : 부식(40%)
    ⓒ 간식은 일일 섭취 열량의 10~15% 이상을 넘기지 않아야 함
  – 기호도 고려 : 급식대상자 식습관·기호도 충족(그릇된 식습관 → 지속적 영양교육을 통한 개선 필요)
  – 조리의 다양성·조화 : 관능적 특성과 다양한 조리방법 등의 조화 → 레시피 연구 필요
  – 예산의 고려 : 식재료비, 인건비, 경비 등의 적절한 예산 분배 계획으로 충실한 식단 운영
  – 능률적 고려 : 생산성 높은 식단 계획을 위해 시설·설비와 조리 능력 고려
  – 위생적 고려 : 위생관리를 위한 HACCP 적용

• 식사구성안
  – 의의 : 일반인이 복잡하게 영양가 계산을 하지 않고도 개인의 영양소 섭취기준을 충족할 수 있도록 식품군별 대표식품과 섭취횟수를 이용하여 식사의 기본구성 개념을 설명한 것
  – 식사구성안 영양목표
    ⓐ 에너지 : 100% 필요추정량
    ⓑ 탄수화물 : 총 에너지의 55~65%
    ⓒ 단백질 : 총 에너지의 약 7~20%
    ⓓ 지방 : 총 에너지의 15~30%(1~2세는 총 에너지의 20~35%)
    ⓔ 식이섬유 : 100% 충분섭취량
    ⓕ 비타민과 무기질 : 100% 권장섭취량 또는 충분섭취량, 상한섭취량 미만
  – 식품군별 대표식품 1인 1회 분량
    ⓐ 곡류(300kcal) : 쌀밥 210g, 옥수수 70g(0.3회), 가래떡·백설기 150g, 식빵 35g(0.3회), 시리얼 30g(0.3회), 감자 140g(0.3회), 고구마 70g(0.3회)
    ⓑ 고기·생선·달걀·콩류(100kcal) : 쇠고기·돼지고기·닭고기 60g, 햄·소시지 30g, 고등어·조기 60g, 바지락·게·오징어 80g, 달걀·메추리알 60g, 두부 80g, 두유 200g, 땅콩·잣 10g(0.3회)
    ⓒ 채소류(15kcal) : 파·양파·당근·오이·시금치·상추 70g, 배추김치·깍두기·총각김치 40g, 미역·다시마 30g, 느타리버섯·표고버섯 30g
    ⓓ 과일류(50kcal) : 수박·참외·딸기 150g, 사과·귤·배·바나나 100g, 건포도 15g, 과일음료 100g
    ⓔ 우유·유제품류(125kcal) : 우유 200g, 치즈 20g(0.3회), 호상요구르트·아이스크림 100g, 액상요구르트 150g
    ⓕ 유지·당류(45kcal) : 참기름·콩기름·들기름·버터 5g, 설탕·물엿·꿀 10g

01 식단을 작성할 때 급식대상자의 나이, 성별, 활동정도 등을 고려하는 첫 번째 단계는? `2021.12`

① 식단 구성
② 급식횟수와 영양 배분
③ 식단표 작성
④ 메뉴 품목 수 결정
⑤ 영양제공량 목표 결정

02 일반인이 균형잡힌 식사를 실천하는 데 도움을 줄 수 있도록 영양가가 비슷한 식품군별로 대표식품의 1인 1회 분량을 설정하고, 권장섭취횟수를 제시한 것은? `2020.12`

① 식품성분표   ② 식품분석표
③ 식품교환표   ④ 식량구성표
⑤ 식사구성안

03 식사구성안에서 식품의 1인 1회 분량에 관한 것으로 옳은 것은? `2019.12`

① 식빵 100g
② 닭고기 60g
③ 사과 150g
④ 오이 50g
⑤ 호상요구르트 150g

04 식사계획 시 활용되는 식사구성안의 영양목표로 옳은 것은? `2021.12`

① 탄수화물 – 총 에너지의 45~55%
② 단백질 – 총 에너지의 7~20%
③ 지방 – 총 에너지의 15~20%
④ 식이섬유 – 100% 권장섭취량
⑤ 비타민 – 100% 평균필요량

01 합리적인 식단 운영의 기본은 영양량의 확보로, 한국인 영양섭취기준을 기준으로 급식대상자의 연령, 성별, 활동정도에 따라 1인 1일당 평균 급여 영양량을 산출하게 된다.

02 식사구성안
일반인이 복잡하게 영양가 계산을 하지 않고도 개인의 영양소 섭취기준을 충족할 수 있도록 식품군별 대표식품과 섭취횟수를 이용하여 식사의 기본구성 개념을 설명한 것이다.

03 ① 식빵 35g, ③ 사과 100g, ④ 오이 70g, ⑤ 호상요구르트 100g이다.

04 식사구성안 영양목표
• 에너지 : 100% 필요추정량
• 탄수화물 : 총 에너지의 55~65%
• 단백질 : 총 에너지의 약 7~20%
• 지방 : 총 에너지의 15~30%(1~2세는 총 에너지의 20~35%)
• 식이섬유 : 100% 충분섭취량
• 비타민과 무기질 : 100% 권장섭취량 또는 충분섭취량, 상한섭취량 미만

01 ⑤ **02** ⑤ **03** ② **04** ②

안심Touch

📝 메뉴개발 및 관리

- 메뉴계획
  - 절차 : 준비단계 → 기준 결정단계 → 작성단계 → 평가 및 수정단계 → 커뮤니케이션 단계
  - 고려사항
    - ⓐ 급식대상자 : 영양요구량, 식습관, 기호
    - ⓑ 급식관리자 측면 : 식재료비, 종사자의 숙련도, 설비, 급식체계 및 방법 등
    - ⓒ 사회적 측면 : 음식물쓰레기 감소, 지역 농산물 사용
- 메뉴개발 : 급식대상자의 기호도 파악·관련 정보 수집 → 메뉴품목 제안·검토 → 실험 조리·평가 → 표준레시피 개발·원가 분석 → 메뉴 인덱스·전산 프로그램 등록 → 피드백
- 표준레시피
  - 메뉴명, 식재료명, 재료량, 조리방법, 총생산량, 1인 분량, 생산 식수, 조리기구, 배식방법 등을 기재
  - 적정구매량, 배식량을 결정하는 기준이 될 뿐만 아니라 조리작업을 효율화(생산성 향상)하고 음식의 품질을 유지하는 데 매우 중요함
  - 관능평가 : 표준레시피 개발 과정 중 조리된 메뉴의 맛·향·질감 등을 평가
- 메뉴평가 방법
  - 만족도 조사 : 메뉴, 가격, 위생 등 음식의 항목별 만족도에 대한 종합적 평가
  - 기호도 조사 : 3점, 5점, 7점, 9점 척도를 사용하여 제공된 음식에 대한 평가(어린이의 경우 얼굴 모양으로 묘사한 smiley face 척도법 사용)
  - 잔반량 조사 : 기호도 및 각 음식에 대한 순응도 평가. 자가기록지, 개인 퇴식 시, 메뉴 품목별로 모아진 잔반의 집합적 측정
  - 메뉴엔지니어링
    - ⓐ Stars : 인기도와 수익성 모두 높은 품목(유지)
    - ⓑ Plowhorses : 인기도는 높지만 수익성이 낮은 품목(세트메뉴 개발, 1인 제공량 줄이기)
    - ⓒ Puzzles : 수익성은 높지만 인기도는 낮은 품목(눈에 잘 띄도록 메뉴 게시 위치 변경, 가격인하, 품목명 변경)
    - ⓓ Dogs : 인기도와 수익성 모두 낮은 품목(메뉴 삭제)
- 한국인 영양소 섭취기준(Dietary Reference Intakes Koreans, KDRIs)
  - 평균필요량(EAR) : 건강한 사람들의 일일 영양소 필요량의 중앙값으로부터 산출한 수치
  - 권장섭취량(RNI) : 인구집단의 약 97~98%에 해당하는 사람들의 영양소 필요량을 충족시키는 섭취수준으로, 평균필요량에 표준편차 또는 변이계수의 2배를 더하여 산출
  - 충분섭취량(AI) : 영양소의 필요량을 추정하기 위한 과학적 근거가 부족할 경우, 대상 인구집단의 건강을 유지하는 데 충분한 양을 설정한 수치
  - 상한섭취량(UL) : 인체에 유해한 영향이 나타나지 않는 최대 영양소 섭취 수준
  - 에너지적정비율 : 영양소를 통해 섭취하는 에너지의 양이 전체 에너지 섭취량에서 차지하는 비율의 적정범위
  - 만성질환위험감소섭취량(CDRR) : 건강한 인구집단에서 만성질환의 위험을 감소시킬 수 있는 영양소의 최저 수준의 섭취량

01 영양소의 필요량을 추정하기 위한 과학적 근거가 부족할 경우, 대상 인구집단의 건강을 유지하는 데 충분한 양을 설정한 수치는?

① 충분섭취량
② 권장섭취량
③ 평균필요량
④ 상한섭취량
⑤ 만성질환위험감소섭취량

01 ② 권장섭취량(RNI) : 인구집단의 약 97~98%에 해당하는 사람들의 영양소 필요량을 충족시키는 섭취수준으로, 평균필요량에 표준편차 또는 변이계수의 2배를 더하여 산출
③ 평균필요량(EAR) : 건강한 사람들의 일일 영양소 필요량의 중앙값으로부터 산출한 수치
④ 상한섭취량(UL) : 인체에 유해한 영향이 나타나지 않는 최대 영양소 섭취 수준
⑤ 만성질환위험감소섭취량(CDRR) : 건강한 인구집단에서 만성질환의 위험을 감소시킬 수 있는 영양소의 최저 수준의 섭취량

02 영양사가 식재료명, 조리방법, 1인 분량, 총생산량, 배식방법 등을 기재하여 음식의 품질을 일관되게 유지하고 조리작업의 효율화를 꾀하는 도구로 사용하는 것은? `2020.12`

① 식품사용일계표
② 표준레시피
③ 작업일정표
④ 영양출납표
⑤ 작업공정표

02 표준레시피
메뉴명, 식재료명, 재료량, 조리방법, 총생산량, 1인 분량, 생산 식수, 조리기구, 배식방법 등을 기재한다. 적정구매량, 배식량을 결정하는 기준이 될 뿐만 아니라 조리작업을 효율화(생산성 향상)하고 음식의 품질을 유지하는 데 매우 중요하다.

03 단체급식소에서의 메뉴평가방법 중 사후통제 수단으로 사용하는 것은? `2019.12`

① 배식 전 검수
② 급식 인원수 예측
③ 영양기준량
④ 식재료비
⑤ 잔반량 조사

03 잔반량 조사는 퇴식 시 모아진 잔반을 양을 측정하여 잔반 없는 급식의 목적을 수행하기 위해 필요한 수정조치를 취하는 급식관리의 사후통제 수단이다.

04 메뉴엔지니어링기법을 활용한 급식 메뉴의 분석 결과, 미트볼스파게티의 수익은 높지만 판매량은 적었다. 이 메뉴를 개선하는 방법은? `2019.12` `2020.12`

① 눈에 잘 띄도록 메뉴 게시 위치를 변경한다.
② 가격이 비싼 메뉴로 변경한다.
③ 지금처럼 품질관리를 한다.
④ 메뉴를 삭제한다.
⑤ 가격을 인상한다.

04 메뉴엔지니어링
• Stars : 인기도와 수익성 모두 높은 품목(유지)
• Plowhorses : 인기도는 높지만 수익성이 낮은 품목(세트메뉴 개발, 1인 제공량 줄이기)
• Puzzles : 수익성은 높지만 인기도는 낮은 품목(눈에 잘 띄도록 메뉴 게시 위치 변경, 가격인하, 품목명 변경)
• Dogs : 인기도와 수익성 모두 낮은 품목(메뉴 삭제)

01 ① 02 ② 03 ⑤ 04 ①

📝 구매

• 구매의 유형
  - 독립구매 : 각 부서에서 독립적으로 필요한 물품을 단독으로 구매하는 방식. 구매절차 신속·간단, 구매단가 높아짐
  - 중앙구매 : 구매 부서에서 조직 전체의 물품을 구매하는 방식. 구매기록 관리 용이 및 단가 절약, 절차 복잡·신속성 저하 등 비능률적
  - 공동구매 : 소유자·경영자가 다른 조직들이 공동으로 물품 구매. 구매단가 절약, 물품 통일의 제약
  - 창고형 할인매장 구매 : 소규모 급식소가 창고형 매장에서 물품을 구매하는 방식
  - 일괄위탁 구매 : 구입 단가를 명확히 책정한 소량의 다양한 상품의 매매를 대행기관에 위탁하는 방식
• 구매시장조사 원칙
  - 비용조사 적시성의 원칙 : 소정의 시기 안에 구매업무를 완료하는 것
  - 비용조사 경제성의 원칙 : 인력·시간 등 소요되는 비용을 최소화시키는 것
  - 비용조사 탄력성의 원칙 : 시장 상황의 변동에 따라 탄력적으로 대응하는 것
  - 비용조사 정확성의 원칙 : 시장조사 내용의 정확성을 기하는 것
  - 비용조사 계획성의 원칙 : 조사 전 원칙에 맞게 계획을 수립하는 것
• 구매절차 : 필요성 인지 → 식재료 구매계획 수립 → 납품업체 선정 및 계약 → 발주 → 검수·운반 → 구매기록 보관·출납
• 구매 시 고려할 사항 : 주문비용, 저장비용, 재고비용, 주문규모에 따른 비용

📝 저장관리

• 식재료 저장의 원칙
  - 품질보존의 원칙 : 저장기준(온도·습도), 유통기한 준수
  - 분류저장의 원칙 : 품목·규격·품질 특성별 분류 후 사용빈도 순 정렬
  - 저장위치 표시의 원칙 : 물품 배치표 부착 → 시간·노력 절약
  - 저장품의 안전성 확보의 원칙 : 부정유출 방지를 위한 잠금장치 및 사용자·출입시간의 제한
  - 공간활용 극대화의 원칙 : 효율적인 저장·운반을 위한 공간활용의 극대화
  - 선입선출의 원칙 : First-in, First-out(FIFO). 먼저 입고된 물품을 먼저 출고하여 사용
• 저장시설
  - 온도계 설치, 선입선출, 점검표 기록
  - 냉장시설 : 5℃ 이하, 습도 75~95%, 용적의 70% 이하 보관 등 넣기
  - 냉동시설 : -20~-5℃, 성에 제거 및 청소 관리 철저
  - 건조창고
    ⓐ 온도 15~25℃, 습도 50~60% 유지, 직사광선 피하기, 방충·방서·환기시설 갖추기
    ⓑ 금속제 선반 사용하며 벽과 바닥에서 15cm(습기 방지·환기순환) 간격을 두어 설치
  - 식품 품목별 분류 보관(세척제·소독제 별도 보관, 식품·비식품 분리 보관)
  - 제품명·유통기한 표시

01 구매절차 과정에서 급식사무 장표의 순서가 옳은 것은?

2019.12

① 구매청구서 → 납품서 → 발주서 → 구매명세서 → 검수일지
② 구매명세서 → 구매청구서 → 발주서 → 납품서 → 검수일지
③ 발주서 → 구매청구서 → 구매명세서 → 납품서 → 검수일지
④ 납품서 → 발주서 → 구매청구서 → 구매명세서 → 검수일지
⑤ 구매청구서 → 구매명세서 → 발주서 → 납품서 → 검수일지

02 일반경쟁입찰의 절차순서가 옳은 것은? 2019.12

① 공고 → 응찰 → 낙찰 → 개찰 → 계약
② 공고 → 개찰 → 응찰 → 낙찰 → 계약
③ 공고 → 응찰 → 개찰 → 낙찰 → 계약
④ 공고 → 낙찰 → 개찰 → 응찰 → 계약
⑤ 공고 → 낙찰 → 응찰 → 개찰 → 계약

03 홈페이지·신문 등에 공고하여 입찰하는 방식으로 다수의 공급자로부터 응찰을 받아 구매하는 공식적 계약방식은?

2017.12

① 일반경쟁입찰방식
② 수의계약방식
③ 지명경쟁입찰방식
④ 제한경쟁입찰
⑤ 지정업체 단일견적방식

---

01 구매절차에 따른 장표의 순서
구매명세서 → 구매청구서 → 발주서 → 거래명세서(납품서) → 검수일지

02 일반경쟁입찰은 홈페이지나 신문 등에 공고하여 응찰을 받아 낙찰 받은 업체와 계약하는 방식이다.

03 일방경쟁입찰방식
• 신문 또는 게시와 같은 방법으로 입찰·계약에 관한 사항을 일정기간 일반인에게 널리 공고하여 응찰자를 모집하며 입찰에 있어서 상호경쟁을 시켜 가장 타당성 있는 입찰가격을 제시한 사람을 낙찰자로 정함
• 장점 : 경제적, 행정이 용이, 새로운 업자의 발견, 공개적·개관적(정실·의혹을 방지)
• 단점 : 행정비가 많이 듦, 긴급할 때 조달시기 놓치기 쉬움, 업자의 담합으로 낙찰이 어려울 때가 있음, 공고로부터 개찰까지의 수속이 복잡, 자본·신용·경험 등이 불충분한 업자가 응찰하기 쉬움

01 ② 02 ③ 03 ①

안심Touch

📝 재고관리

- 재고조사방법
  - 실사재고조사 : 현재 보유하고 있는 재고 수량조사, 회전속도가 빠른 품목(커피류 등)·고가품에 적용, 월 1회 이상 조사(소규모 급식소)
  - 영구재고조사 : 입고와 출고가 모두 기록되어 재고량을 파악할 수 있는 방법(대규모 급식소)
- 재고회전율 : 일정기간 내에 현재 보유한 재고품목들의 사용된 횟수 또는 판매량을 파악하는 것(재고회전율 = 식재료의 총원가/평균 재고액)
- 재고자산 평가
  - 실구매가법 : 재고 품목들을 실제 구매된 가격으로 재고가 산출, 소규모 급식소에서 사용(물품 구입 후 저장 시 구입단가 기록 편리)
  - 가주평균법(총평균법) : 평균 구입단가를 이용하여 재고가 산출(대량 입·출고 물품에 사용)
  - 선입선출법 : 재고자산의 가치를 산출하는 방법(먼저 입고된 물품이 먼저 출고), 가격 책정은 최근 구입 단가를 먼저 적용, 물가 인상 시 재고가를 높게 평가하기 위해 사용
  - 후입선출법 : 최근 구입한 물품부터 사용한 것으로 기록(먼저 구입한 물품이 재고로 남게 됨), 물가상승기(인플레이션)에 재고를 낮추기 위해 사용되는 방법
  - 최종구매가법 : 최근 구입한 단가를 재고가로 계산(방법이 간단하여 널리 사용됨)

01 매출액이 높은 순으로 재고품목을 분류해 집중적으로 관리하는 재고관리 기법은? `2019.12`

① 실구매가법
② 실사재고 시스템
③ ABC 관리 기법
④ 영구재고 시스템
⑤ EOQ 기법

02 재고자산평가에서 방법이 간단하여 널리 사용하고 있는 것은? `2019.12`

① 총구매가법　　　　② 총평균법
③ 재구매가법　　　　④ 실구매가법
⑤ 선입선출법

03 단체급식소에서의 점심 예상식수는 2,000이다. 1인분 분량을 70g씩 제공할 때 폐기율이 30%인 오징어의 발주량은? `2018.12` `2020.12` `2021.12`

① 200kg　　　　② 180kg
③ 160kg　　　　④ 150kg
⑤ 100kg

04 정기발주에 대한 설명으로 옳은 것은? `2017.02`

① 최대 재고량에서 현재 재고량을 뺀 것
② 저가로 재고부담이 적은 품목에 적용
③ 수요예측이 어려운 것 품목에 적용
④ 조달시간이 빠른 것에 적용
⑤ 재고가 일정 수준에 이르면 일정량 발주하는 방식

---

01 ABC 관리 기법은 중요도에 따라 ABC 순으로 재고를 관리하는 기법으로, 매출액이 높은 A를 집중적으로 관리하여 관리효과를 높이는 재고관리 기법이다.

02 재고자산 평가
- 실구매가법 : 재고 품목들을 실제 구매된 가격으로 재고가 산출, 소규모 급식소에서 사용(물품 구입 후 저장 시 구입단가 기록 편리)
- 가주평균법(총평균법) : 평균 구입단가를 이용하여 재고가 산출(대량 입·출고 물품에 사용)
- 선입선출법 : 재고자산의 가치를 산출하는 방법(먼저 입고된 물품이 먼저 출고), 가격 책정은 최근 구입 단가를 먼저 적용, 물가 인상 시 재고가를 높게 평가하기 위해 사용
- 후입선출법 : 최근 구입한 물품부터 사용한 것으로 기록(먼저 구입한 물품이 재고로 남게 됨), 물가 상승기(인플레이션)에 재고를 낮추기 위해 사용
- 최종(총)구매가법 : 최근 구입한 단가를 재고가로 계산(방법이 간단하여 널리 사용됨)

03 폐기 부분이 있는 식품의 발주량 = 1인분량 × 환산계수(출고계수) × 급식예정수

- 오징어 출고계수 $= \dfrac{100}{100 - \text{폐기율}}$

- 오징어 발주량 $= 70 \times \dfrac{100}{100 - 30} \times 2000$
$$= 200{,}000g = 200kg$$

04 발주방식
- 정기발주
  - 일정한 주기마다 발주하는 방식으로 P system이라 함(최대 재고량 − 현재 재고량)
  - 고가의 재고부담이 큰 것, 조달시간이 오래 걸리는 것, 수요예측이 가능한 것
- 정량발주
  - 재고가 일정 수준에 이르면 일정량 발주하는 방식으로 Q system이라 함
  - 저가의 재고부담이 적은 것, 항상 수요가 있어 일정 재고량 보유해야 하는 품목, 수요예측이 어려운 것

01 ③　02 ①　03 ①　04 ①

안심Touch

작업관리

- 작업측정법
  - 워크샘플링 : 사람이나 기계의 가동상태 및 일의 종류 등을 순간적으로 관찰하고 그 결과를 정리·집계하여 각 관측항목의 시간구성이나 그 추이 상황 등을 통계적으로 추측하는 확률의 법칙에 기초를 두는 기법
  - 시간연구법 : 작업 중 일어나는 동작을 세분화해 각 단계별 소요되는 시간을 분석
  - PTS(Predetermined Time Standard) : 예정시간표준법, 동작요소들에 대해 미리 정해진 표준시간치를 합산하여 표준시간 산정[WF(work factor method)법, MTM(methods time measurement)법]
- 동작경제의 원칙
  - 길브레드(Gilbreth) → 바안즈(Barnz)가 재편성
  - 피로감소와 시간의 절약을 위한 연구법으로 작업 시 능률에 미치는 요인들 분석하여 불필요한 동작을 없애고 복잡한 동작을 순서·체계화하여 단순화시킴

정상작업영역

최대작업영역

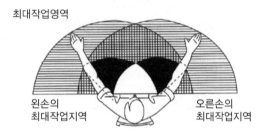

왼손의 최대작업지역   오른손의 최대작업지역

- 바안즈의 동작경제 원칙
  - 인체의 사용에 관한 법칙
  - 손과 몸의 동작 : 가장 단순한 동작에 한정되어야 함
  - 양손의 동작 : 동시에 시작하여 동시에 끝나야 함
  - 양손의 휴식 : 동시에 쉬어서는 안 됨(휴식시간 제외)
  - 팔의 동작 : 양팔이 서로 반대·대칭적 방향, 동시에 진행되어야 함
  - 동 작
    - ⓐ 중력·관성 등 최대 이용 → 자연스러운 동작으로 작업 최소화
    - ⓑ 직선동작(예각방향의 급격한 변화)보다 곡선동작(유연한·연속적인) 작업이 좋음
    - ⓒ 제한·통제된 동작보다는 탄도적 동작이 빠르고 쉬우며 정확함
  - 눈 : 눈의 고정은 가급적 줄이고 함께 가까이 있도록 함
- 작업장 배치 및 기기·설비에 관한 원칙
  - 공구·기기류
    - ⓐ 사용하기 쉬운 곳에 정돈 및 사용 위치 가까이에 비치
    - ⓑ 신체를 크게 변형하지 않더라도 동작하기 편리한 순서대로 배치
    - ⓒ 페달 장치 활용하여 가능한 한 양손 개방
  - 채광·조명 : 적절한 밝기 유지
  - 작업대·의자
    - ⓐ 작업 자세에 적합한 의자 사용
    - ⓑ 앉고 서는 자세 동작에 모두 사용할 수 있도록 하여 피로 줄이기

01 시간 연구에 발췌검사법을 적용하여 측정시간, 횟수를 무작위로 선택하여 연구하는 방식으로 옳은 것은? 2017.12

① 스톱워치법
② 동작연구법
③ 워크샘플링법
④ MTM법
⑤ 워크스터디

02 급식의 생산성 증대를 위해 효과를 거둘 수 있는 것은? 2018.12

① 대량조리의 기계화
② 맛과 질감의 저하를 줄이기 위한 기기 사용 대신 수작업화
③ 품질을 위한 소량 조리화
④ 작업의 다양화
⑤ 식자재의 전수 검수화

03 다음과 같은 작업관리 방법을 이용하여 생산과정의 문제점 파악과 개선 방법으로 옳은 것은? 2019.12

작업 → 운반 → 저장 → 정체 → 검사

① 워크샘플링
② 인과형예측법
③ 시간연구
④ 공정분석
⑤ 작업의 분리법

04 동작경제의 원칙 중 인체의 사용에 관한 것으로 옳은 것은? 2018.12

① 양손의 동작은 동시에 시작하고 동시에 완료해야 한다.
② 휴식시간을 포함한 모든 시간에 양손이 동시에 쉬어서는 안 된다.
③ 양팔의 동작은 같은 방향으로 이루어져야 한다.
④ 제한되고 통제된 동작이 단순하여 정확하다.
⑤ 근육운동의 작업을 최대한 사용해야 한다.

---

01 워크샘플링법

사람이나 기계의 가동상태 및 일의 종류 등을 순간적으로 관찰하고 그 결과를 정리, 집계하여 각 관측항목의 시간구성이나 그 추이 상황 등을 통계적으로 추측하는 확률의 법칙에 기초를 두는 기법이다.

02 대량생산을 위한 증대방안
• 작업 단순화
• 표준작업시간 설정
• 자동화 기기 사용
• 가공 · 전처리식품의 이용
• 직원들의 동기부여
• 업무관련 교육

04 동작경제의 원칙(인체의 사용에 관한 법칙)
• 양손의 동작 : 동시에 시작하여 동시에 끝나야 함
• 양손의 휴식 : (휴식시간 제외) 동시에 쉬어서는 안 됨
• 팔의 동작 : 양팔이 서로 반대 · 대칭적 방향, 동시에 진행되어야 함
• 손과 몸의 동작 : 가장 단순한 동작에 한정되어야 함
• 물체의 관성을 활용, 근육운동의 작업을 최소한으로 줄여야 함
• 직선동작(예각방향의 급격한 변화)보다 곡선동작(유연한 · 연속적인) 작업이 좋음
• 제한 · 통제된 동작보다는 탄도적 동작이 빠르고 쉬우며 정확함
• 쉽고 자연스러운 리듬이 가능하도록 작업이 배열되어야 함(작업을 원활 · 자연스럽게 수행하는 데는 리듬이 중요)
• 눈의 고정은 가급적 줄이고 함께 가까이 있도록 함

01 ③ 02 ① 03 ④ 04 ①

안심Touch

📝 수요예측방법

시계열 분석법	과거의 매출·수량의 시간적인 추이나 경향을 파악 → 수요 예측	
	이동평균법	최근 일정기간의 기록을 평균하여 수요 예측(가장 오래된 기록 제외하며 가장 최근 기록 사용)
	지수평활법	가장 최근 기록에 가중치를 부여하여 수요 예측(단기적 수요 예측에 많이 사용)
인과형 예측법	수요와 이에 영향을 미치는 요인들 간의 인과모델을 개발하여 수요 예측(중·장기 전망 시 사용)	
	선형회귀분석	종속변수와 독립변수 사이의 관계 분석
	다중회귀분석	수요예측치에 영향을 주는 두 가지 이상의 요인(변수)을 포함하여 수요 예측(요인 : 메뉴 선호도, 요일, 날씨, 테이블 회전율, 주변 식당 이용률, 특별 행사 등)
주관적 예측법	예측을 위한 자료가 없거나 오래되어 흐름을 예측하기 어려울 때 사용	
	최고경영자기법	경영자의 풍부한 경험에 의한 수요 예측
	외부의견조사법	전문 조사기관 및 외부 전문가에 의견을 조사하여 추세를 예측
델파이 집단기법	집단적 의사결정으로 전문가 집단에게 설문조사하여 의견과 판단을 취합 분석하여 의견이 일치될 때까지 반복하여 정리하는 연구기법	

📝 경영전략 수립 기법

• SWOT 분석기법 : 강점(Strength), 약점(Weakness), 기회(Opportunity), 위협(Threat) 요인을 분석하고 이를 토대로 경영전략을 수립하는 기법

📝 집단의사결정 기법

• 델파이 집단기법 : 구성원에게 설문지 발송 → 익명의 의견을 취합·분석 → 구성원에게 분석결과 발송 → 의견이 일치될 때까지 반복하는 기법
• 포커스 집단기법 : 10명 정도의 소수의 그룹을 대상으로 약 2시간 동안 문제점 토론 후 의견을 제시하도록 하는 기법
• 브레인스토밍 기법 : 주제를 가지고 자유롭게 토론하여 창의적인 아이디어를 이끌어내는 기법

01 수요예측 시 예전의 기록이 없어서 흐름을 예측하기 어려울 때 사용하는 방법은? `2018.12`

① 델파이집단기법
② 이동평균법
③ 지수평활법
④ 선형회귀분석법
⑤ 최고경영자기법

02 여러 명으로 구성된 집단이 문제 해결을 위해 자유롭게 아이디어를 내는 방식은? `2017.12` `2021.12`

① 델파이집단기법
② 포커스집단기법
③ 시넥틱스기법
④ 노미널집단기법
⑤ 브레인스토밍

03 다음은 단체급식소의 3개월 판매식수이다. 이를 근거로 단순이동평균법을 이용한 7월의 예측 식수는? `2019.12`

(급식소의 판매식수)

월	4	5	6	7
판매식수(식)	11,500	11,550	12,550	

① 11,350
② 11,866
③ 11,650
④ 12,360
⑤ 12,480

04 장사를 시작하려는 곳 주변에 동일 업종이 없어야 하는 것은 SWOT분석 중 어느 요인에 해당하는가? `2018.12`

① 기대요인
② 강점요인
③ 기회요인
④ 위협요인
⑤ 목표요인

02 집단적 의사결정
- 브레인스토밍 : 여러 명으로 구성된 집단이 문제 해결을 위해 자유롭게 아이디어를 내는 방식
- 노미널집단기법 : 각각 문제해결 방법을 내어 구성원들이 평가하고 순위를 정하여 가장 점수가 높은 것을 선택하는 방식
- 델파이집단기법 : 구성원에게 설문지 발송 → 익명의 의견을 취합·분석 → 구성원에게 분석결과 발송 → 의견이 일치될 때까지 반복하는 기법
- 포커스집단기법 : 10명 정도의 소수의 그룹을 대상으로 약 2시간 동안 문제점 토론 후 의견을 제시하도록 하는 기법
- 시넥틱스기법 : 소수의 전문가로 구성되어 새로운 아이디어(창의적인 문제해결)를 내는 발상법

03 (11,500 + 11,550 + 12,550) / 3 = 11,866

04 SWOT 분석
Strengths(강점), Weaknesses(약점), Opportunities(기회), Threats(위협)의 약자로, 장점과 기회를 규명하고 약점과 위협을 축소하기 위한 전략이며 조직이 처해있는 환경을 분석하기 위한 기법이다.

01 ⑤ 02 ⑤ 03 ② 04 ③

안심Touch

📝 보관과 배식

- 보관온도
  - 뜨거운 음식 57℃↑ : 뜨거운 음식은 상차림 직전까지 조리 완료
  - 차가운 음식 5℃↓ : 차가운 음식은 조리 후 배식까지 보냉 보관
  - 식품의 중심온도 관리 철저(재가열 시 75℃↑)
- 배식 온도 : 찌개 85±5℃, 밥 80±5℃, 국 65±5℃, 차(100℃까지 끓인 후 식혀 제공) 65±5℃, 조림 50±5℃, 차가운 음식 5±3℃
  - 조리 후 2시간 이내 제공
  - 분산조리 : 조리에서 배식까지 시간 단축
  - 요리별 가식 한계시간 설정
- 1인 분량 조절
  - 메뉴의 생산량과 원가 통제하는 필수적 요소
  - 예상식수에 따른 정확한 총 생산량(total yield) 명시된 표준레시피 활용
  - 1인 분량 배분에 필요한 배식도구 용량 파악 → 정해진 배식도구로 일정량 배분하도록 훈련
- 검 식
  - 배식 직전 음식의 맛, 질감, 조리상태, 조리완성 후 음식온도, 위생 등 종합적으로 평가하는 것
  - 검식내용은 검식일지에 기록(향후 식단개선 자료로 활용)
- 보존식
  - 식중독 사고에 대비하여 그 원인을 규명할 수 있도록 검사용으로 음식을 냉동·보존해 두는 것
  - −18℃ 이하의 냉동고에서 144시간 보관

📝 급식의 이해

- 제품 : 유형성, 생산과 소비의 분리성, 동질성, 저장성
- 서비스 : 무형성, 생산과 소비의 동시성, 비일관성(이질), 저장 불능성(소멸)

01 급식소에서 납품업체가 공급한 식재료에 대해 수량, 유통기한, 신선도 등 발주서와 일치하는지 확인하여 수령여부를 판단하는 과정은?

① 구 매   ② 발 주
③ 검 사   ④ 검 수
⑤ 반 품

02 단체급식 영양사가 5월 18일 화요일 점심으로 제공할 음식을 당일 오전 11시에 보존식 용기에 넣어 −18℃에서 보관하였다. 이 보존식의 최초 폐기가 가능한 시점은? `2020.12`

① 5월 20일 목요일 오전 11시
② 5월 21일 금요일 오전 11시
③ 5월 22일 토요일 오전 11시
④ 5월 23일 일요일 오전 11시
⑤ 5월 24일 월요일 오전 11시

03 보존식에 관한 설명으로 옳은 것은? `2018.12`

① 식중독 원인을 규명할 수 있도록 검사용으로 음식을 남겨두는 것이다.
② 완제품으로 제공되는 경우 개봉하여 밀폐 용기에 보관한다.
③ 멸균비닐시료봉지에 매회 300g씩 보관한다.
④ 소독된 보존 전용용기에 담아 7일간 냉장 보존한다.
⑤ −10℃ 이하의 냉동고에 144시간 보관한다.

04 검식에 대한 설명으로 옳은 것은? `2019.12`

① 검식 내용은 보존식기록지에 작성·보관한다.
② 조리된 음식은 배식 과정 중에 검사한다.
③ 차가운 음식은 5℃ 이하, 뜨거운 음식은 50℃ 이상인지 확인한다.
④ 음식의 맛, 질감, 조리상태, 음식온도, 위생 등을 종합적으로 평가하는 것이다.
⑤ 보존식은 100g씩 담아 144시간 동안 냉장 보관한다.

---

01 ④ 검수 : 식재료 등이 설정한 규격·기준에 적합한지 여부를 판정하기 위해 입고시점에서 실시되는 검사
① 구매 : 물품을 사는 것을 말하며, 개인이 아닌 조직이 주체가 되어 물품을 사는 것
② 발주 : 물품을 주문하는 것
③ 검사 : 식재료, 공정품, 조리완제품, 식기 등을 관능검사·측정·계측·분석 실험결과가 설정된 규격기준에 적합한지 여부를 비교·판정하는 활동
⑤ 반품 : 물품의 결격사유 또는 불만족 등으로 물품을 취소하여 돌려주는 것

02 보존식
• 식중독 사고에 대비하여 그 원인을 규명할 수 있도록 검사용으로 음식을 남겨두는 것으로, 조리·제공한 식품의 매회 1인분 분량을 섭씨 영하 18도 이하로 144시간 이상 보관해야 한다.
• 5월 18일 오전 11시에서 144시간(6일) 이후면 5월 24일 월요일 오전 11시이다.

03 보존식은 식중독 사고에 비하여 그 원인을 규명할 수 있도록 검사용으로 1인 분량(음식별로 100g씩) 음식을 냉동·보존(−18℃ 이하 냉동고에서 144시간(6일))한다.

04 검 식
• 배식 직전 음식의 맛, 질감, 조리상태, 조리완성 후 음식온도, 위생 등을 종합적으로 평가
• 향후 식단개선 자료로 활용하기 위해 검식일지에 기록
• 배식 온도 확인(차가운 음식은 5℃ 이하, 뜨거운 음식 57℃ 이상)

01 ④   **02** ⑤   **03** ①   **04** ④

안심Touch

📝 경영관리 순환

경영관리 기능의 기본순환 순서 : 계획 → 조직 → 지휘 → 조정 → 통제

📝 민츠버그의 경영자 역할

대인 간 역할	정보관련 역할	의사결정 역할
대표자, 리더, 연결자	감시자, 전달자, 대변인	창업가, 혼란 중재자, 자원분배자, 협상자

📝 종사원의 교육과 훈련의 분류

구 분	직장 내 훈련(OJT ; On the Job Training)	직장 외 훈련(Off-JT ; Off the Job Training)
특 징	직장 내부의 수행되는 직무와 연관된 지식·기술 교육으로 직속 상사가 교육 실행	일정 기간 동안 직무와 연관된 지식·기술 교육을 외부에서 교육 실행
장 점	경제적, 직무 환경에서 교육 습득, 실시간 의사소통 가능	교육비용 발생, 교육(훈련)의 공백으로 인한 업무의 지장 초래
단 점	동시에 여러 명의 직원교육 어려움, 비전문자의 교육으로 훈련 결과는 훈련자의 역량에 좌우함	동시에 여러 명의 직원교육 가능, 전문가의 교육으로 훈련의 질 향상

📝 급식 품질경영

• 종합적 품질경영(TQM)
 - 직원들의 전사적·지속적으로 공정·조직 활동의 개선을 통해 품질 개선하는 경영
 - 지원요소의 구성 : 고객 중심·전사적 참여·교육·훈련·의사소통·보상 등
• 6시그마
 - 생산 공정·대부분의 모든 관리시스템·서비스 전 분야에 적용되고 있는 경영혁신 기법
 - 모든 공정·업무에 과학적 통계기법 적용 → 결함 발생 요인 분석 → 개선 활동 → 품질 혁신·고객만족
• ISO 시리즈

9000	품질경영 국제규격
14000	환경경영 국제규격
22000	• 식품안전경영시스템 국제규격 • HACCP + ISO 9001(품질경영 시스템)

• HACCP(식품안전관리인증기준)
 - 식품의 원재료부터 제조·가공·보존·유통·조리단계를 거쳐 최종소비자가 섭취하기 전까지 각 단계에서 발생할 우려가 있는 위해요소를 사전에 방지하기 위해 자율적·체계적·효율적으로 관리 → 식품안전성을 확보하기 위한 과학적인 위생관리체계
 - HA(Hazard Analysis) : 원료·공정에서 발생 가능한 병원성 미생물 등 생물학적·화학적·물리적 위해요소 분석
 - CCP(Critical Control Point) : 위해요소의 예방·제거 또는 허용수준으로 감소시킬 수 있는 공정이나 단계를 중점관리

01 고객의 요구 충족을 중심으로 공정 개선을 하기 위해 전사적으로 참여하여 품질을 개선하는 경영 방식은? 2018.12

① TQM
② HACCP
③ ISO
④ QC
⑤ QA

02 경영전략 차원에서 고객 만족, 공정 개선, 전원 참여 등에 초점을 두는 경영정책은? 2017.12 2021.12

① 품질관리
② 품질보증
③ 종합적 품질경영
④ ISO 9000
⑤ ISO 9004

03 급식 품질경영에 해당하지 않는 것은?

① 종합적 품질경영(TQM)
② 6시그마
③ ISO시리즈
④ HACCP
⑤ MBO

01 종합적품질경영(TQM)은 고객중심 · 공정개선 · 전사적 참여의 기본원칙으로 품질개선을 목표로 한다.

02 ③ 종합적 품질경영(TQM ; Total Quality Management) : 전사적으로 참여하여 기업 조직의 지속적 개선을 위해 고객만족, 능동적 참여, 전략적 품질 계획에 초점을 두어 공정을 개선함으로서 조직의 목표를 달성하기 위해 방법과 목표를 전개해 나가는 경영 정책
① 품질관리(QC ; Quality Control) : 제품의 균일성 검사(제조 중심)
② 품질보증(QA ; Quality Assurance) : 품질 체계 감사, 매뉴얼 작성, 제3자의 승인
④ ISO 9000 : 품질보증
⑤ ISO 9004 : 품질보증

03 MBO(목표관리기법)는 조직관리기법이다. 급식 품질경영기법으로는 TQM, 6SIGMA, ISO, HACCP 등이 있다.

01 ① 02 ③ 03 ⑤

안심Touch

📝 작업공정별 식재료 위생

- 구매 검수단계 : 품질의 선도·수량·위생상태 등 검수 및 발주서와 동일여부 확인, 조리와 검수가 가능
- 보관 저장단계 : 교차오염 방지, 철저한 시간·온도·습도 관리
  - 조리한 음식을 즉시 제공하지 않거나 차게 제공하여야 할 경우는 빠른 냉각 후 냉장 보관
  - 2단계 냉각의 경우 2시간 이내 57℃ → 21℃, 4시간 이내 21℃ → 5℃로, 1단계 냉각의 경우 4시간 이내 60℃ → 5℃로 냉각
- 전처리 단계
  - 교차오염 방지 : 세척용기·싱크대는 어류, 육류, 채소류 구분
  - 구분사용이 어려울 경우 채소류 → 육류 → 어류 → 가금류 순서로 세척(작업 변경 시 반드시 소독 후 사용)
  - 채소·과일 : 흐르는 물에 3~4회 세척(또는 1종 세척제, 염소농도 소독액 사용)
  - 식품취급 등의 작업은 바닥으로부터 60cm 높이 이상에서 실시(바닥의 오염된 물이 튀어 들어가지 않도록 주의)
  - 전처리한 식재료와 전처리하지 않은 식재료 구분하여 보관
  - 1회 소량씩 작업, 식품 내부온도 15℃ 넘지 않을 것
  - 25℃↓ 2시간 이내 전처리 과정 수행 후 조리
- 조리 단계
  - 조리된 음식은 배식 전까지 교차오염이 발생하지 않도록 위생적인 용기에 보관하고 온도 및 시간 관리
  - 식기, 수저, 컵 등은 세척·소독 후 별도의 보관함에 보관
- 배식 단계
  - 미생물의 증식이 용이한 잠재적 위해 온도 범위(5~60℃)의 보관 피하기
  - 배식사의 개인위생관리 체크 및 배식복장 착용
  - 위생장갑, 청결한 도구(집게, 국자 등) 사용
  - 소독된 행주 및 집기류 사용
  - 배식 후 남은 잔반 및 잔식은 반드시 폐기
  - 배식 중인 음식과 조리완료된 음식의 혼합 배식 금지

📝 조리종사자 위생관리

- 건강진단 및 일일 건강상태 확인
  - 연 1회(학교급식의 경우 6개월 1회) 건강진단 및 결과서 제출
  - 질병 보균·감염자는 조리행위 금지
- 올바른 손씻기
  - 작업복 착용 후 작업에 투입되기 전
  - 다른 내용의 작업을 시작할 때
  - 생고기, 가금류, 어패류, 달걀을 만진 후
  - 작업 도구 사용 전, 후
  - 조리장을 벗어난 후 다시 작업을 수행하기 전
  - 화장실 이용 후
  - 청결도가 높은 구역으로 이동 시
  - 청결하지 못한 물품, 접시, 기구를 다룬 후 등

01 식품별 냉장 보관 방법으로 식품위생관리가 올바른 것은?

2019.12

① 개봉한 통조림류는 랩으로 잘 밀폐하여 냉장 보관한다.
② 육류, 생선, 달걀, 우유, 버터 등의 신선식품은 냉장고 맨 아래 칸에 함께 보관한다.
③ 조리 전의 식재료는 냉장고 상단에 조리된 음식은 냉장고 하단에 저장한다.
④ 달걀은 세척하지 않고 마른 타올로 닦아 저장한다.
⑤ 냉장고 보관식품은 공기 순환을 위해 냉장고 용량의 80% 이내로 채운다.

02 검수할 때 가장 먼저 확인해야 하는 것은?　2019.12

① 재고량표
② 식품의 품질과 수량
③ 식품의 폐기물
④ 출고계수
⑤ 식단표

03 교차오염 방지를 위해 채소류·육류·어류를 구분하여 분류하는 단계는?　2017.12

① 구매 검수단계　　② 보관 저장단계
③ 전처리 단계　　　④ 조리단계
⑤ 배식단계

04 급식소 조리장의 싱크대가 1개일 때 교차오염을 예방하기 위한 식재료의 세척 순서는?　2020.12

① 채소류 → 육류 → 어류 → 가금류
② 채소류 → 가금류 → 육류 → 어류
③ 육류 → 가금류 → 어류 → 채소류
④ 육류 → 채소류 → 어류 → 가금류
⑤ 가금류 → 어류 → 육류 → 채소류

---

01 ① 개봉한 통조림류는 다른 용기에 옮겨 담아 냉장 보관 후 되도록 빨리 섭취한다.
② 냄새를 잘 흡수하는 달걀, 우유, 버터는 냄새나는 육류, 생선 등과 함께 보관하지 않는다.
③ 조리 전의 식재료는 냉장고 하단에 조리된 음식은 냉장고 상단에 저장하여 교차오염을 방지한다.
⑤ 식재료의 저장은 공기순환을 위해 냉장고 용량의 70% 이내가 적당하다.

02 검수(receiving)
공급된 식재료의 수량·규격·품질·유통기간·위생상태 등 명세서·발주서·납품서의 내용과 일치하는지 검사하여 수령 여부를 판단하는 과정이다.

03 교차오염 방지를 위해 세척용기와 싱크대는 어류·육류·채소류를 구분하여 사용한다.

04 교차오염이 발생되지 않도록 채소류 → 육류 → 어류 → 가금류 순으로 세척한다.

01 ④　02 ②　03 ③　04 ①

안심Touch

- 개인위생 준수
  - 두발은 항상 단정, 수염은 매일 깔끔하게 면도
  - 손톱은 짧게 깎고 매니큐어나 짙은 화장 및 향수 사용 않기
  - 조리장 내에서 흡연 및 음식물 반입 등의 행위 않기
  - 위생복 착용 방법 및 구역별 착용기준 따르기
- 조리 전 깨끗한 손소독(역성비누)
  - 냉수 꼭지를 사용하여 알맞은 온도의 물로 비누를 이용하여 손의 전면을 깨끗이 닦기
  - 물기는 종이 타월을 사용·손 건조기 건조
  - 70% 알코올을 사용하여 손 소독(미생물의 살균을 위함)
  - 손톱의 청결한 관리

📝 급식 시설·기기 위생관리

- 급식시설 위생
  - 내수성·내부식성 재질로 설치(세척용이·열탕·증기·살균제 등으로 소독·살균이 가능한 스테인리스·알루미늄 등)
  - 내부의 구석진 곳까지 청소 및 소독이 가능한 구조로 설계
  - 균열·파손된 부분 없어야 함(바닥·내벽·천장 등)
  - 조도기준 : 540Lux(검수대·선별작업대·배식구역 등 육안확인 구역), 220Lux(조리장), 100Lux(기타)
  - 조명 파손 등에 의한 오염방지를 위한 조명 보호장치 설치
  - 온도 조절과 변화를 측정·기록하는 장치 구비(일정한 주기로 온도 측정하고, 그 결과를 유지·관리)
  - 공정 간 또는 시설·설비 간 교차오염이 발생되지 않게 공정의 흐름에 따라 적절히 배치
  - 오염물질의 낙하로 제품오염이 우려될 경우 뚜껑·덮개 등 방지장치 설치
  - 조리장 내 작업은 청결구역과 일반구역(오염구역)으로 나누기
  - 금속제 선반을 사용하며 벽과 바닥에서 15cm 간격을 두어 설치
  - 방충·방서 : 방충망 설치, 에어커튼, 포충등 관리, 정기적 방역
- 급식기기 위생
  - 칼·도마·행주 : 교차오염 방지 위한 식품 종류별 사용
  - 소독 : 자외선 살균, 소독액 침지, 열탕소독(행주 5분 이상)
  - 냉장·냉동고 : 온도계 비치 및 주기적 측정, 주 1회 이상 청소, 용적의 70% 이하로 식품 보관, 식품 분리보관(조리식품과 날식품)
- 세척과 소독
  - 세척 : 애벌세척 → 세척 → 헹굼 → 살균소독 → 건조·보관
  - 세척제 종류 : 1종(과일·채소 전용), 2종(식기세척용), 3종(주방기구용)

01 급식시설에서의 작업 중 일반작업구역이 아닌 것은?

2019.12

① 식기세척실 ② 식기보관구역
③ 전처리구역 ④ 검수실
⑤ 식재료 저장실

02 주방에서 사용하는 세척제의 종류와 사용 용도가 바르게 연결된 것은? 2019.12

① 1종 세척제 – 채소·과일용
② 2종 세척제 – 식품의 가공·조리기구용
③ 3종 세척제 – 식기류용
④ 알칼리성세제 – 채소·과일용
⑤ 산성세제 – 식기류용

03 식재료 작업공정 중 청결구역에 설치하는 것은? 2018.12

① 식기보관실 ② 전처리실
③ 식재료 저장실 ④ 식기세척실
⑤ 검수실

04 집단급식소의 주방 안전관리에 관한 설명으로 옳지 않은 것은? 2019.12

① 칼로 식자재의 다듬기, 뼈 발라내기를 할 때 칼의 방향이 자신의 몸 바깥쪽을 향하게 한다.
② 칼을 가지고 이동 시 칼끝이 아래를 향하도록 한다.
③ 달구어진 무쇠 솥을 옮길 때 반드시 젖은 행주로 손잡이를 잡은 후 이동한다.
④ 사용한 기름은 식힌 후 보관통에 담는다.
⑤ 분쇄기 작동 시 견고하게 고정 후 사용하며, 세척 시 전원을 차단한 후 청소한다.

---

01 작업장 구역
- 청결구역 : 조리실, 배식구역, 자율배식대, 식기구 보관구역 등
- 일반구역 : 검수실, 전처리실(전처리 기기 : 작업대, 채소절단기, 세미기, 감자박피기, 믹서 등), 식기세척실, 식재료 저장실 등

02 세척제 종류

1종 세척제	채소·과일용 세척제
2종 세척제	식기류용 세척제 (자동식기세척제 등)
3종 세척제	식품의 가공·조리기구용 세척제

03 작업장 구역
- 청결구역 : 식기보관구역, 조리실, 배식구역, 자율배식대
- 일반구역 : 검수실, 전처리실(전처리기 : 작업대, 채소절단기, 세미기, 감자박피기, 믹서 등), 식기세척실, 식재료 저장실

04 뜨거운 팬을 옮길 때 젖은 행주를 사용하면 열 전도율이 높아져 화상을 입을 수 있기 때문에 마른행주를 사용해야 한다.

01 ② 02 ① 03 ① 04 ③

안심Touch

– 소 독

종 류	대 상	방 법	비 고
자비소독 (열탕소독)	식기·행주	• 열탕 : 77℃ 30초 이상 • 증기 : 100~120℃ 10분 이상 • 행주 : 열탕소독 후 완전 건조	그릇을 포개어 소독 → 소독 시간 연장
건열소독	식 기	160~180℃ 34~45분간	온도가 낮을 시 소독시간 연장
자외선소독	소독 소도구, 옹기류	2,537Å 30~60분 조사	침투력 약해 표면 살균만 가능
화학소독	• 작업대·기기·도마 • 과일·채소	• 70% 에틸알코올(손·용기) 소독 • 요오드(기구·용기) : 25ppm 1분 이상 침지 • 염소 : 100ppm 5분간 침지(과일·채소)	소독 후 세척

📝 급식시설 계획

• 계획 시 고려할 사항 : 급식소 유형, 급식소의 시설, 급식대상, 제공 메뉴, 식재료 형태, 배식 형태, 식당 좌석수와 좌석 회전율, 설비조건, 관련법규, 종업원, 복리시설 등
• 급식에 필요한 설비
  – 급수 : 취수원은 화장실·폐기물 처리시설 등 오염 우려가 없는 장소 설치, 오염 방지 위한 취수설비·폐수처리설비 격리 배치
  – 배수 : 방충·방서·방균 조치, 배수의 막힘·역류 없도록 관의 크기와 구배(1/100) 고려, 하수관 역류 방지(곡선형·수조형·실형 트랩), 바닥배수 트렌치 설치, 배수로 너비 20cm, 깊이는 15cm 설치
  – 환기 : 자연환기, fan 환기(송풍기), 배기용 환기(후드)
  – 열원 : 사용 목적·안전성·경제성 고려하여 열원 선택
  – 조명 : 육안확인 구역(검수대, 선별작업대 등)은 540Lux 이상, 기타 작업공간(전처리 구역 조리실)은 220Lux 이상

01 다음 중 올바른 소독법으로 연결이 옳은 것은? `2018.12`

① 과일·채소 – 차아염소산나트륨 100ppm
② 식품접촉기구 – 차아염소산나트륨 300ppm
③ 피부 소독 – 알코올 80%
④ 물, 기구 등 표면 – 자외선 2730Å
⑤ 손소독 – 크레졸 70%

02 배기 후드를 설치해야 하는 작업기기로 옳은 것은?

`2018.12`

① 회전식가마솥   ② 연육기
③ 절단기   ④ 세미기
⑤ 박피기

03 작업장의 시설·설비 관리 기준이 옳지 않은 것은?

`2019.12`

① 후드의 경사각은 20°로 한다.
② 청소가 용이하도록 모서리 부분(내벽과 바닥이 만나는 부분)은 반지름의 길이 2.5cm 이상의 둥근 곡면으로 처리한다.
③ 자연채광을 위한 창문은 작업장 바닥 면적의 20~30%가 적당하다.
④ 조리실 바닥은 청소와 배수가 잘되도록 하여 바닥 기울기는 1/100의 구배가 적당하다.
⑤ 조리실의 콘센트는 바닥에서 1m 이상 위치에 설치한다.

---

01 ② 식품접촉기구 : 차아염소산나트륨 200ppm
③ 피부 소독 : 알코올 70%
④ 물, 기구 등 표면 : 자외선 2573Å
⑤ 손소독 : 크레졸 3~4%

02 환기 설비인 배기 후드는 조리 시 나쁜 냄새, 증기, 열, 연기, 가스 등 오염물질이 배출되는 작업공간에 설치가 필요하다.

03 후드의 경사각은 30~45°로 한다.

01 ①   **02** ①   **03** ①

안심Touch

📝 원 가

- 원가 3요소
  - 재료비 : 식재료 구입에 소요되는 비용(주식비, 부식비 등)
  - 인건비 : 임금, 상여금, 퇴직금, 각종 수당 등
  - 경비 : 재료비, 인건비를 제외한 모든 비용(수도광열비, 전력비, 보험료, 감가상각비 등)
- 원가의 분류

분류 기준		분류 및 종류
제품 생산 관련성	완성된 제품에 사용된 확실한 비용	
	직접비	직접재료비(주요 재료비), 직접인건비(임금), 직접경비(외주비용)
	간접비	간접재료비(보조 재료비), 보조인건비(수당), 간접경비(감가상각비 · 보험료 · 전력비 · 수도광열비 등)
생산량과 비용의 관계	과거의 성과 평가 및 미래의 원가 예측 위해 파악	
	고정비	• 생산량 증감에 관계없이 고정적으로 발생하는 비용 • 임대료 · 보험 · 세금 · 가스비 · 전기료 등
	변동비	• 생산량 증가와 함께 증가하는 비용 • 직접재료비 · 직접노무비 · 판매수수료 등
	반변동비 (준변동원가)	• 고정비와 변동비의 성격을 동시에 가짐(혼합비용이라고도 함) • 인건비, 전력비(기본요금 + 생산량 증가에 따른 전력비 증가)
	반고정비 (준고정원가)	• 특정 범위의 생산량 내에서는 일정한 원가 발생 → 이 범위를 벗어날 때 일정액만큼 증가 또는 감소하는 원가 • 공장 감독자(생산 관리자) 급료 등
비용 통제 가능성	통제가능 원가	• 절약할 수 있는 비용 • 식재료비 · 인건비 · 수도비 · 전력비 · 전화비 등
	통제불가능 원가	• 고정적으로 발생하는 비용 • 감가상각비 · 임대료 등

- 원가계산
  - 목적 : 운영계획에 따라 수익 · 손실을 평가하여 재정상태 파악하기 위함(원가관리, 예산편성, 재무재표, 가격결정)
  - 구 조
    - ⓐ 직접원가 :

직접재료비	직접노무비	직접경비

    - ⓑ 제조원가 :

직접재료비	직접노무비	직접경비	제조간접비

      제조 ~ 제품완성까지 발생된 원가(생산원가)

    - ⓒ 총 원 가 :

직접재료비	직접노무비	직접경비	제조간접비	판매경비	일반관리비

      제조 ~ 판매까지 발생된 원가(판매원가)

    - ⓓ 판매가격 :

직접재료비	직접노무비	직접경비	제조간접비	판매경비	일반관리비	이 윤

  - 원가분석 : 원가의 수치 분석 → 경영활동 실태 파악 · 해석 → 원가관리 · 절감 수행 → 경영 의사결정 자료 제공

01 급식원가에 관련된 설명으로 옳지 않은 것은? `2019.12`

① 고정원가를 모두 회수한 후에 증가되는 공헌마진은 순이
   익이 증가를 의미한다.
② 급식운영 비용의 대부분을 차지하는 인건비와 식재료비
   를 주요 원가라고 한다.
③ 유동자산비율이 1보다 크면 부채상환 능력이 있다고 볼
   수 있다.
④ 직원의 근무외 수당은 변동비에 속한다.
⑤ 정률법 계산에서는 매년 감가상각비가 동일하고 정액법
   계산에서는 감가상각비가 감소하는 것이 특징이다.

02 다음 중 A 전자 단체급식소의 1식당 원가를 옳게 계산한
것은? `2019.12`

> 총 인건비 500만원, 총 식재료비 1,000만원, 총 경비 250만
> 원, 한 달 총 제공 식수 7,000

① 1,000원   ② 1,500원
③ 2,000원   ④ 2,500원
⑤ 3,000원

03 A급식소에서 600인분의 식사를 준비하는데 5명의 조리사
가 8시간마다 만들었다. 한 끼(1식)를 만드는 데 사용되는
식수당 노동시간은? `2018.12`

① 3분   ② 4분
③ 15분   ④ 16분
⑤ 18분

04 1일 식수 600의 급식소에서 조리사 5명이 1일 6시간씩 근
무한다. 이 급식소의 노동시간당 식수와 1식당 노동시간은?
`2019.12`

① 30식/시간, 5분/식   ② 25식/시간, 4분/식
③ 20식/시간, 3분/식   ④ 15식/시간, 3분/식
⑤ 10식/시간, 3분/식

---

01 정액법 계산에서는 매년 감가상각비가 동일하고 정
률법 계산에서는 감가상각비가 감소하는 것이 특징
이다.

02 $\dfrac{500만원 + 250만원 + 1,000만원}{7,000} = 2,500원$

03 5(명) × 8(시간) × 60(분)/600(인분) = 4분

04
- 노동시간당 식수 $= \dfrac{일정기간\ 제공한\ 총\ 식수}{일정기간\ 총\ 노동시간}$

  $= \dfrac{6,000}{5명 × 6시간 × 1일}$

  $= 20식/시간$

- 1식당 노동시간 $= \dfrac{일정기간\ 총\ 노동시간(분)}{일정기간\ 제공한\ 총\ 식수}$

  $= \dfrac{(5명 × 6시간 × 1일) × 60분}{600}$

  $= 3분/식$

01 ⑤   02 ④   03 ②   04 ③

📝 원가관리

• 원가분석

호텔, 식당	학교, 산업체	군 대
30~40%	50~60%	90~100%

- 식재료 비율(%) $= \dfrac{식재료비}{매출액} \times 100$

- 인건비 비율(%) $= \dfrac{인건비}{매출액} \times 100$

- 식재료 재고회전율(%) $= \dfrac{당기\ 식재료비\ 총액}{평균\ 재고가액} \times 100$

• 손익분기점

- 손익분기점 매출량 $= \dfrac{고정비}{단위당\ 공헌마진} = \dfrac{고정비}{(메뉴\ 판매가 - 메뉴\ 변동비)}$

- 손익분기점 매출액 $= \dfrac{고정비}{공헌마진\ 비율} = \dfrac{고정비}{(1 - 변동비율)}$

• 감가상각비

- 기간이 지남에 따라 소모된 유·무형 자산의 가치하락을 경제적 가치, 비용으로 추산한 것

- 정액법 $= \dfrac{(구입가격 - 잔존가격)}{내용연수}$

📝 재 무

• 재무제표 : 기업의 경영활동 중 자본의 흐름·상태 숫자로 나타낸 표
  - 대차대조표 : 기업의 재무상태(자산·부채·자본)를 나타내는 기본적인 재무보고서
  - 손익계산서 : 일정기간의 기업의 경영성과를 보여주는 회계보고서
• 재무분석
  - 매출분석 : 매출액 증가·감소의 원인 분석
  - 비교손익보고서 : 전년 또는 전 회계기간과 비교 분석
  - 유동자산비율 : 회계기간 내 부채 상환 능력·현금화할 수 있는 자산비율, 수치가 1보다 크면 부채 상환력 가능 의미
  - 공헌마진 : 고정원가 회수 → 이익 창출에 공헌, 고정원가 회수하지 못하면 손실 발생(공헌마진↑ = 순이익↑)
  - 이익률 : 영업성과 측정 지표
  - 손익분기 분석 : 적정 이익의 창출을 목적으로 함
  - 이익 = 수익 − 총비용
  - 손익분기점 = 매출액 − 총비용(손익분기점에서의 이익은 '0' → 매출액과 총비용 일치)

01 기간이 지남에 따라 소모된 유·무형 자산의 가치하락을 경제적 가치, 비용으로 추산해 감가하는 것은? 2017.12

① 재고회전율
② 반고정비
③ 조세공과금
④ 감가상각비
⑤ 손익분기 분석

02 산업체의 식재료 비율로 옳은 것은? 2018.12

① 40%
② 50%
③ 70%
④ 80%
⑤ 90~100%

03 이익도 손해도 발생하지 않는 손익분기점에서 일치해야 하는 것은? 2018.12

① 매출액 – 총비용
② 생산액 – 이익액
③ 손해액 – 매출액
④ 판매액 – 출고액
⑤ 예산비용 – 매출액

04 보기와 같이 A 급식소의 지출될 예상 금액으로 월 손익분기점 판매량과 매출액은? 2019.12

> 메뉴의 1식당 가격 4,000원, 변동비 2,000원, 월 임차료 100만원, 직원 인건비 매월 800만원

① 판매량 4,000식, 매출액 2,000만원
② 판매량 4,200식, 매출액 2,000만원
③ 판매량 4,500식, 매출액 1,800만원
④ 판매량 4,500식, 매출액 2,800만원
⑤ 판매량 5,000식, 매출액 3,000만원

---

01 시간이 경과함에 따라 노후되는 설비의 원가에 대한 사용기간 등에 의한 물리적, 경제적 가치하락의 감소분을 감가상각이라 하고, 감가상각된 금액이나 비율로 나온 금액을 감가상각비라 한다.

02 • 식재료 비율(%) = 식재료비/매출액 × 100
• 호텔·식당 : 30~40%, 학교·산업체 : 50~60%, 군대 : 90~100%

03 손익분기점
매출액 – 총비용(손익분기점에서의 이익은 '0' → 매출액과 총비용 일치)

04 • 손익분기점의 매출액 = 고정비/공헌마진 비율
= (8,000,000 + 1,000,000)/(1 − 2,000/4,000)
= 18,000,000
* 공헌마진 비율 = 1 − 변동비율
• 손익분점 판매량 = 고정비용/(판매가격 − 변동비)
= (8,000,000 + 1,000,000)/(4,000 − 2,000)
= 4,500

01 ④ 02 ② 03 ① 04 ③

안심Touch

📝 사무 및 정보관리

- 급식사무관리 : 정보·자료를 토대로 경영활동(계획·통제·조정)을 통한 합리적 관리
- 장표 기록·유지 : 장표란 장부와 전표의 총칭
- 장부·전표

구 분		특 징
장 부	일정한 장소에 비치, 동종의 기록이 계속적·반복적 기입	
	기 능	• 현상의 표시 • 표준과 비교 → 관리 대상 통제
	성 질	고정성·집합성
전 표	거래가 발생할 때마다 작성되어 업무의 흐름에 따라 이동하는 서식	
	기 능	• 경영의사 전달 • 대상의 상징화
	성 질	이동성·분리성

- 급식사무 장표의 종류

분 류	종 류		
메 뉴	• 급식운영계획표 • 식사전표	• 식품구성표 • 식단표	• 영양가분석표 • 가정통신문
급식구매	• 납품서, 발주서 • 재고조사기록지	• 구매청구서 • 검수일지	• 구매명세서
급식생산	• 표준레시피 • 식수표	• 급식일지	• 검식일시
위 생	• 위생점검일지 • CCP점검표	• 보존식기록지 • 위생교육일지	• 기기점검일지 • 세정·소독일정표
급식작업관리	• 작업일정표 • 작업관측표	• 작업공정표 • 안전관리점검일지	• 공정분석표
급식정보관리	• 메뉴 인덱스 파일	• 표준레시피 파일	• 영양가분석 파일
원가관리	• 손익계산서 • 급식월말보고서	• 대차대조표	• 운영보고서
시설·설비관리	• 기기관리 대장	• 집기류 대장	

01 조리사들의 출근, 퇴근, 업무의 진행절차 등 시간 순차적으로 작성하여 작업순서를 알 수 있도록 나타낸 것은?

2018.12 2020.12

① 작업일정표 　　② 작업공정표
③ 공정분석표 　　④ 업무분장표
⑤ 직부명세표

01 작업일정표는 작업의 진행 절차와 방법의 개요를 시간 순차적으로 나타낸 것으로 얻을 수 있는 효과로는 작업순서를 알 수 있어 작업이 체계적으로 이루어지며 작업에 대한 책임소재가 분명해진다.

02 납품업체에서 제공하는 물품의 품명, 단가, 수량, 총금액, 배송, 인수자 등에 관한 내용을 자세히 기록하는 장표는?

2019.12

① 납품서 　　② 발주서
③ 구매요구서 　　④ 물품 구매명세서
⑤ 검수일지

02 검수일지는 제공받은 제품에 대한 검수를 실시하여 그 내용을 자세히 기록하는 서식이다(날짜·품명·규격·수량·단가·품질·검수자·납품업자 등).

03 구매하고자 하는 물품의 품질 및 특성에 대해 기록한 양식으로 발주와 검수 시 품질기준으로 사용하는 것은?

2020.12

① 구매청구서 　　② 구매요구서
③ 구매명세서 　　④ 납품서
⑤ 거래명세서

03 구매명세서(specification)
• 구매하고자 하는 물품의 품질 및 특성에 대해 기록한 양식으로 구입명세서, 물품명세서, 시방서, 물품사양서라고도 한다.
• 발주서와 함께 공급업체에 송부하여 명세서에 적힌 품질에 맞는 물품이 공급되도록 하고, 검수할 때도 필요하다.

04 구매부서에서 작성하여 효력이 발생하는 것은? 2017.12

① 납품서 　　② 발주서
③ 견적서 　　④ 검수일지
⑤ 구매 요구서

04 발주서란 구매하는 부서에서 물품을 공급해주는 업체에게 송부하는 서식이다.

01 ①　02 ⑤　03 ③　04 ②

✍ 조직의 유형

권한의 분배에 따른 조직	집권적 조직		• 지휘, 명령 등의 결정권한이 상위 관리자에 집중 • 독재형, 폐쇄적 조직	
		장 점	신속성이 필요한 소규모 조직에 적용	
		단 점	큰 조직에는 한계	
	분권적 조직		• 의사결정 권한을 하위 관리자에게 이양 • 민주형	
		장 점	하위 관리자의 자주성·창의성 높아짐	
		단 점	자본과 경비 증가	
공식화 여부에 따른 조직	공식 조직		• 인위적인 조직 • 권위에 의해 직무·권한 나눔	
	비공식 조직		자연발생적 조직(혈연, 지연 등)	
		장 점	수용성 높음, 긍정적 → 사기 향상	
		단 점	파벌 구성의 가능성 → 사기 저하	
조직형태에 따른 조직	기본적 조직형태	라인조직	• 가장 오래된 단순한 조직의 형태 • 명령일원화의 원칙에 따른 수직적 조직(군대식 조직)	
			장 점	• 의사결정 신속(권한 내 임기응변 가능) • 명령계통이 간결 • 책임·권한 명확 • 통솔의 용이
			단 점	• 하위 관리사의 의욕상실 • 만능 관리자 양성 어려움 • 상위 관리자의 독단 • 경영자의 독단경영으로 전문화 결여
		라인과 스태프 조직	• 직계참모 조직 • 라인 – 명령·지휘·감독, 스태프 – 조언·권고(지휘·명령권 없음) • 에머슨에 의해 제창된 조직으로 라인을 지원하는 스태프를 결합시킨 조직 • 명령통일의 원칙과 기능적 전문화의 원칙의 조화	
			장 점	• 유능한 스태프의 활용으로 라인 조직의 강화·효율적이고 신중한 의사결정 • 조직의 관리 통제 용이
			단 점	• 라인과 스태프의 의견불일치 • 스태프의 조언 따른 의사결정 지연 및 불화 • 명령체계와 조언·권고의 혼동
		직능직 (기능적) 조직	• 전문화의 원리와 분업의 원칙(기능적 전문화의 원칙) • 테일러가 라인 조직의 단점 보완하기 위해 만든 조직형태	
			장 점	• 관리자 양성 용이(양성기간 단축) • 정확한 과업 할당과 평가 용이 • 능률적인 기능 업무의 수행
			단 점	• 관리비 증가 • 명령계통 복잡 • 책임 소재 불명확해지기 쉬움 • 지시의 중복·충돌의 가능성 → 직원의 혼란

01 다음의 설명의 조직형태로 옳은 것은? 2019.12

경영정책이나 특정한 관리의 합리적인 해결을 위한 목적으로, 각 부문에서 여러 사람들을 선출하여 민주적으로 의사 결정을 하고 집행하여 갈등을 최소화시키는 전사적인 의사결정을 하는 조직이다.

① 라인-스태프 조직   ② 매트릭스 조직
③ 프로젝트 조직   ④ 사업부제 조직
⑤ 위원회 조직

01 위원회 조직
• 장점 : 합리적 의사결정 가능(갈등 최소화), 민주적·상호보완적 등
• 단점 : 창의성 저해, 시간낭비(회의) 등

02 의사결정의 유형과 그 관리계층이 바르게 연결된 것은?
2019.12

① 관리적 의사결정 - 최고경영층
② 업무적 의사결정 - 최고경영층
③ 전략적 의사결정 - 중간경영층
④ 업무적 의사결정 - 하위경영층
⑤ 전략적 의사결정 - 하위경영층

02 의사결정의 유형과 그 관리층
• 업무적 의사결정 : 하위경영층
• 관리적 의사결정 : 중간경영층
• 전략적 의사결정 : 최고경영층

03 단체급식 회사에서 작업일정을 계획하고 급식생산을 위한 구체적인 업무를 결정하는 관리계층은? 2020.12

① 최고경영층
② 상위경영층
③ 중간관리층
④ 하위관리층
⑤ 일반종업원

04 비공식 조직의 특징이 아닌 것은?

① 일종의 사회규제기관으로서 기능을 수행한다.
② 커뮤니케이션의 통로 역할을 한다.
③ 권한이 위양에 의해 이루어진다.
④ 일정한 구조나 구분이 없다.
⑤ 주로 소집단 상태로 유지된다.

04 비공식 조직의 특징
• 사회규제기관으로서의 기능을 수행한다.
• 인간관계가 중심과제이다.
• 의사소통의 통로역할을 한다.
• 부분적 질서유지에 좋다.
• 감정의 원리에 따라 구성된다.
• 소집단 상태로 유지된다.
• 권한은 상호 간의 양해와 승인으로 얻어진다.

01 ⑤ 02 ④ 03 ④ 04 ③

안심Touch

		매트릭스 조직 (행렬식)		• 수직적 · 수평적 권한의 결합 • 직능별, 사업부별(프로젝트별)의 각 책임자에게 명령 · 보고하는 2인 상사제도 • 전통적인 '명령일원화의 원칙' 위반
조직형태에 따른 조직	기타 조직형태		장 점	• 인력의 타부서 이동으로 시장 변화에 유연적 대처 • 직원의 능력 · 재능 이용(효과적 자원관리)
			단 점	• 2인 상사(Two Boss System)로 인한 이중 명령체계 → 갈등 • 프로젝트팀의 집단화 우려 • 복잡성
		프로젝트팀		일정기간 일시적 특정 사업계획을 위해 형성되었다가 목표 달성 후 해체되는 조직
			장 점	인력 구성의 탄력성, 목표 명확, 기동성 · 환경 적응성 상승
			단 점	• 책임자 통솔력에 의한 성공여부 • 복수 관리자로 인한 소속 직원들의 혼란 야기
		사업부제 조직		한 기업의 경영활동을 각 사업부별로 독자적으로 시장과 제품을 갖고 운영(분권적 관리의 형태로 전문성 뛰어남)
			장 점	• 책임소재 명확, 경영성과 독립성 인정 • 사업부 간 경쟁으로 동기부여 · 사기 상승 • 현장 변화의 신속한 대응 가능 • 수익 창출에 집중
			단 점	• 경쟁 과열 시 협력성 저하 • 사업부마다의 공통된 기능 속 경영자원의 중복 • 조직의 목표보다 사업부의 목표 강조
		팀 형		의사결정과 책임 모두 팀이 가짐

📝 조직화의 원칙

전문화의 원칙(분업의 원칙)	특정 업무를 전문 부서에 분담시킴
권한위임의 원칙	• 권한을 갖고 있는 상사가 구성원에게 직무 수행에 있어 일정한 권한을 위임하는 것 • 책임 절대성의 원칙 : 권한만 위임하고 책임은 져야 함
권한과 책임의 원칙	직무의 효과적 수행을 위해 책임과 권한이 서로 상응해야 한다는 것
기능화의 원칙	업무의 종류 · 성질에 따라 업무를 분화하는 것
명령일원화의 원칙	• 하위 직원은 직속 상사로부터만 명령 · 지시를 받아야 함 • 장점 : 책임소재 명확, 구성원의 통일성, 책임 일원성 • 단점 : 전문화 · 기능의 분화에 따른 하위 직원의 통솔 불가능해짐
감독범위 적정화의 원칙 (감독한계 적정화의 원칙)	관리자 한사람이 지휘 · 감독할 수 있는 하위 직원의 수를 적정하게 제한해야 한다는 것
계층단축화의 원칙	• 상하 계층이 길어지면 의사소통 불통, 명령전달의 지연 등 폐단 발생 • 조직의 계층을 단축 → 업무의 효율화
조정의 원칙	기업 전체의 관점에서 각 구성원에게 분담된 업무를 효율적 발휘를 위해 서로 조정 통합해야 한다는 것

01 영양사가 해썹팀의 직무와 급식운영팀의 직무를 함께 수행하고자 한다. 이때 적합한 조직의 형태는? `2021.12`

① 팀형 조직
② 매트릭스 조직
③ 직능식 조직
④ 네트워크 조직
⑤ 위원회 조직

01 매트릭스 조직
- 수직적·수평적 권한의 결합
- 직능별, 사업부별(프로젝트별)의 각 책임자에게 명령·보고하는 2인 상사제도
- 전통적인 '명령일원화의 원칙' 위반
- 장 점
  - 인력의 타부서 이동으로 시장 변화에 유연적 대처
  - 직원의 능력·재능 이용(효과적 자원관리)
- 단 점
  - 2인 상사(Two Boss System)로 인한 이중 명령 체계 → 갈등
  - 프로젝트팀의 집단화 우려
  - 복잡성

02 영양사가 식품창고의 재고관리 업무를 조리사에게 맡김으로써 동기부여 효과를 기대할 수 있는 조직화의 원칙은? `2020.12`

① 전문화의 원칙
② 감독한계 적정화의 원칙
③ 계층단축화의 원칙
④ 명령일원화의 원칙
⑤ 권한위임의 원칙

02 권한위임의 원칙
권한을 가지고 있는 상위자가 하위자에게 직무를 위임할 경우에는 그 직무 수행에 관한 일정한 권한까지도 주어야 하지만 권한을 위양해도 책임까지 위양할 수는 없다.

03 직무 수행 시 직무에 있어 3면 등가의 법칙이 성립되는 3가지 요건은?

① 권한, 책임, 의무
② 권한, 책임, 감동
③ 권한, 통솔, 의무
④ 명령, 책임, 분화
⑤ 위임, 권한, 책임

03 직무의 3면 등가법칙
직무 수행 시 권한, 책임, 의무를 가져야 하며, 3가지의 범위는 같아야 한다는 원칙이다.

01 ② 02 ⑤ 03 ①

안심Touch

📝 노동조합

- 노동조합의 유형
  - 오픈 숍(open shop) : 우리나라에서 채택하고 있는 제도, 조합원·비조합원 자유롭게 고용 가능 → 노동조합 가입 자유, 채용·해고는 노동조합 가입과 무관
  - 유니온 숍(union shop) : 오픈 숍과 클로즈드 숍의 중간형태, 조합원·비조합원 자유롭게 고용 가능 → 고용된 후 의무적 노동조합 가입
  - 클로즈드 숍(closed shop) : 노동조합 조합원만 고용, 조합의 탈퇴·제명 → 해고
- 노동조합의 기능
  - 경제적 기능 : 기업과의 협상을 통해 작업시간, 임금교섭 등 경제적 권익 활동을 함, 단체교섭과 쟁의행위, 경영참가
  - 공제적 기능 : 조합원의 생활을 안정시키기 위한 활동(조합기금 마련 → 산업재해, 경조사 등 지원)
  - 정치적 기능 : 국가·사회단체 대상으로 정치적 활동 → 노동관계법의 법률 제정 촉구·반대 등

📝 리더십과 동기부여

- 리더십
  - 조직의 목표를 달성할 수 있도록 영향을 주는 통솔의 힘
  - 특성이론 : 전통적 이론, 리더로서의 특성과 성공요인 있음(능력·기술·성격·신념·자신감·업무추진력·유연성 등)
  - 행동이론 : 리더의 여러 행동 스타일 → 종업원의 만족 또는 업적에 영향을 줌
  - 상황이론 : 행동이론을 확대한 것, 종업원의 특성 또는 상황에 따라 리더 행동이 변화되어야 하는 것
- 맥그리거의 X이론과 Y이론
  - X이론 : 인간은 원래부터 일을 싫어함 → 조직목표 달성 위해선 처벌(강제·통제)해야 한다는 주장, 전제적 리더
  - Y이론 : 인간은 목표 달성하기 위해서 노력함 → 관리자는 도와주는 역할만 수행해야 한다는 주장, 민주적 리더
- 브룸의 기대이론 : 개인이 어떤 행동을 할 때 자신의 노력에 대한 성과·보상·미래의 얻을 수 있는 기대감을 위해 열심히 일을 하려고 하지만 원하는 보상 후 또 다른 기대감이 생기지 않으면 의욕이 떨어지기 때문에 기대에 따라 동기부여가 이루어진다는 이론
- 의사소통
  - 구성원들 간의 정보, 지식 등을 상호 교환하는 작용
  - 구성요소 : 발신자, 부호화, 의사소통, 수신자, 해석, 피드백, 소음
  - 의사소통 유형(메시지 전달)
    ⓐ 상향식 : 직원 → 상사(업무보고, 제안제도, 의견제시 등)
    ⓑ 하향식 : 상사 → 직원(작업지시, 업무지침 전달 등)
    ⓒ 수평식 : 부서 → 타부서, 직무 단위가 다른 사람(생산부서 ⇆ 서비스부서)
    ⓓ 대각식 : 중간 단계를 거치지 않고 직무 단위 또는 권한계층이 다른 사람에게 메시지 전달
  - 의사소통의 장애요소 : 정확·명확하지 않은 메시지, 피드백의 부족, 수신자의 편견, 사회·문화 차이 등

01 노동조합의 기능 중 조합원의 생활을 안정시키기 위한 노동력 상실 기금으로 옳은 것은? 2018.12

① 공제적 기능
② 경제적 기능
③ 정치적 기능
④ 단체교섭 기능
⑤ 임금교섭 기능

02 종업원에게 권한을 주어 의사결정에 참여할 수 있도록 하는 리더십은? 2018.12

① 민주적 리더십　　② 전제적 리더십
③ 독재형 리더십　　④ 섬기는 리더십
⑤ 지시적 리더십

03 직원에게 자신감을 심어주고 가치관의 변화와 자발적 성장을 위해 독려하는 리더십은? 2019.12

① 변혁적 리더십　　② 민주적 리더십
③ 협력적 리더십　　④ 서번트 리더십
⑤ 거래적 리더십

04 상황이 바뀌면 리더십의 유형도 탄력성 있게 변화할 수 있어야 한다고 설명한 이론은? 2019.12

① 허시와 블랜차드의 이론
② 피들러의 이론
③ 타넨바움과 쉬미트의 이론
④ 이번스의 이론
⑤ 허즈버그의 이론

---

01 노동조합의 기능
• 경제적 기능 : 기업과의 협상을 통해 작업시간, 임금교섭 등 경제적 권익 활동을 함, 단체교섭과 쟁의행위, 경영참가
• 공제적 기능 : 조합원의 생활을 안정시키기 위한 활동(조합기금 마련 → 산업재해, 경조사 등 지원)
• 정치적 기능 : 국가·사회단체 대상으로 정치적 활동 → 노동관계법의 법률 제정 촉구·반대 등

02 • 전제적 리더십(독재형 리더십) : 독단으로 부분의 의사결정을 하고 명령을 하달, 구성원은 의사결정에 참여할 수 없으며 명령에 복종할 것이 요구됨
• 섬기는 리더십(= 서번트 리더십, Servant leadership) : 인간존중을 바탕으로 구성원들이 스스로 잠재력을 발휘할 수 있도록 앞에서 이끌어주는 리더십 (리더의 역할 : 의견 조율자, 방향제시자, 일·삶을 지원해 주는 조력자 등)
• 지시적 리더십 : 구성원에게 업무수행을 지시하는 리더십

03 변혁적 리더십(transformational leadership)이란 조직구성원들의 변화를 이끌어 낼 수 있도록 동기부여와 비전을 제시할 수 있는 리더십이다.

04 허시와 블랜차드(Hersey & Blanchard)의 상황적응 이론은 직원의 발전과 변화에 따라 유형에 맞게 변형할 수 있는 리더십으로, 경험이 없는 직원을 지도할 때에는 지시적 리더십을, 업무에 익숙하면 통제를 줄이고 의사결정 권한을 부여하는 위양적 리더십을 발휘하는 것이다.

01 ①　02 ①　03 ①　04 ①

안심Touch

📝 마케팅 개념

- 고객의 니즈와 욕구 충족을 통해 조직의 목적 달성·제품 개발·서비스·가격설정·유통·촉진 활동을 계획하고 실행하는 과정
- 마케팅 관리이념의 변천 과정 : 고객이 원하는 상품은 곧 기업의 이익 → 고객의 기호도 파악하여 제품 생산
  - 생산 지향적 : 생산성 향상에 초점(수요 > 공급, 대량생산을 통한 원가 절감)
  - 제품 지향적 : 기술개발에 따른 품질개선 중요
  - 마케팅 지향적 : 고객만족을 충족시킬 수 있는 제품생산에 중점을 둠
  - 판매 지향적 : 이윤 창출 목적을 위한 판매 기술(판촉·광고 등) 개선에 중점(수요 > 공급)
  - 사회 지향적 : 사회의 복지 증진에 초점 → 기업 윤리를 강조(기업 이윤 창출과 사회 전체의 이익을 동시 고려)
  - 고속정보망 지향 마케팅 : 사회·마케팅 지향적 개념에 정보통신 기술을 접목하여 정보통신 기기를 활용한 마케팅
- 소비자 구매행동 : 문제의식 → 정보 탐색 → 대안 평가 → 구매의사 결정 → 구매 후 행동
- 마케팅 전략 : STP(세분화 → 표적화 → 포지셔닝)
- 마케팅 믹스
  - 표적시장에서 마케팅 목표를 달성하기 위해 사용하는 통제 가능한 마케팅 요소의 조합
  - 4P : 상품(Product), 가격(Price), 경로(Place), 촉진(Promotion)

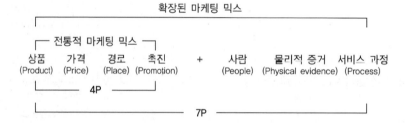

01 다음 중 마케팅믹스의 4가지로 옳은 것은? `2018.12`

① 제품, 시장, 유통, 가격
② 제품, 유통, 촉진, 가격
③ 제품, 시장, 피플, 가격
④ 제품, 유통, 시장, 가격
⑤ 제품, 시장, 유통, 촉진

02 제공되는 서비스가 다양하여 서비스의 질을 표준화하기 어렵기 때문에 직원의 교육과 훈련이 매우 중요한 서비스의 속성은? `2019.12`

① 이질성
② 소멸성
③ 비분리성
④ 무형성
⑤ 분리성

03 서비스가 고객에게 전달되어 종료되는 시점까지의 모든 절차와 관리를 의미하는 확장된 마케팅 믹스(7P)의 요소는? `2019.12`

① 촉진(Promotion)
② 유통(Place)
③ 과정(Process)
④ 가격(Price)
⑤ 물리적 증거(Physical evidence)

04 서비스 산업에서 7P로 불리며 전통적 마케팅 믹스 4P에 추가하여 확장된 마케팅 믹스의 3P로 옳은 것은? `2017.12`

① 상 품
② 유통 과정
③ 경 로
④ 촉 진
⑤ 물리적 증거

---

01 마케팅 믹스
- 표적시장에서 마케팅 목표를 달성하기 위해 사용하는 통제 가능한 마케팅 요소의 조합
- 4P : 상품(Product), 가격(Price), 경로(Place), 촉진(Promotion)

02 서비스의 특성
- 이질성 : 서비스의 형태·상황·직원의 숙련도 등에 따른 서비스의 차이
- 소멸성 : 서비스는 저장되지 않음
- 비분리성 : 생산과 소비의 동시성
- 무형성 : 눈에 보이지 않음

03 과정(Process)은 서비스를 고객에게 제공하는 모든 메커니즘과 흐름을 말한다.

04 서비스 산업에서의 7P

전통적 마케팅 믹스 4P

상품	가격	경로	촉진
(Product)	(Price)	(Place)	(Promotion)

+

추가된 3P

서비스 과정	물리적 증거	사람(종사원)
(Process)	(Physical evidence)	(People)

01 ② 02 ① 03 ③ 04 ⑤

안심Touch

📝 식품위생관리

- 식품위생의 개념
  - 세계보건기구(WHO)의 정의 : 식품의 생육·생산 및 제조로부터 인간이 섭취하는 모든 단계에 있어서의 안전성, 건강성 및 완전무결성을 확보하기 위한 모든 수단
  - 식품위생법상의 정의 : 식품·식품첨가물·기구·용기·포장을 대상으로 하는 음식에 관한 위생
  - 식품위생의 목적 : 식품으로 인하여 생기는 위생상의 위해(危害)를 방지하고 식품영양의 질적 향상을 도모하며 식품에 관한 올바른 정보를 제공하여 국민보건의 증진에 이바지함을 목적으로 함
- 생성원인에 따른 위해요인
  - 내인성 : 식품 자체에 함유되어 있는 유해·유독한 성분으로 생리적 작용에 영향을 미치는 것
  - 외인성 : 식품 자체에 함유되어 있지 않은 것으로 외부로부터 오염 및 혼입된 것
  - 유기성 : 식품의 제조·가공·저장·유통 등의 과정 중 물리적·화학적 및 생리적 작용에 의해 식품에 유해물질이 생성된 것

생성요인	종 류	병인물질
내인성	자연독	동물성 – 복어독, 패류독, ciguatera독 등
		식물성 – 독버섯, 식물성 알칼로이드, 시안배당체 등
	생리작용 성분	식이성 allergen, 항갑상선 물질, 항효소성 물질, 항비타민 물질
외인성	생물적	세균성 식중독균, 경구감염병균, 곰팡이독, 기생충
	인위적	의도적 첨가물 : 불허용 식품첨가물
		비의도적 첨가물 : 잔류농약, 공장 배출물, 기구·용기·포장재 용출물
		가공과정 과오 : PCB, 비소 등
유기성	물리적	가열유지, 조사유지 등
	화학적	아질산염과 amine, amide류의 반응 물질인 N-nitroso화합물
	생물적	생체 내 N-nitrosamine 생성 등

- 식품의 독성시험
  - 급성 독성시험
    - ⓐ 실험동물에 시험물질을 1번 투여한 후 1~2주 관찰하여 실험동물의 50%를 죽게 하는 독극물의 양(LD_{50})을 구하여 실험동물의 체중 kg당 mg으로 나타냄
    - ⓑ 반수 치사량(LD_{50}) 값이 클수록 독성이 약함
  - 아급성 독성시험 : 실험동물에 시험물질을 1~3개월 연속적으로 투여하여 독성을 밝히는 시험
  - 만성 독성시험
    - ⓐ 실험동물에 시험물질을 소량씩 장기간 투여(1~2년 관찰)하여 증상을 관찰
    - ⓑ 최대무작용량 구하는 것이 목적 → 일일섭취허용량
    - ⓒ 최대무작용량(MNEL) : 실험동물에 시험물질을 장기간 투여했을 때 어떠한 중독증상도 나타나지 않는 최대용량
    - ⓓ 일일섭취허용량(ADI) : 사람이 평생 매일 섭취하더라도 아무런 독성이 나타나지 않을 것으로 예상되는 일일섭취허용량[최대무작용량 × 안전계수(1/100) × 평균체중]

01 다음 중 식인성 병해의 생성요인 중 내인성인 것은?

① 경구감염병
② 기생충
③ 금속물질
④ 잔류농약
⑤ 자연독

02 외인성 위해요소에 포함되는 것은? 2019.12

① 시구아테라독
② 잔류농약
③ 지질과산화물
④ 니트로사민
⑤ 시안배당체

03 실험동물의 독성시험 결과인 LD50에 대한 설명으로 옳은 것은? 2021.12

① 만성 독성실험에 이용된다.
② 실험동물의 반수가 치사하는 양이다.
③ 발암성에 대한 분석지표이다.
④ 최대무작용량 계산에 사용된다.
⑤ 값이 낮을수록 독성이 약하다.

04 LD50에 관한 설명으로 옳은 것은?

① 실험동물의 체중 g당 mg으로 나타낸다.
② 값이 클수록 독성이 강하다.
③ 만성 독성실험에 이용된다.
④ 일일섭취허용량(ADI)이다.
⑤ 실험동물의 50%가 사망하는 투여량이다.

---

01 생성원인에 따른 위해요인
• 내인성
  – 자연독 : 동물성, 식물성
  – 생리작용 성분 : 식이성 allergen, 항갑상선 물질, 항효소성 물질, 항비타민 물질
• 외인성
  – 생물직 . 세균성 식중독균, 경구감염병균, 곰팡이독, 기생충
  – 인위적 : 불허용 식품첨가물, 잔류농약, 공장 배출물, 방사성 물질, 기구ㆍ용기ㆍ포장재 용출물, 가공과정 과오(PCB, 비소 등)
• 유기성
  – 물리적 : 가열유지ㆍ조사유지 등
  – 화학적 : 아질산염ㆍamineㆍamide류 반응 물질인 N-nitroso 화합물
  – 생물적 : 생체 내 N-nitrosamine 생성 등

02 외인성
• 식품 자체에 함유되어 있지 않은 것으로 외부로부터 오염 및 혼입된 것
• 생물적 : 세균성 식중독균, 경구감염병균, 곰팡이독, 기생충
• 인위적 : 불허용 식품첨가물(dulcinㆍrongaliteㆍ불허용 tar 등), 잔류농약, 공장 배출물(유기수은 등), 방사성 물질, 기구ㆍ용기ㆍ포장재 용출물(PbㆍCd), 가공과정 과오(PCBㆍ비소 등)

03 반수치사량(LD50 ; Lethal Dose 50)
실험동물 집단의 50%를 죽일 수 있는 독성물질의 양으로, 값이 낮을수록 독성이 강하며 급성 독성실험에 이용된다.

04 반수치사량(LD50 ; Lethal Dose 50)
실험동물 집단의 50%를 죽일 수 있는 독성물질의 양으로, 값이 낮을수록 독성이 강하며 급성 독성실험에 이용된다.

01 ⑤ 02 ② 03 ② 04 ⑤

📝 식품위생 생물학적 검사

- 식품의 신선도 판정 및 유통과정의 위생적 취급 여부 등을 판정하기 위함이며 미생물 검사가 일반적임
- 총균수 검사
  - 식품 중에 존재하는 균의 총수를 측정하여 미생물에 의한 오염도 조사
  - Breed법(주로 생유 중 오염된 세균 측정) : 일정량의 생유를 슬라이드글래스 위에 일정 면적으로 도말 → 건조 → 염색 → 현미경 검경 → 염색된 세균수 측정
  - 세균(생균)수 검사 : 표준한천배지에 검체를 혼합 응고시켜 배양 후 발생한 세균 집락수를 계수하여 검체 중의 생균수를 산출하는 방법
  - 대장균군 검사 : 대장균군은 Gram(−), 무아포성 간균으로서 유당을 분해하여 가스를 생성하는 호기성·통성 혐기성 세균을 말함
    ※ 병원균과 대장균의 공존 → 오염 지표로서 이용(식품의 병원균 오염 여부 판단)
- 정성시험 : 대장균군의 유무 검사

종 류		배양배지
유당 bouillon 발효관법	추정시험	LB배지(유당배지)
	확정시험	EMB 한천배지, Endo 한천배지
	완전시험	LB배지(유당배지), 보통한천배지
BGLB 배지법		EMB 한천배지, Endo 한천배지
데옥시콜레이트 유당한천 배지법(deoxycholate)		EMB 한천배지, Endo 한천배지

- 정량시험 : 대장균군의 수 산출

종 류	배 지
MPN법(최확수법)	유당배지법
	BGLB배지법
데옥시콜레이트 유당한천 배지법(deoxycholate)	
건조필름법	

📝 세균성 감염형 식중독

살모넬라 식중독	원인균	S. typhimurium(쥐티푸스), S. enteritidis(장염균), S. cholerasuis
	특 징	• Gram 음성, 무포자 간균, 주모균, 호기성 또는 통성혐기성 • 생육 최적온도 37℃, 최적 pH 7~8 • 포유동물·조류의 장관 내 서식 • 생명체 외부에서 수주간 생존(건조된 배설물에서 2.5년 후에도 발견됨)
	감염원·감염경로	• 부적절하게 가열된 동물성 단백질 식품(우유·유제품·고기·달걀·어패류와 그 가공품)과 식물성 단백질 식품(채소 등 복합조리식품) • 환자의 분변, 보균자의 손·발 등 2차 오염 • 오염된 가금류의 알이 항문까지 나오는 과정에서 장관 내 부착된 균에 오염, 감염자의 식품 취급 등

01 헬링시약의 적색 침전 반응을 일으키는 환원당은?

2018.12

① 라피노오스
② 포도당
③ 스타키오스
④ 자 당
⑤ 트레할로오스

01 환원당 검출에 사용되는 시약으로 환원당과 가열 시 적색 침전을 생성한다.

환원당	자일로오스, 글루코오스(포도당), 만노오스, 갈락토오스, 프락토오스(과당), 락토오스(젖당), 말토오스(맥아당)
비환원당	라피노오스, 스타키오스, 트레할로오스
	전화당	수크로오스(자당)

02 다음 중 식품의 미생물 수 검사에 이용되는 기본 배지로 옳은 것은? 2018.12

① 한 천
② 구아검
③ 팩틴검
④ 유 당
⑤ 젤라틴

02 ① 표준한천평판배지는 세균(생균)수 검사에 이용되는 배지이다.
- 정성시험
  - 유당 bouillon 발효관법
    ⓐ 추정시험 : LB배지(유당배지)
    ⓑ 확정시험 : EMB 한천배지, Endo 한천배지
    ⓒ 완전시험 : LB배지(유당배지), 보통한천배지
  - BGLB 배지법 : EMB 한천배지, Endo 한천배지
  - 데옥시콜레이트 유당한천 배지법(deoxycholate) : EMB 한천배지, Endo 한천배지
- 정량시험
  - MPN법(최확수법 ; most probable number) : 유당배지법, BGLB배지법
  - 데옥시콜레이트 유당한천 배지법(deoxycholate)
  - 건조필름법

03 10^6개의 포자가 존재하는 식품을 121℃에서 40분 살균하여 10^2개의 포자가 살아 남아있다면 121℃에서의 D값은?

2018.12

① 10분
② 15분
③ 20분
④ 25분
⑤ 30분

03 D value(decimal reduction time)는 일정한 온도에서 세균수를 90% 감소시키는 데 필요한 시간(분)이다.

D 값

$$= \frac{가열시간}{초기\ 균수(\log A) - 가열\ 후\ 생존\ 균수(\log B)}$$

$$= \frac{40}{\log 10^6 - \log 10^2} = \frac{40}{6-2} = 10$$

*$\log 10 = 1$, $\log 10^2 = 2$, $\log 10^3 = 3$, …

01 ② 02 ① 03 ①

장염비브리오 식중독	원인균	Vibrio parahaemolyticus
	특 징	• 그람음성, 굽은모양(콤마형)의 단간균, 통성혐기성 • 호염균(2~4% 염농도에서 잘 발육, 해수온도 15℃↑ 급격히 증식) • 생육최적온도 30~37℃, 최적 pH 7~8 • 메커니즘 : Kanagawa 현상(용혈성), 용혈독 생성
	감염원·감염경로	• 어패류, 수산식품, 조리, 식칼, 도마, 행주, 환자 • 바닷물, 생것 또는 덜 조리된 수산물(균이 어패류의 체표, 내장, 아가미 등에 부착 → 근육으로 이행 → 균의 증식 → 식중독) • 보균자의 분변(2차 감염) • 오염지역의 물 등으로 인한 눈, 귀, 상처 등에 감염 가능
병원성 대장균 식중독	특 징	• 그람음성, 간균, 주모성, 호기성 또는 통성혐기성 • 유당을 분해하여 산과 가스를 생산
	감염원·감염경로	• 우유(주원인), 햄버거(불완전 조리된 쇠고기 분쇄육), 햄, 치즈, 샐러드, 도시락 등 • 포유류의 장관, 사람에서 사람, 감염자의 분변에 오염된 식품 • 하수, 어패류 등에서 분리 검출되므로 1차, 2차 오염으로 감염
캠필로박터 식중독	원인균	Campylobacter jejuni
	특 징	• 인수공통감염병 • 그람음성, 간균(S자형 또는 나선형의 screw상 운동), 단극 또는 양극에 1개의 편모 • 고온성균, 미호기성 • 상온의 공기 속에서 서서히 사멸(혐기적 조건에서도 성장 ×) • sporadic case의 70% 정도가 닭고기 섭취와 관계
	감염원·감염경로	• 소, 돼지, 개, 닭, 우유, 물 등 원인 • 육류의 생식 • 불충분한 가열 • 동물(조류 등)의 분변 오염
여시니아 식중독	원인균	Yersinia enterocolitica
	특 징	• 그람음성, 단간균, 주모성 • 저온균(0~5℃ 증식), 진공포장에서도 증식
	감염원·감염경로	• 분변·오물, 오염된 물·우유, 돼지고기, 쇠고기, 아이스크림 등 • 15세 이하, 노인, 면역이 손상된 성인에게 주로 감염됨 • 살모넬라와 감염경로 비슷
리스테리아 식중독	원인균	Listeria monocytogenes
	특 징	• 그람양성, 간균, 주모성, 통성혐기성 • 인수공통감염병 • 저온균, 내염성 • 최적발육온도 30~37℃, 최적 pH 6~9(4.5 이하 발육 가능)
	감염원·감염경로	원유, 치즈, 아이스크림, 소시지, 핫도그, 식육, 채소 등
아리조나 식중독	원인균	Salmonella arizona
	특 징	• 그람음성, 간균, 주모성, 편성혐기성 • 가금류와 파충류의 정상 장내세균
	감염원·감염경로	닭, 칠면조의 고기·알 등
모르가넬라 모르가니	원인균	Morganella morganii
	특 징	• 그람음성, 간균, 주모성, 통성혐기성 • histidine 부패 → histamine 생산 → allergy 식중독 유발
	감염원·감염경로	꽁치, 고등어, 정어리 등(붉은살·등푸른 생선)

01 고온성의 미호기성 세균으로 닭고기 섭취와 관련된 식중독 균은? `2019.12` `2021.12`

① Campylobater jejuni
② Salmonella typhimurium
③ Yersinia enterocolitica
④ Listeria monocytogenes
⑤ Morganella morganii

02 Morganella morganii에 의해 고등어 등의 붉은살 생선의 단백질이 분해되어 생성되는 알레르기성 물질은? `2018.12` `2020.12`

① 히스타민 ② 히스티딘
③ 아세토인 ④ 티로신
⑤ 트리메틸아민

03 생선회 · 생어패류 섭취 시 설사 · 구토 등의 증상을 보이는 식중독은? `2018.12`

① 장염비브리오
② 여시니아
③ 바실러스 세레우스
④ 살모넬라
⑤ 대장균군

04 5℃ 이하에서도 생존 가능한 균으로 임산부에게는 유산을, 신생아 · 노인 등에게는 패혈증이나 뇌수막염을 수반하는 감염형 식중독균은? `2019.12` `2021.12`

① Salmonella typhimurium
② Listeria monocytogenes
③ Yersinia enterocolitica
④ Campylobater jejuni
⑤ Bacillus cereus

---

01 캠필로박터 제주니는(Campylobater jejuni)는 대기의 산소 농도보다 25% 낮은 산소 농도대에서 증식하는 고온성의 미호기성 세균으로 유산을 일으킨 양에서 분리된 균이며 닭고기 섭취와 관련 있는 캠필로박터 식중독의 원인균이다.

02 ① 히스타민(histamine) : 히스티딘이 탈탄산하여 된 아민 화합물로 알레르기를 일으킴
② 히스티딘(histidine) : 단백질을 구성하는 필수 아미노산
③ 아세토인 : 버터, 치즈 등의 주요 향기 성분
④ 티로신 : 아미노산
⑤ 트리메틸아민 : 어류의 주 비린내 성분

03 장염비브리오(Vibrio parahaemolyticus)
• 그람음성, 콤마형의 단간균, 호기성, 호염균
• 감염경로 : 바닷물, 생것 또는 덜 조리된 수산물
• 증상 : 복통, 설사
• 예방 : 60℃에서 5분, 55℃에서 10분간 가열 시 사멸
• 메커니즘 : Kanagawa 현상(용혈성), 용혈독 생성

04 리스테리아균(Listeria monocytogenes)
• Gram(+), 간균, 주모성, 통성혐기성, 저온균(5℃ 이하 생존)
• 잠복기 : 3일~수일
• 경구감염 : 오염된 식육, 유제품 등을 섭취
• 경피감염 : 동물과 직접 접촉(소, 말, 양 등 가축 · 가금류)
• 경기도감염 : 오염된 먼지 흡입
• 특징 : 임산부 유산, 패혈증, 뇌척수막염, 신생아 감염 시 높은 사망률

---

01 ① 02 ① 03 ① 04 ②

안심Touch

☑ 세균성 독소형 식중독

포도상구균 식중독	원인균	Staphylococcus aureus
	특 징	• 그람양성, 편모 없음, 무포자, 통성혐기성 • 화농성질환 표적 원인균 • 발열 없음 • 치사율 1%로 낮음 • 건강인의 약 30%가 보균하고 있음 • 장독소(enterotoxin)는 내열성이 강함(120℃에서 30분 가열해도 유지)
	감염원 · 감염경로	• 감염자(피부의 화농, 사용한 타월, 옷 등)와의 직접 · 간접 접촉 • 도시락, 김밥 등 복합조리식품 • 유방염 걸린 소의 젖
클로스트리디움 보툴리눔 식중독	원인균	Clostridium botulinum
	특 징	• 그람양성, 간균, 주모성, 아포 형성, 편성혐기성 • 사람에게 식중독 일으키는 것 : A형(독성 가장 강) > B형, E형, F형 • 신경계독소(neurotoxin) : 내열성 약(80℃에서 20분 가열, 100℃에서 1~2분 가열로 파괴) • 발열 없음, 치명률 50%
	감염원 · 감염경로	• 통조림, 병조림, 레토르트 식품, 식육, 소시지 • 원인식품은 식생활 습관에 따라 차이(육제품은 구미, 어패류는 일본, 캐나다 등)

☑ 세균성 중간형 식중독

웰치균 식중독	원인균	Clostridium perfrigens
	특 징	• 그람양성, 단간균, 무편모, 아포 형성, 편성혐기성 • 사람의 식중독에 관여 : C형 • enterotoxin 생산(pH 4↓, 염농도 5%에서 억제)
	감염원 · 감염경로	• 단백질 식품, 튀긴 식품, 식육 및 그 가공품, 가열조리식품 • 분변, 토양 분포 • 사람 보균율 3~5%, 동물 보균율 10~40%, 토양 보균율 3~10%
세레우스 식중독	원인균	Bacillus cereus
	특 징	• 토양세균의 일종 • 그람양성, 간균, 주모성, 포자 형성, 호기성, 통성혐기성 • 이열성의 장독소(enterotoxin) 생산 • Bacillus속과 구별되는 특징으로는 β-용혈현상 있음

01 식중독균 중 잠복기가 평균 3시간으로 가장 짧은 것은?
2019.12

① Staphylococcus aureus
② Yersinia enterocolitica
③ Clostridium botulinum
④ Samonella enteritidis
⑤ Vibrio parahaemolyticus

01 황색포도상구균(Staphylococcus aureus)
대표적 화농균이며 식중독의 원인균으로 enterotoxin을 생산한다. 잠복기는 평균 3시간(가장 짧음)으로 내염성이고 건조에 강하다.

02 다음 중 Clostridium perfringens의 특징은?
2018.12

① 구 균
② 편 모
③ 무아포
④ 장내독소 형성
⑤ 호기성균

02 클로스트리듐 퍼프린젠(Welchii형 식중독균, 가스 괴저균)
- 특징 : 그람양성, 내열성 아포 형성, 단간균, 무편모, 편성혐기성균, 장내독소 생산(enterotoxin)
- 감염경로 : 단백질 식품, 튀긴 식품, 식육 및 그 가공품
- 증상 : 복통, 설사
- 예방 : 가열 후 작은 용기에 담아 혐기적 상태가 되지 않도록 저온보관

03 내열성이 강한 독소형 세균으로 오염된 김밥·도시락 등에 의해 식중독을 일으키는 화농성균은?
2018.12

① Staphylococcus aureus
② Vibrio vulnificus
③ Clostridium perfringens
④ Yersinia enterocolitica
⑤ Campylobacter jejuni

03 황색포도상구균(Staphylococcus aureus)
- 특징 : 대표적 화농균, 내염성, 건조·내열성 강, enterotoxin(장독소) 생산
- 잠복기 : 3시간으로 가장 짧음
- 감염경로 : 감염자(피부의 화농, 사용한 타월, 옷 등)와의 직접·간접 접촉
- 도시락·김밥 등 복합조리식품, 유방염 걸린 소의 젖

04 그람양성으로 내생 포자를 만드는 균은?
2018.12

① 바실러스 속
② 비브리오
③ 살모넬라
④ 콜레라
⑤ 여시니아

04 바실러스는 포자(gram +)가 있으며 비브리오, 살모넬라, 콜레라 여시니아는 포자(gram −)가 없다.

01 ① 02 ④ 03 ① 04 ①

중금속에 의한 식품오염

종 류	중독 경로	중독 증상 및 특징
수은(Hg)	• 콩나물 재배 시의 소독제(유기수은제) • 수은을 포함한 공장폐수로 인한 어패류의 오염	• 미나마타병 : 지각이상, 언어장애, 시야협착, 보행 곤란 • 메틸수은 : 지용성(중추신경계, 태아조직에 농축)
납(Pb)	• 통조림의 땜납, 도자기 · 법랑 용기의 안료 • 납 성분이 함유된 수도관, 납 함유 연료의 배기가스 등	• 급성중독 : 구토, 구역질, 복통, 사지마비 • 만성중독 : 중추신경 · 조혈기능장애(빈혈), 납창백, 연록, 연산통 등 • 소변 중 coproporphyrin 증가 • 인체 축적성 높음 • 임신 중 태반을 통해 태아에게 전이
카드뮴(Cd)	• 법랑 용기 · 도자기 안료 성분의 용출 • 제련 공장, 광산 폐수에 의한 어패류와 농작물의 오염	• 이타이이타이병 : 신장장애, 폐기종, 골연화증, 단백뇨 등 • 중년부인(출산 횟수 많은 여성)에게 발병률 높음
비소(As)	• 순도가 낮은 식품첨가물 중 불순물로 혼입 • 간장 · 조제분유 불순물 혼입 사건 • 도자기, 법랑 용기의 안료로 식품에 오염 • 비소제 농약을 밀가루로 오용	• 급성중독 : 발열, 구토, 복통, 경련 • 만성중독 : 흑피증, 피부 각질화, 중추신경 장애 • 흡수된 비소의 80% 간, 신장, 피부, 손톱, 발톱 등 축적
구리(Cu)	• 부식된 구리제 식기, 기구 등 녹청 • 채소류 가공품에 엽록소 발색제($CuSO_4$)의 남용 시 질산이온의 용출에 의한 중독	간세포 괴사, 간의 색소침착, 다량의 타액 분비, 구토, 현기증
아연(Zn)	아연으로 도금된 조리기구 · 통조림으로 산성식품에 의해 용출	호흡곤란, 경련, 신장, 허탈 증세
주석(Sn)	주석 도금한 통조림통에 산성 식품(과일 능) 보관 시 용출	• 고둥류의 성전환 유발 • 위장염 증상(구토, 복통, 설사) • 허용기준 : 통조림식품 100ppm↓, 산성조리식품 200ppm↓ • 치사량 : 1,000ppm↓
6가 크롬 (Cr^{6+})	도금공장 폐수나 광산 폐수에 오염된 물 음용 시	비중격천공, 인후점막의 염증, 폐기종, 폐부종
안티몬(Sb)	에나멜(법랑) 코팅용 용기에 의한 용출(니켈코팅 벗겨짐 → 안티몬 노출 → 식품으로 이행)	구토, 설사, 복통, 호흡곤란, 심장마비

01 농장 폐수, 폐광, 농산물로 인해 골연화증을 일으키는 것은?

2018.12

① 카드뮴　　　　② 납
③ 수 은　　　　④ 구 리
⑤ 안티몬

01 ① 카드뮴(Cd) : 제련공장, 광산 폐수, 범랑용기·도자기 안료 성분의 용출 → 이타이이타이병, 골연화증, 단백뇨 등의 증상
② 납(Pb) : 통조림의 땜납, 도자기·범랑의 안료 등 → 조혈기능장애(빈혈), 연산통 등의 증상 및 소변 중 코프로포르피린(coproporphyrin)의 증가
③ 수은(Hg) : 수은 포함한 공장폐수로 인한 어패류의 오염, 콩나물 재배 시 소독제에 의한 오염 → 미나마타병(지각이상, 언어장애, 보행곤란, 시야협착 등)
④ 구리(Gu) : 부식된 구리제 식기 등의 녹청 등 → 간 색소 침착, 간세포 괴사, 구토 등
⑤ 안티몬(Sb) : 에나멜(법랑) 코팅용 기구에 의한 용출 → 구토, 설사, 복통, 호흡곤란, 심장마비 등

02 도금공장 폐수 또는 광산 폐수에 오염된 물 음용 시 비중격 천공이나 인후점막에 염증이 생기며 폐기종 등의 증상이 나타나는 중금속은? 2017.02

① 비 소　　　　② 수 은
③ 크 롬　　　　④ 카드뮴
⑤ 납

02 ① 비소 : 흑피증
② 수은 : 미나마타병
④ 카드뮴 : 이타이이타이병
⑤ 납(Pb) : 연연(잇몸에 녹흑색의 착색)·연산통·사지마비·빈혈·중추신경장애·coproporpyrin이 요로 배설

03 산분해간장 제조 시 순도가 높지 않은 산을 사용하여 문제가 되었던 중금속은? 2017.12

① 비 소　　　　② 납
③ 수 은　　　　④ 크 롬
⑤ 안티몬

03 산분해간장은 단백질을 분해시킬 때 강한 산성을 가진 염산을 사용하는데, 이때 순도가 낮은 것을 사용해 비소가 포함되어 문제를 일으킨 적이 있다.

04 미나마타병을 유발하는 중금속은? 2020.12

① 주 석　　　　② 납
③ 카드뮴　　　　④ 구 리
⑤ 수 은

04 수은은 지각이상, 언어장애, 시야협착, 보행곤란 등의 증세를 나타내는 미나마타병을 유발한다.

01 ①　02 ③　03 ①　04 ⑤

안심Touch

📝 방사능 식품오염

누출된 방사능이 농·축·수산물, 생물을 오염시켜 먹이사슬을 통해 인체에 축적시켜 각종 표적 장기에 장애를 일으킴

📝 방사성 물질의 특성

핵 종	^{90}Sr 스트론튬	^{131}I 요오드	^{60}Co 코발트	^{137}Cs 세슘	^{235}U 우라늄	^{239}Pu 플루토늄
물리적 반감기(생물학적 반감기)	28년(18년)	8.0일(7.6일)	5.3년	30년(70일)	45억 년	2만 4,300년
표적조직	뼈에 침착 ↓ 골육종 조혈기능 장애 백혈병	갑상선 ↓ 갑상선 장애	췌 장	근육(연조직) 침착	• 가장 큰 위해 : 신장 손상 • 특정 위치 농축 시 : 골격계 암 유발 ·간암·혈액질환 등	뼈
기 타	식물체 흡수량 : 뿌리 > 표면	핵폭발 → 오염된 사료 → 젖소 → 우유 → 사람	의료기구 멸균에 이용	• 일본 후쿠시마 원자력 발전소 사고 • 식물체 흡수량 : 뿌리 < 표면	• 핵폭탄 • 원자력발전 원료	• 핵폭탄 • 원자력발전 원료

• 물리적 반감기 : 방사능 양이 붕괴에 의해 반으로 감소되는 데 걸리는 시간
• 생물학적 반감기 : 피폭된 방사능이 인체 내에서 신진대사 과정에서 반으로 감소되는 데 걸리는 시간
• 반감기 : 방사능의 효력이 원래 있던 양의 절반으로 줄어드는 데 걸리는 시간

📝 방사능(방사성)과 방사선의 차이

• 방사능(Radioactivity) : 불안정한 원소의 원자핵이 붕괴하면서 α, β, γ 등의 방사선을 방출하는 능력

구 분	방사능	등가선량
단 위	베크렐(Becquerel, Bq)	시버트(Sivert, Sv)
특 징	초당 붕괴횟수	• 생물학적으로 인체에 영향을 미치는 방사선량 • 1Sv = 1,000mSv • 1mSv = 1,000μSv * mSv(밀리시버트), μSv(마이크로시버트) * 일반인의 경우 연간 선량한도 1mSV 권고

• 방사선(Radiation)
  – 물질을 통과할 수 있는 광선과 같은 에너지 전자파(α선, β선, γ선 등)
  – 전리작용 크기 : $\alpha > \beta > \gamma$

01 다음 중 조혈기능 장애를 일으키는 것은? 2018.12

① Cu
② Cr^6
③ I
④ Cs^{137}
⑤ Sr^{90}

02 발아억제, 살충 등을 목적으로 식품조사 처리에 사용되는 방사선은? 2019.12

① ^{239}Pu
② ^{60}Co
③ ^{131}I
④ ^{90}Sr
⑤ ^{65}Zn

01 • 방사성 물질에 의한 영향
  - Sr^{90} : 골육종, 조혈기능 장애를 일으킴
  - Cr^6 : 비중격천공이나 인후점막에 염증이 폐기종, 폐부종
  - I : 갑상선 장애를 일으킴
  - Cs^{137} : 근육조직에 침착하여 손상시킴
• 중금속에 의한 영향
  - Cu : 간세포 괴사 및 색소 침착을 일으킴
  - Cr^6 : 비중격천공, 인후점막의 염증, 폐부종, 폐기종 중독 증상을 일으킴

02 ^{60}Co는 발아억제, 살충, 숙도조절 목적으로 사용된다.

📝 농약에 의한 식중독

유기염소제	유기인제	Carbamate제	유기수은제	유기불소제
• 만성중독(독성 약) • 잔류독성 큼 • 지방조직에 축적 • 중추신경계 이상, 복통, 설사, 구토, 두통, 시력 감퇴, 전신 권태, 손발의 경련 마비	• 급성중독(독성 강, 분해 빠름) • 잔류독성 낮음 • cholinesterase 저해에 의한 신경증상 • 부교감신경 흥분(타액분비 항진, 다한, 축동, 지각 이상, 전신권태감, 경련, 기억력 저하 등) • 치료 : atropine 투여	• 유기염소제 대체용 • cholinesterase 저해에 의한 신경증상 • 유기인제보다 독성이 낮음, 체내 분해가 빨라 중독 시 회복이 빠름	• 종자소독 · 과수와 채소 병해 방지 • 중추신경 장애 증상인 경련 시야 축소, 언어 장애 등 • 미나마타병의 원인물질 • 현재는 사용 금지	• 쥐약, 깍지벌레, 진딧물의 살충제 • 체내의 aconitase의 활성을 저해하여 TCA cycle에서 구연산의 체내 축적 • 심장 장애와 중추신경 이상 증상

📝 식물성 자연독

• 독버섯
  - muscarine : 땀버섯속, 깔대기버섯속, 광대버섯, 마귀버섯
  - muscaridine : 광대버섯
  - choline : 삿갓외대버섯
  - phaline : 알광대버섯, 녹우산버섯
  - amanitatoxin : 알광대버섯, 흰알광대버섯, 독우산광대버섯
  - pilztoxin : 광대버섯, 마귀버섯
• 기 타
  - 시안배당체 : 청매(amygdalin), 살구씨(amygdalin), 미얀마콩(phaseolunatin), 수수(dhurrin), 은행(bilobol)
  - 감자 : solanine, sepsin
  - 목화씨 : gossypol
  - 피마자 : ricin, ricinine, allergen
  - 대두 : saponin, trypsin inhibitor
  - 맥각 : ergotoxin, ergotamine
  - 독보리(맥) : temuline

01 농약의 종류 중 체내에서 아코니타아제 저해작용을 하며 구연산의 축적을 일으켜 유독작용을 일으키는 것은?

① 유기염소제   ② 유기인제
③ 비소제   ④ 유기불소제
⑤ 카바메이트제

02 살충제 또는 제초제로 사용되며, 비교적 안정하여 식품에 잔류되는 기간이 길고, 특히 동물의 지방층이나 뇌신경에 축적되어 만성중독을 야기시키는 농약은?

① 유기인제   ② 유기수은제
③ 유기비소제   ④ 유기염소제
⑤ 유기불소제

03 다음 설명의 독버섯 유독성분으로 옳은 것은?

> • 맹독성, 알칼로이드의 일종이다.
> • 주요증상 중 PSL증후군이 있다.
> • 길항제로는 atropine이 사용된다.

① 콜린(choline)
② 무스카린(muscarine)
③ 무스카리딘(muscaridine)
④ 아마니타톡신(amanitatoxin)
⑤ 팔린(phaline)

04 맥각의 독소 성분으로 옳은 것은? `2017.12`

① 아코니틴   ② 테물린
③ T-2 Toxin   ④ 아플라톡신
⑤ 에르고타민

---

01 유기불소제가 체내에 들어가면 유독성분인 모노플루오로시트르산(monofluorocitrate)으로 변하여 포도당 등의 연소에 필요한 효소인 아코니타아제를 억제하여 에너지 생성을 저해한다.

02 유기염소제는 만성중독을 일으키는 농약으로, 독성은 약하지만 잔류독성은 크다. 지방조직에 축적되며, DDT, BHC, Drin제 등이 있다.

03 PSL증후군(Perspiration, Salivation, Lacrimation)은 발한, 타액분비, 눈물 흘림 등의 복합증상이 나타난다.

04 ⑤ 보리·밀을 주요 기질로 하는 맥각독의 독소로 ergotoxin과 ergotamine이 있고, 주요 증상은 교감신경 마비, 지각이상 등이 있다.
① aconitine : 바꽃
② temuline : 독보리
③ T-2 Toxin : 옥수수
④ aflatoxin : 쌀, 보리 등 곡식류

- 독미나리 : cicutoxin
- 고사리 : ptaquiloside
- 소철 : cycasin
- 붓순나무 : shikimin, shikimitoxin
- 미치광이풀, 가시독말풀(흰독말풀) : hyoscyamine, scopolamine, atropine
- 독목공 : coriamyrtin, tutin
- 바곳(바꽃, 오두) : aconitine, mesaconitine
- 꽃무릇 : lycorine
- 리마콩, 아마 : linamarin
- 붉은 강낭콩 : hemagglutinin
- 토란 : cyanoglucoside
- 벌꿀 : andromedotoxin
- 오두·부자·초오두 : aconitine

📝 동물성 자연독

종류	어류		패류	
	테트로도톡신 tetrodotoxin	시구아톡신 ciguatoxin	삭시톡신 saxitoxin	베네루핀 venerupin
특징	• 복어의 알과 생식선(난소·고환), 간, 내장, 피부 등 함유 • 독성이 강함 • 물에 녹지 않음 • 열 안정 • 내인성 독 • NaOH(4%)에서 무독화 • 식후 30분~5시간 내에 발병 • 무색, 무미, 무취의 약염기성 • Cyanosis(청색증)	• 신경계 마비 • 열에 안정	• 수온이 약 16℃가 되는 2~6월 시기 발생 • 유독 플랑크톤 섭취·축적하여 독을 함유	
			• 섭조개, 홍합, 대합조개, 굴 등 • 열에 안정 • 신경마비성 패독소(염기성, 복어독과 비슷) • 유독 시기 5~9월	• 조개류 모시조개, 바지락, 굴, 고동 등 • 열에 안정 • 물·메탄올 잘 녹음 • 간독소 • 유독시기 2~4월
중독 증상	• 지각이상, 운동·호흡·혈행·위장장애, 뇌증의 증상, 사망 • 진행 속도가 빠르고 해독제가 없음 • 치사율 60%	• 복통, 구토, 설사, 근육통, 운동실조 • dry ice sensation • 치사율 1%	• 혀·입술의 마비, 호흡 곤란, 침흘림, 구토, 복통 • 치사율 10%	• 간장비대·황달 등 간기능 저하, 출혈반점, 복통, 구토, 의식장해 • 치사율 50%
예방법	• 복어전문가의 조리 • 난소·간·내장 부위 섭취 금지 • 산란 시기(4~6월)에 독력 강	섭취 금지	• 조개독 발생예보 발표 후 섭취 금지 • 수용성 특성상 끓임 등 가공과정 중 다른 부분으로 이행 가능성 높아 주의 필요 • 중장선에 축적된 독성 물질 제거	

01 다음 중 독미나리의 독성성분으로 옳은 것은? `2018.12`

① 에르고타민

② 고시폴

③ 시큐톡신

④ 안드로메도톡신

⑤ 아미그달린

02 콩과식물에 존재하는 독성물질로 구토·설사를 유발시키는 물질은? `2018.12`

① 리폭시게나제

② 트립신저해제

③ 헤마글루티닌

④ 테물린

⑤ 솔라닌

03 유독 플랑크톤 섭취하여 독을 축적하고 있는 홍합, 대합조개, 섭조개 등에서 검출 가능한 신경마비성 패독소는?

`2019.12`

① 베네루핀(venerupin)

② 테트라민(tetramine)

③ 삭시톡신(saxitoxin)

④ 시구아톡신(ciguatoxin)

⑤ 테트로도톡신(tetrodotoxin)

04 아열대 해역 독어의 독성분으로 옳은 것은? `2017.12`

① 시구아톡신

② 삭시톡신

③ 시큐톡신

④ 아미그달린

⑤ 무스카라딘

05 소라·고둥의 타액선에 함유된 물질로, 섭취 시 식중독을 유발하는 독소는? `2020.12`

① 테트라민

② 무스카린

③ 시구아톡신

④ 베네루핀

⑤ 에르고톡신

---

01 ① 에르고타민(ergotamine) : 맥각

② 고시폴(gossypol) : 면실유

④ 안드로메도톡신(andromedotoxin) : 벌꿀

⑤ 아미그달린(amygdalin) : 미숙한 청매

02 헤마글루티닌(haemagglutinin)은 콩과식물에 존재하는 독성물질로 구토·설사를 유발키며 열에 약하다.

03 • 어류 : tetrodotoxin(복어), ciguatoxin(시구아테라)

• 패류 : venerupin(모시조개·바지락·굴·고둥), saxitoxin(홍합·섭조개·대합조개), tetramine(참소라)

04 ② 삭시톡신 : 홍합 등의 패류

③ 시큐톡신 : 독미나리

④ 아미그달린 : 청매

⑤ 무스카라딘 : 버섯

05 테트라민 중독

소라·고둥·골뱅이 등의 타액선(침샘)과 내장에는 독소인 테트라민(tetramine)이 함유되어 있어, 제거하지 않고 섭취할 경우 식중독 유발한다. 테트라민은 가열하여도 제거되지 않기 때문에 조리 시 반드시 독소가 있는 타액선(침샘)을 제거해야 한다.

01 ③ 02 ③ 03 ③ 04 ① 05 ①

안심Touch

곰팡이독

분류	독소		특징	증상	

Aspergillus속	aflatoxin		• 균종 : A. flavus, A. parasiticus
			• 주요기질 : 쌀, 보리, 옥수수 등 탄수화물이 풍부한 곡식류
			• 특 성
			  – 불용성
			  – 아세톤, 클로로폼에 녹음
			  – 강산·강알칼리에 분해
			  – 열에 안정(270~280℃↑ 가열 시 분해)
				• 강력한 발암성으로 식품위생상 문제가 되는 것 : B_1, M_1
				• 독성 : $B_1 > M_1 > G_1 > B_2 > G_2$
					간장독

	ochratoxin		• 균종 : A. ochratoxin • 주요기질 : 옥수수 • 독성 : A형 > B형, C형	• 동물 : 간장·신장장애 • 사람 : 유행성 신장병(발칸증후군)	
	sterigmatocystin		• 균종 : A. versicolor • 낮은 온도 생육	간장 장애, 간암	
Penicillium속	rubratoxin		• 균종 : P. rubrum • 주요기질 : 옥수수	• 간기능 장애, 장기출혈 • 신장, 폐 유해 작용	
	황변미	islanditoxin	• 균종 : P. islandicum • 속효성 독소 • 수용성 • 이집트산 쌀에서 분리	• 간세포변성 • 간경변 • 간 암	
		luteoskyrin	• 균종 : P. islandicum • 지효성 독소 • 지용성	간 암	
		citrinin	• 균종 : P. citrinum • 페놀화합물, 자외선 조사 시 레몬형광색 • 신장에서 수분 재흡수 저해 • 태국산 쌀에서 분리	신장염	신장독
		citreoviridin	• 균종 : P. citreoviride • 대만 황변미에서 분리	경련, 호흡장애, 상행마비	
	patulin		• P. patulium : 오염된 맥아 뿌리를 먹은 젖소가 집단 식중독 일으킴 • P. expansum : 사과주스(50μg/kg 이하)	• 간·장·신장의 모세혈관 손상 • 뇌수종	신경독
Fusarium속	zearalenone (F-2 toxin, FES)		• 균종 : F. graminearum, F. roseum • 주요기질 : 옥수수, 보리	• 가축의 이상 발정증후군 • 불임, 태아 성장저해, 생식장애	
	sporofusariogenin (ATA)		• 균종 : F. sporotrichoides • 기온 낮고 강설량 많은 지역 발생	• 식중독성 무백혈구증 • 오심, 구토 • 구강, 소화기 이상 • 조혈기능장애, 백혈구 감소, 림프샘 증대	
	T-2 Toxin		• 균종 : F. tricinctum • 주요기질 : 맥류, 옥수수 • 온도가 낮은 한랭지역 농산물에서 생성 • 특징 : 붉은곰팡이병 발생	• 오심, 구토, 설사, 출혈 • 장관 비대 충혈, 흉선의 위축 • 간장과 비장의 비대 • 림프조직 등 세포핵 붕괴 및 괴사	피부독
	fumonisin		• 균종 : F. moniliforme • 주요기질 : 옥수수	• 사람 : 간암, 식도암 • 말 : 뇌백질연화증 • 돼지 : 폐수종	

01 황변미독 중 신장독을 일으키는 것으로 옳은 것은?

2018.12

① Penicillium citrinin
② Aspergillus aflatoxin
③ Penicillium patulin
④ Penicillium citreoviridin
⑤ Fusarium zearalenone

02 황변미독을 생성하는 곰팡이는?

① Pen. toxicarium, Pen. expansum
② Asp. flavus, Pen. citrinum
③ Pen. citreoviride, Pen. islandicum
④ Asp. flavus, Asp. parasiticus
⑤ Asp. ochratoxin, Pen. rubratoxin

03 가축의 이상 발정증후군 증상으로 옥수수나 보리가 주요 기질인 독소로 옳은 것은?

① zearalenone   ② T-2 Toxin
③ citreoviridin   ④ aflatoxin
⑤ ergotoxin

04 Penicillium citrinum이 생산하는 곰팡이독으로 황변미를 일으키는 것은? 2019.12

① citrinin   ② ciguatoxin
③ aflatoxin   ④ T-2 Toxin
⑤ rubratoxin

---

01 Penicillium 속 황변미
islanditoxin(간장독), luteoskyrin(간장독), citrinin(신장독), citreoviridin(신경독)

02 황변미독은 Penicillium속의 곰팡이가 저장 중인 쌀에 번식할 때 생성하는 독소이다.
• islandia 황변미 독소
  - 간장독 : Islanditoxin, Luteoskyrin, Cyclochlorotin
  - 생산곰팡이 : Penicillium islandicum
• toxicarium 황변미 독소
  - 신경독 : Citreoviridin
  - 생산곰팡이 : Penicillium citreoviride
• thai 황변미 독소
  - 신장독 : Citrinin
  - 생산곰팡이 : Penicillium citrinum

03 Fusarium속
• 독소 : zearalenone
• 균종 : F. graminearum, F. roseum
• 주요기질 : 옥수수, 보리
• 증상 : 가축의 이상 발정증후군, 불임, 태아 성장 저해, 생식장애

04 ① Penicillium citrinum : 시트리닌(citrinin)
③ Aspergillus aflavus : 아플라톡신(aflatoxin)
④ Fusarium trincinctum : T-2 Toxin
⑤ Penicillium rubrum : 루브라톡신(rubratoxin)

01 ① 02 ③ 03 ① 04 ①

안심Touch

유해성 식품첨가물

분 류	독 소	특 징	증 상
유해성 착색료	아우라민 - 황색색소	단무지, 과자, 카레가루 등	두통, 구토, 사지마비, 맥박 감소, 두근거림, 의식 불명
	로다민 B - 분홍색소	토마토케첩, 분홍색 어묵, 과자, 얼음과자 등	• 색소뇨와 전신 착색 • 심한 경우 오심, 구토, 설사, 복통
	파라니트로아닐린	과 자	• 혈액독, 신경독, 황색뇨 배설, 두통, 혼수 • cyanosis(청색증)
	실크 스칼렛	일본에서의 대구알젓	두통, 구토, 복통, 마비 증세
	sudan Ⅲ	고춧가루	구토, 설사, 발암성
	Methyl violet	팥앙금	만성섭취 시 발암, 장기의 만성장애 유발
	Butter yellow Spirit yellow	마가린	위암, 간암
유해성 감미료	둘 신	• 감미 : 설탕의 약 250배(3,000배의 용액에서도 감미를 느낄 수 있음) • 청량음료수, 과자류, 절임류 등	• 소화효소 억제작용 • 중추신경계 자극, 간 종양, 혈액독 • 간장·신장장애
	사이클라메이트	감미 : 설탕의 40~50배	발암성(방광암)
	에틸렌 글리콜	단맛이 남	• 뇌와 신장장애 • 구토, 호흡곤란, 의식불명, 실명
	파라니트로오르토톨루이딘	설탕의 약 200배	위통, 식욕부진, 구역질, 미열, 황달, 사망
	페릴라틴	• 우메보시(일본매실장아찌), 김치 • 설탕의 약 2,000배	신장 자극, 염증
유해성 표백제	론갈리트	물엿, 우엉, 연근의 표백, 과자, 팥앙금	발암성
	삼염화질소	과거에는 밀가루의 계량제(표백·숙성)	NCl₃ 함유된 밀가루를 개가 먹고 히스테리 증상 보임
	형광표백제	국수, 어육제품 등 표백	피부염, 위장장애
유해성 보존료	붕 산	• 햄, 베이컨, 유제품, 마가린 방부 • 불소화합물	• 소화효소 작용 저해로 체중 감소(식욕감퇴, 소화불량, 영양소 동화작용 저하, 지방분해 촉진) • 구토, 복통, 설사, 홍반, 사망
	승 홍	주류의 방부	구토, 복통, 수양성 설사, 신장장애
	Formaldehyde	주류, 장류, 유제품에 부정 사용	• 단백질 불활성화 • 소화효소 작용 저해 • 두통, 구토, 식도 괴사
	Urotropin	살균제	피부 발진, 신장·방광 자극하여 혈뇨, 구토
	β-naphtol	곰팡이 발육 저지력 강함(간장 표면 흰 효모 방지에 사용)	• 단백뇨, 신장장애 • 구토, 복통, 경련, 현기증

01 다음 중 사용이 금지된 감미료인 것은?

① dulcin
② aspartame
③ sucralose
④ D-sorbitol
⑤ saccharin

02 다음 중 화학성 식중독에 대한 설명 중 옳지 않은 것은?

① 자연계에서 매우 안정하여 잔류성이 강하고 식품과 함께 섭취하면 인체의 지방조직에 축적되어 신경계통에 독성을 나타내는 농약은 DDVP이다.
② N-nitrosamine은 햄, 소시지 등에 발색제로 사용되는 아질산염과 단백질 유도체들의 결합에 의해 생성되는 물질로 DNA구조를 변화시켜 발암을 일으킨다.
③ 메틸알코올과 론갈리트(rongalit)는 유해한 화학물질이나 이들이 인체 내에서 각각 생성되는 유독물질로서 폼알데하이드를 생성한다.
④ 이타이이타이병은 카드뮴에 의한 병으로서 골연화증이나 골절이 잘 일어나는 것이 특징이다.
⑤ 과거에 밀가루 계량제로 사용하였으며 개가 먹고 히스테리 증상을 보인 유해성 표백제는 삼염화질소이다.

03 식품에 사용이 금지된 착색료가 아닌 것은?

① 실크 스칼렛
② 로다민 B
③ 아우라민
④ 철클로로필린나트륨
⑤ 수단Ⅲ

04 간종양, 혈액독 등의 증상이 있으며 사용이 금지된 유해성 감미료는? 2019.12

① 에리스리톨(erythritol)
② 둘신(dulcin)
③ 아스파탐(aspatame)
④ 스테비오사이드(stevioside)
⑤ 수크랄로스(sucralose)

---

01 dulcin은 사용이 금지된 감미료로 설탕의 약 250배이며, 주요 증상은 소화효소 억제작용·중추신경계 자극·간 종양·혈액독 등이 있다.

02 유기염소제는 대부분 자연계에서 매우 안정하며 잔류성이 길고, 인체의 지방조직에 축적되어 신경독 증상을 나타낸다(DDT는 특히 안정하여 잔류성이 가장 강함).

03 철클로로필린나트륨은 양갱, 엿, 채소 및 과실류의 저장 등에 사용되는 비타르계 엽록소류 색소이다.

04 둘신(dulcin)
설탕의 약 250배로 소화효소 억제작용, 중추신경계 자극, 간 종양, 혈액독, 간장·신장장애를 일으킨다.

안심Touch

식품의 제조·조리 시 생성되는 유해물질

종류	특징	증상
메탄올	• 과실주 및 정제가 불충분한 증류주에 미량 함유 • Alcohol 발효 시 Pectin으로부터 생성 • 주류의 메탄올 허용량 : 0.5mg/mL 이하, 과실주 : 1.0mg/mL 이하	시각장애, 실명, 두통, 현기증, 구토, 심할 경우 정신 이상, 사망
Nitroso화합물	• 햄, 소시지 등의 발색제로 사용 • 아질산염과 식품 중의 2급 아민이 반응하여 생성	발암성(Nitrosamine)
다환 방향족 탄화수소(PAH)	• 300℃ 이상 고온에서 촉진 • 석탄·석유·목재의 불완전한 연소 시 생성 • 식품 가열가공·훈연과정(훈연품, 구운 생선, 구운 육류 등)	발암성(벤조피렌)
Heterocyclic Amine류	• 아미노산이나 단백질의 열분해에 의하여 여러 종류가 생성 • 구운 생선·육류 등에서 다량 발견 • 가열온도 200~230℃↑ HCAs 3배 증가	• 발암성 • 돌연변이 유발
지질의 산화생성물	• 장기간 지나치게 가열을 받은 유지에서 다량 검출 • 산화생성물이 발암성·돌연변이 유발 • 지질의 과산화물이 급성중독증	• 구토, 설사 • 만성중독 시 : 동맥경화, 간장장애, 노화
아크릴아미드	전분 급원식품(감자, 고구마 등)을 120℃ 이상 고온에서 튀기거나 구울 때 생성(Maillard 반응에 의해 아크릴아미드 생성)	발암성
아크롤레인	• 산패 및 지질의 가열 시 생성 • 코와 호흡기에 자극적인 냄새·맛	• 눈·점막 자극 • DNA 변이, 발암성
3-MCPD	간장의 산분해를 통해 제조되는 산분해 식물성 단백질을 성분으로 하는 식품을 제조할 때 발생되는 대사물질	인체에 독성 작용
에틸카바메이트	• 식품 저장 및 숙성과정 중 화학적인 원인으로 자연 발생 • urea, 아르기닌 등 + 알코올 → Ethyl carbamate • 알코올 음료(포도주, 청주, 위스키 등) • 발효식품(일본식 된장 미소, 일본식 청국장 낫토, 요구르트, 치즈, 김치, 간장 등)	구토, 의식불명, 출혈, 신장과 간 손상

01 산패 및 지질의 가열 시에 생성되며 코, 호흡기, 눈, 점막에 자극을 주는 발암성 유해물질은?

① PAH
② Acrylamide
③ 3-MCPD
④ Acrolein
⑤ Heterocyclic Amine

02 과실주 및 정제가 불충분한 증류주에 생성되는 유해물질이며 시각장애, 실명, 두통, 현기증 증상이 일어나는 물질로 옳은 것은?

① 아크롤레인
② 메탄올
③ 3-MCPD
④ 다환 방향족 탄화수소
⑤ Nitroso화합물

03 수돗물의 염소 소독 시 유기물과의 반응에 의해 생성되는 독성물질로 옳은 것은? `2017.12`

① 트리할로메탄
② 다이옥신
③ 사이클로메이트
④ 페 놀
⑤ 벤조피렌

04 쓰레기를 소각하는 과정에서 생성되는 독성물질로 옳은 것은? `2017.12`

① Acrolein
② PAH
③ 3-MCPD
④ Dioxin
⑤ Heterocyclic Amine류

---

01 ① 다환 방향족 탄화수소 : 석탄·석유·목재의 불완전한 연소 시 생성(식품에서는 훈연품, 구운 생선, 구운 육류 등에서 생성)
② 아크릴아미드 : 전분 급원식품을 고온에서 튀기거나 구울 때 생성
③ 3-MCPD : 간장의 산분해 제조 공정 시 발생되는 내사불실
⑤ 헤테로고리 아민류 : 아미노산이나 단백질의 열 분해에 의해 생성되며 발암성과 돌연변이를 유발시킴(구운 생선과 육류 등에서 다량 발견)

02 메탄올(Methanol)
과실주 및 정제가 불충분한 증류주에 미량 함유되어 있으며 Alcohol 발효 시 Pectin으로부터 생성되어 시각장애·실명·두통 등의 증상을 유발한다. 주류의 메탄올 허용량은 0.5mg/mL 이하, 과실주 1.0mg/mL 이하이다.

03 트리할로메탄(Trihalomethane ; THM)은 수돗물 염소 소독 시 유기물과 반응에 의해 생성되는 발암성 물질이다.

04 ④ 다이옥신(Dioxin)은 제초제 생산, 종이 표백 및 쓰레기 소각 등으로 발생되는 독성이 강한 유기 염소화합물로 850℃ 이하에서 소각할 때 발생하는 환경호르몬이다.
① 지질가열 시 생성되는 발암성 물질
② 석탄·석유·목재의 불완전한 연소 시 생성되는 발암성 물질
③ 간장의 산분해를 통해 발생되는 유해물질
⑤ 구운 생선·육류에서 발생되는 발암성 물질

---

01 ④   02 ②   03 ①   04 ④

안심Touch

✏️ 법정감염병 분류

분류	종류
제1급 감염병	생물테러감염병, 치명률이 높거나 집단 발생 우려가 커서 발생 또는 유행 즉시 신고, 음압격리와 같은 높은 수준의 격리가 필요한 감염병 • 에볼라바이러스병 • 마버그열 • 라싸열 • 크리미안콩고 출혈열 • 남아메리카 출혈열 • 리프트밸리열 • 두 창 • 페스트 • 탄 저 • 보툴리눔독소증 • 야토병 • 신종감염병증후군 • 중증급성호흡기증후군(SARS) • 중동호흡기증후군(MERS) • 동물인플루엔자 인체감염증 • 신종인플루엔자 • 디프테리아
제2급 감염병	전파가능성을 고려하여 발생 또는 유행 시 24시간 이내에 신고하여야 하고 격리가 필요한 감염병 • 결 핵 • 수 두 • 홍 역 • 콜레라 • 장티푸스 • 파라티푸스 • 세균성이질 • 장출혈성대장균감염증 • A형간염 • 백일해 • 유행성이하선염 • 풍 진 • 폴리오 • 수막구균감염증 • b형헤모필루스 인플루엔자 • 폐렴구균 감염증 • 한센병 • 성홍열 • 반코마이신내성 황색포도알균(VRSA) 감염증 • 카바페넴내성 장내세균속균종(CRE) 감염증 • E형간염
제3급 감염병	발생을 계속 감시할 필요가 있어 발생 또는 유행 시 24시간 이내에 신고하여야 하는 감염병 • 파상풍 • B형간염 • 일본뇌염 • C형간염 • 말라리아 • 레지오넬라증 • 비브리오패혈증 • 발진티푸스 • 발진열 • 쯔쯔가무시증 • 렙토스피라증 • 브루셀라증 • 공수병 • 신증후군출혈열 • 후천성면역결핍증(AIDS) • 크로이츠펠트-야콥병(CJD) 및 신종 크로이츠펠트-야콥병(vCJD) • 황 열 • 뎅기열 • 큐 열 • 웨스트나일열 • 라임병 • 진드기매개뇌염 • 유비저 • 치쿤구니야열 • 중증열성혈소판 감소증후군(SFTS) • 지카바이러스 감염증
제4급 감염병	제1급~제3급감염병 외에 유행 여부를 조사하기 위하여 표본감시 활동이 필요한 감염병 • 인플루엔자 • 매 독 • 회충증 • 편충증 • 요충증 • 간흡충증 • 폐흡충증 • 장흡충증 • 수족구병 • 임 질 • 클라미디아감염증 • 연성하감 • 성기단순포진 • 첨규콘딜롬 • 반코마이신내성장알균(VRE) 감염증 • 메티실린내성황색포도알균(MRSA) 감염증 • 다제내성녹농균(MRPA) 감염증 • 다제내성아시네토 박터바우마니균(MRAB) 감염증 • 장관감염증 • 급성호흡기감염증 • 해외유입기생충감염증 • 엔테로바이러스감염증 • 사람유두종바이러스감염증

01 다음 중 제1급감염병이 아닌 것은?

① 페스트
② 두 창
③ 콜레라
④ 디프테리아
⑤ MERS

02 다음 중 발생 또는 유행 시 24시간 이내에 신고하고 격리가 필요한 법정감염병은?

① C형간염
② A형간염
③ 뎅기열
④ 쯔쯔가무시증
⑤ 지카바이러스 감염증

01 콜레라는 제2급감염병이다.

02 ② A형간염은 24시간 이내에 신고하고 격리가 필요한 제2급감염병이다.
①·③·④·⑤ 발생을 계속 감시할 필요가 있어 발생 또는 유행 시 24시간 이내에 신고하여야 하는 제3급감염병이다.

01 ③ 02 ②

안심Touch

✎ 경구감염병 종류 및 비교

분류	병원체	특 징	감염경로 및 증상
세균성	세균성이질 (적리균, Shigella dysenteriae)	• Gram(−), 간균, 포자 ×, 편모 ×, 통성혐기성 • 잠복기 : 2~3일 • 열에 약 • shiga toxin 생산	• 오염된 물 → 섭취·식품세척, 오염된 수영장 • 매개체 : 파리 • 발열, 설사(혈변), 패혈증 • 용혈성 요독증 증후군(shiga toxin) : 사망률 20%
	장티푸스 (Salmonella typhi)	• Gram(−), 간균, 포자 ×, 운동성 • 급성 전신성 열성 질환 • 감염량 : 1백만~10억 개 • 열에 약 • 완치 후 2~5%는 영구 보균자	• 환자·보균자 배설물 → 오염된 물·음식물 → 보균자의 접촉 • 매개체 : 파리 • 고열(40℃ 전후, 1~2주간) • 독감과 유사, 장미진(피부 발진)
	파라티푸스 (Salmonella paratyphi A, B, C)	• Gram(−), 간균, 포자 ×, 운동성 • 잠복기 : 1~3주 • 임상적으로 장티푸스와 유사(장티푸스보다 증상 가벼움) • S. paratyphi A와 C는 사람에게만 기생	• 환자·보균자 배설물 → 오염된 물·음식물 • 발열, 설사, 쇠약감
	콜레라 (Vibrio cholerae)	• Gram(−), 간균(콤마모양), 포자 ×, 단모성, 저온 저항력 강 • 잠복기 : 2~3일 • 급성 설사 질환 • 여름철 발생	• 환자·보균자 배설물 → 오염된 물·음식물 • 간접감염(환자·보균자의 손과 파리 등) • 수양성 설사, Cyanosis, 위장 장애 • 구토, 맥박 저하, 탈수, 미열, 체온 저하
	성홍열 (세균성인후염, Streptococcus hemolyticus)	• Gram(+), 포자 × • A군 β-용혈성쇄연구균(병원성 가장 강) • 잠복기 : 1~3일	• 비말감염(호흡기 분비물) • 환자·보균자와 접촉 • 오염된 우유·아이스크림·음식물 • 발열, 두통, 홍반, 딸기혀, 인후염 및 농가진
	디프테리아 (Corynebacterium diphtheriae)	• Gram(+), 간균, 포자 ×, 편모 ×, 호기성 • 잠복기 : 2~5일 • 호흡기 점막과 피부의 국소 질환 • exotoxin(외독소) 생성	• 비말감염 • 접촉감염(환자·보균자), 우유 • 발열, 편도선 부음, 기도폐쇄(호흡 곤란), 인두통
	장출혈성 대장균감염증 (E.coli O157:H7)	• 잠복기 : 2~8일 • 내산성 • 장점막 부착성 • 유아에게 많이 발생	• 분변에 오염된 쇠고기, 물, 우유 • 환자·보균자와의 직접감염 • 설사, 복통, 혈변
바이러스성	급성회백수염 (소아마비, 폴리오, Enterovirus속 poliovirus)	• 신경친화성 • 잠복기 : 7~14일 • 약품 저항성 강, 열에 약 • 소아감염증 • 불현성 감염 90%, 이완성 마비 1%, 무균성 수막염 1%	• 비말감염(인두, 후두 분비물) • 경구감염(대변-구강감염) • 감기와 유사 증상, 발열, 권태감, 두통, 구토, 설사, 근육통, 신경증상, 사지마비
	천열(이즈미열)	• 잠복기 : 2~10일 • 성홍열과 비슷한 증상	• 물·음식물 • 고열(39℃), 발진, 위장증상
	유행성 A형간염 (Hepatitis A virus)	• 잠복기 : 15~50일 • 급성감염(회복 후 영구면역) • 소아 : 가벼운 감기증상 • 성인 : 급성간염 증상	• 경구감염(대변-구강경로) • 발열, 황달, 간비대, 오심, 구토, 피로감
원충성	아메바성 이질 (Entamoeba histolytica)	• 외계 저항력 약(배출 시 사멸) • 건조 저항력 약	• 아메바 포낭에 오염된 물·음식물 • 발열 없음, 설사(점액), 복통

01 경구감염병과 세균성 식중독의 차이에 대한 내용으로 틀린 것은?

① 병원균의 독력은 경구감염병이 더 강하다.
② 잠복기는 세균성 식중독이 짧다.
③ 세균성 식중독은 사람에서 사람으로 전염된다.
④ 경구감염병은 예방접종으로 면역된다.
⑤ 세균성 식중독은 균의 양이 다량일 경우 발생한다.

02 2013~2017년도 사이 우리나라에서 많이 발생하였고 주로 겨울철 발생하는 식중독은? `2018.12`

① 노로바이러스　　② 로타바이러스
③ 콜레라　　④ 장염비브리오
⑤ 대장균

03 바이러스에 관한 설명으로 옳은 것은? `2019.12`

① 단백질과 핵산으로 구성되어 있다.
② 단독증식이 가능하다.
③ 물질대사를 할 수 있다.
④ 핵막을 가지고 있다.
⑤ DNA와 RNA를 모두 갖는다.

04 식중독에 속하지 않는 법정감염병으로 경구감염질병을 생성하는 균은? `2017.12`

① Salmonella enteritidis
② Clostridium botulinum
③ Salmonella typhi
④ Bacillus anthracis
⑤ Bacillus cereus

---

01 경구감염병과 세균성 식중독의 차이

구 분	경구감염병	세균성 식중독
균의 양	미량이라도 감염	다량이어야 발생
독 력	강	약
2차 감염	많고 파상적	거의 없고 최종감염은 사람
잠복기	긺	비교적 짧음
면역성	있는 경우가 많음	일반적으로 없음
음료수와의 관계	흔히 일어남	비교적 관계가 없음

02 Norovirus
• 주로 겨울에 발생하며 감염성 위장염을 일으킴
• 증상 : 메스꺼움, 구토, 설사, 복통 등 1~2일 나타남
• 예방법 : 손을 자주 씻기, 과일과 채소는 흐르는 수돗물에 깨끗이 씻기
• 현재 노로바이러스에 대한 항바이러스제는 없음 (충분한 수분과 영양 공급, 탈수 증상이 심한 경우 수액치료)

03 바이러스는 단백질과 핵산(DNA와 RNA 중 한쪽을 가짐)으로 구성되어 있으며 살아 있는 세포에 기생(단독 증식 ×)하여 복제·증식한다. 그러나 살아있는 숙주에 기생 없이는 에너지를 만들 수 없고 물질대사를 할 수 없다.

04 장티푸스의 원인균은 Salmonella typhi이고, 수인성 경구감염병으로 주요 증상은 고열·두통·근육통·구토·설사 등이 있다.

01 ③　02 ①　03 ①　04 ③

📝 인수(인축)공통감염병

• 동물과 사람 간의 전파가 가능한 질병

종 류	특 징	감염경로 및 증상
탄저 – Bacillus anthracis	Gram(+), 간균, 유포자(땅에서 수년간 생존), 호기성, 내열성, 운동성 ×	• 소, 돼지, 양, 산양 등에서 발병 • 피부탄저(경피감염) : 목축업자, 도살업자, 피혁업자 피부 → 악성농포 → 침윤, 부종, 궤양 • 폐탄저(호흡기탄저) : 포자 흡입 → 폐렴, 감기와 유사 증상 • 장탄저(소화기탄저) : 감염된 수육 섭취 → 구토·설사
중증급성호흡기증후군 (SARS)	잠복기 : 평균 5일	• 호흡기 비말감염 • 오염된 매개물을 통해 점막의 직접·간접 접촉 • 발열, 기침, 호흡곤란, 폐렴, 권태감, 근육통, 두통 등
동물인플루엔자 인체감염증 – Avian influenza virus	• 사람 : H_1, H_2, H_3와 N_1, N_2가 감염 • 조류 : H_5, H_7이 감염 • 열에 약	• 감염된 조류의 콧물 등 호흡기 분비물, 대변 → 다른 조류의 섭취, 전파 → 배출된 바이러스가 사람의 코나 입으로 침투되는 것으로 감염 추정 • 결막염, 발열(38℃ 이상), 기침, 인후통, 근육통 등 전형적인 인플루엔자 유사증상, 폐렴
결핵 – Mycobacterium tuberculosis	• Gram(+), 간균, 호기성 • 건조·산·알칼리 강 • 열·햇빛 약 • 다른 균에 비해 증식속도 늦음	• 호흡기계 감염(공기전파) • 사람(인형), 소(우형), 조류(조형) 등에 감염 • 인형 결핵균 : 사람 → 폐결핵 • 우형 결핵균(경구감염) : 소의 유방(1차) → 우유(2차) → 뼈·관절 침범
상출혈성내장균감염증 – Enterohemorrhagic escherichia coli	• verotoxin 생산 • 소가 가장 중요한 병원소 • 발열을 동반하지 않음	• 소고기로 가공된 음식물 • 멸균되지 않은 우유, 균에 오염된 채소·샐러드 • 급성 혈성 설사와 경련성 복통 • 집단발생 사례 : 조리가 충분하지 않은 햄버거 섭취로 발생
브루셀라증(파상열) – Brucella abortus – Brucella melitensis – Brucella suis – Brucella canis	• Gram(–), 간균, 호기성, 포자 ×, 운동성 × • 사람 : 열성 질환	• 사람 : 불현성 감염(간·비장 비대) • 동물 : 유산
변종크로이츠펠트–야콥병 (= vCJD, 인간광우병) – 변형prion 단백질 * 크로이츠펠트–야콥병 (= CJD)은 미해당	• 프리온 단백의 축적에 의한 신경세포의 변성 • 잠복기 : 수개월~수년	• 광우병에 감염된 소의 골, 뇌 부산물 등 섭취 • 뇌에 스펀지처럼 구멍이 뚫려 신경세포가 죽음으로써 해당되는 뇌기능을 잃게 되는 해면뇌병증 • 무력감, 정신이상, 동통성 감각이상, 운동실조, 근육 경련, 치매

01 사람에게는 열병, 동물에게는 유산을 일으키는 인수공통감염병은? 2017.02

① 탄 저
② 파상열
③ Q 열
④ 야토병
⑤ 콜레라

02 다음 중 탄저병의 원인균으로 옳은 것은? 2018.12 2020.12

① Bacillus anthracis
② Listeria monocytogenes
③ Mycobacterium tuberculosis
④ Brucella melitensis
⑤ Francisella tularensis

03 목축업자, 피혁업자 등의 피부 상처를 통해 감염되는 인수공통감염병으로 옳은 것은?

① 탄 저
② 결 핵
③ 파상열
④ 비 저
⑤ 렙토스피라

04 병원성 대장균 중 Verotoxin을 생산하며 E. coli O157:H7에 속하는 것은? 2017.12

① 장관병원성
② 독소원성
③ 장관침입성
④ 장관흡착성
⑤ 장관출혈성

---

01 파상열

Brucella균에 의하여 주로 소, 양, 돼지 및 염소 등에 발병한다. 인수공통감염병의 하나로 오염된 동물의 유즙이나 고기를 통해 감염되며 동물에게는 감염성 유산을 일으키고 사람에게는 열성 질환이 나타난다.

02 ① Bacillus anthracis : 탄저병(Bacillus anthrax)
② Listeria monocytogenes : 리스테리아증
③ Mycobacterium tuberculosis : 결핵
④ Brucella melitensis : 브루셀라
⑤ Francisella tularensis : 야토병

03 탄 저

• 병원체 : Bacillus anthracis
• 특징 : Gram(+), 간균, 유포자(땅에서 수년간 생존), 호기성, 내열성
• 감염경로
  – 피부탄저(경피감염) : 목축업자, 도살업자, 피혁업자피부 → 악성농포 → 침윤, 부종, 궤양
  – 폐탄저(호흡기탄저) : 포자 흡입 → 폐렴, 감기와 유사 증상
  – 장탄저(소화기탄저) : 감염된 수육 섭취 → 구토 · 설사

안심Touch

공수병 - Rabies virus	• 향신경성 바이러스 • 자외선에 쉽게 파괴 • 열에 약함	• 감염된 가축·야생동물에게 물림 → 상처에 타액(바이러스 감염) 침입 → 전파 • 뇌염, 신경증상 등 중추신경계 이상 • 격노형 공수(불안, 흥분, 바람에 민감), 마비형 공수(근력 약화)
Q 열 - Coxiella burnetii	• 운동성 × • 건조 저항성 강 • 잠복기 : 2~3주 • 급성 열성 질환	• 쥐, 소, 염소 → 진드기 흡혈 → 패혈증 • 사람 → 우유 섭취
렙토스피라증 - Leptospira	• 나선형 • 가을철 발열성 질환 • 잠복기 : 5~7일	• 소, 개, 돼지, 쥐 등의 오줌 • 39~40℃ 정도의 고열, 오한, 두통, 근육통, 심장·신장장애
야토병(= rabbit fever) - Francisella tularensis	• Gram(-), 간균, 편모 ×, 포자 × • 산 저항력 강, 열에 약	• 매개체 : 동물병원소(설치류·토끼류), 진드기, 등에 • 경피·경구감염 • 두통, 오한, 두통, 발열, 근육통, 피부궤양, 림프절 종창
돈단독증 - Erysipelothrix rhusiopathiae	• Gram(+), 간균, 포자 ×, 통성혐기성, 운동성 × • 돼지 감염병 • 사람 : 경피감염	• 경구·경피감염 • 패혈증 • 발열, 피부발적, 임파절 염증
리스테리아증 - Listeria monocytogenes	• Gram(+), 간균, 주모성, 통성혐기성 • 저온균(5℃ 이하 생존) • 잠복기 : 3일~수일	• 경구감염 : 오염된 식육, 유제품 등을 섭취 • 경피감염 : 동물과 직접 접촉(가축·가금류) • 경기도감염 : 오염된 먼지 흡입 • 임산부 유산, 패혈증, 뇌척수막염, 신생아 감염 시 높은 사망률
비저균 - Pseudomonas mallei	잠복기 : 3~5일	• 사람 : 입, 피부 및 기도를 통하여 감염(치사율 95%) • 동물 : 고열, 호흡기·폐 궤양(말, 당나귀, 노새, 산양, 고양이), Farcy피부형(임파관 종대, 농양)
톡소플라즈마 - Toxoplasmosis	• 원충류 • 톡소포자충(Toxoplasma gondii) • 종숙주 : 고양이과	• 낭포를 가진 덜 익힌 고기·음식물 섭취 • 감염된 고양이(과) 충란 배설 분변(직접 접촉 감염) • 임산부 : 초가-유산·사산, 중·후기-톡소포자 충아분만

• 예방 방법
 - 병에 걸린 동물의 조기 발견·격리 치료·예방접종 철저
 - 병에 걸린 동물의 사체·배설물 소독 철저(고압살균·소각)
 - 우유의 살균 처리(브루셀라증, 결핵, Q열의 예방상 중요)
 - 병에 걸린 가축의 고기, 뼈, 내장, 혈액의 식용 삼갈 것
 - 항구와 공항 등의 수입된 가축·고기·유제품의 검역·감시 철저

01 다음 중 감염병과 병원균의 연결이 바르지 않은 것은?

① 콜레라 – Vibrio cholerae
② 탄저 – Bacillus anthracis
③ 야토병 – Francisella tularensis
④ 세균성이질 – Streptococcus hemolyticus
⑤ 유행성 A형간염 – Hepatitis A virus

01 • 세균성이질 : Shigella dysenteriae
• 성홍열 : Streptococcus hemolyticus

02 인수공통감염병의 예방방법으로 옳지 않은 것은?

① 병에 걸린 동물의 조기 발견·격리치료·예방접종을 철저히 한다.
② 병에 걸린 동물의 사체·배설물은 약제로 소독한다.
③ 우유를 살균 처리한다(브루셀라증, 결핵, Q열의 예방).
④ 병에 걸린 가축의 고기, 뼈, 내장, 혈액의 식용을 삼간다.
⑤ 항구와 공항 등의 수입된 가축·고기·유제품의 검역·감시를 철저히 한다.

02 병에 걸린 동물의 사체·배설물은 고압살균·소각의 소독을 철저히 한다.

03 인수공통감염병으로 옳지 않은 것은? `2018.12`

① 렙토스피라증
② 브루셀라증
③ 디프테리아
④ 리스테리아증
⑤ 탄 저

03 인수공통감염병으로는 탄저(Bacillus anthrax), 파상열(Brucellosis), 야토병(Tularemia), 결핵(Tuberculosis), Q열, 돈단독증, 리스테리아증, 렙토스피라증(Leptospira), 톡소플라즈마(Toxoplasmosis) 등이 있다.

01 ④ 02 ② 03 ③

채소류에서 감염되는 기생충

분 류	종 류	기 생	특 징	증 상	예방법
선충류	회 충	소 장	• 소장 기생 • 어린이 : 이미증	• 복통, 권태, 피로감, 두통, 발열 • 장폐색증, 복막염	• 채소의 세척 • 손 청결 • 분뇨의 위생적 처리
	구충 (십이지장충)		• 흡혈 기생충(맨발로 다니지 않기) • 채독증 • 경구 · 경피감염	심한 빈혈, 두근거림, 전신 권태, 부종, 피부 건조, 손톱의 변화 등	
	동양모양선충		구충보다 피부 감염력은 약하며 작은창자에 기생	소화기계 증상과 빈혈	
	편 충	맹 장	채찍 모양	무증상이나 빈혈, 신경 증상, 맹장염	
	요 충		• 접촉감염, 자가감염 • 항문 주위에 산란(주로 밤에 출몰, Scatch Tape 검출법 사용) • 집단생활 장소 감염률 높음	• 항문 주위 가려움, 불면증, 신경증, 야뇨증 • 2차 세균감염(피부농양)	• 집단관리(구충제 실시) • 손 · 항문 근처 · 속옷 등 청결 유지 • 침구류 등 일광소독

육류에서 감염되는 기생충

분 류	종 류	기 생	특 징	증 상	예방법
조충류	무구조충 (민촌충)	소 장	• 중간숙주 : 소(날것, 덜 익힌 것) • 종숙주 : 사람 • 충란은 목초지에서 8주 이상 생존 • 갈고리 없음	• 소화기계 증상(복통, 소화불량, 구토) • 배변 시 편절에 의해 항문 주위 불쾌함 호소	• 생식 금지(충분한 가열 후 섭취) • 분뇨 관리(토양의 인분오염, 배설물처리 위생)
	유구조충 (갈고리촌충)		• 중간숙주 : 돼지(날것, 덜 익힌 것) • 종숙주 : 사람 • 갈고리 있음 • 근육, 피하조직 침범 • 안구 · 중추신경계 침범	• 소화불량, 오심, 설사, 영양불량 등 • 중추신경장애(간질환)	
선충류	선모충		• 인수공통감염병 • 돼지, 쥐, 고양이, 사람 등 다숙주성 기생충 • 덜 익힌 돼지고기 등의 섭취를 통해 감염 • 유충이 근육에 이행 • 감염사례 : 야생 멧돼지 날것 섭취	고열, 근육통, 설사, 구토, 부종, 호흡장애	돼지고기, 야생동물 근육 생식 금지(충분한 가열 후 섭취)
원충류	톡소플라즈마		온혈동물(고양이, 개) 기생	• 근육통, 림프샘 팽창, 열, 두통 • 임산부 : 태반감염(유산, 조산, 기형아)	• 생식 금지(충분한 가열 후 섭취) • 식기류 위생적 처리

01 감염된 고양이과에 의해 접촉감염이 되며 고위험군 임산부에게 감염되면 유산이나 조산을 일으키는 기생충은?

① 갈고리촌충   ② 톡소플라즈마
③ 선모충   ④ 민촌충
⑤ 동양모양선충

02 다음 중 무구조충에 관한 설명으로 옳은 것은?

① 인체 내 근육, 피하조직, 안구 등의 조직에 침범하여 낭미충으로 기생한다.
② 두 개의 흡반과 돌출된 원형의 두절 돌출부를 가진 갈고리 있는 기생충이다.
③ 임상증상으로는 소화불량, 오심, 영양불량, 중추신경장애(간질환)가 있다.
④ 배변 시 편절에 의해 불쾌감을 준다.
⑤ 돼지고기를 생식할 때 감염되기 쉬운 기생충이다.

03 오염된 채소와 토양에서 감염되는 기생충은?   2019.12

① 유구조충   ② 무구조충
③ 선모충   ④ 회 충
⑤ 간흡충

04 채소에 의해 경구·경피 감염되며 채독증의 원인이 되는 기생충은?   2017.12

① 선모충   ② 십이지장충
③ 간흡충   ④ 회 충
⑤ 동양모양선충

---

01 톡소플라즈마(Toxoplasmosis)
감염된 고양이(과)의 배설된 충란에 직접 접촉감염(경피감염)되며 주요 증상은 임산부에게서 유산·사산, 톡소포자충아의 분만 등이 있다.

02 ①·②·③·⑤ 유구조충에 대한 설명이다.

03 채소류에서 감염되는 기생충
회충, 구충(십이지장충), 편충, 동양모양선충 등

04 십이지장충(구충)은 공장에 기생하며 빈혈 및 전신권태를 일으키고, 인체 내의 침입은 경구적으로 이루어지지만 피부를 뚫음으로써도 이루어지기 때문에 피부감염이 가능하며 채독증의 원인이 되기도 한다.

---

01 ②   02 ④   03 ④   04 ②

안심Touch

어패류에서 감염되는 기생충

분류	종류	제1중간숙주	제2중간숙주	특징	증상	예방법
흡충류	간디스토마 (간흡충)	왜우렁이	담수어 (참붕어, 잉어)	• 담관 기생 • 피낭유충으로 경구적 도입	간비대, 간경화, 간·위장 장애, 복수, 황달, 야맹증, 담즙색소 양성	• 생식 금지 (가열섭취) • 유행 지역의 생수 음용 금지 • 오염된 도마 위생관리
	폐디스토마 (폐흡충)	다슬기	갑각류 (게, 가재 등)	• 폐 기생 • 피낭유충으로 경구적 도입	흉막염, 폐렴, 전신경련, 발작, 경부강직, 시력 장애 등	
	요코가와흡충 (횡천흡충)	다슬기	담수어 (잉어, 붕어, 은어)	• 공장 기생 • 피낭유충으로 경구적 도입	복통, 설사, 식욕 이상, 두통, 신경 증세, 만성 장염 등	
	주혈흡충	패 류	종말숙주 : 사람	• 자웅이체 • 오염된 물 접촉 시 유충의 꼬리가 떨어진 몸통만 사람 피부로 침입 • 문맥, 골반 정맥총 기생	• 방광질환, 간비종대, 간경화, 복부팽만, 장질환 • 접촉감염 주의	
선충류	유극악구충	물벼룩	• 민물고기(가물치, 메기, 미꾸라지, 뱀장어) • 종말숙주 : 개, 고양이	사람은 종말숙주가 아니기에 유충이 기생하더라도 성충이 되지 못함	피부 종양, 복통, 구토, 발열 등	
	아니사키스 (고래회충)	소갑각류 (크릴새우)	• 고등어, 대구, 오징어 • 종말숙주 : 고래	• 포유동물 기생 • 가시모양 돌기 • −20℃↓ 냉동	육아종, 충수염, 위궤양, 구토, 설사	
조충류	광절열두조충 (긴촌충)	물벼룩	담수어 (연어, 송어, 농어)	• 가장 긴 촌충(긴촌충) • 소장 기생 • 비타민 B_{12} 흡수 방해 → 빈혈	소화기 장애(복통·설사), 빈혈, 영양 장애, 장폐색 등	
	만손열두조충 (스파르가눔증)	물벼룩	설치류, 개구리(올챙이 포함), 뱀, 사람, 조류, 포유류	• 소장 기생 • 충미충에 감염된 뱀 등의 근육 → 안부 습포용 사용 → 피부 뚫고 인체에 감염	• 중추신경계 장애(두통, 간질, 마비) • 안구손상(결막염, 유루) 부종, 홍반, 염증, 동통	

01 다음에서 설명하는 기생충으로 옳은 것은?

> • 포유동물에 기생
> • 제1중간숙주 : 소갑각류
> • 제2중간숙주 : 고등어, 오징어
> • 종말숙주 : 사람이 아님
> • 예방법 : 70℃ 이상의 가열 또는 −20℃ 이하에서 24시간 냉동
> • 증상 : 육아종, 충수염, 설사 등

① 주혈흡충
② 요코가와흡충
③ 아니사키스
④ 만손열두조충
⑤ 유극악구충

02 다음 중 익히지 않거나 날것의 붕어·잉어를 섭취하였을 때 황달, 야맹증 등의 식중독 증상을 일으키는 기생충은?

`2018.12`

① 간흡충
② 폐흡충
③ 유극악구충
④ 만손열두조충
⑤ 광절열두조충

03 물벼룩과 담수어를 중간숙주로하여 소장에 기생하는 기생충으로 비타민 B$_{12}$ 흡수를 방해하여 빈혈을 일으키는 기생충은?

① 유극악구충
② 요코가와흡충
③ 폐흡충
④ 광절열두조충
⑤ 만손열두조충

04 어패류 섭취를 통해 감염될 수 있는 기생충은? `2020.12`

① 회 충
② 편 충
③ 동양모양선충
④ 십이지장충
⑤ 광절열두조충

---

01 아니사키스는 고래, 바다표범 등 포유동물에 기생하는 선충류이다. 고등어, 대구, 오징어 등 해산물을 매개로 하며, 사람에게 감염되면 메스꺼움, 구토, 육아종, 충수염 등을 일으킨다.

02 ① 간디스토마(간흡충) : 담수어(붕어·잉어) → 황달, 야맹증, 간비대 등
② 폐디스토마(폐흡충) : 갑각류(가재·게) → 폐렴, 흉막염, 시력장애
③ 유극악구충 : 민물고기(가물치·뱀장어·미꾸라지) → 피부종양, 복통, 구토, 발열 등
④ 만손열두조충 : 설치류, 개구리, 뱀 → 중추신경계 장애, 안구손상 등
⑤ 광절열두조충 : 담수어(연어·송어·농어) → 빈혈, 장폐색 등

03 광절열두조충(긴촌충)
제1중간숙주는 물벼룩, 제2중간숙주는 담수어(연어, 송어, 농어)이다. 감염 시 주요 증상은 소화기장애(복통·설사), 빈혈, 영양 장애, 장폐색 등이 있다.

04 ①·②·③·④ 채소 섭취를 통해 감염되는 기생충이다.

---

01 ③ 02 ① 03 ④ 04 ⑤

안심Touch

☑ 위생동물

• 쥐의 매개질병

분 류	종류 및 병원체	

세균성	식중독	• 살모넬라증
		  – Salmonella typhimurium
		  – S. enteritidis
		  – S. infantis

	페스트(흑사병, Yersinia pestis)	
	서교열(Spirillum minus)	
	렙토스피라증(와일씨병, Leptospira)	
리케치아성	발진열(Rickettsia typhi)	
	양충병(쯔쯔가무시병, Tsutsugamushi disease, scrub typhus)	
	리케치아폭스(Rickettsia pox)	
바이러스성	유행성 출혈열(신증후군출혈열, Hantaan virus)	
기생충성	아메바성 이질	

• 파 리
  – 병원체의 매개·운반, 흡혈, 승저증 원인, 불쾌감 및 정신적인 피해
  – 매개질병 : 이질·콜레라·장티푸스·파라티푸스(소화기계), 결핵(호흡기계), 살모넬라(식중독), 나병·화농성 질환·회충·편충 등의 충란 운반, 수면병(체체파리)
• 바 퀴
  – 야간 활동성, 질주성, 군거성, 잡식성, 가주성
  – 독일바퀴(국내 주로), 미국바퀴, 일본바퀴, 검정바퀴
  – 매개질병 : 소화기계(장티푸스, 이질, 콜레라), 호흡기계(결핵), 식중독(살모넬라), 기생충 질환, 알레르기 유발
• 진드기
  – 사람이나 가축, 식물, 식품에 기생하여 식량손실 및 식중독 등 피해를 끼침
  – 병원균은 진드기와 공생 관계, 증상이 없음, 병원소로서의 역할을 함

☑ 식품안전관리인증기준(HACCP)

• HACCP의 정의 : 식품의 원료 관리, 제조·가공·조리·소분·유통의 모든 과정에서 위해한 물질이 식품에 섞이거나 식품이 오염되는 것을 방지하기 위하여 각 과정의 위해요소를 확인·평가하여 중점적으로 관리하는 것을 기준함
• 용어의 정의
  – 위해요소(Hazard) : 인체의 건강을 해할 우려가 있는 생물학적, 화학적 또는 물리적 인자나 조건의 규정에서 정하고 있는 것
  – 위해요소분석(Hazard Analysis) : 식품 안전에 영향을 줄 수 있는 위해요소와 이를 유발할 수 있는 조건이 존재하는지 여부를 판별하기 위하여 필요한 정보를 수집하고 평가하는 일련의 과정
  – 중요관리점(Critical Control Point ; CCP) : 식품안전관리인증기준을 적용하여 식품의 위해요소를 예방·제거하거나 허용 수준 이하로 감소시켜 해당 식품의 안전성을 확보할 수 있는 중요한 단계·과정 또는 공정

01 쥐에 의해 감염되는 감염병으로 옳은 것은?

① 페스트, 파라티푸스
② 유행성 출혈열, 페스트
③ 쯔쯔가무시병, 성홍열
④ 서교증, 전염성 설사증
⑤ 렙토스피라증, 승저증

02 우리나라에 많이 서식하며 소형의 황갈색 바퀴로 옳은 것은?

2017.02

① 독일바퀴
② 이질바퀴
③ 먹바퀴
④ 집바퀴
⑤ 미국바퀴

---

01 쥐에 의해 전파되는 질병
렙토스피라증, 서교열, 발진열, 페스트, 살모넬라 식중독, 선모충증, 유행성 출혈열, 두창, 쯔쯔가무시병, 결핵, 장티푸스, 이질 등

02 • 일본바퀴 : 대형의 적 · 암갈색
• 먹바퀴(검정바퀴) : 흑갈색
• 이질바퀴(미국바퀴) : 대형의 가슴에 황색 윤상 무늬

안심Touch

- 한계기준(Critical Limit) : 중요관리점에서 위해요소 관리가 허용 범위 이내로 충분히 이루어지고 있는지 여부를 판단할 수 있는 기준이나 기준치
- 모니터링(Monitoring) : 중요관리점에 설정된 한계기준을 적절히 관리하고 있는지 여부를 확인하기 위하여 수행하는 일련의 계획된 관찰이나 측정하는 행위 등
- 개선조치(Corrective Action) : 모니터링 결과 중요관리점의 한계기준을 이탈할 경우에 취하는 일련의 조치
- HACCP 관리계획(HACCP Plan) : 식품의 원료 구입에서부터 최종 판매에 이르는 전 과정에서 위해가 발생할 우려가 있는 요소를 사전에 확인하여 허용 수준 이하로 감소시키거나 제거 또는 예방할 목적으로 HACCP 원칙에 따라 작성한 제조·가공·조리·소분·유통 공정 관리문서나 도표 또는 계획
- 검증(Verification) : HACCP 관리계획의 적절성과 실행 여부를 정기적으로 평가하는 일련의 활동(적용 방법과 절차, 확인 및 기타 평가 등을 수행하는 행위를 포함)

📝 HACCP의 7원칙 12절차

- 준비단계 : 해썹팀 구성 → 제품설명서 작성 → 용도 확인 → 공정흐름도 작성 → 공정흐름도 현장확인
  - HACCP팀 구성 : 전문적인 지식과 기술을 가진 다양한 분야의 전문가로 팀 구성(조직 및 인력현황, HACCP팀 구성원별 역할, 교대 근무 시 인수인계 방법)
  - 제품설명서 작성 : 제품명·제품유형 및 성상, 품목제조보고 연·월·일(해당제품에 한함), 작성자 및 작성 연·월·일, 성분 배합비율, 제조(포장)단위, 완제품 규격, 보관·유통상의 주의사항, 유통기한, 포장방법 및 재질, 표시사항
  - 용도 확인 : 가열 또는 섭취 방법 및 소비 대상(특히 노약자, 임산부, 유아, 특이 체질자 등의 민감한 집단 고려)
  - 공정흐름도 작성 : 작업구역의 각 시설 및 공정 과정 중 안전성과 위생관리에 중요한 곳을 파악하고 분석하기 위해 작성
  - 공정흐름도 현장확인 : 작성된 공정흐름도의 모든 단계가 실제 작업공정과 일치하는지 확인
- 7원칙 : 위해요소분석 → 중요관리점(CCP) 결정 → CCP 한계기준 설정 → CCP 모니터링 체계 확립 → 개선조치방법 수립 → 검증절차 및 방법 수립 → 문서화, 기록유지방법 설정
  - 위해요소분석 : 위해요소분석결과 및 예방조치·관리 방법
  - 중요관리점(CCP) 결정 : 확인된 주요 위해요소를 예방·제거 또는 허용수준 이하로 감소할 수 있는 공정상의 단계·과정 또는 공정 결정
  - 중요관리점(CCP) 한계기준 설정 : CCP에서 취해져야 할 예방조치에 대한 한계기준을 설정
  - 중요관리점(CCP) 모니터링 체계 확립 : CCP에 해당되는 공정이 한계기준을 벗어나지 않고 안정적으로 운영되도록 관리하기 위해 작업자 또는 기계적인 방법으로 수행하는 일련의 관찰 또는 측정수단
  - 개선조치방법 수립 : 모니터링 결과 한계기준을 벗어날 경우 취해야 할 개선조치방법을 사전에 설정하여 신속한 대응조치가 이루어지도록 함
  - 검증절차 및 방법 수립 : 문서화 필요성 검토 및 기록 유지 검증 절차
  - 문서화 및 기록유지방법 설정 : 문서작성, 처리, 보관, 보존, 열람, 폐기에 관한 기준을 정함으로써 문서의 작성 및 취급의 능률화와 통일을 기함
- HACCP 적용업소는 관계 법령에 특별히 규정된 것을 제외하고는 관리되는 사항에 대한 기록을 2년간 보관하여야 함

01 HACCP 7원칙 중 급식소에서 정기적으로 조리일지를 검토하여 적정하게 실시되고 있는지를 판단하는 절차는?

2019.12

① 위해요소분석　　　② 개선조치방법 수립
③ 모니터링　　　　　④ 검 증
⑤ 중요관리점

02 CCP기준에서 잠재위험식품(PHF)으로 옳은 것은?

2018.12

① 완숙달걀(냉각 상태)　② 케 찹
③ 젤 리　　　　　　　　④ 신선한 과일
⑤ 새 싹

03 다음 중 운송차량의 냉동 유지 온도로 옳은 것은?

2018.12

① 5℃　　　　② 0℃
③ −10℃　　　④ −18℃
⑤ −20℃

04 단체급식 HACCP 선행요건 관리와 관련하여 옳은 것을 모두 고른 것은?

> ㄱ. 배식 온도관리 기준에서 냉장식품은 10℃ 이하, 온장 식품은 50℃ 이상에서 보관한다.
> ㄴ. 조리한 식품의 보존식은 10℃ 이하에서 48시간까지 보관한다.
> ㄷ. 냉장시설은 온도를 10℃ 이하(다만, 신선편의식품, 훈제연어는 5℃ 이하 보관), 냉동시설은 −18℃로 유지해야 한다.
> ㄹ. 운송차량은 냉장의 경우 10℃ 이하, 냉동의 경우 −18℃ 이하를 유지할 수 있어야 한다.

① ㄱ, ㄴ　　　② ㄱ, ㄹ
③ ㄴ, ㄷ　　　④ ㄷ, ㄹ
⑤ ㄴ, ㄹ

---

01 검증(Verification)
HACCP 관리계획의 적절성과 실행 여부를 정기적으로 평가하는 일련의 활동(적용 방법과 절차, 확인 및 기타 평가 등을 수행하는 행위를 포함)이다.

02 잠재위해식품(PHF ; Potentially Hazardous Foods)
세균성 질환을 일으키는 감염·독소형 미생물의 증식 및 독소 생성 가능성이 있는 식품으로 고단백식품, pH 4.6 이상, 수분활성도 0.85 이상의 식품이 있다.
- 잠재위해식품 : 날것의 육류·가금류·해산물·난류·우유 등
- 비잠재위험식품 : 냉각 상태의 완숙달걀·멸균제품·빵·쌀·케찹·겨자·젤리·신선한 과일(자르지 않은 상태)

03 운송차량은 냉장의 경우 10℃ 이하, 냉동의 경우 −18℃ 이하를 유지할 수 있어야 한다.

04 • 배 식
　– 냉장보관 : 냉장식품 10℃ 이하(다만, 신선편의식품, 훈제연어는 5℃ 이하 보관 등 보관온도 기준이 별도로 정해져 있는 식품의 경우에는 그 기준을 따른다)
　– 온장보관 : 온장식품 60℃ 이상
• 보존식
조리한 식품은 소독된 보존식 전용용기 또는 멸균 비닐봉지에 매회 1인분 분량을 −18℃ 이하에서 144시간 이상 보관하여야 한다.

01 ④　02 ⑤　03 ④　04 ④

안심Touch

⚖ 식품 · 영양관계법규

📝 법의 목적

- 식품위생법 : 식품으로 인하여 생기는 위생상의 위해(危害)를 방지하고 식품영양의 질적 향상을 도모하며 식품에 관한 올바른 정보를 제공하여 국민보건의 증진에 이바지함을 목적으로 함
- 학교급식법 : 학교급식 등에 관한 사항을 규정함으로써 학교급식의 질을 향상시키고 학생의 건전한 심신의 발달과 국민 식생활 개선에 기여함을 목적으로 함
- 국민건강증진법 : 국민에게 건강에 대한 가치와 책임의식을 함양하도록 건강에 관한 바른 지식을 보급하고 스스로 건강생활을 실천할 수 있는 여건을 조성함으로써 국민의 건강을 증진함을 목적으로 함
- 국민영양관리법 : 국민의 식생활에 대한 과학적인 조사 · 연구를 바탕으로 체계적인 국가영양정책을 수립 · 시행함으로써 국민의 영양 및 건강 증진을 도모하고 삶의 질 향상에 이바지하는 것을 목적으로 함
- 농수산물의 원산지 표시에 관한 법률 : 농산물 · 수산물과 그 가공품 등에 대하여 적정하고 합리적인 원산지 표시와 유통이력 관리를 함으로써 공정한 거래를 유도하고 소비자의 알권리를 보장하여 생산자와 소비자를 보호하는 것을 목적으로 함

📝 정의(식품위생법 제2조)

- 식품 : 모든 음식물(의약으로 섭취하는 것은 제외)
- 식품첨가물 : 식품을 제조 · 가공 · 조리 또는 보존하는 과정에서 감미, 착색, 표백 또는 산화방지 등을 목적으로 식품에 사용되는 물질. 기구 · 용기 · 포장을 살균 · 소독하는 데에 사용되어 간접적으로 식품으로 옮아갈 수 있는 물질을 포함
- 화학적 합성품 : 화학적 수단으로 원소 또는 화합물에 분해 반응 외의 화학 반응을 일으켜서 얻은 물질
- 기구 : 다음의 어느 하나에 해당하는 것으로서 식품 또는 식품첨가물에 직접 닿는 기계 · 기구나 그 밖의 물건(농업과 수산업에서 식품을 채취하는 데에 쓰는 기계 · 기구나 그 밖의 물건 및 위생용품은 제외)
  - 음식을 먹을 때 사용하거나 담는 것
  - 식품 또는 식품첨가물을 채취 · 제조 · 가공 · 조리 · 저장 · 소분 · 운반 · 진열할 때 사용하는 것
- 용기 · 포장 : 식품 또는 식품첨가물을 넣거나 싸는 것으로서 식품 또는 식품첨가물을 주고받을 때 함께 건네는 물품
- 공유주방 : 식품의 제조 · 가공 · 조리 · 저장 · 소분 · 운반에 필요한 시설 또는 기계 · 기구 등을 여러 영업자가 함께 사용하거나, 동일한 영업자가 여러 종류의 영업에 사용할 수 있는 시설 또는 기계 · 기구 등이 갖춰진 장소
- 위해 : 식품, 식품첨가물, 기구 또는 용기 · 포장에 존재하는 위험요소로서 인체의 건강을 해치거나 해칠 우려가 있는 것
- 영업 : 식품 또는 식품첨가물을 채취 · 제조 · 가공 · 조리 · 저장 · 소분 · 운반 또는 판매하거나 기구 또는 용기 · 포장을 제조 · 운반 · 판매하는 업(농업과 수산업에 속하는 식품 채취업은 제외)
- 영업자 : 영업허가를 받은 자나 영업신고를 한 자 또는 영업등록을 한 자
- 식품위생 : 식품, 식품첨가물, 기구 또는 용기 · 포장을 대상으로 하는 음식에 관한 위생
- 집단급식소 : 영리를 목적으로 하지 아니하면서 특정 다수인에게 계속하여 음식물을 공급하는 다음의 어느 하나에 해당하는 곳의 급식시설로서 대통령령으로 정하는 시설
  - 기숙사
  - 학교, 유치원, 어린이집

01 식품위생법에서 규정하는 식품의 정의는? `2017.12`

① 식품첨가물을 포함한 모든 음식물을 말한다.
② 의약품을 포함한 모든 음식물을 말한다.
③ 의약품으로 섭취하는 것을 제외한 모든 음식물을 말한다.
④ 식품첨가물을 제외한 의약품과 모든 음식물을 말한다.
⑤ 식품첨가물과 의약품을 포함한 모든 음식물을 말한다.

02 우리나라 식품위생법의 제정 목적이라고 할 수 없는 것은?

① 국민의 보건향상 도모
② 신체적·정신적·사회적 효율 증진
③ 식품영양의 질적 향상 도모
④ 식품으로 인한 위생상 위해 방지
⑤ 식품에 관한 올바른 정보의 제공

03 식품위생법에서의 용어에 대한 정의로 옳은 것은?

① 식품첨가물 : 화학적 수단으로 원소 또는 화합물에 분해 반응 외의 화학 반응을 일으켜 얻은 물질
② 위해 : 식품 섭취로 인해 인체에 유해한 미생물·유독물질에 의해 발생 또는 발생한 것으로 판단되는 감염성 질환 또는 독소형 질환
③ 집단급식소 : 영리를 목적으로 하는 시설을 포함한 특정 다수인에게 계속하여 음식을 공급하는 기숙사, 학교 등의 급식시설로서 대통령령으로 정하는 시설
④ 식품 : 식품·의약품으로 섭취하는 모든 것을 포함
⑤ 기구 : 식품 또는 식품첨가물에 직접 닿는 기계·기구나 그 밖의 물건(농업·수산업에서 식품을 채취하는 데에 쓰는 기계·기구나 그 밖의 물건 및 위생용품은 제외)

01 식 품
식품이란 모든 음식물(의약으로 섭취하는 것은 제외한다)을 말한다.

02 식품위생법 목적
식품으로 인하여 생기는 위생상의 위해(危害)를 방지하고 식품영양의 질적 향상을 도모하며 식품에 관한 올바른 정보를 제공하여 국민보건의 증진에 이바지함을 목적으로 한다.

03 기 구
다음의 어느 하나에 해당하는 것으로서 식품 또는 식품첨가물에 직접 닿는 기계·기구나 그 밖의 물건(농업과 수산업에서 식품을 채취하는 데에 쓰는 기계·기구나 그 밖의 물건 및 위생용품은 제외한다)을 말한다.
• 음식을 먹을 때 사용하거나 담는 것
• 식품 또는 식품첨가물을 채취·제조·가공·조리·저장·소분·운반·진열할 때 사용하는 것

01 ③ 02 ② 03 ⑤

- 병 원
- 사회복지시설
- 산업체
- 국가, 지방자치단체 및 공공기관
- 그 밖의 후생기관 등
- 식품이력추적관리 : 식품을 제조·가공단계부터 판매단계까지 각 단계별로 정보를 기록·관리하여 그 식품의 안전성 등에 문제가 발생할 경우 그 식품을 추적하여 원인을 규명하고 필요한 조치를 할 수 있도록 관리하는 것
- 식중독 : 식품 섭취로 인하여 인체에 유해한 미생물 또는 유독물질에 의하여 발생하였거나 발생한 것으로 판단되는 감염성 질환 또는 독소형 질환
- 집단급식소에서의 식단 : 급식대상 집단의 영양섭취기준에 따라 음식명, 식재료, 영양성분, 조리방법, 조리인력 등을 고려하여 작성한 급식계획서

✍ 위해식품 등의 판매 등 금지(식품위생법 제4조, 10년 이하의 징역 또는 1억원 이하의 벌금)

누구든지 다음의 어느 하나에 해당하는 식품 등을 판매하거나 판매할 목적으로 채취·제조·수입·가공·사용·조리·저장·소분·운반 또는 진열하여서는 안 됨
- 썩거나 상하거나 설익어서 인체의 건강을 해칠 우려가 있는 것
- 유독·유해물질이 들어 있거나 묻어 있는 것 또는 그러할 염려가 있는 것. 다만, 식품의약품안전처장이 인체의 건강을 해칠 우려가 없다고 인정하는 것은 제외
- 병을 일으키는 미생물에 오염되었거나 그러할 염려가 있어 인체의 건강을 해칠 우려가 있는 것
- 불결하거나 다른 물질이 섞이거나 첨가된 것 또는 그 밖의 사유로 인체의 건강을 해칠 우려가 있는 것
- 안전성 심사 대상인 농·축·수산물 등 가운데 안전성 심사를 받지 아니하였거나 안전성 심사에서 식용으로 부적합하다고 인정된 것
- 수입이 금지된 것 또는 수입신고를 하지 아니하고 수입한 것
- 영업자가 아닌 자가 제조·가공·소분한 것

✍ 병든 동물 고기 등의 판매 등 금지(식품위생법 제5조, 10년 이하의 징역 또는 1억원 이하의 벌금)

누구든지 **총리령으로 정하는 질병**에 걸렸거나 걸렸을 염려가 있는 동물이나 그 질병에 걸려 죽은 동물의 고기·뼈·젖·장기 또는 혈액을 식품으로 판매하거나 판매할 목적으로 채취·수입·가공·사용·조리·저장·소분 또는 운반하거나 진열하여서는 안 됨
- 도축이 금지되는 가축전염병
- 리스테리아병, 살모넬라병, 파스튜렐라병 및 선모충증

01 집단급식소 정의에 해당하는 시설이 아닌 것은? `2021.12`

① 유치원
② 기숙사
③ 사회복지시설
④ 병 원
⑤ 고속노로 휴게음식점

02 위해식품으로 판매가 금지되는 것은?

① 설익거나 썩은 식품이라도 인체에 건강을 해칠 우려가 없는 식품
② 유독·유해물질이 들어 있어도 인체에 건강을 해칠 우려가 없다고 식품의약품안전처장이 인정한 식품
③ 식품의약품안전처장에게 수입 신고를 하여 수입한 식품
④ 불결·유해물질이 혼입 및 첨가된 식품
⑤ 유전자변형식품의 안전성 심사를 받고 수입한 식품

03 질병에 걸렸지만 동물의 고기를 식품으로 판매할 수 있는 경우에 해당하는 질병은? `2020.02`

① 리스테리아병
② 살모넬라병
③ 파스튜렐라병
④ 선모충증
⑤ 제1위비장염

04 살모넬라에 감염된 동물의 고기·뼈·장기 등을 판매한 자에 대한 벌칙은? `2017.02`

① 1년 이하의 징역 또는 1천만원 이하의 벌금
② 2년 이하의 징역 또는 1천만원 이하의 벌금
③ 3년 이하의 징역 또는 2천만원 이하의 벌금
④ 5년 이하의 징역 또는 2천만원 이하의 벌금
⑤ 10년 이하의 징역 또는 1억원 이하의 벌금

기준·규격이 정하여지지 아니한 화학적 합성품 등의 판매 등 금지(식품위생법 제6조, 10년 이하의 징역 또는 1억원 이하의 벌금)

누구든지 다음의 어느 하나에 해당하는 행위를 하여서는 안 됨. 다만, 식품의약품안전처장이 식품위생심의위원회의 심의를 거쳐 인체의 건강을 해칠 우려가 없다고 인정하는 경우에는 그러하지 아니함

- 기준·규격이 정하여지지 아니한 화학적 합성품인 첨가물과 이를 함유한 물질을 식품첨가물로 사용하는 행위
- 위의 내용에 따른 식품첨가물이 함유된 식품을 판매하거나 판매할 목적으로 제조·수입·가공·사용·조리·저장·소분·운반 또는 진열하는 행위

식품 또는 식품첨가물에 관한 기준·규격(식품위생법 제7조)

- 식품의약품안전처장은 국민보건을 위해 필요하면 판매를 목적으로 하는 식품·식품첨가물에 관한 제조·가공·사용·조리·보존 방법에 관한 기준과 성분에 관한 규격을 정하여 고시함
- 식품의약품안전처장은 기준과 규격이 아직 고시되지 않은 식품 또는 식품첨가물의 기준과 규격을 인정받으려는 자에게 제조·가공·사용·조리·보존 방법에 관한 기준과 성분에 관한 규격에 관한 사항을 제출하게 하여 식품의약품처장이 지정한 식품전문 시험·검사기관 또는 총리령으로 정하는 시험·검사기관의 검토를 거쳐 기준과 규격이 고시될 때까지 그 식품 또는 식품첨가물의 기준과 규격으로 인정할 수 있음
- 수출할 식품 또는 식품첨가물의 기준과 규격은 수입자가 요구하는 기준과 규격에 따를 수 있음
- 기준과 규격이 정해진 식품·식품첨가물은 그 기준에 따라야 하며, 그 기준과 규격에 맞지 않는 식품·식품첨가물은 판매·판매할 목적으로 제조·수입·가공·사용·조리·저장·소분·운반·보존·진열해서는 안 됨(**5년 이하의 징역 또는 5천만원 이하의 벌금**)

권장규격 예시 등(식품위생법 제7조의2)

- 식품의약품안전처장은 판매를 목적으로 하는 식품·식품첨가물·기구·용기·포장에 관한 기준·규격이 설정되지 않은 식품 등이 국민보건상 위해 우려가 있어 예방조치가 필요하다고 인정하는 경우에는 그 기준·규격이 설정될 때까지 위해 우려가 있는 성분 등의 안전관리를 권장하기 위한 규격을 예시할 수 있음
- 식품의약품안전처장은 권장규격을 예시할 때에는 심의위원회의 심의를 거쳐야 함(국제식품규격위원회 및 외국의 규격 또는 다른 식품 등에 이미 규격이 신설되어 유사성분 등을 고려)
- 식품의약품안전처장은 영업자가 권장규격을 준수하도록 요청할 수 있으며 이행하지 아니한 경우 그 사실을 공개할 수 있음

식품 등의 기준 및 규격 관리계획 등(식품위생법 제7조의4)

식품의약품안전처장은 관계 중앙행정기관의 장과의 협의 및 심의위원회의 심의를 거쳐 식품 등의 기준 및 규격 관리 기본계획을 5년마다 수립·추진할 수 있음

01 식품 또는 식품첨가물에 관한 기준과 규격에 대한 설명으로 옳지 않은 것은?

① 식품의약품안전처장은 국민보건을 위해 판매를 목적으로 하는 식품·식품첨가물에 관해 기준과 규격을 정해 고시해야 한다.

② 아직 기준과 규격이 고시되지 않은 것을 앞으로 인정받으려는 자는 식품의약품안전처장이 지정한 식품전문 시험·검사기관의 검토를 거쳐 기준과 규격이 고시될 때까지 인정할 수 있게 한다.

③ 수출할 때 기준과 규격은 수입자가 요구하는 기준과 규격에 따를 수 있다.

④ 기준과 규격에 맞지 않는 식품·식품첨가물은 판매해서는 안 된다.

⑤ 식품의약품안전처장은 권장규격을 예시할 때는 심의위원회에 통보를 한 후 고시해야 한다.

02 식품첨가물에 관해 기준과 규격을 고시할 수 있는 자로 옳은 것은?

① 총 리
② 시장·군수·구청장
③ 관할구청 위생과
④ 식품의약품안전처장
⑤ 보건복지부장관

03 기구·용기·포장에 관한 설명으로 옳은 것은?

① 인체의 건강을 해칠 우려가 있는 기구·용기·포장은 진열은 가능하나 판매할 수 없다.

② 수입자가 요구하는 기준과 규격이 국내의 식품위생법과 다를 때 판매해서는 안 된다.

③ 고시되지 않은 기준과 규격을 인정받으려는 자는 총리령으로 정하는 시험·검사기관에서만 검토를 거쳐 기준과 규격이 고시될 때까지 해당 기준과 규격을 인정받을 수 있다.

④ 기구·용기·포장의 기준과 규격은 총리령으로 고시한다.

⑤ 수입자가 요구하는 기구·용기·포장의 기준과 규격에 따라 제조를 따를 수 있다.

---

01 ⑤ 식품의약품안전처장은 권장규격을 예시할 때는 심의위원회의 심의를 거쳐야 한다.

02 식품의약품안전처장은 국민보건을 위하여 필요하면 판매를 목적으로 하는 식품·식품첨가물에 관한 사항을 정하여 고시한다.

03 ① 기준과 규격에 맞지 아니한 기구 및 용기·포장은 판매하거나 판매할 목적으로 제조·수입·저장·운반·진열하거나 영업에 사용하여서는 아니 된다.
② 수입자가 요구하는 기준과 규격을 따를 수 있다.
③ 식품의약품안전처장이 지정한 식품전문 시험·검사기관도 인정받을 수 있다.
④ 식품의약품안전처장이 고시한다.

01 ⑤ 02 ④ 03 ⑤

안심Touch

📝 기구 및 용기ㆍ포장에 관한 기준 및 규격(식품위생법 제9조)

- 식품의약품안전처장은 국민보건을 위하여 필요한 경우에는 판매하거나 영업에 사용하는 기구 및 용기ㆍ포장에 관하여 다음의 사항을 정하여 고시함
  - 제조 방법에 관한 기준
  - 기구 및 용기ㆍ포장과 그 원재료에 관한 규격
- 식품의약품안전처장은 기준과 규격이 고시되지 아니한 기구 및 용기ㆍ포장의 기준과 규격을 인정받으려는 자에게 제조 방법에 관한 기준 및 기구 및 용기ㆍ포장과 그 원재료에 관한 규격을 제출하게 하여 식품의약품안전처장이 지정한 식품전문 시험ㆍ검사기관 또는 총리령으로 정하는 시험ㆍ검사기관의 검토를 거쳐 기준과 규격이 고시될 때까지 해당 기구 및 용기ㆍ포장의 기준과 규격으로 인정할 수 있음
- 수출할 기구 및 용기ㆍ포장과 그 원재료에 관한 기준과 규격은 수입자가 요구하는 기준과 규격을 따를 수 있음
- 기준과 규격이 정하여진 기구 및 용기ㆍ포장은 그 기준에 따라 제조하여야 하며, 그 기준과 규격에 맞지 아니한 기구 및 용기ㆍ포장은 판매하거나 판매할 목적으로 제조ㆍ수입ㆍ저장ㆍ운반ㆍ진열하거나 영업에 사용하여서는 아니 됨

📝 유전자변형식품 등의 표시(식품위생법 제12조의2)

- 다음의 어느 하나에 해당하는 생명공학기술을 활용하여 재배ㆍ육성된 농산물ㆍ축산물ㆍ수산물 등을 원재료로 하여 제조ㆍ가공한 식품 또는 식품첨가물(유전자변형식품 등)은 유전자변형식품임을 표시하여야 함. 다만, 제조ㆍ가공 후에 유전자변형 디엔에이(DNA) 또는 유전자변형 단백질이 남아 있는 유전자변형식품 등에 한정함
  - 인위적으로 유전자를 재조합하거나 유전자를 구성하는 핵산을 세포 또는 세포 내 소기관으로 직접 수입하는 기술
  - 분류학에 따른 과의 범위를 넘는 세포융합기술
- 표시하여야 하는 유전자변형식품 등은 표시가 없으면 판매하거나 판매할 목적으로 수입ㆍ진열ㆍ운반하거나 영업에 사용하여서는 안 됨(3년 이하의 징역 또는 3천만원 이하의 벌금)

📝 식품 등의 공전(식품위생법 제14조)

식품의약품안전처장은 다음의 기준 등을 실은 식품 등의 공전을 작성ㆍ보급하여야 함
- 식품 또는 식품첨가물의 기준과 규격
- 기구 및 용기ㆍ포장의 기준과 규격

01

판매하거나 영업에 사용하는 기구 · 용기 · 포장에 관한 사항을 정하여 고시하는 사람은? `2017.12`

① 식품의약품안전처장
② 시 · 군 · 구청장
③ 보건소장
④ 국무총리
⑤ 보건환경연구원장

02

식품 등의 공전을 작성하고 보급해야 하는 자는? `2019.12`

① 관할구청 위생과
② 국무총리
③ 식품위생심의위원회 위원장
④ 식품의약품안전처장
⑤ 보건복지부장관

03

식품위생법에서 식품안전관리인증기준 대상 식품은?

`2019.12`

① 오이지
② 다 류
③ 냉동고구마
④ 요구르트
⑤ 특수용도식품

---

01 기구 · 용기 · 포장에 관한 기준 및 규격
식품의약품안전처장은 국민보건을 위하여 필요한 경우에는 판매하거나 영업에 사용하는 기구 및 용기 · 포장에 관하여 제조 방법에 관한 기준과 기구 · 용기 · 포장과 그 원재료에 관한 규격 사항을 정하여 고시한다.

02 식품 등의 공전
식품의약품안전처장은 식품 · 식품첨가물 · 기구 및 용기 · 포장의 기준과 규격 기준 등을 실은 식품 등의 공전을 작성 · 보급하여야 한다.

03 식품안전관리인증기준 대상 식품(식품위생법 시행규칙 제62조)
- 수산가공식품류의 어육가공품류 중 어묵 · 어육소시지
- 기타수산물가공품 중 냉동 어류 · 연체류 · 조미가공품
- 냉동식품 중 피자류 · 만두류 · 면류
- 과자류, 빵류 또는 떡류 중 과자 · 캔디류 · 빵류 · 떡류
- 빙과류 중 빙과
- 음료류[다류(茶類) 및 커피류 제외]
- 레토르트식품
- 절임류 또는 조림류의 김치류 중 김치(배추를 주원료로 하여 절임, 양념혼합과정 등을 거쳐 이를 발효시킨 것이거나 발효시키지 아니한 것 또는 이를 가공한 것에 한함)
- 코코아가공품 또는 초콜릿류 중 초콜릿류
- 면류 중 유탕면 또는 곡분, 전분, 전분질원료 등을 주원료로 반죽하여 손이나 기계 따위로 면을 뽑아내거나 자른 국수로서 생면 · 숙면 · 건면
- 특수용도식품
- 즉석섭취 · 편의식품류 중 즉석섭취식품
- 즉석섭취 · 편의식품류의 즉석조리식품 중 순대
- 식품제조 · 가공업의 영업소 중 전년도 총 매출액이 100억원 이상인 영업소에서 제조 · 가공하는 식품

01 ① 02 ④ 03 ⑤

안심Touch

📝 건강진단(식품위생법 제40조)

- 총리령으로 정하는 영업자 및 그 종업원은 건강진단을 받아야 함. 다만, 다른 법령에 따라 같은 내용의 건강진단을 받는 경우에는 이 법에 따른 건강진단을 받은 것으로 봄(300만원 이하의 과태료)
  - 건강진단을 받아야 하는 사람은 식품 또는 식품첨가물(화학적 합성품 또는 기구 등의 살균·소독제는 제외)을 채취·제조·가공·조리·저장·운반 또는 판매하는 일에 직접 종사하는 영업자 및 종업원으로 함. 다만, 완전 포장된 식품 또는 식품첨가물을 운반하거나 판매하는 일에 종사하는 사람은 제외함
  - 건강진단을 받아야 하는 영업자 및 그 종업원은 영업 시작 전 또는 영업에 종사하기 전에 미리 건강진단을 받아야 함
  - 건강진단은 식품위생 분야 종사자의 건강진단 규칙에서 정하는 바에 따름

건강진단 항목	횟수
1. 장티푸스(식품위생 관련 영업 및 집단급식소 종사자만 해당) 2. 폐결핵 3. 전염성 피부질환(한센병 등 세균성 피부질환)	매 1년마다 1회 이상 (직전 건강진단 검진을 받은 날을 기준으로 함)

- 건강진단을 받은 결과 타인에게 위해를 끼칠 우려가 있는 질병이 있다고 인정된 자는 그 영업에 종사하지 못함
- 영업자는 건강진단을 받지 아니한 자나 건강진단 결과 타인에게 위해를 끼칠 우려가 있는 질병이 있는 자를 그 영업에 종사시키지 못함(300만원 이하의 과태료)
- 건강진단의 실시방법 등과 타인에게 위해를 끼칠 우려가 있는 질병의 종류는 총리령으로 정함

📝 영업에 종사하지 못하는 질병의 종류(식품위생법 시행규칙 제50조)

법에 따라 영업에 종사하지 못하는 사람은 다음의 질병에 걸린 사람으로 함
- 「감염병의 예방 및 관리에 관한 법률」에 따른 결핵(비감염성인 경우는 제외)
- 「감염병의 예방 및 관리에 관한 법률 시행규칙」에 해당하는 감염병
  - 콜레라
  - 장티푸스
  - 파라티푸스
  - 세균성이질
  - 장출혈성대장균감염증
  - A형간염
- 피부병 또는 그 밖의 고름형성(화농성) 질환
- 후천성면역결핍증(「감염병의 예방 및 관리에 관한 법률」에 따라 성매개감염병에 관한 건강진단을 받아야 하는 영업에 종사하는 사람만 해당)

01 건강진단을 받아야 하는 사람은? `2021.12`

① 완전 포장된 식품첨가물 운반자
② 화학적 합성품 제조자
③ 완전 포장된 식품 판매자
④ 기구 등의 살균·소독제 판매자
⑤ 식품 조리자

02 건강진단에 대한 설명으로 옳지 않은 것은?

① 총리령으로 정하는 영업자와 그 종업원은 건강진단을 받아야 한다.
② 건강진단을 받아야 하는 사람은 식품 또는 식품첨가물을 채취·제조·가공·조리·저장·운반·판매하는 일에 직접 종사하는 영업자 및 종업원이다.
③ 건강진단을 받지 않거나 건강진단 결과 타인에게 위해를 끼칠 우려가 있는 질병이 있는 자는 영업에 종사시키지 못한다.
④ 화학적 합성품 또는 기구 등의 살균·소독제를 제조·가공·저장·운반·판매하는 일에 직접 종사하는 자는 건강진단을 받아야 한다.
⑤ 타인에게 위해를 끼칠 우려가 있는 감염성 결핵·화농성 질환 등의 질병이 있는 자는 영업에 종사하지 못한다.

03 식품위생법에서 영업에 종사하지 못하는 사람의 질병은?
`2019.12`

① 라임병
② 백일해
③ 폴리오
④ B형간염
⑤ 피부병

01 건강진단을 받아야 하는 사람은 식품 또는 식품첨가물(화학적 합성품 또는 기구 등의 살균·소독제는 제외)을 채취·제조·가공·조리·저장·운반 또는 판매하는 일에 직접 종사하는 영업자 및 종업원으로 한다. 다만, 완전 포장된 식품 또는 식품첨가물을 운반하거나 판매하는 일에 종사하는 사람은 제외한다.

02 화학적 합성품 또는 기구 등의 살균·소독제를 채취·제조·가공·조리·저장·운반·판매하는 일에 직접 종사자하는 영업자 및 종업원은 건강진단을 받지 않아도 된다.

03 영업에 종사하지 못하는 질병의 종류
• 결핵(비감염성인 경우는 제외)
• 콜레라, 장티푸스, 파라티푸스, 세균성이질, 장출혈성대장균감염증, A형간염
• 피부병 또는 그 밖의 고름형성(화농성) 질환
• 후천성면역결핍증(성매개감염병에 관한 건강진단을 받아야 하는 영업에 종사하는 사람만 해당)

📝 식품위생교육(식품위생법 제41조)

• 대통령령으로 정하는 영업자 및 유흥종사자를 둘 수 있는 식품접객업 영업자의 종업원은 매년 식품위생에 관한 교육을 받아야 함(100만원 이하의 과태료)
• 영업을 하려는 자는 미리 식품위생교육을 받아야 함. 다만, 부득이한 사유로 미리 식품위생교육을 받을 수 없는 경우에는 영업을 시작한 뒤에 식품의약품안전처장이 정하는 바에 따라 식품위생교육을 받을 수 있음
• 교육을 받아야 하는 자가 영업에 직접 종사하지 아니하거나 두 곳 이상의 장소에서 영업을 하는 경우에는 종업원 중에서 식품위생에 관한 책임자를 지정하여 영업자 대신 교육을 받게 할 수 있음. 다만, 집단급식소에 종사하는 조리사 및 영양사가 식품위생에 관한 책임자로 지정되어 교육을 받은 경우에는 해당 연도의 식품위생교육을 받은 것으로 봄
• 다음의 어느 하나에 해당하는 면허를 받은 자가 식품접객업을 하려는 경우에는 식품위생교육을 받지 아니하여도 됨
  - 조리사 면허
  - 영양사 면허
  - 위생사 면허
• 영업자는 특별한 사유가 없는 한 식품위생교육을 받지 아니한 자를 그 영업에 종사하게 하여서는 안 됨(100만원 이하의 과태료)

📝 영업 제한(식품위생법 제43조, 5년 이하의 징역 또는 5천만원 이하의 벌금)

특별자치시장·특별자치도지사·시장·군수·구청장은 영업 질서와 선량한 풍속을 유지하는 데에 필요한 경우에는 영업자 중 식품접객영업자와 그 종업원에 대하여 영업시간 및 영업행위를 제한할 수 있음

📝 조리사(식품위생법 제51조, 3년 이하의 징역 또는 3천만원 이하의 벌금)

• 집단급식소 운영자와 식품접객업 중 복어독 제거가 필요한 복어를 조리·판매하는 영업을 하는 자는 조리사를 두어야 함. 다만, 다음의 어느 하나에 해당하는 경우에는 조리사를 두지 아니하여도 됨
  - 집단급식소 운영자 또는 식품접객영업자 자신이 조리사로서 직접 음식물을 조리하는 경우
  - 1회 급식인원 100명 미만의 산업체인 경우
  - 영양사가 조리사의 면허를 받은 경우
• 집단급식소에 근무하는 조리사의 직무
  - 집단급식소에서의 식단에 따른 조리업무[식재료의 전(前)처리에서부터 조리, 배식 등의 전 과정을 말함]
  - 구매식품의 검수 지원
  - 급식설비 및 기구의 위생·안전 실무
  - 그 밖에 조리실무에 관한 사항

01 대통령령으로 정하는 영업자 중 식품위생교육의 대상자가 아닌 것은?

① 식품운반업자
② 식품접객업을 하려는 조리사 면허가 있는 자
③ 식품보존업자
④ 식품첨가물제조업자
⑤ 식품접객업자

02 식품접객영업자·집단급식소의 운영자가 조리사를 두지 않아도 되는 경우는?

① 사회복지시설 등의 집단급식소
② 국가, 지방자치단체 등 공공기관의 집단급식소
③ 복어를 조리, 판매하는 업소
④ 집단급식소 운영자 자신이 조리사의 면허가 있어 직접 조리하는 경우
⑤ 1회 급식인원이 100명 이상인 산업체의 경우

03 집단급식소에 근무하는 조리사의 직무가 아닌 것은?

2021.12

① 식재료의 전처리
② 식단에 따른 조리업무
③ 종업원에 대한 영양 지도 및 식품위생교육
④ 급식설비 및 기구의 위생·안전 실무
⑤ 구매식품의 검수 지원

04 집단급식소를 설치·운영하려는 영업자는 몇 시간의 식품위생교육을 받아야 하는가? 2019.12

① 1시간 ② 2시간
③ 4시간 ④ 6시간
⑤ 8시간

01 식품위생교육을 받지 않아도 되는 경우
- 집단급식소에 종사하는 조리사 및 영양사가 식품위생에 관한 책임자로 지정되어 교육을 받은 경우에는 해당 연도의 식품위생교육을 받은 것으로 본다.
- 조리사·영양사·위생사 면허를 받은 자가 식품접객업을 하려는 경우에는 식품위생교육을 받지 않아도 된다.

02 집단급식소 운영자와 식품접객업자가 조리사를 두지 않아도 되는 경우
- 집단급식소 운영자 또는 식품접객영업자 자신이 조리사로서 직접 음식물을 조리하는 경우
- 1회 급식인원 100명 미만의 산업체인 경우
- 영양사가 조리사의 면허를 받은 경우

03 집단급식소에 근무하는 조리사의 직무
- 집단급식소에서의 식단에 따른 조리업무
- 구매식품의 검수 지원
- 급식설비 및 기구의 위생·안전 실무
- 그 밖에 조리실무에 관한 사항

04 교육시간(식품위생법 시행규칙 제52조)
- 집단급식소를 설치·운영하는 자 : 3시간
- 집단급식소 설치·운영하려는 자 : 6시간

01 ② 02 ④ 03 ③ 04 ④

안심Touch

📝 영양사(식품위생법 제52조, 3년 이하의 징역 또는 3천만원 이하의 벌금)

- 집단급식소 운영자는 영양사를 두어야 함. 다만, 다음의 어느 하나에 해당하는 경우에는 영양사를 두지 아니하여도 됨
  - 집단급식소 운영자 자신이 영양사로서 직접 영양 지도를 하는 경우
  - 1회 급식인원이 100명 미만의 산업체인 경우
  - 조리사가 영양사의 면허를 받은 경우
- 집단급식소에 근무하는 영양사의 직무
  - 집단급식소에서의 식단 작성, 검식 및 배식관리
  - 구매식품의 검수 및 관리
  - 급식시설의 위생적 관리
  - 집단급식소의 운영일지 작성
  - 종업원에 대한 영양 지도 및 식품위생교육

📝 교육(식품위생법 제56조, 100만원 이하의 과태료)

식품의약품안전처장은 식품위생 수준 및 자질의 향상을 위하여 필요한 경우 조리사와 영양사에게 교육을 받을 것을 명할 수 있음. 다만, 집단급식소에 종사하는 조리사와 영양사는 1년마다 6시간씩 교육을 받아야 함

📝 식중독에 관한 조사 보고(식품위생법 제86조)

- 다음의 어느 하나에 해당하는 자는 지체 없이 관할 특별자치시장·시장·군수·구청장에게 보고하여야 함. 이 경우 의사나 한의사는 대통령령으로 정하는 바에 따라 식중독 환자나 식중독이 의심되는 자의 혈액 또는 배설물을 보관하는 데에 필요한 조치를 하여야 함(1천만원 이하의 과태료)
  - 식중독 환자나 식중독이 의심되는 자를 진단하였거나 그 사체를 검안한 의사 또는 한의사
  - 집단급식소에서 제공한 식품 등으로 인하여 식중독 환자나 식중독으로 의심되는 증세를 보이는 자를 발견한 집단급식소의 설치·운영자
- 특별자치시장·시장·군수·구청장은 보고를 받은 때에는 지체 없이 그 사실을 식품의약품안전처장 및 시·도지사(특별자치시장은 제외)에게 보고하고, 대통령령으로 정하는 바에 따라 원인을 조사하여 그 결과를 보고하여야 함
- 식품의약품안전처장은 보고의 내용이 국민보건상 중대하다고 인정하는 경우에는 해당 시·도지사 또는 시장·군수·구청장과 합동으로 원인을 조사할 수 있음
- 식품의약품안전처장은 식중독 발생의 원인을 규명하기 위하여 식중독 의심환자가 발생한 원인시설 등에 대한 조사절차와 시험·검사 등에 필요한 사항을 정할 수 있음

📝 식중독대책협의기구 설치(식품위생법 제87조)

- 식품의약품안전처장은 식중독 발생의 효율적인 예방 및 확산방지를 위하여 교육부, 농림축산식품부, 보건복지부, 환경부, 해양수산부, 식품의약품안전처, 질병관리청, 시·도 등 유관기관으로 구성된 식중독대책협의기구를 설치·운영하여야 함
- 식중독대책협의기구의 구성과 세부적인 운영사항 등은 대통령령으로 정함

01 조리사 면허 취득방법은 조리사 국가기술자격을 얻은 후 누구의 면허를 받아야 하는가? `2019.12`

① 한국산업인력관리공단이사장
② 보건환경연구원장
③ 식품의약품안전처장
④ 한국조리사협회장
⑤ 특별자치시장・특별자치도지사・시장・군수・구청장

02 집단급식소에 근무하는 영양사의 직무는? `2020.12`

① 급식시설의 위생적 관리
② 환자를 위한 영양교육
③ 감염병 환자의 보건지도
④ 건강증진을 위한 식생활 상담
⑤ 식품 기준과 규격에 관한 사항의 규정

03 집단급식소에 종사하는 조리사 및 영양사가 식품위생 수준 및 자질의 향상을 위하여 식품의약품안전처장이 지정하는 교육기관에서 받아야 하는 교육시간은? `2021.12`

① 1시간 ② 2시간
③ 3시간 ④ 6시간
⑤ 8시간

04 식품위생법에 관한 법령 이행 및 행정처분 여부를 확인・지도하는 자는? `2018.12`

① 식품위생감시원
② 식품안전정보원
③ 식품위생심의위원회
④ 영양사
⑤ 보건환경연구원

01 조리사의 면허신청 등(식품위생법 시행규칙 제80조)
특별자치시장・특별자치도지사・시장・군수・구청장은 조리사의 면허를 할 때에는 조리사명부에 기록하고 조리사 면허증을 발급하여야 한다.

02 집단급식소에 근무하는 영양사의 직무
• 집단급식소에서의 식단 작성, 검식 및 배식관리
• 구매식품의 검수 및 관리
• 급식시설의 위생적 관리
• 집단급식소의 운영일지 작성
• 종업원에 대한 영양 지도 및 식품위생교육

03 식품의약품안전처장은 식품위생 수준 및 자질의 향상을 위하여 필요한 경우 조리사와 영양사에게 교육(조리사의 경우 보수교육을 포함)을 받을 것을 명할 수 있다. 다만, 집단급식소에 종사하는 조리사와 영양사는 1년마다 6시간씩 교육을 받아야 한다.

04 식품위생감시원의 직무(식품위생법 시행령 제17조)
• 식품 등의 위생적인 취급에 관한 기준의 이행 지도
• 수입・판매・사용 등이 금지된 식품 등의 취급 여부에 관한 단속
• 「식품 등의 표시・광고에 관한 법률」의 규정에 따른 표시 또는 광고기준의 위반 여부에 관한 단속
• 출입・검사・검사에 필요한 식품 등의 수거
• 시설기준의 적합 여부의 확인・검사
• 영업자・종업원의 건강진단・위생교육의 이행 여부의 확인・지도
• 조리・영양사의 법령 준수사항 이행 여부의 확인・지도
• 행정처분의 이행 여부 확인
• 식품 등의 압류・폐기 등
• 영업소의 폐쇄를 위한 간판 제거 등의 조치
• 그 밖에 영업자의 법령 이행 여부에 관한 확인・지도

01 ⑤ 02 ① 03 ④ 04 ①

📝 집단급식소(식품위생법 제88조)

- 집단급식소를 설치·운영하려는 자는 총리령으로 정하는 바에 따라 특별자치시장·특별자치도지사·시장·군수·구청장에게 신고하여야 함(**1천만원 이하의 과태료**). 신고한 사항 중 총리령으로 정하는 사항을 변경하려는 경우에도 또한 같음
- 집단급식소를 설치·운영하는 자는 집단급식소 시설의 유지·관리 등 급식을 위생적으로 관리하기 위하여 다음의 사항을 지켜야 함
  - 식중독 환자가 발생하지 아니하도록 위생관리를 철저히 할 것
  - 조리·제공한 식품의 매회 1인분 분량을 총리령으로 정하는 바에 따라 144시간 이상 보관할 것
  - 영양사를 두고 있는 경우 그 업무를 방해하지 아니할 것
  - 영양사를 두고 있는 경우 영양사가 집단급식소의 위생관리를 위하여 요청하는 사항에 대하여는 정당한 사유가 없으면 따를 것
  - 검사를 받지 아니한 축산물 또는 실험 등의 용도로 사용한 동물을 음식물의 조리에 사용하지 말 것
  - 포획·채취한 야생생물을 음식물의 조리에 사용하지 말 것
  - 유통기한이 경과한 원재료 또는 완제품을 조리할 목적으로 보관하거나 이를 음식물의 조리에 사용하지 말 것
  - 수돗물이 아닌 지하수 등을 먹는 물 또는 식품의 조리·세척 등에 사용하는 경우에는 먹는물 수질검사기관에서 검사를 받아 마시기에 적합하다고 인정된 물을 사용할 것. 다만, 둘 이상의 업소가 같은 건물에서 같은 수원을 사용하는 경우에는 하나의 업소에 대한 시험결과로 나머지 업소에 대한 검사를 갈음할 수 있음
  - 위해평가가 완료되기 전까지 일시적으로 금지된 식품 등을 사용·조리하지 말 것
  - 식중독 발생 시 보관 또는 사용 중인 식품은 역학조사가 완료될 때까지 폐기하거나 소독 등으로 현장을 훼손하여서는 아니 되고 원상태로 보존하여야 하며, 식중독 원인규명을 위한 행위를 방해하지 말 것
  - 그 밖에 식품 등의 위생적 관리를 위하여 필요하다고 총리령으로 정하는 사항을 지킬 것

📝 식재료(학교급식법 제10조, 시행규칙 별표 2)

- 학교급식에는 품질이 우수하고 안전한 식재료 사용하여야 함
- 학교급식 식재료 중 농산물의 품질관리기준
  - 인증받은 유기식품 등 및 무농약농수산물
  - 우수관리인증농산물
  - 지리적표시의 등록을 받은 농산물
  - 표준규격품 중 상 등급 이상인 농산물
  - 이력추적관리농산물
  - 쌀은 수확연도부터 1년 이내의 것
- 학교급식 식재료 중 축산물의 품질관리기준
  - 쇠고기 : 3등급 이상인 한우 및 육우
  - 닭고기 : 1등급 이상
  - 오리고기 : 1등급 이상
  - 돼지고기 : 2등급 이상
  - 계란 : 2등급 이상
- 학교급식 식재료 중 수산물의 품질관리기준
  - 원산지가 표시된 수산물
  - 지리적표시의 등록을 받은 수산물 또는 상품가치가 상 이상인 수산물

01 집단급식소를 설치·운영하는 자가 지켜야 할 준수사항이 아닌 것은? `2020.12`

① 영양사를 두고 있는 경우 그 업무를 방해하지 아니할 것

② 식중독 환자가 발생하지 아니하도록 위생관리를 철저히 할 것

③ 조리·제공한 식품은 매회 1인분 분량을 100시간 동안 보관할 것

④ 영양사를 두고 있는 경우 영양사가 집단급식소의 위생관리를 위하여 요청하는 사항에 대하여는 정당한 사유가 없으면 따를 것

⑤ 식중독 원인규명을 위한 행위를 방해하지 말 것

02 학교급식에서 사용할 수 있는 올바른 식재료의 기준은?

① 쇠고기 : 3등급 이상인 한우 및 육우를 사용

② 닭고기·오리고기 : 2등급 이상을 사용

③ 계란 : 3등급 이상을 사용

④ 돼지고기 : 3등급 이상을 사용

⑤ 쌀 : 수확연도부터 2년 이내의 것을 사용

03 학교급식법에 관한 설명으로 옳은 것은?

① 급식에 관한 경비에는 학교급식을 위한 식품비, 급식운영비, 급식시설·설비비가 있으며 모두 해당 학교의 설립·경영자가 부담한다.

② 학교급식 대상은 초등학교·공민학교·고등기술학교·특수학교 등이다.

③ 학교급식의 위생·안전관리기준은 총리령으로 정한다.

④ 영양사는 올바른 식생활습관의 형성, 식량생산·소비에 관한 이해 증진, 전통 식문화의 계승·발전을 위하여 학생에게 식생활 관련 지도를 해야 한다.

⑤ 학교장의 허가가 있어야만 식품위생 또는 학교급식 관계 공무원이 학교급식 관련 시설에 출입하여 식품·시설·서류·작업상황 등을 검사·열람을 할 수 있다.

---

01 ③ 조리·제공한 식품의 매회 1인분 분량을 144시간 이상 보관할 것

02 학교급식 식재료의 품질관리기준
- 쇠고기 : 3등급 이상인 한우·육우를 사용
- 돼지고기 : 2등급 이상을 사용
- 닭고기 : 1등급 이상을 사용
- 계란 : 2등급 이상을 사용
- 오리고기 : 1등급 이상을 사용
- 쌀 : 수확연도부터 1년 이내의 것을 사용

03 ① "급식에 관한 경비"라 함은 학교급식을 위한 식품비, 급식운영비 및 급식시설·설비비를 말하며(학교급식법 제2조 제3호), 학교급식의 실시에 필요한 급식시설·설비비는 해당 학교의 설립·경영자가 부담하되, 국가 또는 지방자치단체가 지원할 수 있다(동법 제8조 제1항).

③ 학교급식의 위생·안전관리기준은 교육부령으로 정한다(동법 제12조).

④ 영양사가 아닌 학교의 장의 역할이다(동법 제13조).

⑤ 교육부장관 또는 교육감의 허가가 필요하다(동법 제19조).

01 ③ 02 ① 03 ②

안심Touch

📝 품질 및 안전을 위한 준수사항(학교급식법 제16조)

- 학교의 장·그 학교의 학교급식 관련 업무를 담당하는 관계 교직원·학교급식공급업자가 학교급식의 품질·안전을 위해 사용해서는 안 되는 식재료
  - 원산지 표시를 거짓으로 적은 식재료(7년 이하의 징역 또는 1억원 이하의 벌금)
  - 유전자변형농수산물의 표시를 거짓으로 적은 식재료(7년 이하의 징역 또는 1억원 이하의 벌금)
  - 축산물의 등급을 거짓으로 기재한 식재료(5년 이하의 징역 또는 5천만원 이하의 벌금)
  - 표준규격품의 표시·품질인증의 표시·지리적표시를 거짓으로 적은 식재료(3년 이하의 징역 또는 3천만원 이하의 벌금)
- 학교의 장·그 소속 학교급식관계교직원·학교급식공급업자가 지켜야 할 사항
  - 식재료의 품질관리기준·영양관리기준·위생·안전관리기준(500만원 이하의 과태료)
  - 그 밖에 학교급식의 품질·안전을 위하여 필요한 사항으로서 교육부령으로 정하는 사항(300만원 이하의 과태료)
- 학교의 장·그 소속 학교급식관계교직원·학교급식공급업자는 학교급식에 알레르기를 유발할 수 있는 식재료가 사용되는 경우에는 이 사실을 급식 전에 급식 대상 학생에게 알리고, 급식 시에 표시해야 함
- 알레르기를 유발할 수 있는 식재료의 종류 등 공지·표시와 관련하여 필요한 사항은 교육부령으로 정함

📝 보건의 날(국민건강증진법 제3조의2)

- 보건에 대한 국민의 이해와 관심을 높이기 위하여 매년 4월 7일을 보건의 날로 정하며, 보건의 날부터 1주간을 건강주간으로 함
- 국가와 지방자치단체는 보건의 날의 취지에 맞는 행사 등 사업을 시행하도록 노력하여야 함

📝 국민건강증진종합계획의 수립(국민건강증진법 제4조)

- 보건복지부장관은 국민건강증진정책심의위원회의 심의를 거쳐 국민건강증진종합계획을 5년마다 수립하여야 함. 이 경우 미리 관계중앙행정기관의 장과 협의를 거쳐야 함
- 종합계획에 포함되어야 할 사항
  - 국민건강증진의 기본목표·추진방향
  - 국민건강증진을 위한 주요 추진과제·추진방법
  - 국민건강증진에 관한 인력의 관리·소요재원의 조달방안
  - 국민건강증진기금의 운용방안
  - 아동·여성·노인·장애인 등 건강취약 집단이나 계층에 대한 건강증진 지원방안
  - 국민건강증진 관련 통계·정보의 관리 방안
  - 그 밖에 국민건강증진을 위하여 필요한 사항

01 학교급식법에서 학교급식의 운영평가 기준이 아닌 것은?

2019.12

① 학교급식위생・영양・경영 등 급식운영관리
② 학생 식생활지도・영양상담
③ 학교급식에 대한 수요자의 만족도
④ 급식예산의 편성 및 운용
⑤ 조리실 종사자의 지도・감독

01 학교급식 운영평가 방법 및 기준(학교급식법 시행령 제13조)
• 학교급식 운영평가를 효율적으로 실시하기 위해 교육부장관 또는 교육감은 평가위원회를 구성・운영할 수 있다.
• 학교급식 운영평가기준
  – 학교급식 위생・영양・경영 등 급식운영관리
  – 학생 식생활지도・영양상담
  – 학교급식에 대한 수요자의 만족도
  – 급식예산의 편성 및 운용
  – 그 밖에 평가기준으로 필요하다고 인정하는 사항

02 학교급식의 위생・안전관리기준으로 옳은 것은? 2020.12

① 식품취급・조리작업자는 6개월에 1회 건강진단을 실시(폐결핵검사는 연 1회)하고 1년간 기록을 보관해야 한다.
② 식품 취급은 바닥으로부터 30cm 이상 높이에서 작업해야 식품 오염이 방지된다.
③ 해동된 식품은 4시간 이내 사용해야 한다.
④ 급식용수로 수돗물이 아닌 지하수를 사용하는 경우 정수기를 설치한 후 사용해야 한다.
⑤ 가열조리 식품은 중심부가 75℃(패류는 85℃) 이상에서 1분 이상 가열해야 한다.

02 학교급식의 위생・안전관리기준(학교급식법 시행규칙 별표 4)
• 식품취급 및 조리작업자는 6개월에 1회 건강진단을 실시하고, 그 기록을 2년간 보관하여야 한다. 다만, 폐결핵검사는 연 1회 실시할 수 있다.
• 식품 취급 등의 작업은 바닥으로부터 60cm 이상의 높이에서 실시하여 식품의 오염이 방지되어야 한다.
• 해동된 식품은 즉시 사용하여야 한다.
• 급식용수로 수돗물이 아닌 지하수를 사용하는 경우 소독 또는 살균하여 사용하여야 한다.
• 가열조리 식품은 중심부가 75℃(패류는 85℃) 이상에서 1분 이상으로 가열되고 있는지 온도계로 확인하고, 그 온도를 기록・유지하여야 한다.

03 국민건강증진종합계획은 몇 년마다 수립하여야 하는가?

2017.12

① 1년마다　　② 2년마다
③ 3년마다　　④ 4년마다
⑤ 5년마다

03 보건복지부장관은 국민건강증진정책심의위원회의 심의를 거쳐 국민건강증진종합계획을 5년마다 수립하여야 한다. 이 경우 미리 관계중앙행정기관의 장과 협의를 거쳐야 한다.

01 ⑤　02 ⑤　03 ⑤

안심Touch

📝 영양개선(국민건강증진법 제15조)

- 국가·지방자치단체는 국민의 영양상태를 조사하여 국민의 영양개선방안을 강구하고 영양에 관한 지도를 실시하여야 함
- 국가·지방자치단체의 국민의 영양개선을 위한 시행 사업
  - 영양교육사업
  - 영양개선에 관한 조사·연구사업
  - 기타 영양개선에 관하여 보건복지부령이 정하는 사업

📝 국민영양조사 등(국민건강증진법 제16조)

- 질병관리청장은 보건복지부장관과 협의하여 국민의 건강상태·식품섭취·식생활조사 등 국민의 영양에 관한 조사를 정기적으로 실시함
- 특별시·광역시·도에는 국민영양조사와 영양에 관한 지도업무를 행하게 하기 위한 공무원을 두어야 함
- 국민영양조사를 행하는 공무원은 그 권한을 나타내는 증표를 관계인에게 내보여야 함
- 국민영양조사의 내용·방법 기타 국민영양조사와 영양에 관한 지도에 관하여 필요한 사항은 대통령령으로 정함

📝 국민영양조사의 주기(국민건강증진법 시행령 제19조)

국민영양조사는 매년 실시

📝 조사대상(국민건강증진법 시행령 제20조)

- 질병관리청장은 보건복지부장관과 협의하여 매년 구역과 기준을 정하여 선정한 가구 및 그 가구원에 대하여 영양조사를 실시함
- 질병관리청장은 보건복지부장관과 협의하여 노인·임산부 등 특히 영양개선이 필요하다고 판단되는 사람에 대해서는 따로 조사기간을 정하여 영양조사를 실시할 수 있음
- 관할 시·도지사는 조사대상으로 선정된 가구와 조사대상이 된 사람에게 이를 통지해야 함

📝 조사항목(국민건강증진법 시행령 제21조)

- 영양조사는 건강상태조사·식품섭취조사 및 식생활조사로 구분하여 행함
- 건강상태조사는 다음의 사항에 대하여 행함
  - 신체상태
  - 영양관계 증후
  - 그 밖에 건강상태에 관한 사항
- 식품섭취조사는 다음의 사항에 대하여 행함
  - 조사가구의 일반사항
  - 일정한 기간의 식사상황
  - 일정한 기간의 식품섭취상황

01 국민영양조사와 영양에 관한 지도업무를 행하기 위해 공무원을 두어야 하는 곳은?

① 보건소
② 특별시·광역시·도
③ 보건복지부
④ 식품의약품안전처
⑤ 국민건강증진센터

02 국민영양조사는 조사연도의 몇 년마다 실시하는가?

① 매 년
② 2년마다
③ 3년마다
④ 4년마다
⑤ 5년마다

03 국민영양조사에 대한 설명으로 옳은 것은?

① 건강상태조사에는 규칙적인 식사여부에 관한 사항·2세 이하 영유아의 수유기간 및 이유보충식의 종류에 관한 사항이 있다.
② 영양개선사업에는 국민의 영양상태에 관한 평가사업과 지역사회의 영양개선사업이 있다.
③ 영양조사는 구역과 기준을 정하여 선정한 가구 및 그 가구원에 대해 5년마다 한다.
④ 질병관리청장은 노인·임산부 등 영양개선이 필요하다고 판단되는 자일지라도 조사기간을 놓치게 되면 당해에 영양조사를 실시할 수 없다.
⑤ 국민영양조사 시기는 보건복지부령으로 정한다.

안심Touch

- 식생활조사는 다음의 사항에 대하여 행함
  - 가구원의 식사 일반사항
  - 조사가구의 조리시설과 환경
  - 일정한 기간에 사용한 식품의 가격 및 조달방법

영양조사원 및 영양지도원(국민건강증진법 시행령 제22조)

- 영양조사원은 질병관리청장 또는 시·도지사가 다음에 해당하는 사람 중에서 임명 또는 위촉함
  - 의사·치과의사(구강상태에 대한 조사만)·영양사 또는 간호사의 자격을 가진 사람
  - 전문대학 이상의 학교에서 식품학 또는 영양학의 과정을 이수한 사람
- 특별자치시장·특별자치도지사·시장·군수·구청장은 영양개선사업을 수행하기 위한 영양지도원을 두어야 하며 그 영양지도원은 영양사의 자격을 가진 사람으로 임명. 다만, 영양사의 자격을 가진 사람이 없는 경우에는 의사 또는 간호사의 자격을 가진 사람 중에서 임명할 수 있음
- 질병관리청장, 시·도지사 또는 시장·군수·구청장은 영양조사원 또는 영양지도원의 원활한 업무 수행을 위하여 필요하다고 인정하는 경우에는 그 업무 지원을 위한 구체적 조치를 마련·시행할 수 있음

영양지도원의 업무(국민건강증진법 시행규칙 제17조)

- 영양지도의 기획·분석 및 평가
- 지역주민에 대한 영양상담·영양교육 및 영양평가
- 지역주민의 건강상태 및 식생활 개선을 위한 세부 방안 마련
- 집단급식시설에 대한 현황 파악 및 급식업무 지도
- 영양교육자료의 개발·보급 및 홍보
- 그 밖에 지역주민의 영양관리 및 영양개선을 위하여 특히 필요한 업무

영양사 등의 책임(국민영양관리법 제4조)

- 영양사는 지속적으로 영양지식과 기술의 습득으로 전문능력을 향상시켜 국민영양개선·건강증진을 위하여 노력해야 함
- 식품·영양·식생활 관련 단체와 그 종사자·영양관리사업 참여자는 자발적 참여와 연대를 통하여 국민의 건강증진을 위하여 노력해야 함

01 국민건강증진법의 영양조사를 할 때 크게 3가지 항목으로 구분하여 행하는 것끼리 바르게 묶인 것은?

① 가족력조사 – 식품섭취조사 – 식생활조사
② 건강상태조사 – 외식횟수조사 – 식생활조사
③ 음주량조사 – 식품섭취조사 – 식생활조사
④ 건강상태조사 – 식품섭취조사 – 식생활조사
⑤ 건강상태조사 – 식품섭취조사 – 흡연량조사

02 영양지도원으로 임명될 수 있는 자격으로 옳은 것은?

① 영양사, 간호사
② 임상병리사, 의사
③ 간호사, 조리사
④ 영양사, 조리사
⑤ 의사, 식품제조 가공기사

03 영양조사원의 자격으로 옳지 않은 것은?

① 간호사
② 의 사
③ 영양사
④ 전문대학이상의 학교에서 식품학·영양학 과정을 이수한 자
⑤ 조리사

04 영양지도원의 업무로 옳지 않은 것은? 2017.02

① 식생활 개선을 위한 세부 방안 마련
② 영양상담
③ 급식업무 지도
④ 가족계획
⑤ 영양지도의 기획·분석 및 평가

---

01 영양조사 항목
- 건강상태조사
  - 신체상태
  - 영양관계 증후
  - 그 밖에 건강상태에 관한 사항
- 식품섭취조사
  - 조사가구의 일반사항
  - 일정한 기간의 식사상황
  - 일정한 기간의 식품섭취상황
- 식생활조사
  - 가구원의 식사 일반사항
  - 조사가구의 조리시설과 환경
  - 일정한 기간에 사용한 식품의 가격 및 조달 방법

02 특별자치시장·특별자치도지사·시장·군수·구청장은 영양개선사업을 수행하기 위한 국민영양지도를 담당하는 사람(영양지도원)을 두어야 하며, 그 영양지도원은 영양사의 자격을 가진 사람으로 임명한다. 다만, 영양사의 자격을 가진 사람이 없는 경우에는 의사 또는 간호사의 자격을 가진 사람 중에서 임명할 수 있다.

03 영양조사원
영양조사를 담당하는 자(= 영양조사원)는 질병관리청장 또는 시·도지사가 다음의 어느 하나에 해당하는 사람 중에서 임명 또는 위촉한다.
- 의사·치과의사(구강상태에 대한 조사만 해당)·영양사 또는 간호사의 자격을 가진 사람
- 전문대학 이상의 학교에서 식품학 또는 영양학의 과정을 이수한 사람

04 가족계획에 대한 내용은 영양지도원의 업무에 포함되지 않는다.

01 ④ 02 ① 03 ⑤ 04 ④

📝 국민영양관리기본계획(국민영양관리법 제7조)

- 보건복지부장관은 관계 중앙행정기관의 장과 협의하고 국민건강증진정책심의위원회의 심의를 거쳐 국민영양관리기본계획을 5년마다 수립해야 함
- 기본계획에 포함되어야 할 사항
  - 기본계획의 중장기적 목표와 추진방향
  - 영양관리사업 추진계획
    - ⓐ 영양·식생활 교육사업
    - ⓑ 영양취약계층 등의 영양관리사업
    - ⓒ 영양관리를 위한 영양 및 식생활 조사
    - ⓓ 그 밖에 대통령령으로 정하는 영양관리사업
  - 연도별 주요 추진과제와 그 추진방법
  - 필요한 재원의 규모와 조달 및 관리 방안
  - 그 밖에 영양관리정책수립에 필요한 사항
- 보건복지부장관은 기본계획을 수립한 경우에는 관계 중앙행정기관의 장, 특별시장·광역시장·도지사·특별자치도지사 및 시장·군수·구청장에게 통보하여야 함

📝 국민영양관리시행계획(국민영양관리법 제8조)

- 시장·군수·구청장은 기본계획에 따라 매년 국민영양관리시행계획을 수립·시행하여야 하며 그 시행계획 및 추진실적을 시·도지사를 거쳐 보건복지부장관에게 제출하여이 함
- 보건복지부장관은 시·도지사로부터 제출된 시행계획 및 추진실적에 관하여 보건복지부령으로 정하는 방법에 따라 평가
- 시행계획의 수립 및 추진 등에 필요한 사항은 보건복지부령으로 정하는 기준에 따라 해당 지방자치단체의 조례로 정함

📝 영양·식생활 교육사업(국민영양관리법 제10조)

- 국가 및 지방자치단체는 국민의 건강을 위하여 영양·식생활 교육을 실시하여야 하며 영양·식생활 교육에 필요한 프로그램 및 자료를 개발하여 보급하여야 함
- 보건복지부장관, 시·도지사 및 시장·군수·구청장은 국민 또는 지역 주민에게 영양·식생활 교육을 실시하여야 하며, 이 경우 생애주기 등 영양관리 특성을 고려하여야 함
- 영양·식생활 교육의 내용
  - 생애주기별 올바른 식습관 형성·실천에 관한 사항
  - 식생활 지침 및 영양소 섭취기준
  - 질병 예방 및 관리
  - 비만 및 저체중 예방·관리
  - 바람직한 식생활문화 정립
  - 식품의 영양과 안전
  - 영양 및 건강을 고려한 음식만들기
  - 그 밖에 보건복지부장관, 시·도지사 및 시장·군수·구청장이 국민 또는 지역 주민의 영양관리 및 영양개선을 위하여 필요하다고 인정하는 사항

01 국민영양관리기본계획의 수립 시기로 옳은 것은?

① 1년마다 수립   ② 3년마다 수립

③ 4년마다 수립   ④ 5년마다 수립

⑤ 10년마다 수립

02 다음 중 영양관리사업에 포함되지 않은 것은?

① 식생활 지침의 보급 사업

② 국민의 영양 관리를 위한 홍보 사업

③ 영양소 섭취기준의 제정·개정·보급 사업

④ 고위험군 등을 위한 영양관리서비스산업의 육성을 위한 사업

⑤ 비만계층의 조기발견 및 관리할 수 있는 영양관리감시체계 구축 사업

03 국민영양관리시행계획에 대한 내용으로 옳은 것은?

① 시장·군수·구청장은 종합계획에 따라야 한다.

② 기본계획은 매년 시행한다.

③ 국민영양관리시행계획의 수립과 시행은 시·도지사가 한다.

④ 시장·군수·구청장은 시행계획 및 추진실적을 직속으로 보건복지부장관에게 제출한다.

⑤ 시행계획·추진실적에 관하여 대통령령으로 정하는 방법에 따라 평가한다.

04 영양정책 및 영양관리사업 등에 활용할 수 있도록 식품·영양에 관한 통계·정보를 수집하여 관리하도록 하는 자는?

2018.12

① 식품의약품안전처장

② 질병관리청장

③ 식품심의회장

④ 보건환경연구원장

⑤ 식품안전심사원장

---

01 보건복지부장관은 관계 중앙행정기관의 장과 협의하고 국민건강증진법에 따른 국민건강증진정책심의위원회의 심의를 거쳐 국민영양관리기본계획을 5년마다 수립하여야 한다.

02 영양관리사업의 유형(국민영양관리법 시행령 제2조)
- 영양소 섭취기준 및 식생활 지침의 제정·개정·보급 사업
- 영양취약계층을 조기에 발견하여 관리할 수 있는 국가영양관리감시체계 구축 사업
- 국민의 영양·식생활 관리를 위한 홍보 사업
- 고위험군·만성질환자 등에게 영양관리식 등을 제공하는 영양관리서비스산업의 육성을 위한 사업
- 그 밖에 국민의 영양관리를 위하여 보건복지부장관이 필요하다고 인정하는 사업

03 국민영양관리시행계획
- 시장·군수·구청장은 기본계획에 따라 매년 국민영양관리시행계획을 수립·시행하여야 하며 그 시행계획 및 추진실적을 시·도지사를 거쳐 보건복지부장관에게 제출하여야 한다.
- 보건복지부장관은 시·도지사로부터 제출된 시행계획·추진실적에 관하여 보건복지부령으로 정하는 방법에 따라 평가하여야 한다.
- 시행계획의 수립 및 추진 등에 필요한 사항은 보건복지부령으로 정하는 기준에 따라 해당 지방자치단체의 조례로 정한다.

04 통계·정보(국민영양관리법 제12조)
질병관리청장은 보건복지부장관과 협의하여 영양정책 및 영양관리사업 등에 활용할 수 있도록 식품·영양에 관한 통계 및 정보를 수집·관리하여야 한다.

01 ④   02 ⑤   03 ②   04 ②

안심Touch

📝 영양사의 면허(국민영양관리법 제15조)

- 영양사가 되고자 하는 사람은 다음의 어느 하나에 해당하는 사람으로서 영양사 국가시험에 합격한 후 보건복지부장관의 면허를 받아야 함
  - 대학·산업대학·전문대학·방송통신대학에서 식품학·영양학을 전공한 자로서 교과목 및 학점이수 등에 관하여 보건복 지부령으로 정하는 요건을 갖춘 사람
  - 외국에서 영양사면허(보건복지부장관이 정하여 고시하는 인정기준에 해당하는 면허)를 받은 사람
  - 외국의 영양사 양성학교(보건복지부장관이 정하여 고시하는 인정기준에 해당하는 학교)를 졸업한 사람
- 보건복지부장관은 국가시험의 관리를 보건복지부령으로 정하는 바에 따라 시험 관리능력이 있다고 인정되는 관계 전문기 관에 위탁할 수 있음

📝 결격사유(국민영양관리법 제16조)

- 다음의 어느 하나에 해당하는 사람은 영양사 면허를 받을 수 없음
  - 정신질환자(전문의가 영양사로서 적합하다고 인정하는 사람은 제외)
  - B형간염 환자를 제외한 감염병환자
  - 마약·대마 또는 향정신성의약품 중독자
  - 영양사 면허의 취소처분을 받고 그 취소된 날부터 1년이 지나지 아니한 사람

📝 영양사의 업무(국민영양관리법 제17조)

- 건강증진 및 환자를 위한 영양·식생활 교육 및 상담
- 식품영양정보의 제공
- 식단작성, 검식 및 배식관리
- 구매식품의 검수 및 관리
- 급식시설의 위생적 관리
- 집단급식소의 운영일지 작성
- 종업원에 대한 영양지도 및 위생교육

📝 실태 등의 신고(국민영양관리법 제20조의2)

- 영양사는 대통령령으로 정하는 바에 따라 최초로 면허를 받은 후부터 3년마다 그 실태와 취업상황 등을 보건복지부장관에 게 신고하여야 함
- 보건복지부장관은 보수교육을 이수하지 아니한 영양사에 대하여 신고를 반려할 수 있음
- 보건복지부장관은 신고 수리 업무를 대통령령으로 정하는 바에 따라 관련 단체 등에 위탁할 수 있음

01 영양사의 직무로 옳은 것은? `2017.12`

① 운영일지 작성
② 학교생활 지도, 정보제공
③ 구매식품의 검수 지원
④ 급식설비 및 기구의 위생·안전 실무
⑤ 식품의 검사, 수거 등의 업무

02 영양사 면허를 받을 수 있는 사람으로 옳은 것은?

① B형간염 환자
② 감염병환자
③ 마약·대마·향정신성의약품 중독자
④ 영양사 면허의 취소처분된 날부터 1년이 지나지 않은 자
⑤ 정신질환자

03 국민영양관리법상 영양사에 관한 설명으로 옳은 것은?

① 영양사는 최초로 면허를 받은 후부터 2년마다 그 실태와 취업상황을 보건복지부장관에게 신고해야 한다.
② 영양사 면허를 받지 않더라도 10년 이상의 경력이 있는 사람은 영양사 명칭을 사용할 수 있다.
③ 영양사는 부재시 한시적으로 면허증을 같은 급식소 조리장에게 대여할 수 있다.
④ 영양사는 면허증을 다른 사람에게 대여할 경우 6개월 이내의 기간을 정하여 그 면허의 정지를 명할 수 있다.
⑤ 건강관리를 위해 영양판정·영양상담·영양소 모니터링 등의 업무를 수행하는 조리사에게 임상영양사 자격을 인정한다.

04 영양사 면허를 부여하는 사람은? `2018.12`

① 식품의약품안전처장
② 보건복지부장관
③ 질병관리청장
④ 보건환경연구원장
⑤ 시장·군수·구청장

---

01 영양사의 업무
- 건강증진 및 환자를 위한 영양·식생활 교육 및 상담
- 식품영양정보 제공
- 식단작성, 검식 및 배식관리
- 구매식품의 검수 및 관리
- 급식시설의 위생적 관리
- 집단급식소의 운영일지 작성
- 종업원에 대한 영양지도 및 위생교육

02 영양사의 면허를 받을 수 없는 결격사유
- 정신질환자(전문의가 영양사로서 적합하다고 인정하는 사람은 제외)
- B형간염 환자를 제외한 감염병환자
- 마약·대마 또는 향정신성의약품 중독자
- 영양사 면허의 취소처분을 받고 그 취소된 날부터 1년이 지나지 아니한 사람

03 ① 영양사는 대통령령으로 정하는 바에 따라 최초로 면허를 받은 후부터 3년마다 그 실태와 취업상황 등을 보건복지부장관에게 신고하여야 한다.
② 영양사 면허를 받지 아니한 사람은 영양사 명칭을 사용할 수 없다(동법 제19조).
③ 면허증을 교부받은 사람은 다른 사람에게 그 면허증을 빌려주어서는 아니 되고, 누구든지 그 면허증을 빌려서는 아니 된다(동법 제18조 제3항).
⑤ 보건복지부장관은 건강관리를 위하여 영양판정, 영양상담, 영양소 모니터링 및 평가 등의 업무를 수행하는 영양사에게 영양사 면허 외에 임상영양사 자격을 인정할 수 있다(동법 제23조 제1항).

04 영양사의 면허
영양사가 되고자 하는 사람은 해당 자격을 갖춘 후 영양사 국가시험에 합격한 후 보건복지부장관의 면허를 받아야 한다.

01 ① 02 ① 03 ④ 04 ②

안심Touch

📝 면허취소 등(국민영양관리법 제21조)

- 보건복지부장관은 영양사가 다음의 어느 하나에 해당하는 경우 그 면허를 취소할 수 있음
  - 정신질환자, B형간염 환자를 제외한 감염병환자, 마약·대마 또는 향정신성의약품 중독자 → 면허를 취소해야 함
  - 면허정지처분 기간 중에 영양사의 업무를 하는 경우
  - 3회 이상 면허정지처분을 받은 경우
- 보건복지부장관은 영양사가 다음의 어느 하나에 해당하는 경우 6개월 이내의 기간을 정하여 그 면허의 정지를 명할 수 있음
  - 영양사가 그 업무를 행함에 있어서 식중독이나 그 밖에 위생과 관련한 중대한 사고 발생에 직무상의 책임이 있는 경우
  - 면허를 타인에게 대여하여 이를 사용하게 한 경우
- 행정처분의 세부적인 기준은 그 위반행위의 유형과 위반의 정도 등을 참작하여 대통령령으로 정함
- 보건복지부장관은 면허취소처분 또는 면허정지처분을 하고자 하는 경우 청문을 실시하여야 함
- 보건복지부장관은 영양사가 실태 등의 신고를 하지 아니한 경우에는 신고할 때까지 면허의 효력을 정지할 수 있음

📝 벌칙(국민영양관리법 제28조)

- 다른 사람에게 영양사의 면허증 또는 임상영양사의 자격증을 빌려주거나 빌린 자 또는 빌려주거나 빌리는 것을 알선한 자는 **1년 이하의 징역 또는 1천만원 이하의 벌금**에 처함
- 영양사 면허를 받지 않고 영양사라는 명칭을 사용한 사람은 **300만원 이하의 벌금**에 처함

📝 원산지 표시(농수산물의 원산지 표시에 관한 법률 제5조, 제8조)

- 대통령령으로 정하는 농수산물 또는 그 가공품을 수입하는 자, 생산·가공하여 출하하거나 판매(통신판매를 포함)하는 자 또는 판매할 목적으로 보관·진열하는 자는 농수산물, 농수산물 가공품(국내에서 가공한 가공품은 제외), 농수산물 가공품(국내에서 가공한 가공품에 한정)의 원료에 대하여 원산지를 표시하여야 함(**1천만원 이하의 과태료**)
- 휴게음식점영업, 일반음식점영업, 위탁급식영업을 하는 영업소나 집단급식소를 설치·운영하는 자는 대통령령으로 정하는 농수산물이나 그 가공품을 조리하여 판매·제공(배달을 통한 판매·제공을 포함)하거나 판매·제공할 목적으로 보관하거나 진열하는 경우에 그 농수산물이나 그 가공품의 원료에 대하여 원산지(쇠고기는 식육의 종류를 포함)를 표시하여야 함. 다만, 원산지인증의 표시를 한 경우에는 원산지를 표시한 것으로 보며, 쇠고기의 경우에는 식육의 종류를 별도로 표시하여야 함
- 원산지 표시 대상 : 쇠고기·돼지고기·닭고기·오리고기·양고기·염소(유산양을 포함)고기(식육·포장육·식육가공품을 포함), 밥, 죽, 누룽지에 사용하는 쌀(쌀가공품을 포함, 쌀에는 찹쌀, 현미 및 찐쌀을 포함), 배추김치(배추김치가공품을 포함)의 원료인 배추(얼갈이배추와 봄동배추를 포함)와 고춧가루, 두부류(가공두부, 유바는 제외), 콩비지, 콩국수에 사용하는 콩(콩가공품을 포함), 넙치, 조피볼락, 참돔, 미꾸라지, 뱀장어, 낙지, 명태(황태, 북어 등 건조한 것은 제외), 고등어, 갈치, 오징어, 꽃게, 참조기, 다랑어, 아귀 및 주꾸미(해당 수산물가공품을 포함), 조리하여 판매·제공하기 위하여 수족관 등에 보관·진열하는 살아있는 수산물
- 원산지를 표시하여야 하는 자는 발급받은 원산지 등이 기재된 영수증이나 거래명세서 등을 매입일부터 6개월간 비치·보관하여야 함

01 영양사의 면허를 받을 수 없거나 취소되는 경우로 옳은 것은?

① 의사가 영양사로 적합하다고 인정하는 정신병환자로 영양사 업무를 하는 자
② 면허 취소처분 받을 날부터 1년이 지난 자
③ 타인에게 면허증을 대여하여 3회 이상 면허정지를 받은 경우
④ 업무과실과 무관하더라도 식중독이 발생한 기간 중에 영양사 업무를 하는 경우
⑤ B형간염 환자

02 영양사 면허를 대여한 사람에게 부과되는 벌칙 또는 벌금으로 옳은 것은? `2020.12`

① 300만원 이하의 벌금
② 1년 이하의 징역 또는 500만원 이하의 벌금
③ 1년 이하의 징역 또는 1천만원 이하의 벌금
④ 2년 이하의 징역
⑤ 3년 이하의 징역 또는 5천만원 이하의 벌금

03 국민영양관리법에서 향정신성의약품 중독자가 된 영양사의 행정처분은? `2019.12`

① 면허정지 1개월   ② 면허정지 3개월
③ 면허정지 6개월   ④ 면허정지 1년
⑤ 면허취소

04 농수산물이나 그 가공품을 조리하여 판매·제공하는 경우 원산지를 표시하지 않아도 되는 영업자는?

① 휴게음식점영업자
② 일반음식점영업자
③ 위탁급식영업자
④ 집단급식소 설치·운영자
⑤ 즉석판매제조·가공업자

---

01 면허취소 등
보건복지부장관은 영양사가 다음의 어느 하나에 해당하는 경우 그 면허를 취소할 수 있다.
• 정신질환자, 감염병환자(B형간염 제외), 마약·대마 또는 향정신성의약품 중독자 → 면허를 취소해야 함
• 면허정지처분 기간 중 영양사의 업무를 하는 경우
• 3회 이상 면허정지처분을 받은 경우

02 영양사 면허증을 빌린 자는 1년 이하의 징역 또는 1천만원 이하의 벌금에 처한다.

03 면허취소 등
보건복지부장관은 영양사가 다음에 해당하는 경우 면허를 취소해야 한다.
• 정신질환자(단, 전문의가 영양사로서 적합하다고 인정하는 사람 제외)
• 감염병환자(B형간염 제외)
• 마약·대마 또는 향정신성의약품 중독자

04 휴게음식점영업, 일반음식점영업, 위탁급식영업을 하는 영업소나 집단급식소를 설치·운영하는 자는 대통령령으로 정하는 농수산물이나 그 가공품을 조리하여 판매·제공하는 경우(조리하여 판매 또는 제공할 목적으로 보관·진열하는 경우를 포함)에 그 농수산물이나 그 가공품의 원료에 대하여 원산지(쇠고기는 식육의 종류를 포함)를 표시하여야 한다.

📝 **영업소 및 집단급식소의 원산지 표시방법(농수산물의 원산지 표시에 관한 법률 시행규칙 별표 4)**

• 쇠고기
  - 국내산(국산)의 경우 "국산"이나 "국내산"으로 표시하고, 식육의 종류를 한우, 젖소, 육우로 구분하여 표시함. 다만, 수입한 소를 국내에서 6개월 이상 사육한 후 국내산(국산)으로 유통하는 경우에는 "국산"이나 "국내산"으로 표시하되, 괄호 안에 식육의 종류 및 출생국가명을 함께 표시함
    예 소갈비(쇠고기 : 국내산 한우), 등심(쇠고기 : 국내산 육우), 소갈비(쇠고기 : 국내산 육우(출생국 : 호주))
  - 외국산의 경우에는 해당 국가명을 표시함 예 소갈비(쇠고기 : 미국산)
• 쌀(찹쌀, 현미, 찐쌀을 포함) : 국내산(국산)과 외국산으로 구분하고, 다음의 구분에 따라 표시함
  - 국내산(국산)의 경우 "밥(쌀 : 국내산)", "누룽지(쌀 : 국내산)"로 표시함
  - 외국산의 경우 쌀을 생산한 해당 국가명을 표시함 예 밥(쌀 : 미국산), 죽(쌀 : 중국산)
• 배추김치
  - 국내에서 배추김치를 조리하여 판매·제공하는 경우에는 "배추김치"로 표시하고, 그 옆에 괄호로 배추김치의 원료인 배추(절인 배추를 포함)의 원산지를 표시함. 이 경우 고춧가루를 사용한 배추김치의 경우에는 고춧가루의 원산지를 함께 표시함
    예 배추김치(배추 : 국내산, 고춧가루 : 중국산), 배추김치(배추 : 중국산, 고춧가루 : 국내산)
    예 고춧가루를 사용하지 않은 배추김치 : 배추김치(배추 : 국내산)
  - 외국에서 제조·가공한 배추김치를 수입하여 조리하여 판매·제공하는 경우에는 배추김치를 제조·가공한 해당 국가명을 표시함 예 배추김치(중국산)

📝 **거짓 표시 등의 금지(농수산물의 원산지 표시에 관한 법률 제6조)**

• 누구든지 다음의 행위를 해서는 안 됨(7년 이하의 징역이나 1억원 이하의 벌금)
  - 원산지 표시를 거짓으로 하거나 이를 혼동하게 할 우려가 있는 표시를 하는 행위
  - 원산지 표시를 혼동하게 할 목적으로 그 표시를 손상·변경하는 행위
  - 원산지를 위장하여 판매하거나, 원산지 표시를 한 농수산물이나 그 가공품에 다른 농수산물이나 가공품을 혼합하여 판매하거나 판매할 목적으로 보관이나 진열하는 행위
• 농수산물이나 그 가공품을 조리하여 판매·제공하는 자는 다음의 행위를 해서는 안 됨(7년 이하의 징역이나 1억원 이하의 벌금)
  - 원산지 표시를 거짓으로 하거나 이를 혼동하게 할 우려가 있는 표시를 하는 행위
  - 원산지를 위장하여 조리·판매·제공하거나, 조리하여 판매·제공할 목적으로 농수산물이나 그 가공품의 원산지 표시를 손상·변경하여 보관·진열하는 행위
  - 원산지 표시를 한 농수산물이나 그 가공품에 원산지가 다른 동일 농수산물이나 그 가공품을 혼합하여 조리·판매·제공하는 행위

01 국내산 배추와 중국산 고춧가루를 사용하여 국내에서 배추김치를 조리하였다. 집단급식소에서 이를 구매 후 제공할 때 원산지 표시방법은? 2020.12

① 배추김치(배추 : 국내산, 고춧가루 : 중국산)
② 배추김치(중국산)
③ 배추김치(배추 : 국내산)
④ 배추김치(고춧가루 : 중국산)
⑤ 배추김치(국내산)

01 국내에서 배추김치를 조리하여 판매·제공하는 경우에는 "배추김치"로 표시하고, 그 옆에 괄호로 배추김치의 원료인 배추(절인 배추를 포함)의 원산지를 표시한다. 이 경우 고춧가루를 사용한 배추김치의 경우에는 고춧가루의 원산지를 함께 표시한다.
예 배추김치(배추 : 국내산, 고춧가루 : 중국산), 배추김치(배추 : 중국산, 고춧가루 : 국내산)

02 호주에서 수입한 육우를 국내에서 6개월 이상 사육한 후 소갈비로 유통하는 경우 원산지 표시는?

① 소갈비(국내산)
② 소갈비(호주산)
③ 소갈비(육우 : 수입산)
④ 소갈비(쇠고기 : 국내산(출생국 : 호주))
⑤ 소갈비(쇠고기 : 국내산 육우(출생국 : 호주))

02 국내산(국산)의 경우 "국산"이나 "국내산"으로 표시하고, 식육의 종류를 한우, 젖소, 육우로 구분하여 표시한다. 다만, 수입한 소를 국내에서 6개월 이상 사육한 후 국내산(국산)으로 유통하는 경우에는 "국산"이나 "국내산"으로 표시하되, 괄호 안에 식육의 종류 및 출생국가명을 함께 표시한다.
예 소갈비(쇠고기 : 국내산 한우), 등심(쇠고기 : 국내산 육우), 소갈비(쇠고기 : 국내산 육우(출생국 : 호주))

03 농수산물이나 그 가공품을 조리하여 판매·제공하는 자가 원산지 표시를 거짓 또는 이를 혼돈하게 할 우려가 있는 표시를 행하는 경우 벌칙은? 2019.12

① 1년 이하의 징역이나 500만원 이하의 벌금에 처하거나 이를 병과할 수 있다.
② 2년 이하의 징역이나 3천만원 이하의 벌금에 처하거나 이를 병과할 수 있다.
③ 5년 이하의 징역이나 5천만원 이하의 벌금에 처하거나 이를 병과할 수 있다.
④ 7년 이하의 징역이나 1억원 이하의 벌금에 처하거나 이를 병과할 수 있다.
⑤ 10년 이하의 징역이나 2억원 이하의 벌금에 처하거나 이를 병과할 수 있다.

03 벌칙(농수산물의 원산지표시에 관한 법률 제14조) 원산지 표시를 거짓으로 하거나 이를 혼동하게 할 우려가 있는 표시를 하는 행위 또는 원산지 표시를 혼동하게 할 목적으로 그 표시를 손상·변경하는 행위를 한 자는 7년 이하의 징역이나 1억원 이하의 벌금에 처하거나 이를 병과할 수 있다. 형을 선고받고 그 형이 확정된 후 5년 이내에 다시 같은 내용을 위반한 자는 1년 이상 10년 이하의 징역 또는 500만원 이상 1억 5천만원 이하의 벌금에 처하거나 이를 병과할 수 있다.

01 ① 02 ⑤ 03 ④

안심Touch

📝 영양표시(식품 등의 표시ㆍ광고에 관한 법률 시행규칙 제6~7조)

- 영양표시 대상 식품 등

  ※ 해당 품목류의 2019년 매출액이 120억원(배추김치의 경우 300억원) 이상인 영업소에서 제조ㆍ가공ㆍ소분하거나 수입하는 식품

  레토르트식품(조리가공한 식품을 특수한 주머니에 넣어 밀봉한 후 고열로 가열 살균한 가공식품을 말하며, 축산물은 제외), 과자류, 빵류 또는 떡류(과자, 캔디류, 빵류 및 떡류), 빙과류(아이스크림류 및 빙과), 코코아 가공품류 또는 초콜릿류, 당류(당류가공품), 잼류, 두부류 또는 묵류, 식용유지류[식물성유지류 및 식용유지가공품(모조치즈 및 기타 식용유지가공품은 제외)], 면류, 음료류[다류(침출차ㆍ고형차는 제외), 커피(볶은커피ㆍ인스턴트커피는 제외), 과일ㆍ채소류음료, 탄산음료류, 두유류, 발효음료류, 인삼ㆍ홍삼음료 및 기타 음료], 특수영양식품, 특수의료용도식품, 장류[개량메주, 한식간장(한식메주를 이용한 한식간장은 제외), 양조간장, 산분해간장, 효소분해간장, 혼합간장, 된장, 고추장, 춘장, 혼합장 및 기타 장류], 조미식품[식초(발효식초만 해당), 소스류, 카레(카레만 해당) 및 향신료가공품(향신료조제품만 해당)], 절임류 또는 조림류[김치류(김치는 배추김치만 해당), 절임류(절임식품 중 절임배추는 제외) 및 조림류], 농산가공식품류[전분류, 밀가루류, 땅콩 또는 견과류가공품류, 시리얼류 및 기타 농산가공품류], 식육가공품[햄류, 소시지류, 베이컨류, 건조저장육류, 양념육류(양념육ㆍ분쇄가공육제품만 해당), 식육추출가공품 및 식육함유가공품], 알가공품류(알 내용물 100퍼센트 제품은 제외), 유가공품(우유류, 가공유류, 산양유, 발효유류, 치즈류 및 분유류), 수산가공식품류(수산물 100퍼센트 제품은 제외)[어육가공품류, 젓갈류, 건포류, 조미김 및 기타 수산물가공품], 즉석식품류[즉석섭취ㆍ편의식품류(즉석섭취식품ㆍ즉석조리식품만 해당) 및 만두류], 건강기능식품, 규정에 해당하지 않는 식품 및 축산물로서 영업자가 스스로 영양표시를 하는 식품 및 축산물

- 표시 대상 영양성분
  - 열 량
  - 나트륨
  - 탄수화물
  - 당류[식품, 축산물, 건강기능식품에 존재하는 모든 단당류와 이당류를 말함. 다만, 캡슐ㆍ정제ㆍ환ㆍ분말 형태의 건강기능식품은 제외]
  - 지 방
  - 트랜스지방(Trans Fat)
  - 포화지방(Saturated Fat)
  - 콜레스테롤(Cholesterol)
  - 단백질
  - 영양표시나 영양강조표시를 하려는 경우에는 별표 5의 1일 영양성분 기준치에 명시된 영양성분
- 알레르기 유발물질 표시대상 원재료 : 알류(가금류만 해당), 우유, 메밀, 땅콩, 대두, 밀, 고등어, 게, 새우, 돼지고기, 복숭아, 토마토, 아황산류(이를 첨가하여 최종 제품에 이산화황이 1kg당 10mg 이상 함유된 경우만 해당), 호두, 닭고기, 쇠고기, 오징어, 조개류(굴, 전복, 홍합을 포함), 잣
- 나트륨 함량 비교 표시 식품
  - 조미식품이 포함되어 있는 면류 중 유탕면(기름에 튀긴 면), 국수 또는 냉면
  - 즉석섭취식품 중 햄버거 및 샌드위치

01 식품 등의 표시 · 광고에 관한 법률상 영양표시 대상에서 제외되는 식품은?

① 인스턴트 커피   ② 면 류
③ 아이스크림류   ④ 시리얼류
⑤ 잼 류

01 볶은 커피 및 인스턴트 커피는 영양표시 대상에서 제외한다.

02 과자에 영양표시를 하여야 하는 경우 표시 대상 영양성분이 아닌 것은? 2020.12

① 단백질   ② 당 류
③ 나트륨   ④ 불포화지방
⑤ 콜레스테롤

02 표시 대상 영양성분
열량, 나트륨, 탄수화물, 당류[식품, 축산물, 건강기능식품에 존재하는 모든 단당류와 이당류를 말함. 다만, 캡슐 · 정제 · 환 · 분말 형태의 건강기능식품은 제외], 지방, 트랜스지방, 포화지방, 콜레스테롤, 단백질, 영양표시나 영양강조표시를 하려는 경우에는 별표 5의 1일 영양성분 기준치에 명시된 영양성분

03 알레르기 유발물질 표시대상 원재료는?

① 쌀
② 감 자
③ 사 과
④ 마 늘
⑤ 우 유

03 알레르기 유발물질 표시대상 원재료
알류(가금류만 해당), 우유, 메밀, 땅콩, 대두, 밀, 고등어, 게, 새우, 돼지고기, 복숭아, 토마토, 아황산류(이를 첨가하여 최종 제품에 이산화황이 1kg당 10mg 이상 함유된 경우만 해당), 호두, 닭고기, 쇠고기, 오징어, 조개류(굴, 전복, 홍합을 포함), 잣

01 ①   02 ④   03 ⑤

영양사 2교시

식품학 및
조리원리
최종마무리

01 식품의 조리방법 중 '데치기'의 주된 목적으로 옳은 것은?

① 식품의 깨끗한 세척
② 영양소를 증가시키기 위해
③ 효소의 불활성화를 시키기 위해
④ 해충의 예방을 위해
⑤ 식품의 수분을 제거하기 위해

02 식품의 특성에 관한 설명으로 옳은 것은?

① 용해는 어떤 용질이 포화 용액이 될 때까지 녹아 들어간 용질의 양을 말하며 용해도는 용매와 용질의 종류·온도에 따라 달라지지 않는다.
② 점성(viscosity)은 액체가 접해있는 표면적을 최소로 유지하기 위해 분자들이 서로 잡아당겨 표면을 작게 하려는 장력이다.
③ 표면장력(surface tension)은 유체에 힘을 주었을 때 흐름에 대한 내부 저항을 말한다.
④ 탄성(elasticity)은 외력에 의해 변형된 물체가 그 힘이 제거되면 원래의 상태로 되돌아가는 성질이다.
⑤ 산화(oxidation)는 물질이 산소를 잃거나 수소를 얻는 반응이다.

> **해설** ① 용해도 : 용매와 용질의 종류·온도에 따라 달라진다.
> ② 점성 : 유체에 힘을 주었을 때 흐름에 대한 내부 저항이다.
> ③ 표면장력 : 액체가 접해있는 표면적을 최소로 유지하기 위해 분자들이 서로 잡아당겨 표면을 작게 하려는 힘이다.
> ⑤ 산화(oxidation) : 물질이 산소와 화합하거나 수소를 잃는 반응이다(연소, 녹이 든 쇠).

03 화학적 조리방법으로 효소에 의한 식품으로 옳은 것은?

① 식 혜   ② 된 장
③ 증 편   ④ 요구르트
⑤ 김 치

> **해설** ① 효소에 의한 것 : 식혜(엿기름), 치즈(rennet) 등
> ②·③·④·⑤ 발효에 의한 것

04 오징어 초무침을 할 때 양념을 넣는 순서로 옳은 것은? `2019.12` `2021.12`

① 소금 → 식초 → 설탕 → 참기름
② 식초 → 설탕 → 소금 → 참기름
③ 설탕 → 소금 → 식초 → 참기름
④ 설탕 → 식초 → 소금 → 참기름
⑤ 소금 → 설탕 → 식초 → 참기름

해설 분자량이 큰 설탕은 확산속도(침투속도)가 느리고 분자량이 작은 소금은 확산속도(침투속도)가 빠르기 때문에 분자량이 큰 조미료 순으로 넣어주게 되면 음식에 양념이 골고루 잘 배어들게 한다. 참기름은 오일 막을 형성시켜 양념이 재료에 고루 침투하는 것을 방해하기 때문에 가장 나중에 넣는다. 분자량이 작은 소금이 먼저 들어가게 되면 세포 사이로 침투하여 설탕이 들어갈 공간을 충분히 주지 못하기 때문에 같은 양의 소금을 넣었더라도 더 짜다.

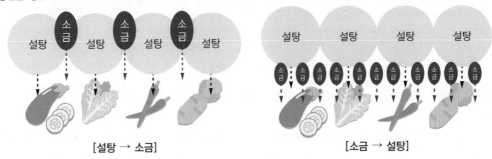

[설탕 → 소금] [소금 → 설탕]

05 다음 중 열전달 방식의 특징으로 옳은 것은?

① 복사 – 물체에 열이 접촉되어 식품에 전달되는 방식
② 전도 – 열전달 속도가 가장 빠름
③ 대류 – 공기의 밀도차에 의한 순환
④ 복사 – 열전달 속도가 느림
⑤ 전도 – 열전달 매체 없이 열이 직접 전달되는 방식

해설
① 복사 : 열전달 매체 없이 열이 직접 전달되는 방식이다.
② 전도 : 열전달 속도가 느리다.
④ 복사 : 열전달 속도가 가장 빠르다.
⑤ 전도 : 물체에 열이 접촉되어 식품에 전달되는 방식이다.

06 전자레인지의 특징에 관한 설명 중 옳지 않은 것은?

① 열 효율이 높고 가열속도가 빠르다.
② 파장이 길어 식품 속까지 열전달이 잘 된다.
③ 표면이 높은 온도를 유지하므로 갈변현상이 일어나지 않는다.
④ 식품 속 물분자들의 빠른 진동·회전에 의해 마찰열이 발생하는 원리로 열로 식품을 데우기 때문에 수분이 필요하다.
⑤ microwave는 금속을 투과하지 못해 반사되기 때문에 투과되는 경질유리, 도자기 등을 사용한다.

해설 전자레인지의 파장은 극초단파로 짧다.

07 다음 중 열전달 매체에 관한 설명으로 옳지 않은 것은?

① 물은 습열가열에 의한 열전달 매체이다.
② 물은 전도와 대류에 의해 열이 전달되며 공기보다 좋은 전도체이다.
③ 수증기의 잠재열에 의해 식품이 가열된다.
④ 공기는 물보다 비열이 낮다.
⑤ 기름은 비열이 높아서 열전달 속도가 빨라 조리시간이 단축된다.

> **해설** 비열이란 어떤 물질 1g의 온도를 1℃ 올리는 데 필요한 열량으로, 기름은 비열이 낮아서 열전달 속도가 빨라 조리시간이 단축된다.

08 다음은 콜로이드(colloid) 성질에 관한 설명이다. 이에 해당하는 것은?

> 콜로이드 입자 등 미세한 입자의 불규칙한 운동으로 냄새의 확산, 수중의 꽃가루 운동 등이 있다.

① Tyndall 현상   ② Brown 운동
③ 투석(dialysis)   ④ 확산(diffusion)
⑤ Gel(겔)

> **해설** ① Tyndall 현상 : 빛을 조사하면 빛의 통로에 떠 있는 산란된 미립자로 인해 통로가 밝게 나타나는 현상이다(연기입자).
> ③ 투석(dialysis) : 결정질의 저분자 용질만이 투과되는 반투막을 이용하여 고분자 물질·콜로이드 입자와 저분자 물질을 분리하는 방법이다.
> ④ 확산(diffusion) : 콜로이드 입자가 아래에서 위, 고농도에서 저농도로 퍼지게 되는 현상이다.
> ⑤ Gel(겔) : 액체가 고체에 분산되는 것을 말하며 흐르지 않는 성질이 있다(묵, 푸딩, 양갱 등).

09 다음 중 기초 조리법에 관한 설명으로 옳지 않은 것은?

① 다듬기는 비가식 부분을 제거하는 과정을 말하며 조개류·생선·육류는 폐기율이 낮고 곡류와 채소류는 폐기율이 높다.
② 채소 씻기는 이물질, 농약 등을 제거시키며 쓴맛, 떫은맛을 내는 일부 수용성 성분을 용출시킨다.
③ 채소의 담그기 과정은 시든 채소의 팽압을 회복시켜 아삭하게 해준다.
④ 썰기의 목적은 먹기 편리하고 외관상 기호도를 높이며 식재료의 표면적을 증가시켜 양념의 침투 및 조리를 용이하게 하는 것이다.
⑤ 젓기와 섞기는 재료·열전도·맛을 균질화시킨다.

> **해설** 조개류·생선·육류(껍데기·내장·뼈)는 폐기율이 높고, 곡류·채소류는 폐기율이 낮다.

10 식품별 계량방법에 대한 설명으로 옳지 않은 것은?

① 밀가루는 체에 친 후 계량용기에 수북이 담아 윗면을 평평하게 깎는다.
② 쇼트닝 같은 가소성 지방은 계량용기에 가득 담아 꼭꼭 눌러 채운 후 스패튤라로 평평하게 깎는다.
③ 흑설탕과 황설탕은 꾹꾹 눌러 담은 후 윗면을 평평히 깎는다.
④ 젖어도 되는 고체식품은 물이 담겨 있는 메스실린더에 식품을 넣고 증가된 물의 부피를 측정하는 물 이용법을 사용한다.
⑤ 점도가 없는 액체는 meniscus(메니스커스)의 가장 윗면에 눈높이를 맞춘 후 눈금을 읽는다.

> **해설** ⑤ 점도가 없는 액체는 계량용기를 수평상태로 유지시킨 후 meniscus(메니스커스)의 밑면에 눈높이를 맞춘 후 눈금을 읽는다.
> 표선을 읽는 눈의 위치

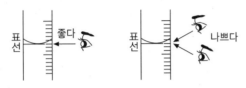

11 계량기구를 사용한 식품의 계량 방법으로 옳은 것은? `2020.12`

① 흑설탕은 계량컵에 꾹꾹 눌러 담아 거꾸로 쏟았을 때 컵 모양이 유지되도록 한다.
② 밀가루는 계량컵에 꾹꾹 눌러 담은 뒤 수평으로 깎고 측정한다.
③ 물은 메니스커스 윗부분과 눈높이를 일치시켜 측정한다.
④ 꿀은 작은 계량컵으로 반복하여 측정한다.
⑤ 쌀은 계량컵에 수북하게 담고 그대로 측정한다.

> **해설** ② 밀가루는 체에 내려서 컵에 담은 후 스패튤라로 수평으로 깎은 후 측정한다.
> ③ 물은 수평 바닥에 용기를 놓고 메니스커스의 밑선과 눈높이를 일치시켜 측정한다.
> ④ 꿀은 할편계량컵을 이용하여 측정한다.
> ⑤ 쌀은 계량컵에 수북이 담은 뒤 깎아내고 측정한다.

12 식품의 성분을 분리할 때 사용하는 막분리 방법으로 연결이 옳은 것은?

① 농도차 - 삼투압
② 온도차 - 투석
③ 압력차 - 투과
④ 전위차 - 한외여과
⑤ 대류차 - 반투막

> **해설** • 압력차 : 한외여과(저압), 역삼투(고압)
> • 농도차 : 투석, 삼투압
> • 분자·이온의 크기 차 : 반투막

13 **결합수의 특징으로 옳은 것은?**

① 미생물의 생육과 증식에 이용되지 못한다.

② 0℃ 이하에서 결빙된다.

③ 가열·건조·압착에 의해 쉽게 제거된다.

④ 화학반응에 관여한다.

⑤ 수증기압이 높다.

> **해설** 결합수(bound water)
> • 식품 내의 고분자 화합물(탄수화물, 단백질 등)과 강한 수소결합되어 있는 수분이다.
> • 용매로 불가능하다.
> • 미생물의 생육·증식에 이용을 못한다.
> • 0℃ 이하에서 결빙되지 않는다.
> • 밀도가 자유수보다 높다.
> • 증기압이 낮다(100℃ 이상 가열 및 건조·압착에 의해 제거 안 됨).
> • 화학반응에 관여하지 않는다.

14 **자유수의 특징으로 옳은 것은?** `2021.12`

① 미생물의 생육과 증식에 이용되지 못한다.

② 화학반응에 관여하지 않는다.

③ −5~0℃에서 동결한다.

④ 건조와 압착에 의해 쉽게 제거되지 않는다.

⑤ 용매로 사용이 불가능하다.

> **해설** 자유수(유리수)
> • 보통의 물에 가까운 형태이다.
> • 용매로 작용한다(전해질을 잘 녹임).
> • 미생물의 생육·증식에 이용된다.
> • 0℃ 이하에서 결빙된다.
> • 100℃ 이상 가열 및 건조 시 쉽게 제거된다.
> • 비중은 4℃에서 가장 크다.
> • 끓는점·녹는점이 높다.
> • 증발열·비열·표면장력·점성이 크다.
> • 화학반응에 관여한다.

15 다음 중 등온흡습곡선의 C영역의 특성으로 틀린 것은?

① 끓는점과 녹는점이 높다.
② 미생물의 생육과 증식에 이용된다.
③ 용매로 작용할 수 있다.
④ 비열과 표면 장력이 작다.
⑤ 0℃ 이하에서 쉽게 어는 물이다.

해설 C영역은 비열과 표면 장력이 큰 특성이 있다.

16 15%의 수분과 60%의 설탕을 함유하고 있는 식품의 수분활성도(Aw)는? (물의 분자량=18, 설탕의 분자량=342)

① 9   ② 0.826
③ 7.27   ④ 0.960
⑤ 4.75

해설

$$Aw = \frac{P}{P_0} = \frac{M_w}{M_w + M_s}$$

P : 식품의 수증기압
P_0 : 순수한 물의 수증기압
M_w : 용매(물)의 몰 수
M_s : 용질의 몰 수

$$Aw = \frac{15/18}{(15/18) + (60/342)} = 0.826$$

17 20%의 소금물의 수분활성도(Aw)는? (물의 분자량=18, 소금의 분자량=58.45)

① 1.052   ② 4
③ 0.929   ④ 4.78
⑤ 0.077

해설

$$Aw = \frac{M_w}{M_w + M_s}$$

20% 소금물 속 수분의 양은 80%, 소금의 양은 20%이므로

$$\frac{80/18}{(80/18) + (20/58.45)} = 0.928515 = 0.929$$

18 다음 중 등온흡습곡선에 대한 것으로 옳지 않은 것은?

① B영역은 건조식품의 안정성이 가장 큰 영역이다.
② A영역과 B영역에는 결합수 형태, C영역은 자유수 형태로 존재한다.
③ 등온흡습곡선은 역 S자형이다.
④ A영역은 수소결합, B영역은 이온결합을 한다.
⑤ C영역에서는 화학·효소에 의한 반응이 촉진되며 미생물의 생육이 가능하다.

해설 A영역은 이온결합, B영역은 비극성 수소결합을 한다.

19 미생물 생육에 필요한 최저 수분활성도 연결이 옳은 것은?

① 효모 – 0.88
② 곰팡이 – 0.88
③ 효모 – 0.65
④ 내삼투압성 곰팡이 – 0.90~0.94
⑤ 세균 – 0.80

해설 미생물 생육의 최저 수분활성도
세균(0.90~0.94) > 효모(0.88) > 곰팡이(0.80) > 내건성 곰팡이(0.65) > 내삼투압성 곰팡이(0.60)

20 미생물의 수분활성에 대한 설명으로 옳은 것은?

① 곰팡이의 성장 가능한 Aw는 0.7이다.
② 내건성 곰팡이의 Aw는 0.65에서 성장이 가능하다.
③ 효모의 생육 가능 Aw는 0.70~0.80이다.
④ 결합수는 식품 미생물의 생육에 이용된다.
⑤ 세균은 생육과 증식에 있어서 자유수를 이용할 수 없다.

21 등온흡습곡선에서 B영역에 대한 설명으로 옳은 것은?

> ㉠ 카보닐기, 아미노기 같은 이온 그룹과 강하게 이온결합된 결합수가 존재하는 영역
> ㉡ 건조식품 품질의 안정성이 최적인 영역
> ㉢ 여러 가지 화학반응, 효소에 의한 반응, 미생물 증식이 일어남
> ㉣ 물분자는 다분자층을 형성
> ㉤ 용매 작용을 하며 자유수가 존재하는 영역

① ㉠, ㉡, ㉢, ㉤   ② ㉠, ㉢
③ ㉡, ㉣   ④ ㉣
⑤ ㉡, ㉣, ㉤

해설 등온흡습곡선의 영역

	A영역	B영역	C영역
특 징	• 식품 구성성분과 수분의 강한 결합 → 용매 작용 X • 안정성·저장성 낮음 • 이온결합	• 용매 작용 X • 안정성·저장성 가장 좋음 (최적수분함량) • 비극성 수소결합	• 식품 구성성분과 수분의 약한 결합 → 용매 작용(자유롭게 이동) • 식품 중 95% 이상 차지 • 미생물 생육에 이용 • 화학반응 촉진
수분의 존재	단분자층	다분자층	응축된 모세관수(다공질 구조)
형 태	결합수		자유수

22 식품의 수분활성도와 화학반응과의 내용으로 옳은 것은?

① 유지의 산화속도는 수분활성도와 비례적으로 증가한다.
② 비효소적 갈변반응은 수분활성도가 낮을수록 활발히 일어난다.
③ 효소적 갈변반응은 수분활성도가 높을수록 잘 일어난다.
④ 수분활성도는 베타카로틴의 산화에 영향을 주지 않는다.
⑤ 마이야르 반응은 효소적 갈변반응으로 Aw가 높을수록 잘 일어난다.

해설 ③ 효소반응은 Aw가 높을 때 활발하다.
　　① 지질산화는 Aw 0.4~0.5에서 가장 늦고, Aw가 아주 낮거나 0.5 이상이면 산화반응이 빨라진다.
　　② 비효소적 갈변반응은 Aw가 높을수록 잘 일어난다.
　　⑤ 마이야르 반응은 비효소적 갈변반응으로, Aw가 높을수록 잘 일어나며, Aw 0.8 근처에서 최대 반응속도를 나타낸다.

23 수분활성도의 설명으로 옳은 것은?

① 식품 속의 수분함량을 % 함량으로 표시한 것이다.
② 온도가 일정하고 식품이 나타내는 수증기압을 순수한 물의 수증기압으로 나눈 값이다.
③ 미생물의 생장에 필요한 수분활성도는 세균 > 곰팡이 > 효모 순이다.
④ 곰팡이는 세균이나 효모보다 수분활성이 높은 곳에서 생육이 잘된다.
⑤ 수분활성은 환경조건, 즉 온도에 의해 변화되지 않는다.

> **해설**
> ① 'Aw(= 수증기압(P)/순수한 물의 수증기압(P_0))'로 표시한다.
> ③ 미생물 생육에 필요한 최저 수분활성도는 세균 > 효모 > 내건성 곰팡이 > 내삼투압성 곰팡이 순이다.
> ④ 미생물의 최저 Aw는 곰팡이 0.8, 효모 0.88, 세균 0.91이다.
> ⑤ 수분활성도는 0~1 사이의 값을 가지며 온도에 따라 달라지므로 반드시 온도를 표시해야 한다.

24 미생물의 생육에 필요한 수분활성도의 순서로 알맞은 것은?

① 효모 > 곰팡이 > 세균
② 세균 > 곰팡이 > 효모
③ 효모 > 세균 > 곰팡이
④ 곰팡이 > 세균 > 효모
⑤ 세균 > 효모 > 곰팡이

> **해설**
> 미생물 생육의 최저 수분활성도
> 세균(0.90~0.94) > 효모(0.88) > 곰팡이(0.80) > 내건성 곰팡이(0.65) > 내삼투압성 곰팡이(0.60)

25 수분활성도 값이 가장 낮은 식품으로 옳은 것은?

① 쇠고기
② 사 과
③ 호 박
④ 굴 비
⑤ 물

> **해설**
> 굴비는 조기를 소금에 절인 후 말린 것을 말하며 염장과 건조의 환경으로 Aw가 낮아져 미생물 증식이 억제된다.

23 ② 24 ⑤ 25 ④ **정답**

26 수분활성도를 낮추는 방법으로 옳지 않은 것은?

① 쇠고기를 밀봉하여 얼린다.
② 미역을 햇빛에 말린다.
③ 마멀레이드를 만든다.
④ 오이지를 만든다.
⑤ 밥을 지을 때 잡곡을 넣는다.

해설
① 수분을 얼려 Aw를 낮춘 냉동법을 이용한다.
② 식품 속의 수분함량을 적게 만들어 Aw를 낮춘 건조법을 이용한다.
③ 설탕을 첨가하여 설탕 용질의 농도를 높인 당장법을 이용하여 잼을 만든다.
④ 소금을 첨가하여 소금 용질의 농도를 높인 염장법을 이용한다.

27 호화전분에 대한 설명으로 옳은 것은? 2020.12

① 전분의 호화의 최저 온도는 80℃이다.
② 복굴절성이 증가한다.
③ 소화가 어렵다.
④ 점도가 증가한다.
⑤ 결정영역이 증가한다.

해설
① 전분의 호화가 일어날 수 있는 최저 온도는 약 60℃ 이상이다.
② 복굴절성이 소실된다.
③ 소화가 잘 된다.
⑤ 결정영역이 파괴된다.

28 15%의 수분과 10%의 소금을 함유한 식품의 Aw는? (단, 분자량은 H_2O : 18, NaCl : 58.5이다)

① 0.98
② 0.90
③ 0.85
④ 0.83
⑤ 0.80

해설 일반적으로 식품의 수증기압은 순수한 물의 수증기압보다 작으므로 Aw는 1 이하이다.

$$Aw = \frac{물의\ 몰수}{용액의\ 전몰수(물의\ 몰수\ +\ 용질의\ 몰수)} = \frac{\frac{15}{18}}{\frac{15}{18} + \frac{10}{58.5}} = \frac{0.83}{0.83 + 0.17} = 0.83$$

29 펙틴 물질에 대한 설명으로 옳지 않은 것은?

① 카복시기가 일부 메틸기로 치환되어 있다.
② 갈라투론산의 $\alpha-1,4$결합으로 긴 사슬로 이루어진 중합체이다.
③ 용액상태에서는 음전하를 띠어 안전한 콜로이드를 이룬다.
④ 펙틴물질은 알칼리 환경에 당을 첨가하면 겔을 이루는 성질이 있다.
⑤ methylester화되어 methoxyl기 함량이 7% 이상이면 고메톡실 펙틴, 7% 이하이면 저메톡실 펙틴으로 분류된다.

> **해설** ④ 고메톡실 펙틴(HMP ; high methoxyl pectin)은 펙틴, 당, 유기산의 3요소가 적절히 유지되어야 gel이 형성되고, 저메톡실 펙틴(LMP ; low methoxyl pectin)은 산과 당을 필요로 하지 않고 2가 양이온이 존재할 때 gel을 형성한다.

30 변선광에 대한 설명으로 옳은 것은?

① 부제탄소원자의 존재로 생기는 현상이다.
② 비환원당을 물에 녹였을 때 생기는 현상이다.
③ α, β anomer가 상호전환되어도 선광도가 변화되지 않는 현상이다.
④ 하이드록시기(−OH)와 카보닐기(−CHO)의 hemiacetal 결합으로 고리를 형성하는데 매우 불안정하여 변선광을 나타낸다.
⑤ 당수용액에 방치했을 때 고리형구조가 직쇄구조로 바뀌는 현상이다.

> **해설** ① 탄소원자 4개의 비대칭탄소원자를 갖고 있어 입체이성질체가 존재한다.
> ② 환원당을 물에 녹였을 때 일어난다.
> ③ α, β anomer가 상호전환됨으로써 선광도가 변화되는 현상이다.
> ⑤ 당수용액에 방치했을 때 직쇄구조가 고리형구조(이성질체)로 바뀌는 현상이다.

31 전분의 특성에 대한 설명으로 옳은 것은?

① amylose는 $\alpha-1,4$ 결합에 $\alpha-1,6$이 결합의 직쇄상분자이고, amylopectin은 $\alpha-1,4$ 결합되어 가지를 친 형태의 분자이다.
② 결정질 물질로 편광현미경으로 관찰 시 복굴절성이 나타난다.
③ glucose의 구성당이며 구조다당류이다.
④ 천연에 존재하지 않는 전분을 이용해 물리·화학·효소적 처리를 하여 변성시킨 전분을 변성전분이라 한다.
⑤ 전분은 물에 넣고 열을 가하면 노화가 일어난다.

> **해설** ① amylose는 $\alpha-1,4$ 결합의 직쇄상분자이고, amylopectin은 $\alpha-1,4$ 결합에 $\alpha-1,6$이 결합되어 가지를 친 형태의 분자이다.
> ③ glucose의 구성당이며 저장다당류이다.
> ④ 천연에 존재하는 전분의 성질을 물리·화학·효소적 처리를 하여 변성시킨 전분을 변성전분이라 한다.
> ⑤ 전분은 물에 넣고 열을 가하면 호화가 일어난다.

32 전분의 호화에 영향을 미치는 특성으로 옳은 것은? 2019.12

① 고구마 전분이 쌀 전분보다 호화되기 쉽다.
② 알칼리성 조건에서 호화가 일어나지 않는다.
③ 수분함량이 높을수록 호화가 어렵다.
④ 소금을 첨가하면 호화가 억제된다.
⑤ 전분 입자의 크기가 작을수록 호화가 쉽다.

해설 전분의 호화에 영향을 주는 요인
• 수분함량이 높을수록 호화가 잘 일어난다.
• 전분 입자가 작을수록 호화 속도가 느리다(쌀 전분 68~78℃, 고구마전분 58~66℃).
• 소금을 첨가하면 호화가 촉진된다.
• 알칼리성 조건에서 호화가 촉진된다.
• 아밀로펙틴 함량이 많을수록 호화속도가 느리다.
• 온도가 높을수록 호화가 촉진된다.

33 호정화에 대한 설명으로 옳은 것은? 2017.12

① 가용성 덱스트린이 증가한다.
② 소화가 용이하지 않다.
③ 전분의 점성이 강해진다.
④ 수분을 가한 후 160~170℃에서 가열 시 호정화가 일어난다.
⑤ 전분을 묽은 산과 효소로 가수분해하면 호정화 과정이 일어나지 않는다.

해설 ② 효소작용을 쉽게 받을 수 있어 소화가 잘 된다.
③ 전분의 점성은 약해진다.
④ 수분 없이 160~170℃에서 가열 시 호정화가 일어난다.
⑤ 전분을 묽은 산과 효소로 가수분해하면 호정화 과정이 일어난다.
덱스트린(호정)화
전분에 물을 가하지 않고 160~170℃로 건열 시 글루코시드 결합이 끊어져 덱스트린(호정)으로 되는 것으로, 뻥튀기, 미숫가루, 누룽지, 토스트 등이 있다.

34 탄수화물에 대한 설명으로 옳지 않은 것은?

① 단당류는 aldehyde기 또는 ketone기 한 개를 가지는 탄수화물을 말한다.
② 탄소, 수소, 산소의 원소로 이루어진 유기화합물이며 일반식은 $C_m(H_2O)_n$이다.
③ 동물의 주 에너지원으로 이용되며 식물체의 조직형성 등의 역할을 한다.
④ 2탄당, 3탄당, 4탄당 등은 aldehyde기 또는 ketone기의 개수에 따라 구분한다.
⑤ 탄수화물은 결합한 당의 수에 따라 단당류, 이당류, 올리고당류, 다당류로 분류한다.

해설 ④ 탄소수에 따라 2탄당, 3탄당, 4탄당, 5탄당, 6탄당으로 구분한다.

35 단당류에서 3개의 부제탄소원자가 존재한다면 이론적으로 입체이성질체의 수로 옳은 것은? `2020.12`

① 2개   ② 4개

③ 6개   ④ 8개

⑤ 9개

> **해설** 부제탄소가 n개 존재하면 이성질체 수는 2^n개, $2^3 = 2 \times 2 \times 2 = 8$

36 단순다당류에 속하는 것은?

① inulin   ② pectin

③ hemicellulose   ④ chitin

⑤ L—arabinose

> **해설** ② · ③ · ④ 복합다당류 : 펙틴, 헤미셀룰로스, 키틴 및 그 외 알긴산, 한천
> ⑤ 단당류(5탄당) : 아라비노오스

37 난소화성 다당류로 옳지 않은 것은?

① glycogen   ② cellulose

③ mannan   ④ pectin

⑤ inulin

> **해설** ① 글리코겐은 소화성 다당류에 속한다.
> • 소화성 다당류 : 식품에 함유되어 있으며 인체의 소화효소에 의해 분해 · 흡수되는 다당류(전분, 글리코겐, 덱스트린)
> • 난소화성 다당류 : 인체의 소화효소에 의해 분해 · 흡수되지 않는 다당류(펙틴, 섬유소, 알긴산, 이눌린, 만난, 키틴, 한천 등)

38 당알코올에 속하지 않는 것은?

① sorbitol   ② mannitol

③ raffinose   ④ inositol

⑤ xylitol

> **해설** 라피노오스는 소당류에 속하는 3당류이며, 비환원당이다.

39 당에 의해서만 일어나는 갈변반응으로 옳은 것은?

① 스트렉커 중합반응　　　　　　　② 마이야르 반응
③ 캐러멜화 반응　　　　　　　　　④ 폴리페놀 산화반응
⑤ 아스코르브산 산화반응

> **해설**　캐러멜화 반응(caramelization)은 아미노화합물 등이 존재하지 않은 상태에서 당류의 가열에 의한 산화와 분해에 의해 갈색화되는 갈변반응이 생긴다.

40 천연 gum류에 대한 설명으로 틀린 것은?

① carrageenan은 점도가 없어 겔화되지 못한다.
② 유화제, 안정제, 점착제, 겔 형성제 등 널리 사용된다.
③ fucellaran은 해조류에서 추출된 것으로 한천 대용으로 사용된다.
④ 한천은 고온에서도 gel 상태를 잘 유지한다.
⑤ 구아검은 강한 친수성을 가진다.

> **해설**　카라기난은 홍조류에서 추출한 것으로 gel을 형성할 수 있는 것과 없는 것이 있다.

41 단당류 중 관계가 바르게 짝지어진 것은?

① 4탄당 – xylose　　　　　　　　② 5탄당 – arabinose
③ 3탄당 – fructose　　　　　　　④ 5탄당 – threose
⑤ 6탄당 – glyceraldehyde

> **해설**　단당류
> • 3탄당 : glyceraldehyde, dihydroxyacetone
> • 4탄당 : threose, erythrose
> • 5탄당 : xylose, arabinose, ribose
> • 6탄당 : fructose, mannose, glucose, galactose

42 cellulose의 결합 형태로 옳은 것은?

① α–1,2 glycoside 결합　　　　　② α–1,4 glycoside 결합
③ α–1,6 glycoside 결합　　　　　④ β–1,4 glycoside 결합
⑤ β–1,6 glycoside 결합

> **해설**　셀룰로오스(섬유소)
> glucose가 β–1,4 glycoside 결합으로 연결된 직쇄상 난소화성의 다당류로 자연계에 가장 많이 존재하는 탄수화물이다.

43 sucrose를 단맛의 표준물질로 삼고 있는 가장 큰 이유는?

① 저렴한 가격으로 가장 쉽게 구할 수 있는 당류이기 때문이다.
② 이성질체가 존재하지 않기 때문이다.
③ 설탕에 대한 기호도가 가장 높기 때문이다.
④ 가장 강한 단맛을 지니고 있기 때문이다.
⑤ 온도 변화에 따른 감미의 변화가 가장 크기 때문이다.

> **해설** 설탕(sucrose)은 α, β의 이성질체가 존재하지 않으며 온도변화에 따른 감미의 변화가 적기 때문에 단맛의 표준물질로 정하고 있다.

44 glycogen의 특징으로 잘못된 것은?

① 동물성 전분이며 간과 근육에 존재하는 저장 다당류이다.
② α-glucose의 α-1,4 결합 및 α-1,6 결합으로 가지를 형성한 구조이다.
③ 요오드 반응은 적갈색을 띤다.
④ amylopectin보다 분자량이 크다.
⑤ 구형이며 amylopectin보다 가지의 수가 적으며 사슬길이가 길다.

> **해설** 글리코겐은 구형이며 amylopectin보다 가지의 수가 많으며 사슬길이가 짧다.

45 전분의 노화에 관한 설명으로 옳은 것은?

① 소화효소의 침투가 용이해 소화가 쉽다.
② 수소결합으로 미셀 구조를 형성하면서 결정성 구조를 갖는다.
③ 전분의 입자가 클수록, 아밀로펙틴이 많을수록 노화가 쉽다.
④ 곡류보다 서류에서 노화가 쉽게 일어난다.
⑤ 수분함량 30~60%와 강산의 조건에서 노화가 촉진된다.

> **해설** ① 소화효소의 침투가 쉽지 않아 소화되기 어렵다.
> ③ 전분의 입자가 작을수록 노화가 쉽고, 아밀로펙틴이 많을수록 노화가 어려워진다.
> ④ 서류보다 곡류에서 노화가 쉽게 일어난다.
> ⑤ 강산에서는 오히려 노화가 지연된다.

46 전분의 노화를 억제하는 방법은? `2021.12`

① pH를 5~7로 조절한다.
② 황산염을 첨가한다.
③ 0~5℃에서 보관한다.
④ 유화제를 사용한다.
⑤ 수분함량을 30~60%로 유지한다.

> **해설**　① pH 5~7에서는 노화가 촉진된다.
> ② 노화촉진제인 황산염을 제외한 염류는 노화를 억제한다.
> ③ 0~5℃는 노화 최적온도로, 0℃ 이하, 60℃ 이상일 때 노화가 방지된다.
> ⑤ 일반적으로 수분함량 30~60%에서 노화가 잘 일어난다.

47 탄수화물 중 겔을 형성할 수 없는 것은?

① 펙 틴
② 아밀로오스
③ 한 천
④ 구아검
⑤ 아밀로펙틴

> **해설**　겔을 형성할 수 있는 탄수화물은 긴 분자의 형태를 갖는 것이어야 한다.

48 전화당의 특성으로 옳은 것은?

① glucose와 fructose의 1 : 2 결합이다.
② 설탕을 묽은 산 또는 invertase(전화효소)로 가수분해하여 생성한다.
③ 비선광도는 좌선성에서 우선성으로 변화한다.
④ 단맛은 설탕과 같다.
⑤ 엿기름의 주성분이며 65~85%의 전화당을 함유한다.

> **해설**　① glucose와 fructose의 1 : 1 결합이다.
> ③ 비선광도는 우선성에서 좌선성으로 변화한다.
> ④ 단맛은 설탕의 1.23배이다.
> ⑤ 벌꿀은 65~85%의 전화당을 함유한다.

49 cellulose의 설명으로 옳은 것은?

① glucose가 β-1,6 결합한 형태이다.
② 인체 내의 소화효소에 의해 분해된다.
③ 동물에게 영양소로서 이용이 가능하다.
④ 단순다당류이다.
⑤ 소화가 어려운 난소화성이므로 섭취할 필요가 없다.

> **해설**
> ① glucose가 β-1,4 결합한 형태이다.
> ② 인체 내에 섬유소를 분해하는 효소가 없어 거의 소화되지 못하고 배설된다.
> ③ 초식동물(반추동물)은 섬유소를 미생물 발효하여 소화할 수 있는 반추위를 갖고 있어 영양소로 이용할 수 있다.
> ⑤ 영양 가치는 없으나 장을 자극하여 배변활동을 도와준다.

50 갑각류(새우·게)의 껍질을 산 처리하여 얻은 구조다당류는?

① mannan   ② pectin
③ chitin   ④ alginic acid
⑤ agar

> **해설** 키틴은 갑각류의 껍질과 곰팡이의 세포벽의 주요 구성성분을 이루는 다당류이며 주성분은 N-아세틸글루코사민이다.

51 환원당이며 ribose, xylose, arabinose 등의 종류가 있는 단당류로 옳은 것은?

① 3탄당   ② 4탄당
③ 5탄당   ④ 6탄당
⑤ 소당류(2당류)

52 가용성 전분에 대한 설명으로 옳지 않은 것은?

① 냉수에 쉽게 용해되며 열수에는 용해되지 않는다.
② 가용성 전분의 수용액은 어느 정도의 환원력을 보인다.
③ 요오드·전분반응에 청색이 나타난다.
④ 전분을 묽은 산, 차아염소산나트륨으로 가수분해한 것이며 아밀라아제 기질이 있다.
⑤ 온도가 증가하면 반응이 촉진되지만, 전분립이 팽윤되어 다음 단계에 지장을 초래하기 때문에 50℃를 넘어서지 말아야 한다.

> **해설** 냉수에 용해되지 않으며 열수에 쉽게 용해된다.

53 동물성 식품에 존재하는 저장 탄수화물로 사후강직과 관련이 있는 것으로 옳은 것은?

① glucose ② galactose
③ glucan ④ galactan
⑤ glycogen

해설 글리코겐은 동물의 간과 근육에 존재하는 저장 다당류이며, 사후 직후 근육 내에 존재하는 효소 작용에 의해 근육의 조성과 성상이 변화된다.

54 이당류 중 가수분해되어 glucose와 fructose를 생성하는 것은?

① galactose ② fructose
③ sucrose ④ maltose
⑤ stachyose

해설 수크로오스는 산, 효소, 알칼리에 의해 가수분해되어 1 : 1 비율의 포도당과 과당이 생성된다.

55 체내에서 가장 빨리 흡수되며 간에서 포도당으로 전환되지 않으면 지방으로 바뀌는 당은? 2017.02

① 과 당 ② 젖 당
③ 포도당 ④ 자 당
⑤ 맥아당

해설 과당은 체내에서 가장 빨리 소화·흡수된다.

56 과일의 단맛이 차가울 때 더 강한 이유는? 2020.12

① fructose는 저온에서 β-형이 증가하기 때문이다.
② fructose는 저온에서 β-형이 감소하기 때문이다.
③ fructose는 저온에서 α-형이 증가되기 때문이다.
④ 과일의 단맛인 포도당은 저온에서 α-형이 증가하기 때문이다.
⑤ 과일의 단맛인 포도당은 저온에서 β-형이 감소하기 때문이다.

해설 과일의 단맛은 과당에 의한 것으로 온도에 따라 α-형과 β-형의 두 이성체가 변하는데 β-형이 α-형보다 단맛이 강하다. 온도가 낮아지면 불안정한 α-형보다 안정한 β-형이 많아져 단맛이 상승한다.

57   탄수화물의 감미도 순서로 바른 것은?

① 과당 > 전화당 > 설탕 > 포도당 > 젖당
② 전화당 > 설탕 > 젖당 > 만니톨 > 포도당
③ 포도당 > 과당 > 전화당 > 맥아당 > 젖당
④ 과당 > 설탕 > 포도당 > 전화당 > 젖당
⑤ 설탕 > 젖당 > 만니톨 > 맥아당 > 전화당

> **해설**   설탕을 100이라는 기준으로 과당 약 1.8배, 포도당 약 0.7배, 만니톨 약 0.6배, 맥아당 약 0.33배, 젖당 약 0.2배, 전화당 약 1.23배의 감미도를 가진다.

58   전분의 아밀로오스와 아밀로펙틴에 대한 설명으로 옳은 것은?

① 요오드는 아밀로오스의 나선형 구조 속에서 포접화합물을 만들기 때문에 청색의 정색 반응을 한다.
② 당화효소인 α-amylase는 가수분해하여 덱스트린, 맥아당, 포도당으로 분해시킨다.
③ 아밀로펙틴의 요오드 정색 반응 시 청색을 나타낸다.
④ 호정화효소인 β-amylase는 비환성 말단에서 maltose 단위로 분해한다.
⑤ α-amylase는 β-1,4결합과 β-1,6결합을 비환원성 말단에서 포도당 단위로 가수분해한다.

> **해설**   ② α-amylase 액화효소(호정화효소)이다.
> ③ 아밀로펙틴의 요오드 정색 반응은 적자색을 나타낸다.
> ④ β-amylase는 당화효소이다.
> ⑤ 전분분해효소인 glucoamylase에 대한 설명이다.

59   전분의 X선 회절도에 관한 설명으로 옳은 것은?

① 호화 – 생전분(β-전분) – X 도형   ② 호화 – 생전분(β-전분) – V 도형
③ 호화 – 생전분(β-전분) – C 도형   ④ 호화 – 호화전분(α-전분) – A 도형
⑤ 노화전분 – V 도형

> **해설**
>
> | 분류 | | | X선 회절도 |
> |---|---|---|---|
> | 호 화 | 생전분(β-전분) | 곡류 전분(쌀·밀) | A 도형 |
> | | | 밤·감자 등 전분 | B 도형 |
> | | | 고구마·타피오카·칡 등 전분 | C 도형 |
> | | 호화전분(α-전분) | 미셀구조 파괴 → x선에 대한 명확한 회절도 나타나지 않음 | V 도형 |
> | 노 화 | | – | B 도형 |

60 펙틴의 에스테르화도에 따른 분류로 고메톡실 펙틴(HMP)과 저메톡실 펙틴(LMP)의 메톡실기 함량으로 옳은 것은?

① 고메톡실 펙틴 – 30~40%, 저메톡실 펙틴 – 25~30%
② 고메톡실 펙틴 – 45~50%, 저메톡실 펙틴 – 7~14%
③ 고메톡실 펙틴 – 35~50%, 저메복실 펙틴 – 20~35%
④ 고메톡실 펙틴 – 25~40%, 저메톡실 펙틴 – 14~25%
⑤ 고메톡실 펙틴 – 7~14%, 저메톡실 펙틴 – 0~7%

> **해설** DE(degree of esterification : 에스테르화도) : 펙틴의 용해도 · 젤 형성 능력 · 특성에 영향을 미친다.

종 류	특 징	
고메톡실 펙틴 (HMP)	• 메톡실기 함량 7% 이상 • DE 50% ↑	산(pH 3.2~3.5) + 당(50% ↑) → 젤리 · 잼 형성
저메톡실 펙틴 (LMP)	• 메톡실기 함량 7%보다 낮은 것 • DE 50% ↓	2가 양이온(Ca^{2+}) 첨가 → 펙틴분자 사이 가교 형성 → 겔화

61 단순다당류 중 이눌린을 구성하는 요소는?

① 과 당
② 만노오스
③ 포도당
④ 맥아당
⑤ 젖 당

> **해설** ① D-fructose를 구성하는 요소이며, 돼지감자, 우엉, 달리아 뿌리 등에 있는 저장다당류이다.

62 가수분해효소이며 자당을 포도당과 과당으로 분해하는 것은?

① kinase
② aldolase
③ invertase
④ dextranase
⑤ amylase

> **해설** 전화당은 자당을 전화효소(invertase)로 가수분해하여 glucose와 fructose를 1 : 1로 만든 것이다.

63 전분의 변화와 식품의 예로 옳은 것은? `2021.12`

① 노화 – 조청
② 당화 – 쿠키
③ 호화 – 찬밥
④ 겔화 – 팝콘
⑤ 호정화 – 미숫가루

> **해설** 전분의 변화
> • 당화 : 식혜, 엿, 조청, 고추장 등
> • 호정화(덱스트린) : 뻥튀기, 미숫가루, 누룽지, 토스트, 쿠키 등
> • 호화 : 밥, 떡, 죽 등
> • 노화 : 상온의 굳어진 밥·떡 등
> • 겔화 : 묵

64 포도당의 aldehyde기가 산화되어 형성된 당은?

① Sorbitol
② Gluconic acid
③ Rhamnose
④ Glucuronic acid
⑤ Glucosaccharic acid

> **해설** glucose의 산화
> • 글루콘산(gluconic acid) : 포도당의 알데히드기가 산화되어 카복시기로 된 알돈산(aldonic acid)
> • 글루쿠론산(glucuronic acid) : 포도당의 C_6에 결합되어 산화되어서 유도된 우론산(uronic acid)
> • 글루코당산(glucosaccharic acid) : 알데히드와 C_6에 결합되어 있는 OH기가 모두 산화된 당

65 노화되기 어려운 전분으로 옳은 것은?

① 찹쌀 전분
② 감자 전분
③ 옥수수 전분
④ 밀 전분
⑤ 콩류의 전분

> **해설** 찹쌀 전분의 다량의 amylopectin은 노화되기 어려운 성질이 있다.

63 ⑤ 64 ② 65 ① **정답**

66 다당류에 대한 설명 중 옳은 것은?

① 전분은 과일류와 채소류에 많이 들어 있다.
② 섬유소는 물을 흡수하는 능력이 없다.
③ 섬유소의 섭취량이 적으면 배변이 쉬워진다.
④ 글리코겐은 에니지기 필요할 때 포도당으로 분해되어 쓰인다.
⑤ 글리코겐은 식물성 식품에 존재한다.

> **해설**
> ① 서류과 곡류에 다량 함유되어 있다.
> ② 물을 흡수하는 능력이 있다.
> ③ 소화·흡수가 어렵고 섭취량이 많을수록 장의 활동이 활발해져 배변이 쉬워진다.
> ⑤ 동물체의 저장 다당류이다.

67 다음 물질 중 Mg을 함유하고 있으며 금속과의 치환 반응을 나타내는 것은?

① Hemoglobin
② Vitamin B₁
③ Myoglobin
④ Chlorophyll
⑤ Hemocyanin

> **해설**
> chlorophyll 분자 중 Mg^{2+} → 치환 ┌ Cu → Cu-chlorophyll(초록색)
> └ Fe → Fe-chlorophyll(갈색)

68 다음의 설명에 해당하는 물질은?

> • Ca, Mg, 셀룰로오스 등과 결합한 식물조직의 세포 간 결착물질이다.
> • 불용성 다당류이다.
> • 미숙한 과채류에 많이 들어 있다.
> • 펙틴(pectin)질 중 분자량이 가장 크다.
> • 갈락투론산의 카복시기 대부분이 메틸에스터 결합을 하고 있는 구조이다.

① pectin
② protopectin
③ pectic acid
④ pectinase
⑤ pectinic acid

69 과자나 빵 등의 안정제로 사용되는 물질로 옳은 것은?

① 알긴산(alginic acid)
② 셀룰로오스(cellulose)
③ 전분(starch)
④ 덱스트린(dextrin)
⑤ 한천(agar)

> **해설** 한천(agar)은 홍조류에 속하는 우뭇가사리를 끓여 식힌 다음 굳힌 사슬 다당류로 강한 젤 형성능력을 갖고 있으며 가공식품의 안정제로 사용된다.

70 소화성 다당류로 옳은 것은?

① 만난(mannan)
② 덱스트린(dextrin)
③ 알긴산(alginic acid)
④ 이눌린(inulin)
⑤ 리그닌(lignin)

> **해설**

소화성	인체의 소화효소에 의해 흡수되는 다당류	전분(starch), 글리코겐(glycogen), 덱스트린(dextrin)
난소화성	• 인체의 소화효소로 분해 · 소화되지 않는 다당류 • 소화의 어려움 · 보수력 · 흡착력 등의 성질 → 장 연동운동 촉진, 생리작용 관여	펙틴(pectin), 섬유소(cellulose), 헤미셀룰로오스(hemi-cellulose), 알긴산(alginic acid), 이눌린(inulin), 리그닌(lignin), 만난(mannan), 키틴(chitin), 한천(agar) 등

71 당알코올 중 탄소수가 5개인 것은?

① 만니톨
② 자일리톨
③ 에리스리톨
④ 솔비톨
⑤ 이노시톨

> **해설** 자일리톨은 자일로오스를 환원하여 만드는 당알코올로 5개의 탄소만으로 이루어진 5탄당 구조이다.

72 기름을 발연점 이상으로 가열 시 푸른 연기와 함께 자극적인 냄새가 발생한다. 이 냄새의 성분은? 2020.12

① 다이옥신
② 아크릴아마이드
③ 벤조피렌
④ 니트로사민
⑤ 아크롤레인

> **해설** 아크롤레인(Acrolein)
> 발연점을 넘긴 기름에서는 글리세롤이 분해되어 발암물질인 아크롤레인을 생성하면서 자극적인 냄새가 난다.

69 ⑤ 70 ② 71 ② 72 ⑤ **정답**

73 유지의 유도기간을 설정하는 기준으로 옳은 것은?

① acetyl value(아세틸가)
② peroxide value(과산화물가)
③ saponification value(비누화가)
④ iodine value(요오드가)
⑤ acid value(산가)

> 해설 peroxide value(과산화물가)
> • 산가와 함께 유지의 산패를 측정하는 지표이다.
> • 유지 1kg에 대한 유리된 요오드의 밀리당량으로부터 환산한 과산화물산소의 밀리당량(meq/kg) 또는 밀리몰(mM)로 표현한다.
> • 신선한 유지의 과산화물가는 10 이하이다.

74 유지의 산패를 촉진시키는 인자로 옳은 것은?

㉠ 토코페롤	㉡ 광 선
㉢ 온 도	㉣ 수 분
㉤ 금속이온	㉥ 산 소
㉦ 구연산	

① ㉡, ㉢, ㉣, ㉤, ㉥
② ㉠, ㉡, ㉢, ㉣, ㉤
③ ㉡, ㉢, ㉣, ㉥, ㉦
④ ㉢, ㉣, ㉤, ㉥, ㉦
⑤ ㉡, ㉢, ㉤, ㉥, ㉦

> 해설 토코페롤과 구연산은 산패를 억제하는 기능을 한다.

75 유지의 산화를 억제시키는 방법으로 틀린 것은? `2017.12`

① 수소 첨가
② 항산화제 사용
③ 금속 킬레이터 사용
④ 갈색병 보관
⑤ 높은 산소 분압의 환경조건

> 해설 산화를 억제하려면 산소의 농도를 높이는 것이 아니라, 낮춰야 한다(탈산소제).

76 유지의 가수분해에 의한 산패에 대한 설명으로 옳은 것은?

① 산 첨가에 의해 일어나지 않는다.
② 알칼리 첨가에 의해 일어나지 않는다.
③ 고급지방산이 적을수록 산패가 적어진다.
④ lipase에 의해 일어난다.
⑤ 저급지방산이 많을수록 산패가 적어진다.

> **해설** 가수분해에 의한 산패
> • 유지가 과열증기, 산, 알칼리, lipase 등에 의해 분해되어 일어나는 것이다.
> • 저급지방산 함량이 높을수록 커진다.
> • 고급지방산 함량이 높을수록 작아진다.

77 유지의 자동산화로 일어나는 변화는?

① 산가의 감소
② 점도의 감소
③ 유리지방산 분해
④ 요오드가의 증가
⑤ aldehyde 생성

> **해설** 유지는 공기와 접촉하면 공기 중의 산소를 흡수하고, 흡수한 산소로 유지를 산화시키는데 이를 자동산화라 한다. 산가·유리지방산·점도가 증가하고, 요오드가는 감소한다.

78 인지질에 속하지 않는 것은?

① lecithin
② cephalin
③ cerebroside
④ sphingomyelin
⑤ glycerophospholipid

> **해설** 세레브로시드(cerebroside)는 당지질의 일종으로 뇌와 신경조직에 분포하고 있다.

79   지질의 성질에 대한 설명으로 옳은 것은?

① 불포화도가 높은 유지일수록 굴절률이 더 작다.
② 불포화도가 높은 유지일수록 요오드가가 더 작다.
③ 저급지방산 함량이 많은 유지일수록 비중이 더 크다.
④ 고급지방산 함량이 많은 유지일수록 비등점이 더 크다.
⑤ 저급지방산 함량이 많은 유지일수록 검화가가 더 낮다.

> **해설**   지질의 성질
> • 불포화도가 높을수록, 탄소사슬이 길수록, 평균분자량이 클수록 굴절률이 커진다.
> • 불포화도가 높을수록 요오드가가 크다.
> • 저급지방산 함량이 많을수록 검화(비누화)가와 비등점이 크다.
> • 고급지방산 함량이 많을수록 검화(비누화)가가 작다.

80   유지의 굴절률에 대한 설명 중 틀린 것은?

① 식용유지의 굴절률은 1.45~1.47이다.
② 요오드가가 높은 것은 굴절률이 높다.
③ 유지의 식별을 위해 유용한 방법이다.
④ 저급지방산의 함량이 많을수록 유지의 굴절률은 높다.
⑤ 산가와 비누화가(검화)가 높을수록 굴절률이 낮다.

> **해설**   고급지방산의 함량이 많을수록 굴절률이 높다.

81   포화지방산에 대한 설명 중 옳지 않은 것은?

① 지방산의 분자 내 이중결합을 가지고 있지 않은 지방산이다.
② 탄소수가 증가함에 따라 융점이 높아진다.
③ 상온에서 쉽게 산화되지 않고 수소 첨가가 불가능하다.
④ 탄소수가 많은 지방산을 가지는 지방일수록 상온에서 액체이다.
⑤ 불포화지방산보다 융점이 높다.

> **해설**   탄소수가 10 이하의 지방산은 상온에서 액체, 11 이상 지방산은 상온에서 고체이다.

82 지방산 중 가장 쉽게 유지의 자동산화가 일어나는 것은?

① linolenic acid ② caprylic acid
③ oleic acid ④ stearic acid
⑤ palmitic acid

해설 ① 지방의 불포화도가 높을수록 산화가 잘 일어난다.

83 레시틴에 대한 설명으로 옳은 것은?

① 에탄올, 에테르, 뜨거운 알코올에 녹지 않는다.
② 아세톤에 녹는다.
③ 분자 중에 소수성인 콜린기를 가지고 있다.
④ 유화제로 사용된다.
⑤ 당지질에 속한다.

해설 레시틴
• 두 개의 지방산을 함유한다.
• 양성물질로 유화제로 사용한다.
• 에테르, 뜨거운 알코올에 잘 녹는다.
• 아세톤에는 거의 녹지 않는다.
• 동물의 원료에서 얻어진 것으로 주성분은 인지방질이다.

84 리놀렌산의 구조 설명으로 옳은 것은?

① 포화지방산이다.
② 이중결합을 1개 가진 것은 리놀렌산 계열(ω-3)이다.
③ 이중결합을 2개 가진 것은 올레산 계열(ω-6)이다.
④ 이중결합을 3개 가진 것은 리놀렌산 계열(ω-9)이다.
⑤ 융점이 낮으며 cis형이 trans형보다 더 낮다.

해설 리놀렌산의 특징
• 불포화지방산이다.
• 이중결합을 1개 가진 것은 올레산 계열(ω-9)이다.
• 이중결합을 2개 가진 것은 리놀레산 계열(ω-6)이다.
• 이중결합을 3개 가진 것은 리놀렌산 계열(ω-3)이다.
• 융점은 탄소수가 많을수록 높기 때문에 포화지방산이 불포화지방산보다 높다.
• 올레산과 리놀레산은 상온에서 액체 형태이며 들기름과 참기름에 다량 함유되어 있다.

85 다음 중 쇠기름의 지방산의 주성분은?

① stearic acid
② linoleic acid
③ oleic acid
④ palmitic acid
⑤ linolenic acid

해설 ① 스테아르산은 탄소수 18개의 포화지방산(고급지방산)으로 천연 동물유지에 함유되어 있으며, 특히 우지에 많이 들어있다.

86 Wax에 대한 설명으로 옳지 않은 것은?

① 단순지방질
② 저급지방산과 고급알코올의 에스테르 결합
③ 소화되지 않으며 식품적 가치가 없음
④ 밀랍과 경랍이 대표적임
⑤ 동식물체에 미량 존재하며 동식물의 내부 보호

해설 ② 고급지방산과 고급알코올의 에스테르 결합이다.

87 다음의 필수지방산 중 ω−3계열 지방산은?

① arachidonic acid
② γ−linolenic acid
③ α−linolenic acid
④ oleic acid
⑤ lionleic acid

해설 필수지방산
- ω−3 지방산(Omega−3 fatty acids) : DHA(도코사헥사에노산 ; docosahexaenoic acid), EPA(에이코사펜타에노산 ; eicosapentaenoic acid), SDA(stearidonic acid), ETA(eicosatetraenoic acid), 알파−리놀렌산(α−linolenic acid ; ALA)
- ω−6 지방산(Omega−6 fatty acids) : 감마−리놀렌산(γ−linolenic acid), 리놀레산(lionleic acid), 아리키돈산(arachidonic acid)
- ω−9 지방산(Omega−9 fatty acids) : 올레산(oleic acid)

88 유도지질로 옳은 것은? `2019.12`

① 왁 스 ② 레시틴
③ 중성지방 ④ 스핑고미엘린
⑤ 에르고스테롤

해설 지 질

┌ 단순지질 : 유지, 왁스, 중성지방, 지방산, 콜레스테롤 에스테르, 아실글리세롤
├ 복합지질 : ┌ 인지질 ┬ 글리세롤 인지질 : 레시틴
│   │   └ 스핑고인지질 : 스핑고미엘린
│   └ 당지질
└ 유도지질 : 유리지방산, 고급알코올(스테롤, 비타민 A), 스핑고신

89 다음 중 유화력을 갖고 있는 지방질로 옳지 않은 것은?

① triglyceride
② diglyceride
③ monoglyceride
④ cephalin
⑤ lecithin

해설 유화력을 갖는 지방질은 cephalin, monoglyceride, diglyceride, lecithin, 담즙산, sterol 등이 있다.

90 올리브유에서 함량이 가장 많은 지방산은? `2020.12`

① 스테아르산 ② 부티르산
③ 팔미트산 ④ 올레산
⑤ 아라키돈산

해설 올리브유의 가장 대표적인 성분인 올레산은 총 지방산의 약 70%를 차지하고 있다.

91 다음 중 지질의 분류와 그 종류가 옳게 연결된 것은?

① 단순지질 - 레시틴
② 유도지질 - sterol
③ 복합지질 - wax
④ 유도지질 - 스핑고인지실
⑤ 복합지질 - 스핑고신

> **해설** 지 질
> ┌ 단순지질 : 유지, 왁스, 중성지방, 지방산, 콜레스테롤 에스테르, 아실글리세롤
> │   ┌ 인지질 ┌ 글리세롤 인지질 : 레시틴
> │ 복합지질 ─┤   └ 스핑고인지질 : 스핑고미엘린
> │   └ 당지질
> └ 유도지질 : 유리지방산, 고급알코올(스테롤, 비타민 A), 스핑고신

92 유지에 존재하는 -OH기의 양을 측정하는 것은?

① 요오드가　　　　　　　② 산 가
③ 아세틸가　　　　　　　④ 과산화물가
⑤ 비누화가

> **해설** 아세틸가
> 유지에 존재하는 수산기의 양을 측정하는 것으로 아세틸화한 유지 1g을 비누화하여 유리되는 아세트산을 중화하는 데 필요한 수산화칼륨의 mg 수이다.

93 유지의 불포화도(이중결합의 함유량)를 측정하는 시험법은? `2021.12`

① 과산화물가　　　　　　② 산 가
③ 아세틸화가　　　　　　④ 검화가
⑤ 요오드가

> **해설** 요오드가(iodine value)
> • 요오드가가 높은 것은 융점이 낮고, 산화되기 쉽다.
> • 요오드가 - 건성유 : 130 이상, 반건성유 : 100~130, 불건성유 : 100 이하

94 자외선에 의해 프로비타민 D로 되는 미생물성 sterol은?

① cholesterol   ② stigmasterol

③ sitosterol   ④ ergosterol

⑤ brassicasterol

> **해설**   스테롤(스테로이드 알코올)
> * 미생물성 : ergosterol로 맥각, 효모, 곰팡이, 버섯 등에 있고 자외선을 받게 되면 vitamin D_2로 전환된다.
> * 동물성 : cholesterol은 steroid, steroid hormone류, 비타민 D의 전구체 등 동물 체내의 필수 요소이다.
> * 식물성 : β-sitosterol, stigmasterol, campesterol, brassicasterol 등이 있으며 콜레스테롤과 흡사한 구조이다.

95 식품의 가공·조리 과정 중 풍미, 조직감, 가열매체 등의 기능적 역할을 하는 지질의 물리화학적 성질로 옳은 것은?

① 유지의 녹는점이 일정하지 않은 것은 동질이상현상과 관련이 있으며 결정형의 존재 형태와는 무관하다.
② 지방과 물이 유화된 식품 중 우유의 유화형태는 유중수적형(W/O)이다.
③ 유지의 검화가가 높으면 그 유지의 저급지방산 함량이 높다.
④ 유지의 요오드가 높으면 그 유지에 포화지방산이 많이 내포되어 있음을 의미한다.
⑤ 유지의 산패 정도를 나타내는 값인 과산화물가는 유지 1kg에 함유된 과산화물 밀리당량수로 표시한다.

> **해설**   ① 동질이상현상은 결정형의 존재 형태에 따라 녹는점이 달라지는 것을 말한다.
> ② 우유는 수중유적형이고, 유중수적형은 버터, 마가린 등이 있다.
> ④ 불포화지방산(이중결합)이 요오드가 높고, 융점이 낮다.
> ⑤ 과산화물가는 유지 1kg에 대한 유리된 요오드의 밀리당량으로부터 환산한 과산화물산소의 밀리당량(meq/kg) 또는 밀리몰(mM) 수이다.

96 불포화지방산에 대한 설명 중 옳은 것은?

① 지방산의 분자 내 이중결합을 가지고 있지 않는 지방산이다.
② 이중결합이 많을수록 산화되기 쉽고 불안정하다.
③ 이중결합을 갖고 있어 경화가 불가능하다.
④ 불포화지방산의 종류는 팔미트산, 부티르산 등이다.
⑤ 포화지방산보다 융점이 높다.

> **해설**   불포화지방산
> * 이중결합을 갖고 있으며 이중결합이 많을수록 산화되기 쉽다.
> * 기하이성질체로 cis와 trans지방산이 있다.
> * 수소를 첨가하면 고체의 트렌스지방이 된다.
> * 종류로 올레산, 리놀레산, 리놀렌산 등이 있다.
> * 융점이 낮다.

97 유지의 산화정도를 측정(carbonyl 화합물)하는 방법으로 thiobarbituric acid(2분자)와 malonaldehyde(1분자)의 축합에 의해 생기는 적색 화합물의 비색을 측정하는 방법은?

① 카르보닐가 측정법   ② 공액 이중산가 측정법
③ 과산화물가 측정법   ④ TBA가 측정법
⑤ 아세틸가 측정법

> **해설** TBA가 측정법
> 유지가 산패됨에 따라 생성되는 카보닐 화합물 중 말론알데하이드(malonaldehyde)의 농도를 측정하여 유지의 산패 정도를 측정하는 방법이다.

98 다음 설명의 지질로 옳지 않은 것은?

> • 친수성기와 소수성기가 있는 복합지질이다.
> • 세포막의 주요 구성성분이며 물질 수송의 조절 기능을 한다.
> • 글리세롤, 지방산, 인산 등의 ester 결합 물질이다.
> • 콜린이 결합한 레시틴, 에탄올아민이 결합한 포스파티딜에탄올아민 등이 있다.

① 인지질   ② 당지질
③ Wax   ④ 스테롤
⑤ 스핑고신

99 다음 중 지질에 대한 설명으로 옳은 것은? `2017.02`

① 지방산의 탄소수는 홀수이다.
② 직쇄상 끝에 카복시기가 있다.
③ 불포화지방산은 트랜스형이다.
④ 탄소수가 같아도 이중결합이 많으면 융점이 높아진다.
⑤ 중쇄지방산은 이중결합이 있는 포화지방산이다.

> **해설** ① 지방산의 탄소수는 짝수이다.
> ③ 포화지방산이 트랜스형이다. 트랜스지방은 불포화지방에 니켈을 촉매로 수소를 첨가해 포화지방으로 경화시킨 것이다.
> ④ 이중결합이 많으면 융점이 낮아진다.
> ⑤ 포화지방산은 이중결합이 없다.

100 다음 중 복합지질의 관계를 바르게 묶은 것은?

① 왁스 = 글리세롤 + 지방산

② 당지질 = 글리세롤 + 지방산 + 인산 + 질소함유기

③ 인지질 = 글리세롤 + 지방산 + 당

④ 스핑고 인지질 = 스핑고신 + 지방산 + 단순당류

⑤ 아실글리세롤 = 고급알코올 + 고급지방산

> **해설** 지 질
> • 단순지질 : 왁스 = 고급알코올 + 고급지방산, 아실글리세롤 = 글리세롤 + 지방산
> • 복합지질 : 당지질 = 글리세롤 + 지방산 + 당, 인지질 = 글리세롤 + 지방산 + 인산 + 질소함유기, 스핑고 인지질 = 스핑고신 + 지방산 + 단순당류

101 유지의 녹는점에 관한 설명으로 옳지 않은 것은?

① 유지에 포함된 여러 종류의 트라이아실글리세롤로 인해 고유의 녹는점을 갖지 못한다.

② 탄소 수가 증가할수록 유지의 분자량이 커지고 녹는점은 증가한다.

③ cis형이 trans형보다 녹는점이 높다.

④ 융점은 탄소사슬이 길어짐에 따라 높아진다.

⑤ 동물성 유지는 식물성 유지보다 융점이 높다.

> **해설** trans형이 cis형보다 녹는점이 높다.

102 비누화의 설명으로 옳은 것은?

① 비누화가 될 수 있는 지질은 스테롤류, 탄화수소, 일부 지용성 색소 등이 있다.

② 비누화가 될 수 없는 지질은 중성지질, 왁스, 인지질 등이 있다.

③ 저급지방산이 많을수록 비누화값은 커지고 고급지방산이 많을수록 비누화값은 작아진다.

④ 동물유지의 비누화값이 팜유보다 크다.

⑤ 유지 1g에 함유된 유리지방산을 중화하는 데 필요한 수산화칼륨(KOH)의 양을 mg으로 표시한다.

> **해설** 비누화(saponification)
> • 유지 1g을 비누화하는 데 필요한 KOH의 양을 mg으로 표시한다.
> • 비누화될 수 있는 지질(중성지질, 왁스, 인지질 등)과 없는 지질(스테롤류, 탄화수소, 일부 지용성 색소 등)로 나눈다.
> • 야자유·팜유 등 분자량이 작은 글리세리드가 들어있는 유지는 비누화값이 크다.

103 수중유적형(O/W형) 식품은? `2020.12`

① 마요네즈, 마가린
② 아이스크림, 마요네즈
③ 마가린, 버터
④ 아이스크림, 마가린
⑤ 버터, 우유

> **해설** 유화 형태에 따른 에멀전
> • 유중수적형(W/O형) : 버터, 마가린
> • 수중유적형(O/W형) : 우유, 아이스크림, 마요네즈

104 성분이 분리된 마요네즈의 복구 방법으로 옳은 것은? `2019.12`

① 설탕과 소금을 1 : 1로 소량 넣어준다.
② 식초를 넉넉히 넣은 후 재빨리 저어준다.
③ 전분을 넣어준다.
④ 난황을 넣고 서서히 저어준다.
⑤ 식용유을 조금씩 계속 넣으면서 저어준다.

> **해설** 난황의 레시틴은 친수성기와 소수성기에 의해 유화성을 띠고 있다.

105 유지에 관한 설명 중 옳지 않은 것은?

① 버터는 고급지방산을 다량 포함하고 있으며 보존 시 지방이 분해되면 지방산이 유리되어 산패취를 유발한다.
② 라드는 돼지의 지방조직을 녹여 분리 정제한 것이며 제조 시에는 표백·여과·수소를 첨가한다.
③ 불포화지방산(이중결합)의 비율이 높으면 쇼트닝 작용이 크게 나타난다.
④ 기름은 구성지방산의 종류에 따라 녹는점이 다르다.
⑤ 융점이 낮은 기름은 입속에서 쉽게 녹기 때문에 맛을 느낄 수 있고 소화되기 쉽다.

> **해설** 동물성 유지는 이중결합이 없는 포화지방산으로 저급지방산을 다량 포함하고 있으며, 종류로는 팔미트산, 부티르산, 키프로산 등이 있다.

106 다음의 설명으로 옳은 것은?

> • 천연유지인 라드는 식감이 거칠기 때문에 물성을 개선시키기 위해 이용하는 방법이다.
> • 이 반응은 분자 간에 지방산을 교환시켜 재배열하는 방법이다.

① 에스터 교환반응   ② 수소화 반응
③ 가열산화 반응   ④ 효소의 산화 반응
⑤ 가수분해 반응

107 튀김기름의 조건으로 옳은 것은? 2019.12

① 높은 산가
② 높은 TBA가
③ 낮은 요오드가
④ 낮은 검화가
⑤ 높은 라이헤르트-마이슬가

> **해설** • 좋은 튀김기름 : 요오드가↑, 발연점↑, 굴절률·산가·과산화물가·검화가↓
> • 라이헤르트-마이슬가(Reichert-Meissl價) : 지방평가 방법(버터위조 검정에 이용)

108 유지의 항산화제에 대한 설명으로 옳지 않은 것은?

① hydroperoxide의 생성속도를 억제해준다.
② 자동 산화의 유도기간을 연장시켜준다.
③ 분자 중에 활성 수소원자를 가지고 있어야 한다.
④ 천연항산화제로는 ascorbic acid, citric acid 등의 유기산과 지용성 비타민인 tocopherol이 있다.
⑤ carbonyl 화합물의 생성속도를 억제해 준다.

> **해설** 항산화제는 carbonyl 화합물의 형성속도와 무관하다.

109 쇼트닝성이 가장 좋은 지방산은 어느 것인가?

① 고급포화지방산
② 저급포화지방산
③ 이중결합이 세 개인 불포화지방산
④ 단일결합의 지방산인 butyric acid, palmitic acid
⑤ 이중결합이 두 개인 불포화지방산

해설 이중결합이 많을수록 글루텐이 연화된다.

110 유지의 검화에 대한 설명으로 옳은 것은?

> ㉠ 유지방의 검화가가 크다.
> ㉡ 산에 의한 에스터의 가수분해이다.
> ㉢ 콜레스테롤은 검화되지 않은 불검화물이다.
> ㉣ 불포화도가 높을수록 검화가 크다.
> ㉤ 지방산의 분자량에 반비례하여 지방산의 사슬 길이를 추정하는 척도가 된다.

① ㉠, ㉡, ㉢　　　　② ㉠, ㉢, ㉤
③ ㉡, ㉢, ㉣　　　　④ ㉡, ㉢, ㉤
⑤ ㉢, ㉣, ㉤

해설 비누화가(검화가)
• 유지 1g을 비누화하는 데 필요한 KOH의 mg 수를 뜻한다.
• 알칼리에 의한 에스터의 가수분해이며 불포화도가 높을수록 검화가는 작다.
• 분자량이 적고(버터 지방, 야자유, 팜 종자유), 저급지방산이 많은 유지가 값이 높다.
• 분자량이 크고(유채 기름 등), 고급지방산이 많은 유지, 불검화물이 많은 유지가 값이 낮다.
• 불검화물은 wax 성분 중 알칼리성으로 비누화되지 않는 물질로, 물에 녹지 않으나 에테르에는 녹는다(탄화수소, 고급알코올, 스테롤, wax 등).

111 유화제에 대한 내용으로 옳은 것은?

① 친수성기와 소수성기를 모두 가지고 있는 지방질이다.
② 유중수적형(W/O)의 예로는 마요네즈, 마가린, 버터 등이 있다.
③ 난황에 함유되어 있는 lecithin은 극성이 강하여 유화력이 우수한 당지질이다.
④ 기름 속에 물이 분산되어 있는 유화형태를 수중유적형(O/W)이라고 한다.
⑤ 물속에 기름 입자가 분산되어 있는 것을 유중수적형이라 한다.

해설

수중유적형(Oil in Water type ; O/W)	유중수적형(Water in Oil type ; W/O)
• 물속에 기름의 입자가 분산 • 우유, 아이스크림, 마요네즈	• 기름 속에 물이 분산 • 버터, 마가린 등

112 식물성 유지를 경화시켜 트랜스지방을 만들 때 첨가하는 것은? `2017.12`

① 질 소
② 산 소
③ 이산화탄소
④ 요오드
⑤ 수 소

> **해설** 트랜스지방이란 불포화지방산의 이중결합에 수소를 첨가하여 포화지방산으로 변환한 것이다.

113 유지의 발연점이 저하되는 요인이 아닌 것은? `2019.12`

① 유리지방산의 함량이 적을 때
② 가열시간과 사용 횟수가 많을 때
③ 유지의 정제도가 낮을 때
④ 이물질 혼입이 많을 때
⑤ 노출된 유지의 표면적이 넓을 때

> **해설** 유지의 발연점이 낮아지는 경우
> • 정제도가 낮을수록
> • 유리지방산 · 이물질 · 노출된 유지의 표면적 · 튀김횟수가 많을수록

114 ninhydrin 반응은 어떤 것에 이용되는 정성시험인가?

① 지방질의 정성
② 아미노산의 정성
③ 탄수화물의 정성
④ 비타민의 정성
⑤ 무기질의 정성

> **해설** 아미노산은 산화제인 닌히드린과 반응하여 암모니아 · 이산화탄소 · 알데히드를 생성하며, 여기에서 생성된 암모니아는 닌히드린과 반응하여 적자색 색소를 형성한다.

115 섬유상 단백질로서 어묵 제조에서 사용되는 결합조직으로 옳은 것은?

① 페릴라르틴
② 콜라겐
③ 액토미오신
④ 미오겐
⑤ 엘라스틴

> **해설** 생선의 섬유상 단백질(myosin, actin, actomyosin)에 2~3%의 염을 넣고 갈게 되면 점성이 생기고, 이때 용해된 단백질에 의해 탄력성이 생긴다.

116 단백질의 변성에 대한 설명으로 옳지 않은 것은?

① 냉동 시 변성을 줄이기 위해 급속 동결이 필요하다.
② 식염 등의 무기염류는 단백질의 변성을 일으킨다.
③ 산은 단백질을 등전점에 이르게 하여 응고시켜 변성시킨다.
④ 계년활성세를 첨가하면 단백질의 변성을 이느 정도 막을 수 있다.
⑤ 단백질로 구성된 효소는 가열에 의해 비활성화되어 기능을 하지 못한다.

해설 • 물리적 변성 : 동결, 교반, 고압, 자외선 조사, 초음파, 계면 흡착 등
• 화학적 변성 : 산, 알칼리, 염류, urea, 계면활성제, 유기용매, 알칼로이드, 중금속 염류 등

117 제한아미노산에 대한 설명으로 옳은 것은?

① 인체에 유해하여 섭취를 제한해야 할 아미노산
② 필수아미노산 이외에 제한적으로 섭취해야 할 아미노산
③ 식품 내에 아미노산 중 함량이 가장 많아 섭취량의 한계를 결정하는 필수아미노산
④ 식품 내 아미노산 중 함량이 적어 전체 효율을 결정하는 필수아미노산
⑤ 인체 내에서 제한적으로 합성이 되는 아미노산

해설 제한아미노산이란 필수아미노산 중 필요량에 비해 가장 부족한 아미노산으로 리신, 트립토판, 트레오닌, 메티오닌 등이다.

118 다음은 단백질에 대한 일반적인 내용이다. 옳은 것으로 조합된 것은?

> ㉠ 아미노산에는 $-NH_2$기와 $-COOH$기가 있다.
> ㉡ 천연단백질을 이루고 있는 아미노산에는 모두 8종이 있다.
> ㉢ 단백질을 가수분해하면 아미노산을 얻을 수 있다.
> ㉣ 아미노산에는 광학 이성체가 없다.

① ㉠, ㉡, ㉢   ② ㉠, ㉢
③ ㉡, ㉣   ④ ㉣
⑤ ㉠, ㉡, ㉢, ㉣

해설 단백질을 구성하는 아미노산은 20여 종으로 L형(식품에 존재하는 L형-α-아미노산)과 D형이 있으며, 대부분 L형이다.

119 혈액의 중요한 단백질로서 난백에 함유되어 있으며 물에 잘 녹는 단순단백질은 무엇인가?

① Prolamin
② Lysozyme
③ Albumin
④ Phosphoprotein
⑤ Protamin

> **해설** 알부민은 물과 묽은 염류용액에 녹고, 열에 응고하며, 포화황산암모늄으로 석출된다.

120 단백질의 등전점에서 일어나는 변화로 옳지 않은 것은?

① 점도와 팽윤은 최소이다.
② 용해도와 삼투압이 최대이다.
③ 기포력과 탁도가 최대이다.
④ 불안정하여 침전이 이루어진다.
⑤ 흡착성이 최대이다.

> **해설** 단백질의 등전점은 용해도·삼투압·점도·팽윤·전기전도는 최소가 되며, 흡착성·기포력이 커서 단백질의 가공에 이용된다.

121 단백질의 3차 구조를 안정시키는 주요한 결합방법이 아닌 것은?

① 수소결합
② S-S(이황화)결합
③ 소수성결합
④ 공유결합
⑤ 정전기적 결합

> **해설** α-나선구조나 β-병풍구조로 이루어진 폴리펩타이드 사슬이 구성하는 아미노산 잔기의 특성에 따라 수소결합, 이황화결합, 소수성결합, 정전기적 결합 등이 형성된다.

122 다음 중 체내에서 합성되지 않아 식품으로 섭취해야 하는 필수아미노산으로 옳은 것은?

① 트레오닌(threonine)
② 알라닌(alanine)
③ 세린(serine)
④ 아스파라긴(asparagine)
⑤ 프롤린(proline)

> **해설** 성인이 반드시 섭취해야 할 필수아미노산은 발린(valine), 류신(leucine), 이소류신(isoleucine), 트레오닌(threonine), 리신(lysine), 메티오닌(methionine), 페닐알라닌(phenylalanine), 트립토판(tryptophan)이 있다. 유아의 경우 히스티딘(histidine)이 추가된다.

123 염기성 아미노산으로 바르게 묶인 것은? `2019.12`

① 글리신 – 히스티딘
② 티로신 – 발린
③ 트립토판 – 글루탐산
④ 메티오닌 – 아르기닌
⑤ 아르기닌 – 리신

해설 아미노산
- 염기성 아미노산 : 리신(lysine), 아르기닌(arginine), 히스티딘(histidine)
- 산성 아미노산 : 아스파트산(aspartic acid), 글루탐산(glutamic acid)
- 중성 아미노산 : 글리신(glycine), 알라닌(alanine), 발린(valine), 류신(leucine), 이소류신(isoleucine)

124 다음 중 함황아미노산 중 필수아미노산은?

① 메티오닌(methionine)
② 시스테인(cysteine)
③ 티로신(tyrosine)
④ 트립토판(tryptophan)
⑤ 글리신(glycine)

해설 메티오닌은 황을 함유한 필수아미노산의 일종이다.

125 다음의 결합 중 단백질의 1차 구조와 관련된 것은?

① 소수성결합　　　　　　　　② 수소결합
③ S–S결합　　　　　　　　　④ 펩티드결합
⑤ 이온결합

해설 단백질의 구조
- 1차 구조 : 펩티드결합으로 연결된 직선상의 배열
- 2차 구조 : 수소결합의 입체구조 형성
- 3차 구조 : 수소결합, S–S결합, 이온결합, 소수성결합의 휘거나 구부러져 형성하는 입체적인 구상 또는 섬유상의 공간구조
- 4차 구조 : 3차 구조를 이루는 입체적인 폴리펩타이드가 모여 하나의 생리적 기능을 가지는 단백질의 집합체를 이루는 것

126 구리이온과 반응하여 보라색 착염을 나타내는 펩타이드의 정색 반응은? `2019.12`

① 닌히드린 반응
② 밀론 반응
③ 뷰렛 반응
④ 사카구치 반응
⑤ 잔토프로테인 반응

해설

③ 뷰렛 반응 : 2개 이상의 peptide 결합을 갖는 Polypeptide 정색 반응
① 닌히드린 반응 : 아미노산 정색 반응. 시료의 중성 용액(pH 5가 최적) + 0.1~1.0% 닌히드린 용액(물 또는 물과 섞이는 용매)
→ 가열 → 최대 흡수파장 570nm에서 적자색 나타냄
② 밀론 반응 : 페놀기 특유의 정색 반응
밀론시약 + 하이드록시페놀기(단백질, 타이로신, 페놀, 티몰)를 갖는 물질 →_{반응} 붉은색
④ 사카구치 반응 : 단백질 정색 반응, 구아니딘기를 갖는 아르기닌 검출에 쓰는 반응
시료 + 0.1% α-나프톨 용액 몇 방울 + 5% 차아염소산 나트륨 용액 →_{반응} 붉은 색
⑤ 잔토프로테인 반응 : 벤젠핵을 지닌 아미노산을 동정하는 실험(단백질+진한 질산 →_{반응} 황색, 단백질+알칼리성 →_{반응} 등황색)

127 젤라틴(gelatin)을 이용한 식품은? `2020.12`

① 캐러멜
② 마시멜로
③ 도토리묵
④ 브라우니
⑤ 누룽지

해설

젤라틴(gelatin)
젤라틴은 동물의 뼈, 껍질을 원료로 콜라겐을 가수분해하여 얻은 경질 단백질로, 젤리·샐러드·족편 등의 응고제로 쓰이고, 마시멜로·아이스크림 및 기타 얼린 후식 등에 유화제로 사용된다.

128 pH 4.6에서 용해도가 최소인 단백질은? `2021.12`

① 오리제닌
② 카세인
③ 락트알부민
④ 글로불린
⑤ 미오신

해설

카세인(casein)
우유의 주요 단백질로, 등전점인 pH 4.6 부근에서 침전하는 등 산성의 pH 영역에서 용해도가 급격하게 감소한다.

129 다음이 설명하는 단백질로 옳은 것은?

- 단순단백질에 속하고 물·중성 염용액에는 녹지 않는다.
- 묽은 산·묽은 알칼리에 잘 녹는다.
- 곡류 종자에는 많이 들어 있어 식물성단백질·곡류단백질이라 부르기도 한다.
- Oryzenin, Hordenin 등이 이에 속한다.

---

① histone   ② globulin
③ albumin   ④ prolamin
⑤ glutelin

130 인단백질에 속하는 것은?

① nucleohistone
② ovomucin
③ casein
④ hemoglobin
⑤ phaseolin

> **해설** 인단백질은 casein, vitellin, vitellenin, phosvitin 등과 동물성 식품에 주로 존재한다.

131 다음 중에서 대두에 들어 있는 단백질은?

① casein
② lactalbumin
③ lactoglobulin
④ legumelin
⑤ ovomucoid

> **해설** 식품 속 단백질
> - 대두 : glycinin, phaseolin, legumelin
> - 우유 : lactoglobulin, lactalbumin
> - 달걀노른자 : lipovitellin, ovovitellin, phosvitin 등
> - 달걀흰자 : ovalbumin, conalbumin, ovoglobulin, ovomucoid 등

132 변성단백질의 특징으로 옳지 않은 것은?

① 효소의 작용을 받기 쉬워 소화가 잘됨
② 용해도 감소, 점도 증가
③ 화학반응성의 감소
④ 비가역적 변성
⑤ 1차 구조는 변화되지 않음

해설
• 변성단백질의 특징 : 점도 증가, 용해도 감소, 등전점 변화, 활성 sulfhydryl group이나 아미노기 수 증가, 응고, 침전
• 변성요인
 – 물리적요인 : 가열, 동결, 교반, 고압, 자외선 조사, 초음파 등
 – 화학적요인 : 산, 알칼리, 염류, urea, 계면활성제, 유기용매, 알칼로이드, 중금속염류 등

133 2차 유도단백질의 설명으로 옳은 것은?

① protean(프로티안) – 1차 유도단백질을 다시 가수분해해서 만든 것이다.
② proteose(프로테오스) – $(NH_4)_2SO_4$의 포화로 침전되지 않는다.
③ metaprotein(메타프로테인) – 산이나 알칼리에 의해 변성된 단백질에 열을 가해 다시 변형시킨 것이다.
④ peptide(펩타이드) – 아미노산의 결합 순서가 명백한 저분자 화합물이다.
⑤ peptone(펩톤) – 열에 의해 응고된다.

해설
유도단백질
• 1차 유도단백질(변성단백질) : gelatin(젤라틴), protean(프로티안), metaprotein(메타프로테인), coagulated protein(응고단백질)
• 2차 유도단백질(분해단백질)
 – peptide(펩타이드)
 – proteose(프로테오스) : pepsin 효소 등에 의한 단백질 분해. 물에는 녹으나 열에 의해 응고되지 않고 $(NH_4)_2SO_4$(황산암모늄)의 포화로 침전됨
 – peptone(펩톤) : proteose가 더 분해된 것으로 $(NH_4)_2SO_4$(황산암모늄)의 포화로 침전됨

134 다음 중 아미노산의 성질을 바르게 설명한 것은?

① 단백질을 구성하는 아미노산은 거의 모두 D형이다.
② 아미노산은 대개 알코올이나 ether에 녹는다.
③ 아미노산은 대개 양(+)이온 형태로 존재한다.
④ 아미노산은 정미성이 있는 것이 다수 있어 식품의 맛과 관계 있다.
⑤ 아미노산 중 –OH 구조가 있는 아미노산은 serin과 phenylalanin이 있다.

해설
아미노산은 물이나 염용액에 잘 녹고, 양성물질이며, 대부분 식품에는 L형이 분포한다. 아미노산 중 –OH 구조가 있는 아미노산은 serine과 threonine(필수아미노산)이 있다.

135 다음 중 단순단백질에 속하지 않는 것은?

① albumin(알부민)

② globulin(글로불린)

③ casein(카세인)

④ glutelin(글루텔린)

⑤ histone(히스톤)

> 해설 단순단백질이란 가수분해에 의해 아미노산만 생성하는 것을 말한다.
> • 불용성 : globulin(글로불린), glutelin(글루텔린), prolamin(프롤라민), albuminoid(알부미노이드)
> • 수용성 : albumin(알부민), histone(히스톤), protamin(프로타민)

136 단백질의 변성에 대한 내용으로 옳은 것은?

① 불가역적 변성이 대부분이다.

② 가열할수록 소화율은 점점 높아진다.

③ 효소는 가열에 의해 기능이 활성화된다.

④ 반응성과 점도는 감소되는 경향을 보인다.

⑤ 용해도가 증가한다.

> 해설 단백질의 변성에 의한 변화
> • 가열 시 소화율이 높아지지만 지나치게 가열하면 소화율이 떨어진다.
> • 가열에 의해 비활성화된 효소는 기능을 상실한다.
> • –SH기 등 활성기가 노출되면서 반응성이 증가한다.
> • 분자의 부피를 증가시켜 점도가 증가한다.
> • 용해도가 감소한다.

137 단백질을 탄수화물과 같이 가열하였을 때 쉽게 손실되는 아미노산으로 바르게 묶인 것은?

① 아스파라긴(asparagine) – 아르기닌(arginine)

② 글루타민(glutamine) – 류신(leucine)

③ 류신(leucine) – 아스파라긴(asparagin)

④ 리신(lysine) – 아르기닌(arginine)

⑤ 발린(valine) – 리신(lysine)

> 해설 단백질과 탄수화물을 함께 가열하면 amino–carbonyl 반응이 일어나며, 이때 lysine과 arginine이 다른 아미노산보다 손실이 많다.

138 생체 내에서 단백질의 기능과 관계가 가장 먼 것은?

① 호르몬 구성   ② 구조단백질

③ 면역 기능   ④ 에너지 저장

⑤ 효소의 촉매작용

> **해설** 단백질은 생체 내의 반응과 에너지 대사에 참여하고 있으며, 효소(촉매작용), collagen · keratin(구조단백질), Hb(운반단백질), 항체(방위단백질), actin(운동단백질), peptide hormone(정보단백질), repressor(제어단백질), 유전자 등을 구성하여 생명 유지에 중요한 기능을 한다.

139 단백질의 등전점에서 산을 가하여 낮은 pH를 갖게 되면 어떠한 성질이 나타나는가?

① 음이온과 결합한다.

② 양이온과 결합한다.

③ 음이온과 양이온 모두 결합한다.

④ 어떤 이온과도 결합하지 않는다.

⑤ 음이온과 결합한 후 전기적 중성의 특성으로 다시 돌아간다.

> **해설** 등전점에서는 양이온(H^+)과 음이온(OH^-)이 같아져 전기적으로 중성이 되며, 여기에 산을 가하면 양이온을 이루고 알칼리를 가하면 음이온을 이룬다.

140 탈카르복실화효소 작용에 의해 아미노산이 탈탄산하여 된 아민화합물이며 allergy를 일으키는 원인 물질은?

① ammonia   ② histamine

③ formaldehyde   ④ tyrosine

⑤ trimethylamine

> **해설** 단백질 부패 시 히스티딘은 탈탄산효소에 의하여 히스타민으로 전환되고 이는 생체 내에서 작용하여 알레르기를 발생시킨다.

141 묽은 중성 염류용액에서 단백질의 용해도가 증가되는데 이러한 현상을 무엇이라 하는가?

① 염석효과   ② 계면변성현상

③ 염용효과   ④ 해교작용

⑤ 상승효과

> **해설** 염용효과
> 단백질 분자의 기능기와 중성염의 이온이 작용하여 단백질 분자 사이의 인력을 감소시키기 때문에 단백질이 물에 잘 용해된다.

142 다음 중 maillard 반응에 의해 발생하는 갈변이 아닌 것은?

① 된장의 갈변

② 간장의 갈변

③ 빵의 갈변

④ 커피의 갈변

⑤ 설탕 가열 시 갈변

> 해설 ⑤ 캐러멜화(caramelization) 반응이다. 당을 높은 온도로 가열하면 당이 분해하여 갈색으로 변하는 반응(당류만 반응하는 것)을 말한다.

143 측쇄(곁가지) 필수아미노산으로 옳게 묶인 것은?

① 시스테인(cysteine) – 프롤린(proline) – 글루타민(glutamine)

② 이소류신(isoleucine) – 발린(valine) – 메티오닌(methionine)

③ 아르기닌(arginine) – 류신(leucine) – 히스티딘(histidine)

④ 세린(serine) – 발린(valine) – 프롤린(proline)

⑤ 류신(leucine) – 이소류신(isoleucine) – 발린(valine)

> 해설 소수성을 띠는 필수아미노산인 류신, 이소류신, 발린으로 구성된 단백질로 BCAA(Branched Chain Amino Acid)로 약기하며, 분지(사슬)아미노산이라고도 한다.

144 우유에 산을 첨가하였을 때 응고와 침전하는 단백질로서 유화제로 사용되는 것은?

① 글리시닌

② 카세인

③ 글로불린

④ 알부민

⑤ 레 닌

> 해설 rennin은 우유 단백질인 카세인 속 Ca^{2+} 이온과 결합하여 응고된다.

145 폴리펩타이드 사슬이 수소결합이나 다이설파이드 결합(-S-S-)에 의해 섬유모양의 구조를 갖는 불용성의 단백질은?

① 글로불린(globulin)
② 알부민(albumin)
③ 효소단백질
④ 케라틴(keratin)
⑤ 헤모글로빈(hemoglobin)

> **해설** 형상에 의한 단백질의 분류
> - 구상단백질
>   - 아미노산 곁사슬이 다양한 결합을 형성하여 폴리펩티드 사슬이 구부러지고 겹쳐진 둥근 모양
>   - 분자 내부 : 소수성, 표면 : 친수성
>   - 알부민, 글로불린, 헤모글로빈, 인슐린, 효소단백질 등
> - 섬유상단백질
>   - 폴리펩타이드 사슬이 수소결합이나 다이설파이드 결합에 의해 긴 사슬구조의 분자를 갖는 섬유모양의 단백질
>   - 불용성
>   - 콜라겐, 엘라스틴, 케라틴, 액틴, 피브리노겐, 마이오신 등

146 동물의 가죽 · 연골 · 힘줄 등에 존재하는 결합조직으로 단백질인 콜라겐을 뜨거운 물로 장시간 처리하여 얻어지는 유도단백질은?

① 젤라틴(gelatin)
② 엘라스틴(elastin)
③ 케라틴(keratin)
④ 알부민(albumin)
⑤ 프로테안(protean)

> **해설** 젤라틴(gelatin)은 단백질로 펩타이드 사슬의 가수분해 또는 펩타이드 사슬의 염류결합이나 수소결합의 개열에 의한 것이다.

147 호박, 양배추, 오이, 당근 등 식물성 식품에 다량 함유되어 있는 효소로 옳은 것은?

① lactase
② amylase
③ maltase
④ lipase
⑤ ascorbic acid oxidase

> **해설** 호박, 양배추, 당근, 오이에 다량 함유되어 있는 비타민 C는 ascorbate oxidase(아스코르브산 산화효소)에 의하여 dehydroascorbic acid로 산화된다. 생체조직 중에서는 이 반응이 가역적이지만 식품 중에는 dehydroascorbic acid가 불안정하여 산화가 더 진행된다.

148 과일이 익으면 조직이 연해지게 되는데, 이때 작용하는 효소는?

① polygalacturonase
② ascorbic acid oxidase
③ amylase
④ naringinase
⑤ cellulase

해설 polygalacturonase(폴리갈락투로나아제)는 pectin을 가수분해하는 효소로서 채소·과실의 연화작용을 한다.

149 효소반응에 대한 설명으로 옳은 것은?

① 효소는 화학반응에서 자신을 변화시켜 반응속도를 빠르게 하는 역할을 한다.
② 온도가 높아질수록 효소의 활성은 최대가 되고, 반응 속도도 지속적으로 커지며, pH에는 영향을 받지 않는다.
③ 효소를 불활성화시키기 위한 가열이 열에 의한 변성을 일으켜 식품에 좋지 않은 영향을 끼칠 수도 있다.
④ 촉매를 사용하면 반응속도가 촉진되어 반응열이나 생성물질의 양이 증가된다.
⑤ 효소는 지질로 이루어져 있다.

해설 효소의 특징
• 효소는 단백질로 이루어져 있으므로 열에 의한 변성이 쉽게 일어날 수 있다.
• 활성 최대온도 : 약 35~45℃. 온도가 올라가면 일반적으로 속도가 빠르게 진행되지만 일정 범위를 넘으면 촉매기능이 떨어진다.
• pH : 일정 범위를 넘어서면 기능이 급격히 떨어진다.
• 효소는 냉동온도에서 활성이 저하되기는 하지만 없어지지 않고 완만하게 진행된다.
• 촉매 사용 시 반응열이나 생성물질의 양에는 변함이 없다.

150 다음 중 효소와 기질의 연결이 잘못된 것은?

① glucoamylase – 탄수화물
② α–amylase – 전분
③ trypsin – 단백질
④ invertase – 단백질
⑤ inulase – inulin

해설 탄수화물 분해효소
α·β–amylase, invertase, lucoamylase, pectinesterase 등

151 무화과에 함유되어 있는 단백질 분해효소로 옳은 것은? 2017.02

① 파파인
② 브로멜라인
③ 피 신
④ 리 신
⑤ 펩 신

해설 피신은 무화과나무에서 얻는 싸이올 프로테아제(thiol protease)의 하나로 단백질 분해효소이다.

152 트립신 저해제를 함유한 식품으로 옳은 것은?

① 과일류　　　　　　　　　　　② 육 류
③ 어패류　　　　　　　　　　　④ 곡 류
⑤ 콩 류

> **해설**　Trypsin inhibitor(트립신 저해제)
> 콩, 완두, 땅콩, 강낭콩 등에 존재하는 protease activity를 억제하는 물질로 80℃ 이상, 1시간 이상 가열 시 파괴된다.

153 감자의 갈변에 주로 관여하는 물질은?

① tannin의 갈변　　　　　　　　② tyrosinase에 의한 갈변
③ maillard reaction에 의한 갈변　　④ ascorbic acid 산화에 의한 갈변
⑤ polyphenol oxidase에 의한 갈변

> **해설**　감자의 주요 물질인 티로신(tyrosine)의 페놀기(phenol)산화로 멜라닌 색소가 형성된다.

154 배추김치에서 배추의 녹색이 갈색으로 변화되는 것은 클로로필의 Mg^{2+}이 어떤 이온과 치환되었기 때문인가?

① Fe^{2+}　　　　　　　　　　② Cu^{2+}
③ O^{2-}　　　　　　　　　　　④ OH^-
⑤ H^+

> **해설**　chlorophyll은 산과 반응하게 되면 분자 가운데 위치한 마그네슘이 수소이온과 치환되어 갈색의 페오피틴(pheophytin)이 된다.

155 카로티노이드에 대한 설명으로 옳은 것은?

① 구조의 차이에 의하여 카로틴류와 크산토필(잔토필)류로 나누어진다.
② 무색 또는 연한 황색을 나타낸다.
③ 수소결합을 가지고 있다.
④ 결정형의 카로티노이드는 체내에서 흡수가 잘된다.
⑤ 수용성의 카로티노이드는 조리 중에 변색이 심하게 일어난다.

> **해설**　카로티노이드계 색소(공액이중결합이 발색단 역할) 중에서 프로비타민 A가 되는 것은 구조상 α-카로틴(비타민 A로서의 효력 가장 큼), β-카로틴, γ-카로틴 및 Cryptoxanthin이며, 일반적으로 카로티노이드의 이용률은 30% 정도에 불과하다.

152 ⑤　**153** ②　**154** ⑤　**155** ①　**정답**

156 녹색채소의 클로로필이 페오피틴으로 갈변에 관여하는 첨가제로 옳은 것은? `2017.02`

① 식 초   ② 중 조

③ 소 금   ④ 알칼리

⑤ 금속이온

> **해설** 클로로필의 Mg^{2+}가 산의 H^+와 치환되어 갈색의 페오피틴(pheophytin)으로 변환된다.

157 chlorophyll에 대한 설명 중 옳지 않은 것은?

① phytol이 에스터결합을 이루고 있는 수용성 색소로서 식물체의 잎에 많이 존재한다.

② 알칼리에 의해 변화되면 chlorophyllin을 생성한다.

③ Cu, Mg 등의 금속이온과 가열하면 안정한 녹색색소를 띠게 된다.

④ chlorophyllase에 의해 가수분해된다.

⑤ 4개의 pyrrole핵이 포피린 고리 중심에 Mg^{2+}이 결합된 마그네슘 포피린 기본 구조를 가진다.

> **해설** chlorophyll은 지용성으로 유기 용매(벤젠, 아세톤 등)에 잘 녹으며 피톨기가 떨어져 나가면 지용성에서 수용성으로 바뀐다.

158 육류의 햄, 소시지 가공 시 질산염을 처리하여 생성되는 적색물질은 무엇인가? `2021.12`

① hemoglobin   ② oxyhemoglobin

③ methemoglobin   ④ nitrosomyoglobin

⑤ myoglobin

> **해설** 육류의 색이 metmyoglobin(갈색)의 형성으로 변색되는 것을 방지하기 위해 가공 시 질산염・아질산염을 첨가하게 되면 nitrosomyoglobin을 형성하여 공기의 산화 방지 및 선명한 붉은색을 나타낸다.

159 다음 중 비효소적 갈변에 의한 식품의 변색으로 옳은 것은?

① 스테이크를 구울 때 갈색으로 변하는 것

② 홍차, 우롱차 제조 시 갈변

③ 감자 껍질의 박피로 인한 갈변

④ 사과를 잘라서 공기 중에 두었을 때 갈변

⑤ 바나나 박피로 인한 갈변

> **해설** 효소적 갈변
> - 폴리페놀옥시데이스(polyphenol oxidase) : 사과의 박피, 홍차, 우롱차
> - 티로시나아제(tyrosinase) : 감자의 박피

160 maillard 반응의 중간단계에서 생기는 변화가 아닌 것은?

① ozone류 생성　　　　　　　　　② furfural류 생성

③ 당의 분해 생성물　　　　　　　　④ aldol 축합반응

⑤ reductone류 생성

> **해설**　maillard 반응기작
> - 초기단계 : amadori(아마도리) 전위. 당류화 amino화합물의 축합 반응
> - 중간단계 : 아마도리 전위 생성물질 산화 및 분해 → 당의 산화[오존류(ozone) 생성, 히드록시메틸 푸랄(HMF), 리덕톤류 (reductone) 생성 등] → 당 생성물이 갈변에 관여
> - 최종단계 : Aldol형 축합반응(aldol type condensation)과 Strecker형 반응. 멜라노이딘 생성 반응 → 형광성 갈색 물질의 멜라노이딘 색소 형성

161 토마토와 수박의 붉은 색깔은 주로 무슨 색소에 의해서 나타나는가?

① 안토시아닌　　　　　　　　　　② 헤모글로빈

③ 엽록소　　　　　　　　　　　　④ 탄 닌

⑤ 카로티노이드

> **해설**　lycopene은 carotenoid계로 당근에서 처음 추출하였으며 토마토, 수박 등 속이 등황색 · 황색 · 적색을 나타내는 지용성 색소이다.

162 새우, 게 등을 가열하면 붉은 색을 띠는데, 이때 생기는 적색 색소로 옳은 것은?

① melanin　　　　　　　　　　　② cryptoxanthin

③ astacin　　　　　　　　　　　④ flavine

⑤ anthoxanthin

> **해설**　새우, 게 등의 갑각류의 껍질에 들어 있는 astaxanthin(아스타산틴)은 잔토필계의 붉은 색소이다. 생체에서는 단백질과 결합하여 청록색을 띠나 가열하면 astaxanthin이 유리되어 붉은 색소인 astacin이 된다.

163 다음 중 수용성 색소는?

① carotenoid　　　　　　　　　　② flavonoid

③ chlorophyll　　　　　　　　　　④ cryptoxanthin

⑤ xanthophylls

> **해설**　수용성 색소 : flavonoid(anthocyanin, anthoxanthin), tannins(caatechin, leucoanthocyan, polyphenol)

164 항산화 효과가 있는 리코펜과 착색효과가 있는 β-카로틴이 풍부한 식품은?

① 토마토   ② 수 박

③ 당 근   ④ 파프리카

⑤ 블루베리

> **해설** ① 토마토에는 카로티노이드의 일종인 리코펜(붉은색 색소)과 β-카로틴(황색 색소, 비타민 A의 전구체)이 들어 있으며 강한 항산화 작용과 착색효과가 있다.
> - 카로틴류 : α-카로틴, $\alpha\beta$-카로틴, γ-카로틴, 리코펜
> - 잔토필류 : 캡산틴, 크립토잔틴, 루테인, 지아잔틴

165 가당연유에 열을 가하게 되면 갈변이 되는데 주된 원인으로 옳은 것은?

① 아스코르빈산의 산화작용   ② 레닌 반응

③ 캐러멜화 반응   ④ 저온살균 효과

⑤ 마이야르 반응

> **해설** 가당연유에는 당과 단백질이 있어 열을 가하게 되면 마이야르 반응에 의해 갈변이 된다.

166 과실 절단면의 갈변에 영향을 주는 것으로 옳은 것은?

① 당화작용   ② polyphenol의 산화반응

③ maillard 반응   ④ caramel 반응

⑤ 아스코르브산 산화반응

> **해설** 사과·바나나 박피·절단 → 산화 → 효소(polyphenol oxidase)와 반응 → 멜라닌 색소 생성(갈색·흑색의 갈변)

167 다음 중 carotenoid계 색소로 옳은 것은?

① chlorophyll   ② tannin

③ anthocyanin   ④ xanthophyll

⑤ anthoxanthin

> **해설** carotenoid계 색소의 구조
> - carotene : 탄소와 수소만으로 구성된다.
> - xanthophyll : carotene 분자 중의 수소원자가 산소원자나 OH기와 치환되어 형성된다.

168 엽록소에서 phytol과 Mg^{2+}이 제거된 구조로 옳은 것은?

① chlorophyline
② porphytin
③ pheophytin
④ pheophorbide
⑤ porphrine

해설 엽록소의 porphyrin환과 결합된 Mg이 수소이온과 치환되어 녹갈색 pheophytin을 형성 → 계속해서 산이 작용하면 phytol이 제거되어 pheophorbide라는 갈색 물질로 가수분해된다.

169 식물성 색소 성분에 대한 설명으로 옳은 것은? `2021.12`

① 안토시아닌은 열에 안정하다.
② 클로로필은 수용성이다.
③ 탄닌류는 쉽게 산화되지 않는다.
④ 안토시아닌에 산을 첨가하면 파란색으로 변한다.
⑤ 카로티노이드는 가열에 변화가 없다.

해설 ⑤ 카로티노이드는 열·약산성·알칼리에 안정하나 쉽게 산화된다.
① 안토시아닌은 열에 불안정하며 산성에서는 적색, 알칼리성에서는 파란색으로 변한다.
② 지용성에는 클로로필과 카로티노이드가 있으며 수용성에는 플라보노이드(안토시아닌, 안토잔틴)와 탄닌류가 있다.
③ 탄닌류는 쉽게 산화된다.
④ 안토시안에 산을 첨가하면 적색으로 변한다.

170 소고기의 근육색소에 대한 설명으로 옳지 않은 것은?

① 산화육의 색소는 Fe^{3+} metmyoglobin이다.
② 선명한 적색을 나타내는 색소는 oxymyoglobin이다.
③ 햄 제조 시 생육에 질산염을 첨가하면 생성되는 선홍색의 물질은 nitrosomyoglobin이다.
④ myglobin은 O_2와 결합하여 산화되어 oxymyoglobin이 된다.
⑤ 산화육의 가열 시 메트미오글로빈의 글로빈이 변성·분리되고 갈색·회색의 hematin이 유리된다.

해설 oxymyoglobin은 산화가 아닌 산소화이다.

171 다음 중 porphyrin(포르피린)환 구조의 중심에 Mg를 함유하고 있는 것은?

① hemoglobin ② pheophytin
③ myoglobin ④ chlorophyll
⑤ 비타민 B$_1$

> **해설** 엽록소 분자는 1개의 Mg의 원자를 함유하고 있으며, Mg을 함유하는 분자는 약알칼리에 안정하나, 약산성에서는 쉽게 분해되어 Mg이 이탈된 다갈색의 pheophytin이 된다.

172 적색 양배추를 식초 물에 침지시켰을 때 일어나는 현상은? `2017.02`

① 갈변한다. ② 녹색으로 변한다.
③ 적색으로 변한다. ④ 청색으로 변한다.
⑤ 흰색으로 변한다.

> **해설** anthocyanin : 색소에 pH가 미치는 요인
> • 산 : 붉은색
> • 알칼리 : 녹색·청록색
> • 중성 : 보라색

173 비트에 함유된 적색 색소는? `2020.12`

① 탄 닌 ② 안토크산틴
③ 클로로필 ④ 베타레인
⑤ 델피니딘

> **해설** 비트는 베타레인이라는 성분 때문에 진한 붉은 색을 띠고 있다.

174 붉은 사과껍질 속의 색소는?

① 안토시아닌 ② 안토잔틴
③ 클로로필류 ④ 카로틴류
⑤ 잔토필류

> **해설** 사과껍질의 적색 색소는 안토시안계의 시아니딘 색소이다.

175 폴리페놀옥시데이스에 의한 갈변이 아닌 것은?

① 사 과   ② 배
③ 바나나   ④ 감 자
⑤ 복숭아

> **해설** 감자의 갈변은 티로시네이스에 의한 것이다.

176 중조(식소다)를 첨가하여 만든 빵의 색을 누렇게 변색시키는 원인물질은? `2019.12`

① 클로로필   ② 안토시아닌
③ 카로티노이드   ④ 글루테닌
⑤ 안토잔틴

> **해설** 밀가루 속 플라보노이드계의 안토잔틴은 산에는 안정하여 색의 변화가 없으나, 알칼리(식소다)에서는 누렇게 변색된다.

177 커피의 수렴성의 주된 탄닌 성분으로 옳은 것은?

① ellagic acid   ② chlorogenic acid
③ catechin   ④ phloroglucinol
⑤ shibuol

> **해설** ② coffeic acid와 quinic acid의 축합으로 chlorogenic acid을 생성한다.
> • ellagic acid : 밤 속껍질의 떫은 맛
> • shibuol : 감에 들어있는 탄닌의 일종으로 떫은맛

178 식품 특유의 맛과 냄새의 성분으로 옳은 것은?

① 홉 – allicin
② 레몬 – ipomeamarone
③ 감귤류 – naringin
④ 무 – mustard oil
⑤ 오이 – propylmercaptane

> **해설** • 쓴맛 : 오이 꼭지(cucurbitacin), 고구마(ipomeamarone), 홉(humulone)
> • 매운맛 : 고추(capsaicin), 마늘(allicin)

179 다음 중 맥주의 쓴맛을 내는 주된 성분으로 옳은 것은?

① 테오브로민(theobromine)　　　② 탄닌(tannin)

③ 나린진(naringin)　　　④ 휴물론(humulone)

⑤ 카페인(caffeine)

> **해설**　Hop 암꽃의 쓴맛 성분인 humulone과 lupulone이 있고, 맥주의 특유한 쓴맛은 이들 성분에 의한다.

180 미맹(taste blindness)의 검정에 사용되는 물질로 옳은 것은?

① CaCl$_2$　　　② phenylthiocarbamide

③ humulone　　　④ gingeron

⑤ cucurbitacin

> **해설**　미맹(taste blindness)
> 쓴맛 성분인 페닐티오카르바마이드(PTC ; phenylthiocarbamide) 물질에 대해 쓴맛을 느끼지 못한다(유전적 현상).

181 오징어를 먹은 직후 식초나 밀감을 먹었을 때 쓴맛을 느끼는 것으로 옳은 것은?

① 맛의 상승　　　② 맛의 억제

③ 맛의 변질　　　④ 맛의 변조

⑤ 맛의 대비

> **해설**　맛의 변조(modulation effect)
> • 한 가지 맛을 본 후 다른 맛이 정상적으로 느껴지지 않는 현상
> • 한약(쓴맛) 섭취 → 물 섭취 → 달게 느낌
> • 오징어 섭취 → 식초·밀감 섭취 → 쓴맛을 느낌
> • 단 것 섭취 → 사과 섭취 → 신맛이 강함

182 다음 식품의 맛과 성분의 연결이 옳지 않은 것은?

① 커피의 쓴맛 - chlorogenic acid　　　② 생강의 매운맛 - zingerone

③ 맥주의 쓴맛 - humulone　　　④ 녹차의 떫은맛 - theanine

⑤ 문어의 맛난맛 - taurine

> **해설**　녹차의 맛
> • theanine(L-teanine) : 녹차의 맛 성분(글루탐산의 감마-에틸아마이드)으로, 향미증진제와 영양강화제로 사용된다.
> • catechin : 녹차의 떫은 맛을 낸다.

183 양파를 가열 조리할 때 매운맛이 없어지고 단맛이 나는 성분은 어느 것인가?

① methyl mercaptan

② propyl mercaptan

③ allyl sulfide

④ allicin

⑤ myrcene

> **해설** 양파 속의 유황화합물(allyl disulfide)이 열에 의해 분해되면서 단맛을 내는 propyl mercaptan으로 변한다.

184 아미노산 중 조미료로 많이 사용되는 맛난(감칠)맛을 내는 것은?

① glutamic acid

② inosinic acid

③ succinic acid

④ aspartic acid

⑤ guanylic acid

> **해설** 감칠맛
> • inosinic acid(IMP : 이노신산나트륨) : 감칠맛, 핵산계 조미료
> • succinic acid(호박산) : 카복실산의 일종으로 감칠맛을 냄
> • aspartic acid(아스파트산) : 산성아미노산으로 약간의 신맛을 냄
> • guanylic acid(GMP : 구아닐산) : 감칠맛, 핵산계 조미료

185 온도를 높일수록 짠맛에 대한 강도는 어떻게 변화하는가?

① 짠맛이 강하게 느껴진다.

② 짠맛이 약하게 느껴진다.

③ 변함이 없다.

④ 쓰게 느껴진다.

⑤ 단맛이 살짝 느껴진다.

> **해설** • 짠맛은 온도가 높을수록 감소(잘 느껴지지 않음)되고, 낮을수록 강하게 느껴진다.
> 　예 뜨거울 때 짜다고 느끼지 못하고 먹던 탕이 식어가며 짜게 느껴진다.
> • 단맛은 짠맛과 반대로 온도가 높을수록 강하게 느껴지며, 낮을수록 감소(잘 느껴지지 않음)한다.
> 　예 아이스커피, 아이스크림 등은 설탕을 더 넣어야 단맛이 난다.

186 다음 중 Na^+과 결합하였을 때 짠맛의 세기가 가장 낮은 음이온은?

① NO_3^-

② Br^-

③ I^-

④ SO_4^{-2}

⑤ HCO_3^-

> **해설** 음이온의 짠맛 세기 : $SO_4^{-2} > Cl^- > Br^- > I^- > HCO_3^- > NO_3^-$

187 가다랑어포에서 추출한 핵산계 감칠맛 성분인 것은? 2017.02

① 5´-IMP
② 5´-GMP
③ glycine
④ glutamine
⑤ betaine

해설 **핵산계**
- inosinic acid(5´-IMP) : 어류(가다랑어, 건멸치)와 육류에 풍부하다.
- guanylic acid(5´-GMP) : 버섯과 고래고기 등에 풍부하다.

188 수박에 소금을 소량 첨가하였을 때 단맛이 상승되는 미각의 생리현상은?

① 맛의 순응
② 맛의 상승
③ 맛의 대비
④ 맛의 상쇄
⑤ 맛의 변조

해설 맛의 대비(contrast effect)란 주된 맛에 다른 맛을 혼합할 경우 주된 맛을 더욱 강하게 느끼게 되는 현상이다.

189 다음 중 식품과 주된 유기산의 연결이 옳은 것은?

① 감귤류 - 주석산(tartaric acid)
② 조개류 - 호박산(succinic acid)
③ 포도 - 구연산(citric acid)
④ 김치 - 초산(acetic acid)
⑤ 식초 - 젖산(lactic acid)

해설 ① 감귤류 - 구연산(citric acid), ③ 포도 - 주석산(tartaric acid), ④ 김치 - 젖산(lactic acid), ⑤ 식초 - 초산(acetic acid)

190 토란의 아린맛 성분은? 2019.12

① 투 욘
② 휴물론
③ 사포닌
④ 이포메아마론
⑤ 호모겐티스산

해설 ⑤ 호모겐티스산(homogentisic acid)은 토란 특유의 아린맛으로 토란의 점액성분으로 갈락탄(D-갈락토오스잔기를 구성당으로 하는 다당류)과 무틴(단백질의 일종)이 함유되어 있다.
① 투욘(thujone) - 쑥의 쓴맛, ② 휴물론(humulone) - 맥주의 쓴맛, ③ 사포닌(saponin) - 콩류 등의 쓴맛, ④ 이포메아마론 (ipomeamarone) - 고구마(흑반병)의 쓴맛

191 후추의 매운맛 성분은? `2021.12`

① 산쇼올
② 차비신
③ 알리신
④ 캡사이신
⑤ 시니그린

> **해설** 후추의 매운맛은 차비신(chavicine)으로 육류 및 어류의 냄새를 감소시키며, 살균작용도 있다.

192 식품의 맛 성분에 대한 설명으로 옳지 않은 것은?

① 마늘의 매운맛 성분인 알리신과 비타민 B_1과 결합하여 비타민 B_1의 유도체인 알리티아민을 생성한다.
② 고추의 매운맛 성분은 캡사이신에 의한 것이다.
③ 후추의 매운맛과 독특한 향은 chavicine이며 생선과 육류의 냄새 제거에 효과적이다.
④ 무, 겨자, 고추냉이 속에는 sinigrin이라는 배당체가 있는데, 세포가 파괴되어 allyl isothiocyanate가 생성되어 매운맛을 낸다.
⑤ 감칠맛을 내는 아스파라긴은 핵산계 조미료가 된다.

> **해설** 감칠맛을 내는 핵산계 조미료는 구아닐산과 이노신산이다.

193 다음 중 조미료의 침투속도를 고려하여 식품에 사용되는 올바른 순서는?

① 설탕 → 소금 → 식초 순으로 넣는다.
② 식초 → 설탕 → 소금 순으로 넣는다.
③ 소금 → 식초 → 설탕 순으로 넣는다.
④ 순서와 무관하게 소금과 설탕 등의 가루류를 넣은 후 액체류인 식초를 넣는다.
⑤ 액체류인 식초로 흡수시킨 후 순서와 무관하게 가루류인 소금과 설탕을 넣는다.

> **해설** • 분자량이 작을수록 침투가 빠르기 때문에 조미료의 첨가 순서는 분자량이 큰 설탕을 넣은 후 소금을 넣는다.
> • 조미료를 넣는 순서 : 당(설탕) → 염(소금) → 초(식초)

194 밥맛에 영향을 미치는 요소로 옳은 것은?

① 햅쌀일수록 밥맛이 거칠어 좋지 않다.
② 0.03%의 산을 첨가하면 밥맛이 좋아진다.
③ 밥물의 pH가 높을수록 밥맛이 좋다.
④ 쌀의 수분함량이 5%인 건조된 쌀을 이용하면 밥맛이 좋다.
⑤ 용기의 재질과 열원은 밥맛에 영향을 미친다.

> **해설** 밥맛을 좋게 하는 요인
> 햅쌀, 0.03%의 염 첨가, 14% 정도 수분을 함유한 쌀, 밥물 pH 7~8, 가마솥 등 두꺼운 재질의 솥

195 양파의 주된 향기 성분은?

① 알칼로이드
② 질소화합물
③ 저급지방산
④ 휘발성 유황화합물
⑤ terpene류

> **해설** 양파의 향기 성분(propyl mercaptan, diallyl disulfide)인 각종 휘발성 유황화합물은 그 선구물질인 allin 분해 과정에서 형성된다.

196 버터의 향기 성분으로 가장 옳은 것은?

① 4-vinylguaiacol
② methyl mercaptan
③ trimethylamine
④ diacetyl
⑤ ethyl-β-methyl mercaptopropionate

> **해설** 버터의 향기 성분에는 저급지방산, acetoin(아세토인), diacetyl(다이아세틸) 등이 있다.

197 양파의 최루 성분의 냄새물질은?

① propanethial S-oxide(프로판다이올-S-옥사이드)
② diallyl disulfide(이황화다이알릴)
③ allyl isothiocyanate(이소티오시안산 알릴)
④ gingerol(진저롤)
⑤ diacetyl(다이아세틸)

안심Touch

198 다음 중 채소와 향기를 구성하는 성분으로 바르게 연결된 것은?

① 표고버섯 – 2,6-nonadienal
② 레몬 – methyl alcohol
③ 당근 – aldehydes, terpenoids
④ 송이버섯 – limonene
⑤ 오이 – lenthionine

해설

향기 성분	종 류	향기 성분	종 류
methyl alcohol	토마토	limonene	레 몬
2,6-nonadienal	오 이	mercaptane류	무, 양파
1-octen-3-ol	송이버섯	sedanolide	셀러리
lenthionine	표고버섯		

199 과일류의 중요한 냄새 성분이며 분자량이 증가하면 냄새가 강해지는 물질의 종류는?

① ether류
② terpene류
③ aldehyde류
④ lactone류
⑤ sulfur compound(함황화합물)류

200 된장의 고유 냄새는 주로 어떤 성분에 의한 것인가?

① 아미노산과 유기산의 조화
② 알코올과 당분의 조화
③ 당분과 아미노산의 조화
④ 알코올과 유기산의 조화
⑤ 당분과 유기산의 조화

해설 숙성되면서 알코올 발효에 의하여 알코올이 생기고, 세균에 의해 글루타민산이라는 유기산이 생성되어 된장 특유의 구수한 맛과 향을 낸다.

201 흑겨자의 매운 냄새 성분은? `2019.12`

① 신남알데하이드(cinnamaldehyde)

② 산쇼올(sanshool)

③ 메틸메르캅탄(methyl mercaptan)

④ 시날빈(sinalbin)

⑤ 알릴 이소티오시아네이트(allyl isothiocyanate)

> 해설 ⑤ 흑겨자의 매운맛 : sinigrin → myrosinase(효소 분해) → allyl isothiocyanate(생성 물질)
> ① 신남알데하이드(cinnamaldehyde) : 계피의 매운맛
> ② 산쇼올(sanshool) : 산초의 매운맛
> ③ 메틸메르캅탄(methyl mercaptan) : 무의 매운맛
> ④ 시날빈(sinalbin) : 백겨자 매운맛

202 다음 중 치즈, 버터 등의 자극성 있는 주된 냄새 성분은?

① 테르펜류 ② 저급지방산

③ 함황화합물 ④ 에스테르류

⑤ 알코올류

203 다음 중 식품과 주된 냄새 성분으로 옳게 연결된 것이 아닌 것은?

① sedanolide – 셀러리 ② limonene – 레몬

③ methyl mercaptane – 무 ④ 2,6–nonadienol – 오이

⑤ piperidine – 흑겨자

> 해설 ⑤ piperidine : 담수어

204 다음 중 어류의 비린내 성분으로 옳지 않은 것은?

① piperidine ② trimethylamine

③ indine ④ δ–aminovaleric acid

⑤ δ–aminovaleric aldehyde

> 해설 어류의 주 비린내 성분은 trimethylamine(트리메틸아민)이며 그 외에도 piperidine, δ–aminovaleric acid, δ–aminovaleric aldehyde가 있다.

205 다음 중 휘발성 유황화합물을 함유하고 있지 않은 식품으로 옳은 것은?

① 후 추　　　　　　　　　　② 양 파
③ 무　　　　　　　　　　　 ④ 마 늘
⑤ 겨 자

> **해설**　후추 냄새는 알코올류와 terpene(테르펜)류이다.

206 다음 중 훈연식품의 특유한 향기성분과 관계가 없는 물질은?

① eugenol
② 4-vinylguaiacol
③ 4-methylguaiacol
④ ferulic acid
⑤ n-caproaldehyde

> **해설**　훈연식품 특유의 향미
> 나무를 연소[리그닌(lignin)성분의 가열 분해] → 페놀계 향기성분 생성 → conyferyl alcohol(리그닌의 주성분)의 일차적 산화생성물인 ferulic acid 생성 → 가열(분해) → 4-vinylguaiacol, 4-methylguaiacol, eugenol 등의 페놀화합물이 생성된다.

207 식물 정유의 주성분을 이루는 방향족 화합물의 총칭으로 휘발성 향기를 내는 성분은?

① terpene류　　　　　　　　② ester류
③ aldehyde류　　　　　　　 ④ alchol류
⑤ amine류

208 테르펜류인 limonene은 어떤 식품의 주된 냄새 성분인가?

① 쑥　　　　　　　　　　　 ② 박 하
③ 오 이　　　　　　　　　　④ 레 몬
⑤ 커 피

209 Chlorella에 대한 설명으로 바르지 않은 것은?

① 원시핵으로 된 고등 미생물이다.
② 단세포조류이다.
③ 필수아미노산과 비타민 함량이 높다.
④ 태양에너지의 이용률이 일반 식물보다 높다.
⑤ Chlorophyll을 가지고 있다.

> **해설** 녹·조류에 속하는 Chlorella는 직경 2~8μm의 단세포 미생물로 chlorophyll을 갖고 CO_2, 염소, 무기염류를 함유한 배지에서 광합성을 하여 에너지를 얻어 증식한다.

210 원핵세포생물과 진핵세포생물에 대한 내용으로 옳지 않은 것은?

① 원핵세포에는 세포벽이 존재하지 않으나 진핵세포에는 세포벽이 존재한다.
② 원핵세포 세포벽의 기본구조는 펩티도글리칸이다.
③ 진핵세포의 호흡과 관계하는 효소들은 미토콘드리아에 존재하다.
④ 원핵세포의 호흡과 관계하는 효소들은 세포막 또는 mesosome에 부착되어 있다.
⑤ 핵막의 유무에 따라 원핵세포와 진핵세포로 구분된다.

> **해설** 진핵세포는 세포벽이 존재하지 않거나 종류에 따라 셀룰로오스, 키틴 등으로 구성된다.

211 원핵세포를 가지는 미생물은?

① protozoa   ② yeast
③ bacteria   ④ mold
⑤ virus

> **해설** 원생동물의 분류
> - 진핵세포(고등동물) : 막으로 둘러싸인 핵을 가진 미생물(곰팡이, 효모 등)
> - 원핵세포(하등미생물) : 원핵미생물은 핵산을 둘러싸고 있는 핵막이 없는 단세포 미생물군(세균, 고세균 등)
> - 바이러스 : 핵산의 종류(DNA바이러스와 RNA바이러스), 숙주(동물바이러스, 식물바이러스, 박테리오파지)에 따라 분류

212 발효식품 중 효모에 의한 발효가 아닌 것은?

① 포도주   ② 탁 주
③ 막걸리   ④ 맥 주
⑤ 소 주

해설   소주는 증류주에 속한다.

213 세균의 세포에 기생해서 세균을 용균하는 바이러스는 어느 것인가?

① HIV   ② influenza
③ bacteriophage   ④ rickettsia
⑤ bacteria

해설   박테리오파지는 세균을 잡아먹는 바이러스이다(박테리오는 '세균', 파지는 '먹는다'는 뜻).

214 효모의 증식의 최적 조건은?

① 15~25℃, pH 4~4.5   ② 25~30℃, pH 4~4.5
③ 25~30℃, pH 6~8   ④ 30~40℃, pH 6~8
⑤ 30~35℃, pH 4~4.5

해설   효모의 최적 증식 조건은 온도 25~30℃, pH 4~6.0, Aw 0.87~0.940이다.

215 다음 중 요구르트 제조에 이용되는 미생물로 옳은 것은?

① Acetobacter aceti
② Lactobacillus bulgaricus
③ Aspergillus niger
④ Trichoderma koningii
⑤ Saccharomyces ellipsoideus

해설   락토바실러스 불가리쿠스는 유제품 제조에 있어 중요한 젖산균으로 글루코오스, 프룩토오스, 갈락토오스, 젖당을 발효시킨다.

216 간장, 김치, 된장 등을 저장하는 동안 표면에 자라는 흰곰팡이로 발효식품에서의 문제가 되는 내염효모는?

① Penicillium expansum
② Pichia
③ Saccharomyces cerevisiae
④ Torulopsis속
⑤ Aspergillus oryzae

> **해설** Film yeast(산막효모)
> 간장, 김치, 된장 등을 저장하는 동안 표면에 자라는 내염 효모로 흰곰팡이라고도 한다. 종류로는 피키아(Pichia), 한세눌라(Hansenula), 칸디다(Candida)가 있다.

217 유산균 phage의 예방대책으로 옳은 것은?

① 탈지유의 용량을 늘인다.
② starter를 다량 첨가한다.
③ 유산을 첨가하여 배양한다.
④ rotation system으로 균주를 바꾼다.
⑤ 열처리를 충분히 한다.

> **해설** 파지 방지대책으로 철저한 소독·청결, 내성균주의 이용, 숙주를 바꾸는 로테이션 시스템의 실시 등이 있다.

218 Aspergillus oryzae가 이용되는 식품으로 옳지 않은 것은?

① 청 주   ② 된 장
③ 간 장   ④ 탁 주
⑤ 맥 주

> **해설** 맥주효모
> • 상면발효 : 사카로미세스 세레비시아(Saccharomyces cerevisiae)
> • 하면발효 : 사카로마이세스 카를스베르겐시스(Saccharomyces carlsbergensis)
> Aspergillus oryzae의 특징
> • 대표적인 koji 곰팡이
> • 흰색 또는 분생자가 생기면 황록색으로 변함 → 오래되면 갈색으로 변함
> • 전분당화력과 단백질 분해력이 강함
> • 청주, 탁주, 된장, 간장 제조에 쓰임

219 포도주 제조에 이용되는 미생물은? `2021.12`

① Saccharomyces ellipsoideus

② Aspergillus oryzae

③ Candida utilis

④ Penicillium chrysogenum

⑤ Lactobacillus delbrueckii

> 해설 Saccharomyces ellipsoideus는 포도주 양조에 필수적인 효모이다.

220 곰팡이의 무성포자인 것은?

① 접합포자   ② 난포자

③ 포낭포자   ④ 자낭포자

⑤ 담자포자

> 해설 포 자
> • 유성포자 : 난포자, 접합포자, 자낭포자, 담자포자
> • 무성포자 : 포낭포자, 분생포자, 후막포자, 분절포자

221 다음 설명된 식중독균으로 옳은 것은?

> • 부패된 통조림의 식중독균
> • 통조림의 flat sour에 대한 원인균
> • 포자를 형성하는 통성혐기성균
> • gram 양성

① Morganella morganii

② Clostridium nigrificans

③ Escherichia coli

④ Bacillus coagulans

⑤ Clostridium thermosaccharolyticum

> 해설 • flat sour 원인균 : Bacillus coagulans, Bacillus stearothermophilus
> • 팽창부패 원인균 : Clostridium thermosaccharolyticum
> • H_2S를 생성하여 검게 하는 균 : Clostridium nigrificans

222 미생물 증식의 중요 환경인자로 틀린 것은?

① 산 소

② 질 소

③ 광 선

④ 수 분

⑤ 온 도

> 해설 미생물 증식에 영향을 미치는 요인
> 온도, 광선, pH, 영양소, 수분, 산소 등

223 미생물과 이용한 식품의 연결이 바른 것은?

① Saccharomyces ellipsoideus - 아프리카 폼베 술

② Lactobacillus bulgaricus - 치즈

③ Schizosaccharomyces pombe - 포도주

④ Bacillus subtilis - 청국장

⑤ Penicillium roqueforti - 요구르트

> 해설 ① Saccharomyces ellipsoideus : 포도주
> ② Lactobacillus bulgaricus : 요구르트
> ③ Schizosaccharomyces pombe : 아프리카 폼베 술
> ⑤ Penicillium roqueforti : 치즈

224 식품의 부패미생물에 대한 설명으로 옳지 않은 것은?

① 발암성인 aflatoxin 독성을 생산하는 균은 Aspergillus flavus이다.

② Aspergillus niger는 빵의 점질물질(ropiness)을 생성한다.

③ 채소류의 연화병을 일으키는 균은 Erwinia속이다.

④ 식품을 오염시켜 흙냄새를 유발시키는 미생물은 Streptomyces이다.

⑤ Bacillus는 쌀밥 등 전분이 많은 식품에 잘 번식하는 세균이다.

> 해설 Bacillus subtillus, Bacillus licheniformis가 증식하여 식빵의 점질화가 일어난다. Aspergillus niger는 검정곰팡이(흑국균)이라
> 불리는 빵곰팡이다.

225 gram염색에 관한 설명으로 옳지 않은 것은?

① gram염색이 남보라색이 나오면 gram양성이다.
② 세균의 연령은 gram염색에 영향을 미친다.
③ gram염색 결과는 세균의 세포벽 조성 차이에 의해 구별된다.
④ gram염색을 이용하여 세균의 편모를 확인할 수 있다.
⑤ gram염색의 결과는 세균을 분류하는 기준이다.

해설 gram염색으로는 편모를 확인할 수 없다.

226 간장 양조에 관계되는 미생물들로 묶은 것은?

㉠ 효 모	㉡ 곰팡이
㉢ 세 균	㉣ 방선균
㉤ 바이러스	

① ㉠, ㉡, ㉢   ② ㉠, ㉢, ㉤
③ ㉡, ㉢, ㉣   ④ ㉣, ㉤
⑤ ㉠, ㉡, ㉢, ㉣, ㉤

해설 간장의 균주
• 곰팡이 : Aspergillus oryzae, Aspergillus sojae
• 효모 : Zygosaccharomyces rouxii, Candida versatilis, Saccharomyces cerevisiae
• 세균 : 젖산균(Pediococcus halophilus)

227 다음 중 간장과 된장의 제조에 사용되는 주요 곰팡이는?

① Saccharomyces pastorianus
② Aspergillus niger
③ Hansenula anomala
④ Aspergillus oryzae
⑤ Proteus vulgaris

해설 ① Saccharomyces pastorianus : 맥주 혼탁 유해균
② Aspergillus niger : 검은빵곰팡이
③ Hansenula anomala : 산막효모이나 청주 발효의 향미 부여
⑤ Proteus vulgaris : 우유 산패

228 간장, 된장을 만들 때 곡류에 Aspergillus oryzae를 번식시킨 코지를 이용하는 것과 관계가 없는 것은?

① 당화효소의 이용　　　　　　　　② 단백질 분해효소의 이용
③ 지방 분해효소의 이용　　　　　　④ 장류의 색소 형성
⑤ 장류의 주된 맛과 향기 부여

> **해설**　장류의 균주가 갖추어야 할 조건
> • protease의 효소 활성이 강해야 한다.
> • glutamic acid의 생성능력이 강해야 한다.
> • 전분 당화작용이 강해야 한다.

229 전통발효식품인 청국장 제조에서 점질물을 생성하는 균종으로 옳은 것은?

① Bacillus cereus　　　　　　　　② Bacillus anthracis
③ Bacillus natto　　　　　　　　　④ Bacillus coagulans
⑤ Bacillus stearothermophilus

> **해설**　Bacillus natto(납두균)는 고초균의 하나이며 점질물인 폴리글루탐산과 레반(levan)을 형성하는 것이 특징이다.

230 다음 중 이상발효젖산균으로 청주 제조에 관여하는 미생물은?

① Pediococcus damnosus　　　　　② Saccharomyces sake
③ Lactobacillus heterohiochii　　　④ Pseudomonas aeruginosa
⑤ Lactobacillus casei

> **해설**
> ① Pediococcus damnosus : 맥주의 diacetyl을 생성하는 유해균이다.
> ③ Lactobacillus heterohiochii : 화락균으로 청주를 백탁 산패시킨다.
> ④ Pseudomonas aeruginosa : 녹농균으로 우유의 색을 청색으로 변색시킨다.
> ⑤ Lactobacillus casei : 치즈 제조에 이용한다.

231 식초 제조에 사용되는 균은? `2021.12`

① Streptococcus lactis　　　　　　② Acetobacter aceti
③ Bacillus subtilis　　　　　　　　④ Penicillium roqueforti
⑤ Leuconostoc mesenteroides

> **해설**　Acetobacter aceti는 식초의 주성분인 아세트산을 생성하는 세균으로, 식초를 제조하는 데 쓰인다.

232 맥주의 상면발효에 관여하는 미생물로 옳은 것은?

① Saccharomyces cerevisiae
② Saccharomyces carlsbergensis
③ Botrytis
④ Saccharomyces ellipsoideus
⑤ Pediococcus cerevisiae

> **해설** 맥주 발효에 이용되는 효모
> • 상면발효 : 효모가 맥아즙의 표면에서 발효하여 만드는 맥주로 표면발효라고도 하며 에일맥주가 대표적이다(Saccharomyces cerevisiae).
> • 하면발효 : 하면효모를 써서 비교적 낮은 온도에서 발효한 맥주로 독일 라거맥주가 대표적이다(Saccharomyces carlsbergensis).

233 독일의 라거맥주의 제조가 대표적이며 하면발효에 관여하는 균종으로 옳은 것은?

① Pediococcus cerevisiae
② Saccharomyces carlsbergensis
③ Saccharomyces cerevisiae
④ Saccharomyces ellipsoideus
⑤ Botrytis

> **해설** 맥주 발효에 이용되는 효모
> • 상면발효 : 효모가 맥아즙의 표면에서 발효하여 만드는 맥주로 표면발효라고도 하며 에일맥주가 대표적이다(Saccharomyces cerevisiae).
> • 하면발효 : 하면효모를 써서 비교적 낮은 온도에서 발효한 맥주로 독일 라거맥주가 대표적이다(Saccharomyces carlsbergensis).

234 다음 중 복발효가 아닌 것은?

① 탁 주 ② 약 주
③ 청 주 ④ 와 인
⑤ 맥 주

> **해설** 발효주의 구분
> • 단발효주 : 과일, 설탕수수 당액은 자체 당만으로도 효모에 의해 한 번으로 발효를 끝내는 방식(와인)이다.
> • 복발효주 : 전분의 당화와 당의 알코올 발효의 두 단계로 이루어지는 발효이다.
>   – 단행 복발효 : 맥주(당화와 발효가 뚜렷하게 구별)
>   – 병행 복발효 : 청주(당화와 발효가 뚜렷하게 구별되지 않음)

235 세균의 증식곡선의 순서를 바르게 나타낸 것은?

① 정지기 → 쇠퇴기 → 유도기 → 대수기
② 대수기 → 유도기 → 정지기 → 쇠퇴기
③ 쇠퇴기 → 유도기 → 정지기 → 쇠퇴기
④ 유도기 → 대수기 → 정지기 → 쇠퇴기
⑤ 대수기 → 정지기 → 쇠퇴기 → 유도기

해설 미생물 증식곡선
• 유도기 : 미생물의 환경 적응 시기
• 대수기 : 대수적 증가 시기
• 정지기 : 세포수는 최대, 생균수는 일정한 시기
• 쇠퇴기(사멸기) : 생균수 감소, 세포의 사멸 시기

236 미생물의 증식곡선에서 배양기간 중 세포의 성장이 일어나지 않아 균수의 증가가 없는 시기로 옳은 것은?

2017.02

① 유도기   ② 대수기
③ 증식기   ④ 정지기
⑤ 사멸기

해설 미생물 증식곡선

• 유도기 : 균의 수 증가 없음, 새로운 생육환경의 적응 기간(세포의 크기 커짐 → RNA 함량 증가·대사활동 활발, 단백질·핵산 등 합성)
• 대수기(증식기) : 세포수의 급격한 증가, 균수 대수적으로 증가, 대사산물 증가, 세포질의 합성속도와 분열속도 거의 비례, 세대기간 가장 짧고 일정, 세포 크기 일정, 균 증식곡선이 직선에 가까워짐, 물리·화학적 처리에 감수성 높음(쉽게 사멸), 영양 증식기
• 정지기 : 배양기간 중 세포수 최대, 생균수 일정(증식 세포수와 사멸 세포수 동일), 세포형태 정상 시기, 내생포자 형성 시기, 영양물질·산소 부족, 유해물질 축적, pH 변화 등으로 생균수 증가하지 않음
• 사멸기 : 생균수 감소 시기(세포증식 속도 < 세포사멸 속도), 효소에 의한 자기소화[핵산(RNA, DNA) 분해, 단백질 분해, 효소단백질 변성]로 용해됨

237 다음 중 식품과 이용된 미생물의 연결이 바르게 된 것은?

① 맥주 – Leuconostoc mesenteroides
② 요구르트 – Streptococcus thermophilus
③ 간장 – Penicillium roqueforti
④ 치즈 – Aspergillus sojae
⑤ 김치 – Saccharomyces cerevisiae

해설 ② 요구르트 : Lactobacillus bulgaricus, Streptococcus thermophilus
① 맥주 : Saccharomyces cerevisiae(상면발효), Saccharomyces carlsbergensis(하면발효)
③ 간장 : Aspergillus oryzae, Aspergillus sojae
④ 치즈 : Penicillium camemberti, Penicillium roqueforti
⑤ 김치 : Leuconostoc mesenteroides, Lactobacillus plantarum

238 김치를 만들때 발효 중 초기에 관여하며 점질물을 생성하는 젖산균으로 옳은 것은?

① Leuconostoc mesenteroides
② Lactobacillus plantarum
③ Lactobacillus bulgaricus
④ Lactococcus lactis
⑤ Lactobacillus casei

해설 김치발효균
• 초기발효 : Leuconostoc mesenteroides
• 후기발효 : Lactobacillus plantarum

239 초산균을 이용해 발효된 식품으로 옳은 것은?

① 고추장　　　　　　　　　② 식 초
③ 요구르트　　　　　　　　④ 버 터
⑤ 간 장

해설 초산균은 알코올을 산화하여 초산을 만드는 균으로 식초의 제조에 이용된다.

240 담자류균의 설명으로 잘못된 것은?

① 유성생식 후에 담자기에서 포자를 만든다.
② 균사는 격벽이 있고, 세포벽에는 키틴질을 가진다.
③ oidia를 형성한다.
④ 스스로 양분을 만들 수 있다.
⑤ 진균류 중에서 가장 발달하였고, 기생성을 갖고 있는 것이 많다.

해설 담자류균은 스스로 양분을 만들지 못한다.

241 전분의 당화를 이용한 식혜를 만들 때 최적 발효하는 적정 온도는?

① 25~35℃
② 35~45℃
③ 45~55℃
④ 55~65℃
⑤ 65~75℃

해설 최적발효온도 60℃에서 β-아밀라아제에 의해 가수분해되어 맥아당을 만든다.

242 곰팡이에 대한 설명으로 옳지 않은 것은?

① 액체배지에 있어서 초산균은 혐기적이고 균막을 형성한다.
② Penicillium italicum은 감귤류의 푸른 곰팡이의 원인균이다.
③ Aspergillus flavus는 발암물질인 aflatoxin을 생성한다.
④ 곰팡이의 유성포자 종류로 난포자, 접합포자, 담자포자, 자낭포자가 있다.
⑤ yoghurt용 유산균은 진한 발효유로 장내의 이상 발효를 방지하는 저장효과가 있다.

해설 초산균의 특징으로 액체 배양 시 피막 형성, gluconic acid 생성, gram 음성의 호기성이 있다.

243 다음 중 접합균류 중 가근과 포복지가 없는 균류로 옳은 것은?

① Mucor
② Rhizopus
③ Bacillus
④ Penicillium
⑤ Aspergillus

해설 털곰팡이(Mucor)는 가근이 없고 포자낭 자루 끝에 점질의 포자낭을 만드는 균으로 토양이나 병든 과일에서 많이 분리된다.

244 Penicillium속에 대한 설명으로 옳지 않은 것은?

① 병족세포와 정낭이 있다.
② 자낭균류에 속하는 진균이며 푸른곰팡이라 불린다.
③ 황변미의 원인균이다.
④ Penicillium notatum이 생산하는 강력한 항생물질은 penicillin이다.
⑤ 분생자병의 끝에 경자로 빗자루 모양의 분생자 형태를 나타낸다.

> **해설** 병족세포와 정낭은 없다.

245 곰팡이의 무성생식에 속하는 것으로 옳은 것은?

① 담자포자　　　　　　　　　② 자낭포자
③ 접합포자　　　　　　　　　④ 난포자
⑤ 포자낭포자

246 다음 중 버섯에 관한 설명으로 옳지 않은 것은?

① 버섯은 광합성을 통해 영양분을 얻어 생육한다.
② 온도·습도·대기 등의 환경조건과 영양분의 섭취는 생육에 영향을 준다.
③ 영양기관인 자실체와 번식기관인 균사체로 되어 있다.
④ 식용부분인 자실체에는 pentosan, mannit와 trehalose가 있다.
⑤ 버섯은 대부분 담자균류에 속한다.

> **해설** 식물은 광합성을 해서 스스로 영양분을 만들지만, 버섯은 영양분을 만들지 못한다. 버섯은 보통 나무껍질, 낙엽, 나무 밑동 등 죽은 생물로부터 영양분을 얻는 과정에서 생물들의 사체를 작은 조각으로 분해하고, 점점 더 썩게 해서 흙을 기름지게 하는 분해자 역할을 한다.

247 다음 중 열에 대한 저항성이 큰 미생물로 옳은 것은?

① 곰팡이 포자　　　　　　　　② 세균의 포자
③ 영양세포　　　　　　　　　④ 세 균
⑤ 바이러스

> **해설** 아포(spore)는 고온, 건조, 동결, 방사선, 약품 등 물리적·화학적 조건에 대해서 저항력이 강하다.

248 다음 중 세균에 대한 설명으로 옳지 않은 것은?

① 저온에서 증식이 잘되는 세균은 Achromobacter, Pseudomonas 등이 있다.
② 고온균으로 Streptococcus thermophilus, Bacillus stearothermophilus 등이 있다.
③ 건조에 대한 저항성은 곰팡이 > 효모 > 세균 순으로 강하다.
④ 약 1.2% 이상의 소금농도에서 잘 자라는 세균으로 Halobacterium, Pseudomonas, Alteromonas 등이 있다.
⑤ 단독으로 질소고정을 하는 호기성균으로 Escherichia coli가 있다.

해설　질소고정 미생물은 대기 중의 질소로부터 질소 화합물을 합성하는 미생물로 세균(azotobacter), 광합성 세균, 남조류 등이 있다.

249 다음 중 식품과 변패의 원인균으로 바르게 연결된 것은?

① 청주의 변패균(화락균) – Lactobacillus homohiochii
② 통조림의 flat sour – Clostridium sporogenes
③ 통조림 부패균 – Bacillus coagulans
④ 우유의 청변 – Pseudomonas synxantha
⑤ 소시지의 점질물 – Streptococcus lactis

해설
• 통조림의 flat sour : Bacillus coagulans
• 빵의 점질물 : Bacillus subtilis
• 우유의 청변 : Pseudomonas syncyanea
• 우유의 황변 : Pseudomonas synxantha
• 소시지의 점질물 : Micrococcus속

250 식품 속에 증식하여 부패를 일으켜 적변시키는 세균으로 옳은 것은?

① Serratia marcescens
② Morganella morganii
③ Lactobacillus casei
④ Lactobacillus plantarum
⑤ Pseudomonas syncyanea

해설　Serratia 균종은 붉은 색소를 생산하는 그람음성 무아포의 간균이며, 장내세균과의 일속이다. 이 균은 식품 속에서 증식하여 식품을 적변시키는 부패현상을 일으킨다.

251 다음 중 채소와 과일류의 부패 원인균의 연결이 옳지 않은 것은?

① 채소의 연부병 – Erwinia
② 사과의 푸른곰팡이병 – Torulopsis versatilis
③ 고구마의 연부병 – Rhizopus nigricans
④ 포도 유해곰팡이 – Botrytis cinerea
⑤ 감귤류 부패균 – Penicillium italicum

> **해설**　• 사과의 푸른곰팡이병 : Penicillium expansum
> 　　　　• 간장의 후숙효모 : Torulopsis versatilis

252 우유를 부패시키는 세균으로 녹변을 일으키는 것은?

① Serratia marcescens
② Pseudomonas syncyanea
③ Lactobacillus plantarum
④ Pseudomonas fluorescens
⑤ Pseudomonas synxantha

> **해설**　우유의 부패와 변색을 일으키는 세균
> 　　　　• 청색유 : Pseudomonas syncyanea
> 　　　　• 황색유 : Pseudomonas synxantha
> 　　　　• 녹색유 : Pseudomonas fluorescens

253 다음 중 멸균방법과 이용대상의 관계로 옳지 않은 것은?

① 화염멸균 – 금속기구, 백금이
② 자외선 – 사면배지
③ 승홍수 – 고무
④ 고압증기멸균 – 표준한천배지
⑤ 건열멸균 – 페트리접시, 초자기구

> **해설**　자외선은 주로 물, 공기의 멸균에 사용된다.

254 미생물의 배양에 관련한 설명으로 옳은 것은?

① lactose는 virus 분리 동정에 이용된다.
② 고체배지는 액체배지에 한천·젤라틴을 20%의 농도로 굳힌 것이다.
③ 젤라틴 등을 녹인 시험관을 비스듬히 기울여 굳힌 것은 액체배지이다.
④ 사면배지는 미생물의 발육과정, 대량배양에 사용된다.
⑤ 세균배양에 이용되는 것으로는 beef extract, yeast extract, peptone 등이 있다.

> **해설** • 대장균의 분리 동정 : lactose를 발효하여 가스를 생성하기 때문에 이용된다.
> • 고체배지 : 액체배지에 한천·젤라틴을 1.5%의 농도로 굳힌 것이다.
> • 사면배지 : 젤라틴 등을 녹인 시험관을 비스듬히 기울여 굳힌 것이다.
> • 액체배지 : 미생물의 발육과정, 대량배양에 사용된다.

255 다음 중 식품의 변패를 일으키는 산막효모이지만 청주의 발효에서는 향미를 높이는 효모로 이용되는 것은?

① Hansenula anomala
② Pichia membranaefaciens
③ Trichosporon pullulans
④ Saccharomyces cerevisiae
⑤ Lactobacillus sake

256 고농도의 식염에 강하며 간장의 향기를 형성하는 효모로 옳은 것은?

① Saccharomyces rouxii
② Saccharomyces cerevisiae
③ Saccharomyces mellis
④ Aspergillus niger
⑤ Pseudomonas aeruginosa

257 Histidine을 축적하여 알레르기를 일으키며 살이 붉은 어류에 부착하는 세균은?

① Paracolobacterium
② Clostridium
③ Morganella morganii
④ Serratia marcescens
⑤ Pseudomonas

> **해설** Morganella morganii는 histidine을 축적하고, 탈탄산효소의 활성이 강하고, 살이 붉은 어류에 부착하는 세균이다. 붉은살 어류는 흰살 어류에 비해 지질함량이 많고 수분함량이 적은 편이고, histidine을 비교적 많이 함유하고 있다.

258 흑곡균의 하나로 과일주스의 청징제 제조에 이용되는 곰팡이로 옳은 것은?

① Aspergillus oryzae　　　　　　② Aspergillus niger

③ Aspergillus awamori　　　　　　④ Aspergillus flavus

⑤ Aspergillus sojae

> **해설**　청징제 제조에 이용되는 곰팡이
> • Aspergillus niger : 베타-아밀라아제 활성이 커서 전분 당화에 사용되며, 과일주스의 청징제 제조에 이용된다.
> • Monascus anka : 펙틴분해력이 강해 과즙의 청징제로 이용된다.

259 미생물의 이용이 바르게 연결된 것은?

① 김치 – Streptococcus faecalis　　　② 청국장 – Hansenula anomala

③ 버터 – Lactobacillus bulgaricus　　④ 요구르트 – Lactobacillus plantarum

⑤ 청주 – Aspergillus subtilis

> **해설**　김치의 숙성과 관련된 미생물
> 젖산에 의해 산미가 생성되며 Streptococcus faecalis, Leuconostoc mesenteroides, Lactobacillus brevis, Lactobacillus plantarum 등이 있다.

260 곡류의 단백질에 대한 설명으로 옳은 것은?

① 쌀은 트립토판이 부족하여 풍부한 옥수수와 섞어 이용하면 좋다.

② glutelin(글루텔린)류의 oryzenin(오리제닌)은 쌀의 주요 단백질이다.

③ 보리의 주요 단백질은 prolamine(프롤라민)류의 zein(제인)이다.

④ 옥수수의 주요 단백질은 prolamine(프롤라민)류의 hordein(호르데인)이다.

⑤ 쌀에는 필수아미노산인 트립토판이 풍부하다.

> **해설**　• 옥수수 : 주요 단백질은 prolamine(프롤라민)류의 zein(제인), 주식으로 이용 시 트립토판의 부족으로 결핍된다.
> • 보리 : 주요 단백질은 prolamine(프롤라민)류의 hordein(호르데인)이다.
> • 쌀 : arginine(아르기닌)은 풍부하나 리신, 트립토판, 히스티딘 등은 부족하다.

261 쌀의 장기간 저장 시 적당한 수분함량으로 옳은 것은?

① 25~25%　　　　　　　　　　② 15~20%

③ 10~15%　　　　　　　　　　④ 5~10%

⑤ 0~5%

262 쌀의 도정도가 높을수록 증가하는 영양성분은? `2019.12`

① 당 질 ② 섬유소
③ 단백질 ④ 비타민
⑤ 칼 슘

> **해설** 단백질, 지방, 회분, 섬유성분은 도정도가 높을수록(현미 > 5분도미 > 7분도미 > 정백미) 감소하나 당질(탄수화물)은 증가한다.

식품명	열량 (kcal)	단백질 (g)	지방 (g)	당질 (g)	섬유 (mg)	회분 (mg)	칼슘 (mg)	비타민			
								B₁ (mg)	B₂ (mg)	니아신 (mg)	C (mg)
현 미	351	7.4	3.0	71.8	1.0	1.3	10.0	0.54	0.06	4.5	0
7분도미	356	6.9	1.7	74.7	0.4	0.8	7.0	0.32	0.04	2.4	0
백 미	366	6.8	1.0	79.6	0.4	0.5	5.0	0.15	0.03	1.5	0

263 곡류의 특징으로 옳은 것은?

① 쌀은 도정 횟수가 많을수록 비타민과 전분 함량이 많아진다.
② 쌀의 배유 부분에는 비타민이 많고 배아에는 탄수화물이 많다.
③ 쌀과 보리는 도정에 의한 손실량이 많다.
④ 보리는 β-글루칸이 다량 함유되어 있다.
⑤ 주식으로 보리만 섭취 시 비타민 B군의 결핍이 생길 수 있다.

> **해설** 보리는 비타민 B군과 β-글루칸을 다량 함유하고 있고, 도정에 의한 손실량도 적다.

264 밥짓기에 대한 설명으로 옳은 것은?

① 물은 쌀 중량의 0.9배가 적당하다.
② 밥물의 pH는 7~8이 적당하다.
③ 자포니카형은 끈기가 적고 푸실푸실하여 수분함량을 늘려 밥을 짓는다.
④ 리파아제에 의해 소화 효소율이 높아진다.
⑤ 햅쌀 조리 시 열원의 차이는 없다.

> **해설** 밥맛에 영향을 주는 요인
> • 쌀 : 수분 14%의 햅쌀
> • 물 : 쌀 중량의 1.5배, 부피의 1.2배, pH 7~8
> • 용기 : 열용량이 높고 온도 유지가 잘되는 무쇠솥이 좋음(열원에 따라 밥맛이 달라짐)
> • 품종 : 자포니카형(둥글고 짧은 형태. 수분 + 가열 시 끈기가 생김), 인디카형(가늘고 긴 형태. 끈기가 적고 푸실푸실함)

265 곡류 단백질의 제한아미노산 중 부족 비율이 가장 큰 제1제한아미노산으로 옳은 것은?

① valine(발린)
② leucine(류신)
③ threonine(트레오닌)
④ lysine(리신)
⑤ isoleucine(이소류신)

> **해설** lysine은 단백질을 구성하는 중요한 아미노산으로 곡류 단백질 중 함량이 낮은 제한아미노산이다.

266 옥수수의 주요 단백질은? `2017.12`

① oryzenin(오리제닌)
② hordein(호르데인)
③ glutelin(글루텔린)
④ zein(제인)
⑤ globulin(글로불린)

267 다음 중 곡류와 주요 단백질의 연결이 바른 것은?

① 쌀 – hordein(호르데인)
② 보리 – oryzenin(오리제닌)
③ 콩 – globulin(글로불린)
④ 옥수수 – glutenin(글루테닌)
⑤ 밀 – zein(제인)

> **해설** 곡류의 주요 단백질
> • 밀 : gliadin(글리아딘), 글루테닌(glutenin)
> • 쌀 : oryzenin(오리제닌)
> • 보리 : hordein(호르데인)
> • 콩 : 글로불린(globulin)
> • 옥수수 : zein(제인)
> • 수수 : 글루텔린(glutelin)

268 주식으로 섭취 시 트립토판과 나이아신의 부족으로 펠라그라라는 피부병을 일으키는 곡류는?

① 옥수수
② 보리
③ 쌀
④ 귀리
⑤ 호밀

> **해설** 펠라그라(pellagra)
> 나이아신(niacin)과 그 전구체인 트립토판(tryptophan)이 부족한 옥수수를 주식으로 하는 지방에서 많이 발생하는 피부병이다.

265 ④ **266** ④ **267** ③ **268** ① `정답`

269 곡류의 껍질에 풍부하게 함유된 성분으로 칼슘과 철의 체내 흡수를 낮추는 작용을 하는 것은? `2021.12`

① 투베린(tuberin)
② 피트산(phytic acid)
③ 헤마글루티닌(hemmaglutinin)
④ 테오브로민(theobromine)
⑤ 쇼가올(shogaol)

해설 피트산(phytic acid)
곡류 껍질의 성분으로, 혈당강하, 변비해소, 항산화 작용을 하지만 칼슘, 철 등의 체내 흡수를 막는 나쁜 기능도 한다.

270 소화가 가장 쉽고 잘되는 쌀은 무엇인가?

① 정백미
② 현 미
③ 5분도미
④ 7분도미
⑤ 3분도미

해설 정백미(10분도미)
현미에서 약 8%의 쌀겨층을 모두 제거한 쌀로 겨와 씨눈을 모두 벗겨내 부드러운 질감으로 소화가 가장 잘된다.

271 다음 중 전분의 변화에 대한 설명으로 옳은 것은?

① 건조반(α-rice), 전병, 비스킷 등은 노화를 억제시킨 α화 식품이다.
② 뻥튀기, 미숫가루, 누룽지, 토스트는 전분의 당화를 이용한 식품이다.
③ 도토리묵은 전분의 호화를 이용한 식품이다.
④ 전분의 호정화를 이용한 대표적 식품은 식혜이다.
⑤ 죽은 전분의 젤화를 이용한 식품이다.

해설
• 당화 : 다당류를 당화 효소 또는 산의 작용으로 가수분해하여 감미가 있는 당(단당류 또는 이당류)으로 바꾸는 반응으로 식혜
엿, 고추장 등이 해당한다.
• 덱스트린(호정)화 : 전분에 물을 가하지 않고 160~170℃로 건열 시 글루코시드 결합이 끊어져 텍스트린(호정)으로 변화하는
것으로 뻥튀기, 미숫가루, 누룽지, 토스트 등이 해당한다.
• 젤화 : 전분에 물을 가하여 가열시킨 후 냉각 시 gel을 형성(아밀로오스의 부분적 수소결합하여 결정 형성)하는 것으로 도토리
묵 등이 해당한다.

272 **쌀의 조리성에 대한 설명으로 옳은 것은?**

① 쌀은 30℃에서 호화가 시작된다.

② 호화온도는 곡류가 서류보다 높다.

④ 밥맛의 차이는 조리용기의 재질 등 취반조건에 따라 달라지지만 열원에 영향을 미치지는 않는다.

③ 밥 짓는 단계는 온도 상승기(강한 화력), 비등 유지기(중간 화력), 뜸들이기(약한 화력)이다.

⑤ 밥을 짓기 전 미리 쌀을 수침하는 것은 윤기를 좋게 하기 위해서이다.

해설 쌀의 조리성
- 밥 짓는 단계 : 온도 상승기(중간 화력) → 비등 유지기(강한 화력) → 뜸들이기(약한 화력)
- 쌀을 수침 : 가열 시 열전도율을 좋게 하기 위함
- 쌀 입자의 팽윤온도 30~40℃, 호화온도 60~70℃, 완전 호화온도 98℃에서 20분
- 호화온도는 곡류가 서류보다 높음(쌀 68~78℃, 고구마 58~66℃)
- 밥맛의 차이는 조리용기의 재질, 열원 등의 취반조건에 따라 달라짐

273 **노화에 영향을 미치는 요인으로 옳은 것은?**

① 설탕 첨가 시 탈수제 역할을 하여 노화가 촉진된다.

② 알칼리성에서는 노화가 억제되고 산성에서는 노화가 촉진된다.

③ 0~5℃에서는 노화가 억제된다.

④ 황산염은 노화를 억제시키며 무기염류는 호화 억제 및 노화를 촉진시킨다.

⑤ 아밀로펙틴이 아밀로오스보다 노화가 촉진된다.

해설 전분의 노화에 미치는 요인
- 설탕 : 탈수제 역할 → 노화 방지
- pH : 알칼리성은 노화 억제, 산성은 노화 촉진
- 온도 : 0~5℃(냉장)에서 노화 촉진
- 염류 : 황산염은 노화 촉진, 무기염류는 호화 촉진·노화 억제
- 전분 종류 : 아밀로오스가 아밀로펙틴보다 노화 촉진 빠름

274 **식품첨가물로 밀가루의 표백과 숙성에 사용되는 것은?**

① 결착제

② 개량제

③ 팽창제

④ 이형제

⑤ 발색제

해설 개량제는 밀가루의 표백과 숙성에 사용하는 것으로 과산화벤조일, 과황산암모늄, 브롬산칼륨, 이산화염소, 스테아릴젖산칼슘, 스테아릴젖산, 나트륨 등을 이용한다.

275 다음은 밀가루에 대한 설명으로 잘못된 것은?

① 강력분의 gluten 함량은 11~13%이다.
② 강력분은 식빵이나 마카로니 제조에 이용된다.
③ 중력분은 듀럼밀을 원료로 한다.
④ 글루텐 형성이 적은 박력분은 케이크, 튀김, 카스텔라 등의 식품에 사용한다.
⑤ 밀가루의 용도별 분류기준은 gluten의 양으로 품질을 결정한다.

> **해설** 듀럼밀은 세몰리나의 원료가 된다.

276 다음 중 밀가루의 종류와 사용 용도로 바르게 묶인 것은? `2020.12`

① 박력분 – 마카로니　　　　　② 강력분 – 케이크
③ 중력분 – 튀김옷　　　　　　④ 강력분 – 식빵
⑤ 박력분 – 국수

277 글루텐 형성을 방해하여 단백질의 연화작용을 하는 첨가물로 옳은 것은?

① 설 탕　　　　　　　　　② 달 걀
③ 소 금　　　　　　　　　④ 지 방
⑤ 우 유

> **해설** 설탕의 흡습성이 글루텐 형성을 방해한다.

278 식빵의 글루텐 함량으로 옳은 것은? `2017.12`

① 글루텐 함량 상관없음　　　② 11~13%
③ 10~11%　　　　　　　　④ 9~10%
⑤ 9% 이하

> **해설** 밀가루의 글루텐 함량
> • 박력분 : 9% 이하로 글루텐 형성이 적고 전분 함량이 높아 바삭하여 과자, 파이, 케이크의 용도로 사용한다.
> • 중력분 : 10~12%로 제면성과 퍼짐성이 우수하여 국수, 스파게티 등 면류의 용도 사용한다.
> • 강력분 : 11~13% 이상으로 끈기·탄성이 높아 식빵, 마카로니의 용도로 사용한다.

279 메밀국수를 만들 때 밀가루를 첨가하는 이유는?　2021.12

① 점탄성 증가를 위해
② 지질 증가를 위해
③ 갈색 증가를 위해
④ 쓴맛 증가를 위해
⑤ 식이섬유 증가를 위해

해설　메밀가루는 글루텐이 없어 점탄성이 낮아 잘 끊어지는 단점을 갖고 있다. 반면, 밀가루는 글루텐을 함유하여 점탄성을 갖고 있으므로 메밀국수의 반죽 제조 시 밀가루를 첨가한다.

280 밀가루를 수분 없이 가열하면 갈색화가 되는데 이때 생성된 분자로 옳은 것은?

① 덱스트린　　　　　　　　　　② 아밀로펙틴
③ 아밀라아제　　　　　　　　　④ 프로테아제
⑤ 펙티나아제

해설　전분에 물을 넣지 않고 160~170℃ 이상으로 가열하면 다양한 길이의 덱스트린이 생성되어 갈색화가 되는데, 이를 호정화라 한다.

281 글루텐을 형성하는 밀의 단백질로 연결이 옳은 것은?　2017.12

① 알부민, 글루테닌
② 글로불린, 글루테닌
③ 글리아딘, 글루테닌
④ 오리제닌, 알부민
⑤ 제인, 글리아딘

해설　밀 단백질
글리아딘 + 글루테닌 + 물 → 반죽 → 글루텐 형성(점탄성 有)

282 다음의 설명된 밀가루 종류로 옳은 것은?

> • 듀럼밀을 원료로 하여 가공
> • 카로티노이드 색소 함유
> • 단백질과 회분 함량 높음
> • 글루텐 구조가 강하고 글루텐 형성이 잘됨
> • 스파게티, 마카로니 등의 파스타의 원료

① 강력분   ② 중력분
③ 준강력분   ④ 세몰리나
⑤ 박력분

283 식혜를 만들 때 사용되는 엿기름의 원료는? 2020.12

① 호 밀   ② 수 수
③ 쌀   ④ 보 리
⑤ 율 무

해설   엿기름은 보리에 싹을 틔어 말린 것으로 엿과 식혜 제조 시 사용된다.

284 과자나 케이크를 제조 시 사용되는 밀가루로 옳은 것은?

① 박력분   ② 중력분
③ 준강력분   ④ 강력분
⑤ 듀럼밀

해설   박력분은 글루텐 함량이 9% 이하로 글루텐 형성이 적고, 전분 함량이 높기(바삭한 질감) 때문에 과자, 케이크 제조에 사용된다.

285 밀가루를 건열로 볶아 브라운루를 만들었을 때 전분의 변화로 옳은 것은?

① 노 화   ② 호정화
④ 당 화   ③ 호 화
⑤ 팽 윤

해설   전분에 물을 가하지 않고 160~170℃로 가열하게 되면 가용성 전분을 거쳐 덱스트린(호정)으로 변화하는데, 이를 호정화라 한다.

286 버터가 많이 들어가는 케이크를 만들 때 버터와 설탕을 함께 혼합하여 잘 저어주는 과정에서 나타나는 버터의 조리성은?

① 기포성   ② 쇼트닝성
③ 용해성   ④ 유화성
⑤ 크리밍성

> **해설** 크리밍성이란 고형유지를 교반하여 내부에 공기를 넣는 작업이다.

287 맥아당이 많이 함유된 식품을 산과 효소로 가수분해해서 당화시킨 식품이 아닌 것은?

① 식 혜   ② 물 엿
③ 고추장   ④ 묵
⑤ 감 주

288 감자의 주요 단백질로 옳은 것은?

① glycinin(글리시닌)   ② myogen(미오겐)
③ ipomein(이포메인)   ④ mutin(무틴)
⑤ tuberin(투베린)

> **해설** ① glycinin : 콩의 주요 단백질
> ② myogen : 근단백질
> ③ ipomein : 고구마의 주요 단백질
> ④ mutin : 연근, 토란, 오크라의 주요 단백질

289 감자에 함유된 성분으로 옳지 않은 것은?

① 단맛의 증가는 저장 중 아밀라아제에 의한 전분 당화로 인한 것이다.
② 감자의 주요 단백질은 투베린이다.
③ 감자는 비타민 C와 칼륨이 풍부한 알칼리성 식품이다.
④ 돼지감자에는 당뇨에 효과적인 이눌린이 다량 함유되어 있다.
⑤ 감자의 싹에 존재하는 독성물질은 셉신이다.

> **해설** 감자의 독성물질로는 감자의 싹의 솔라닌, 썩은 감자의 셉신이 있다.

290 감자의 특징으로 옳은 것은?

① 전분함량이 많아질수록 식용가는 증가한다.
② 단백질 함량에 따라 점질감자와 분질감자로 구분한다.
③ 점질감자는 전분함량이 낮으며 질감은 찰지다.
④ 구이, 매시포테이토용으로는 식용가가 높은 삼사가 좋나.
⑤ 저온 장시간 조리 시 발암물질인 acrylamide가 생성 된다.

해설

분질감자	점질감자
식용가 낮음	식용가 높음
비중 높음(1.11~1.12)	비중 낮음(1.07~1.08)
전분함량 많음	전분함량 낮음
구이, 튀김, 매시포테이토	샐러드, 조림, 국

291 감자의 효소적 갈변으로 티로신과 결합하여 멜라닌을 형성하는 효소로 옳은 것은?

① tyrosinase
② allinase
③ pectinase
④ protease
⑤ invertase

해설 감자 박피 시 감자의 티로신이 티로시나아제에 의해 산화되어 멜라닌(갈색) 색소를 형성한다.

292 감자의 독성물질인 solanine(솔라닌)의 특성으로 옳은 것은?

① 당알칼로이드 일종으로 가수분해 시 독성이 형성된다.
② 갈락탄에 의해 식중독을 유발시킨다.
③ 녹색껍질에는 존재하지 않으며 싹 주위에만 다량 존재한다.
④ 열에 약하기 때문에 가열하면 분해된다.
⑤ 햇빛을 받은 썩은 부위에서 생성된다.

해설 solanine은 햇빛을 받아 자란 싹과 녹색 껍질에 다량 존재하고, 열에 약하여 가열 시 파괴된다.

293 박피된 감자의 갈변방지를 위한 올바른 방법은? `2017.12`

① 물에 담가 놓는다.
② 어두운 곳에 보관한다.
③ 저온에 보관한다.
④ 곱게 다져서 세포를 파괴한다.
⑤ 냉동 보관한다.

해설 감자 속 효소(tyrosinase)는 공기 중의 산소와 결합하여 갈변현상이 일어나는데, 갈변현상을 방지하기 위해서는 공기와의 접촉을 막아주면 된다.

294 토란에 들어있는 다당류의 일종인 미끈한 점액물질은? `2018.12`

① 호모겐티스산(homogentisic acid)
② 이눌린(inulin)
③ 얄라핀(jalapin)
④ 갈락탄(galactan)
⑤ 이포메인(ipomein)

해설 토란의 점액성분에는 갈락탄(D-갈락토오스 잔기를 구성당으로 하는 다당류)과 무틴(단백질의 일종)이 함유되어 있다.

295 다음 중 토란의 특징으로 옳지 않은 것은?

① 단백질의 일종인 무틴은 소금물에 쉽게 응고되어 점질물을 줄일 수 있다.
② 토란껍질을 벗긴 후 손이 가려운 것은 토란 속 수산칼슘 때문이다.
③ 토란 특유의 아린맛은 호모겐티스산 때문이다.
④ 토란에 의한 가려움은 식초물과 소금물에 씻으면 좋아진다.
⑤ 토란의 아린맛은 열에 강하여 쉽게 제거되지 않는다.

해설 토란의 아린맛은 가열하면 제거된다.

296 고구마의 얄라핀에 대한 설명으로 옳은 것은? `2019.12`

① 서류의 주요 단백질이다.
② 산화에 강해 고구마의 변색을 막는다.
③ 열에 불안정하여 파괴된다.
④ 유백색의 점성물질은 수지배당체 성분이다.
⑤ 흑반병의 원인물질이다.

해설 고구마의 상처를 보호하기 위해 생성되는 얄라핀(수지배당체 성분)은 유백색의 점성성분으로 변통을 돕는 효과가 있으며 공기에 노출되면 갈변 또는 흑변을 일으킨다.

297 흑반병에 걸린 고구마의 쓴맛을 내는 성분으로 옳은 것은? `2020.12`

① 투베린(tuberin)　　　　　　　② 이포메아마론(ipomeamarone)
③ 투욘(thujone)　　　　　　　　④ 테오브로민(theobromine)
⑤ 얄라핀(jalapin)

> **해설**　① 투베린(tuberin) : 감자의 단백질
> ③ 투욘(thujone) : 쑥의 쓴맛
> ④ 테오브로민(theobromine) : 카카오의 쓴맛
> ⑤ 얄라핀(jalapin) : 고구마 전단면의 유백색 점액성분

298 다음 중 Maillard 반응기작 중 중간단계에서 생기는 변화가 아닌 것은?

① furfural류 생성　　　　　　　② 당의 분해생성물
③ osone류 생성　　　　　　　　④ reductone류
⑤ aldol 축합반응

> **해설**　Maillard 반응기작
> • 초 기
> 　– 색의 변화 없음
> 　– 환원당과 아미노기 화합물의 축합반응
> 　– 아마도리 전위(질소배당체가 대응하는 ketose로 전위되는 것)
> • 중 간
> 　– 아마도리 전위 생성물질 산화 및 분해
> 　– 당의 산화(osone류 생성, HMF, reductone류 생성 등) → 당 생성물이 갈변에 관여
> • 최 종
> 　– aldol 축합반응
> 　– strecker 반응, 멜라노이딘 생성 반응 → 형광성 갈색 물질의 멜라노이딘 색소 형성

299 당류 가공품 중 비결정형 캔디는?

① 캐러멜　　　　　　　　　　② 폰 당
③ 얼음사탕　　　　　　　　　④ 누 가
⑤ 퍼 지

> **해설**　설탕의 결정 유무
> • 비결정형 캔디 : 캐러멜, 태피, 브리틀, 토피, 마시멜로 등
> • 결정형 캔디 : 폰당, 누가(디비니티), 퍼지, 얼음사탕 등

300 다음 중 육류의 조리법에 대한 설명으로 옳은 것은?

① Braising은 습열조리와 건열조리가 모두 이용되는 조리법이다.
② 습열조리에 의해 가수분해되어 연해지는 결체조직은 엘라스틴이다.
③ 낮은 온도에서 건열구이하면 육즙의 용출량이 적다.
④ 콜라겐의 습열조리 시 gel화가 sol화되어 부드러워진다.
⑤ 습열조리 시 중량은 감소하지 않는다.

> **해설** ② 엘라스틴은 가열 시 변화가 없다.
> ③ 고온 단시간 조리 시 육즙의 용출이 적다.
> ④ 콜라겐은 sol에서 gel로 변화한다.
> ⑤ 습열조리 시 중량이 감소한다.

301 다음 중 근원섬유를 구성하는 주된 단백질로 옳은 것은?

① myosin ② myoglobin
③ collagen ④ myogen
⑤ elastin

> **해설** 액틴과 미오신은 근원섬유를 이루는 주요 단백질이다.

302 다음 중 사후경직 시간이 가장 짧은 것으로 옳은 것은?

① 말고기 ② 쇠고기
③ 닭고기 ④ 생 선
⑤ 돼지고기

> **해설** 사후경직 시간
> 말고기·쇠고기 > 돼지고기 > 닭고기 > 생선

303 동물의 사후경직 단계에서 일어나는 근육수축 결과로 생긴 단백질은?

① 액 틴 ② 미오신
③ 트로포미오신 ④ 액토미오신
⑤ 콜라겐

> **해설** • 사후경직 전은 액틴, 미오신이 분리된 상태로 연하다.
> • 사후경직 시 액틴과 미오신의 결합으로 액토미오신이 생성되어 근육의 신장성이 감소되어 질겨진다.

304 소 등의 척추동물의 혈색소에 내포된 금속의 연결이 옳은 것은?

① hemoglobin – Cu

② hemoglobin – Fe

③ hemocyanin – Fe

④ hemocyanin – Cu

⑤ myoglobin – Fe

> **해설** Fe은 혈색소 hemoglobin에 존재하며 산소를 운반하는 일을 한다.

305 육류의 신선도를 판정함에 있어 신선육이 아닌 것은?

① 소고기 – 암적색 ② 돼지고기 – 암적색

③ 양고기 – 적색 ④ 닭고기 – 담적백색

⑤ 칠면조 – 담적백색

> **해설** 돼지고기는 옅은 선홍색을 띠며 윤기가 있는 것이 신선한 것이다.

306 육류의 근육에서 사후강직과 관련이 있는 당으로 옳은 것은?

① starch ② dextrin

③ galactose ④ glucose

⑤ glycogen

> **해설** 글리코겐은 동물의 간이나 근육에 존재하는 저장 다당류로 도살 후 근육 중에 있는 효소작용에 의해 근육의 조성 및 성상에 변화가 있다.

307 다음 중 식육 내에 육색소 함량이 가장 높은 축종은 어느 것인가?

① 쇠고기 ② 닭고기

③ 돼지고기 ④ 송아지고기

⑤ 오리고기

308 장조림 용도에 가장 적합한 쇠고기의 부위는? `2020.12`

① 사 태   ② 안 심

③ 양 지   ④ 등 심

⑤ 홍두깨살

해설 양지와 사태는 국과 탕에 적합하고, 안심과 등심은 스테이크와 구이에 적합하고, 홍두깨살은 장조림용으로 적합하다.

309 육류의 숙성 시 변화로 옳은 것은? `2021.12`

① 경도가 증가한다.
② 보수성이 감소한다.
③ 액토미오신이 증가한다.
④ 수용성 질소화합물이 감소한다.
⑤ 핵산계 맛 성분이 증가한다.

해설 육류의 숙성 시 변화
• 경도 감소
• 보수성 증가
• 액토미오신 감소
• 수용성 질소화합물 증가
• 핵산계 맛 성분 증가

310 다음 중 육류에 대한 설명으로 옳은 것은?

① 사후강직 후 숙성과정 중에는 보수성이 증가하여 연해진다.
② 사후강직 중 감칠맛 성분인 이노신산과 유리아미노산이 생성된다.
③ 파인애플의 papain과 키위의 bromelain 등은 육류의 연화작용에 도움을 준다.
④ 옥시미오글로빈은 식육과 O_2의 결합으로 암적색을 나타내는 육색소이다.
⑤ 육류의 포화지방산은 융점이 낮아 실온에서 고체이며 열을 가하게 되면 액체가 된다.

해설
② 숙성 과정 중 감칠맛 성분이 생성된다.
③ 파인애플(bromelain), 키위(actinidin), 파파야(papain), 무화과(ficin) 등은 단백질 분해효소가 있어 육류의 천연 연화제로 사용한다.
④ 옥시미오글로빈은 선홍색을 나타내는 육색소이다.
⑤ 포화지방산은 융점이 높다.

311 소의 육질등급 판정기준이 아닌 것은?

① 육 색   ② 성숙도
③ 지방색   ④ 근내지방도
⑤ 도체중량

> **해설** ⑤ 도체중량은 육량등급 판정기준이다.
> • 육량등급 판정기준 : 도체의 중량, 등지방 두께, 배최장근 단면적을 측정한다.
> • 육질등급 판정기준 : 근내지방도(Marbling), 육색, 지방색, 조직감, 성숙도를 측정한다.

312 소시지의 열처리 과정에서 불가역적 변화가 생기는데 이때 젤 형성에 있어 가장 중요한 역할을 하는 단백질은?

① 트로포닌(troponin)   ② 미오신(myosin)
③ 미오겐(myogen)   ④ 엘라스틴(elastin)
⑤ 콜라겐(collagen)

> **해설** 콜라겐은 동물의 결합조직, 뼈, 힘줄, 피부, 연골, 혈관 등을 구성하는 섬유상 구조단백질이다.

313 육류의 연화에 사용되는 단백질 분해 효소는? `2019.12`

① 피 신   ② 아스코르비나아제
③ 리폭시다아제   ④ 미로시나아제
⑤ 알리이나아제

> **해설** ficin(피신)은 무화과에 함유되어 있는 단백질 분해 효소이다.

314 육류의 조리법에 대한 설명으로 옳지 않은 것은? `2019.12`

① 장조림 – 고기, 간장, 물 등을 넣고 은근히 불에 조리는 것
② 소테 – 낮은 온도에서 천천히 익히는 것
③ 프라카세 – 고기와 채소를 소스에 넣고 졸이는 것
④ 브레이징 – 고기나 채소를 볶은 후 물을 소량 넣어 천천히 익히는 것
⑤ 스튜잉 – 고기 등을 장시간 끓여 졸이는 것

> **해설** 소테(saute)는 고기나 채소를 높은 온도에서 소량의 기름을 넣고 볶는 조리법이다.

315 어패류 비린내를 감소시키는 방법은?　2021.12

① 레몬즙 첨가하기
② 칼집 넣기
③ 식소다 첨가하기
④ 따뜻한 물로 씻기
⑤ 뚜껑을 닫고 조리하기

> **해설** 생선의 비린내는 염기성인 트리메틸아민인데 산성인 레몬즙을 뿌리면 중화반응을 일으켜 비린내를 없앨 수 있다.

316 어류의 부패 및 자기소화로 생성되는 물질로 옳지 않은 것은?

① 암모니아
② 휘발성 염기질소
③ 히스티딘
④ TMA
⑤ 저급지방산

> **해설** 자기소화에 의해 histidine이 histamine(유독물질)으로 분해된다.

317 갑각류의 새우와 게 껍데기의 색소 성분으로 옳은 것은?

① 크립토잔틴
② 리코펜
③ 지아잔틴
④ 아스타잔틴
⑤ 키 틴

> **해설** 아스타잔틴은 새우나 게 등의 갑각류의 껍질에 들어 있는 잔토필계의 붉은 색소로 생체 내에서는 단백질과 결합하여 파란색과 노란색을 띠지만 가열하면 단백질과의 결합이 끊어져 아스타신이 유리되어 붉은색을 띤다.

318 다음 중 생선의 조리에 대한 설명으로 옳은 것은?

① 근육에는 결체조직이 많기 때문에 찜 조리법이 제일 좋다.
② 끓고 있는 양념 속에 넣어야 생선의 원형을 유지할 수 있다.
③ 비린내를 제거하기 위해 생강은 끓을 때 넣어야 효과적이다.
④ 소금에 절일 경우 생선 무게의 5% 정도의 소금이 적당하다.
⑤ 선도가 높을 경우 조미료의 맛을 어육에 침투시켜 맛을 좋게 한다.

> **해설** • 선도가 높은 생선은 고유의 맛을 내도록 해야 맛이 좋다.
> • 비린내를 제거하기 위해 넣는 생강과 술은 끓고 난 후에 넣어야 효과적이다.
> • 소금에 절일 경우 생선 무게의 약 2% 소금이 적당하다.

315 ① 316 ③ 317 ④ 318 ② 　**정답**

319 생선을 구울 때 석쇠에 눌어붙는 성분은? `2021.12`

① 미오겐
② 글루테닌
③ 글라이딘
④ 피브로인
⑤ 호르데인

> 해설 열응착성
> 생선을 석쇠나 프라이팬과 같은 금속에 올려 가열하게 되면 수용성 단백질인 미오겐 성분이 생선 내부에 있던 물과 만나 녹아내린 후 금속에 닿아 응고하게 된다. 이때 생선을 뒤집게 될 경우 생선껍질이 그대로 금속에 붙어있기 때문에 살이 부서지고 지저분하게 눌어붙게 된다.

320 달걀을 오래 저장할수록 생기는 변화로 옳은 것은? `2017.12` `2021.12`

① 농후난백의 증가
② 난황계수 증가
③ 비중 증가
④ pH 상승
⑤ 기실 감소

> 해설 신선란의 특징
> • 비중 큼(1.08~1.09)
> • 농후난백이 높고 수양난백의 양이 적음(신선하지 않은 달걀을 깨뜨렸을 때 난백이 넓게 퍼지는 이유는 농후난백의 높이가 낮아졌기 때문)
> • 난각은 거칠고 두꺼우며 광택이 없음
> • 난황계수가 0.36~0.44인 것(오래된 달걀의 난황계수는 0.3 이하)
> • 난백계수가 0.14~017인 것(오래된 달걀의 난백계수는 0.1 이하)
> • 난백 pH가 7.5~8.0인 것(오래된 계란의 pH는 9.5~9.6)
> • 난황 pH가 6.0~6.1인 것(오래된 계란의 pH는 6.8)

321 달걀에 대한 설명으로 옳은 것은? `2017.12`

① 난백에 비타민 A와 D가 많다.
② 난백의 기포성은 오보글로불린이 기여한다.
③ 난황의 인지질인 알부민은 유화성이 크다.
④ 난백의 용균작용을 하는 것은 리보비텔린이다.
⑤ 난백에 존재하는 에렙신은 자가소화를 하여 생란을 변질시킨다.

> 해설 ① 난황에 비타민 A와 D가 많다.
> ③ 오브알부민은 대표적 난백 단백질이다. 난황의 인지질에는 레시틴과 세팔린이 있으며 유화성이 크다.
> ④ 용균작용을 하는 것은 라이소자임이다.
> ⑤ 난백에 존재하는 트립신은 자가소화를 하여 생란을 변질시킨다.

322 난황에 대한 설명으로 옳지 않은 것은?

① 난황의 주요 색소는 루테인과 제아잔틴이다.
② 인단백질과 지단백질로 구성되어 있다.
③ 인지질로는 레시틴과 세팔린이 있다.
④ 난황은 난백보다 가열응고의 온도가 낮다.
⑤ 황화제1철의 형성으로 녹변이 생기므로 삶은 후 바로 찬물에 담가둔다.

> **해설** 달걀의 응고온도
> • 난황 : 65℃ 응고 시작, 70℃ 완전히 응고
> • 난백 : 60℃ 응고 시작, 65℃ 완전히 응고

323 난황에 함유된 단백질로 옳은 것은? `2017.02`

① 리보비텔린 ② 오브알부민
③ 오보글로불린 ④ 오보뮤코이드
⑤ 아비딘

> **해설** 달걀 단백질
> • 난황 : 리보비텔린, 리보비텔레닌, 비텔레닌 등
> • 난백 : 오브알부민, 오보글로불린, 오보뮤코이드, 아비딘 등

324 다음 중 달걀의 응고성에 대한 설명이 아닌 것은?

① 달걀찜 조리 시 소금을 첨가하면 응고가 쉬워진다.
② 난백은 난황보다 응고가 먼저 시작된다.
③ 낮은 온도에서 서서히 가열하면 응고가 어려워진다.
④ 산을 첨가하면 달걀은 응고된다.
⑤ 알부민과 글로불린의 불용화 현상이다.

> **해설** 낮은 온도에서 서서히 가열하게 되면 부드러운 gel 상태로 응고된다.

325 가열 시 응고되는 난백 단백질은? `2020.12`

① 글리아딘 ② 오브알부민
③ 오리제닌 ④ 제 인
⑤ 글로불린

해설 ① 밀, ③ 쌀, ④ 옥수수, ⑤ 콩에 함유된 단백질이다.

326 달걀에 대한 설명으로 옳지 않은 것은?

① 오보뮤코이드와 오보뮤신은 점성을 가진 인단백질이다.
② 라이소자임은 용균성을 갖는 글로불린단백질이다.
③ 난백의 엷은 녹황색은 리보플라빈에 의한 것이다.
④ 반숙의 소화시간은 1시간 30분으로 달걀부침의 소화시간인 3시간보다 빠르다.
⑤ 반죽에서의 달걀의 역할은 유화성, 맛, 색 등이다.

해설 오보뮤코이드와 오보뮤신은 당단백질이다.

327 달걀흰자의 기포성을 높이기 위해서 첨가하는 것으로 옳은 것은? `2017.02`

① 레몬즙 ② 우 유
③ 지 방 ④ 설 탕
⑤ 노른자

해설
• 기포성 증가시키는 첨가제 : 레몬즙, 주석산, 기포제 등
• 기포성 저하시키는 첨가제 : 설탕, 노른자, 우유, 지방

328 전 요리를 할 때 사용하는 달걀의 주된 역할은? `2020.12`

① 결합제 ② 농후제
③ 청정제 ④ 팽창제
⑤ 유화제

해설 달걀의 조리 특성
• 결합제 : 전, 만두소, 크로켓, 커틀렛
• 농후제 : 달걀찜, 푸딩, 커스터드
• 청정제 : 콘소메, 맑은 장국
• 팽창제 : 머랭, 엔젤케이크
• 유화제 : 마요네즈

329 눈물과 달걀흰자에 많이 들어 있으며 세균의 감염을 막는 용균작용을 하는 것은?

① 아비딘   ② 오브뮤코이드

③ 라이소자임   ④ 렉 틴

⑤ 트립신

> **해설**   lysozyme(라이소자임)은 일부 세균의 세포벽을 파괴하는 반응을 촉매하는 효소이다.

330 난백의 거품 형성에 기여하는 단백질로 옳은 것은?

① 오보글로불린   ② 리포비텔린

③ 알부민   ④ 레시틴

⑤ 오보뮤코이드

331 신선란의 설명으로 잘못된 것은?

① 거친 큐티클이 많고 기실이 크지 않아야 한다.

② 난황계수가 0.36~0.44이다.

③ 난백계수가 0.16 이상이다.

④ 난백의 pH가 9.5~9.6이다.

⑤ 레시틴 함량이 콜레스테롤 함량보다 높다.

> **해설**   계란의 pH
> - 신선한 난백 : pH 7.5~8.0
> - 신선한 난황 : pH 6.0~6.1
> - 노후한 난백 : pH 9.5~9.6
> - 노후한 난황 : pH 6.8

332 난황에 들어 있고, 기름의 유화제 역할을 하는 성분은?

① FeS   ② ovalbumin

③ ovoglobulin   ④ ovomucoid

⑤ lecithin

> **해설**   난황은 레시틴 성분으로 난백의 약 4배의 유화력을 가지고 있다.

333 마요네즈 제조 시 난황은 어떤 작용을 하는가?

① 크리밍작용   ② 응고작용

③ 유화작용   ④ 팽창작용

⑤ 발포작용

> **해설** 난황에 들어있는 레시틴은 유화제 역할을 한다.

334 우유의 가열 시 피막형성에 대한 설명으로 옳은 것은?

① 가열 시 뚜껑을 열고 저으면 피막형성이 방지된다.
② 40℃에서 피막이 형성된다.
③ 한 번 제거한 피막은 다시 형성되지 않는다.
④ 산소는 피막형성에 관여하지 않는다.
⑤ 카세인에 의한 단백질 변성이다.

> **해설** 피막현상은 ramsden 현상이라고도 하며, 공기와 액체 사이의 계면에 단백질의 불가역적 침전이다. 피막은 지방과 유청단백질로 구성되어 있다.

335 치즈 등의 가공품을 만들 때 우유의 카세인을 응고시키기 위한 방법으로 옳은 것은?

① 당류 첨가   ② 소금 첨가

③ 산 첨가   ④ 중 탕

⑤ 탄산칼슘

> **해설** 카세인 단백질은 열에 강하여 응고되지 않으나 산과 레닌(응유효소)에 의해 응고된다.

336 우유를 균질처리하는 목적은? `2021.12`

① 크림층 방지   ② 영양가 향상

③ 응고성 감소   ④ 산패 방지

⑤ 미생물 사멸

> **해설** 균질화는 우유 표면에 지방층이 형성되는 것을 방지하는 것으로서 우유의 지방구를 파쇄시켜 지방의 크기를 줄여 안정성과 질을 높여 소화·맛·텍스쳐를 크게 향상시킨다.

337 우유에 대한 설명으로 옳지 않은 것은?

① 우유의 지방은 동물성 유지에 비해 불포화지방산의 함량이 적다.
② 주요 단백질인 카세인은 인단백질에 속한다.
③ 열에 의해 변성되는 유청단백질에는 락트알부민과 락토글로불린이 있다.
④ 균질화 과정을 거치면 우유 표면에 지방층 형성이 방지된다.
⑤ 우유의 지방을 모아 압착시킨 가공품으로 치즈가 있다.

> **해설**　버터는 지방을 모아 만든 것이고, 치즈는 단백질의 응고에 의해 만든다.

338 영양소 손실을 줄이기 위해 우유를 130~150℃에서 0.5~5초간 살균하는 방법은?

① 저온 장시간살균법 　　　　② 고온 단시간살균법
③ 고온 순간살균법 　　　　　④ 초고온 순간살균법
⑤ ELS법

> **해설**　UHT(초고온 순간살균법)은 영양소 손실과 화학적 변화를 최소화하고 완전멸균이 가능하여 살균효과를 극대화하는 살균방법이다.

339 다음 중 우유를 가공하여 만든 제품의 설명으로 옳지 않은 것은?

① 탈지유는 원유를 농축하거나 살균처리한 제품이다.
② 휘핑크림은 지방함량 36% 이상의 진한 크림으로 케이크의 장식과 과일과 함께 디저트로 사용된다.
③ 발효유는 락트산세균이나 효모를 넣어 발효시킨 제품이다.
④ 연질커드 우유는 소화흡수가 잘 되도록 효소처리한 우유이며 모유의 성질에 가깝다.
⑤ 플라스틱 크림은 지방함량이 약 80%가 되도록 제조한 고형상 크림이며 아이스크림이나 버터의 원료로 이용된다.

> **해설**　탈지유는 우유를 원심분리하여 크림층을 제거한 우유이다.

340 생유의 크림분리 · 중화 · 살균의 전처리과정을 거친 후 교동 · 세척 · 냉각 · 포장의 과정을 거쳐 만들어지는 제품은? `2017.02`

① 아이스크림 　　　　　② 치 즈
③ 요쿠르트 　　　　　　④ 버 터
⑤ 생크림

341 우유에 함유된 성분에 대한 설명으로 틀린 것은?

① 우유의 리보플라빈(비타민 B₂)은 유지방의 황색과 관련이 있으며 빛에 약해 파괴되기 쉽다.
② 우유의 Ca, P을 감소시켜 만든 가공품은 소프트 유유이다.
③ αs-카세인은 Ca이온에 예민하여 응고된다.
④ 인지질은 우유 지방구 표면에서 피막을 형성하는 주된 물질이다.
⑤ 우유 맛의 변질에 관여하는 미량원소는 Cu와 Fe이다.

> **해설** 리보플라빈(비타민 B₂)은 탈지유의 엷은 녹황색을 띠게 하며 빛에 약해 파괴되기 쉬우며, 유지방의 황색과 관련이 있는 것은 지용성 비타민 A 전구체인 카로틴에 의한다.

342 우유 단백질에 대한 설명으로 옳지 않은 것은? `2017.02`

① 레시틴 속 콜린의 산화는 오래된 버터나 분유의 독특한 비린 냄새의 원인 물질이다.
② 우유에는 식물성 단백질에 부족한 필수아미노산인 리신과 메티오닌이 풍부하다.
③ 우유의 가열취 원인 물질은 β-락토글로불린이다.
④ 락트알부민, 락토글로불린은 유청단백질에 속한다.
⑤ 미셀 구조로 존재하는 카세인은 레닌에 의해 파괴되며 Ca이온에 의해 응집된다.

> **해설** 우유의 지방질인 레시틴은 분자 중의 콜린의 산화로 트리메틸아민을 생성하며 독특한 비린 냄새의 원인 물질이다.

343 우유를 데울 때 표면에 생기는 얇은 피막 성분은? `2018.12`

① 유청단백질 ② 혈청단백질
③ 카세인 단백질 ④ 인단백질
⑤ 레시틴

> **해설** 우유의 유청단백질(락토글로불린, 락트알부민)은 약 40℃에서 가열 시 표면에 얇은 피막이 형성되며 뚜껑을 덮거나 젓게 되면 피막 형성이 방지된다.

344 치즈를 만들 때 우유의 단백질과 지방 등의 성분을 응고시켜 얻는 물질은?

① whey ② casein
③ milk plasma ④ curd
⑤ milk serum

> **해설** 커드는 우유의 단백질과 지방을 응고시킨 유제품이다.

345 우유를 가열할 때 나타나는 변화는? `2021.12`

① 피막형성 억제
② 황화수소 미생성
③ 자동산화 억제
④ 유지방 균질화
⑤ 락토글로불린 응고

해설 우유를 가열하면 락트알부민과 락토글로불린이 열에 의하여 변성되어 피막을 형성한다.

346 광선에 장시간 노출된 우유가 분해될 때 형광물질인 루미크롬을 생성하는 비타민은? `2019.12`

① 리보플라빈   ② 나이신
③ 비타민 D   ④ 피리독
⑤ 티아민

해설

$$
\text{비타민 } B_2(\text{리보플라빈}) \rightarrow \text{광선에 장시간 노출} \rightarrow \begin{array}{l} \text{알칼리성} \rightarrow \\ \text{중성 산성} \rightarrow \end{array} \boxed{\begin{array}{l} \text{루미플라빈(lumiflavin)} \\ \text{루미크롬(lumichrom)} \end{array}} \rightarrow \text{비타민(50\%)의 파괴}
$$

형광물질 생성

347 대두의 설명으로 옳은 것은?

① 콩류는 단백질 lysine(리신)이 부족하여 곡류와 함께 섭취한다.
② 주요 단백질은 파세올린이다.
③ 지방 함량이 낮고 전분질 함량이 많다.
④ 인지질 함량은 높으나 비타민 C는 부족하다.
⑤ 대두에 함유된 리놀렌산은 포화도가 높으며 산패되기 쉽다.

해설 콩의 성분
• 주요 단백질인 glycinin(글리시닌 ; 글로불린의 일종)이 약 84% 차지함
• 아미노산 조성 중 lysine(리신) 함량 높음
• 전분질 함량, 인지질 함량 많음
• 비타민 C 함량은 낮으나 발아시킨 콩나물 등은 다량 함유
• 불포화도가 높으며 약 8%의 리놀렌산이 함유되어 있고, 산패되기 쉬움

348 염류에 의해 변성된 단백질 식품은? `2021.12`

① 도토리묵   ② 두 부

③ 젤라틴   ④ 호상요구르트

⑤ 삶은 달걀

해설   두 부

대두로 만든 두유를 70℃ 정도에서 두부응고제인 황산칼슘($CaSO_4$) 또는 염화마그네슘 ($MgCl_2$)을 가하여 응고시킨 것이다.

349 두부는 Ca^{2+}, Mg^{2+} 등의 금속염에 의해 응고되어 만들어지는데, 이때 침전하는 대두의 단백질로 옳은 것은?

① 알부민   ② 글리시닌

③ 글리아딘   ④ 카세인

⑤ 글루테닌

해설   콩의 주요 단백질인 글로불린에 속하는 글리시닌은 염류와 산에 불안정하여 응고된다.

350 유제품과 공정 과정의 설명이 바르지 않은 것은? `2019.12`

① 버터 : 우유 → 교동 → 세척 → 크림 → 중화 → 살균 → 냉각 → 숙성 → 연압 → 충전 및 포장

② 전지분유 : 표준화예열 → 균질 → 살균 → 농축 → 분무 → 냉각 → 포장

③ 액상요쿠르트 : 크림·지방 분리 → 탈지유 → 예열 → 균질 → 살균 → 유산균접종 → 배양·희석

④ 자연치즈 : 표준화예열 → 살균 → 유산균발효 → 린넷첨가 → 커드절단 → 유청분리 → 성형 → 가염 → 숙성

⑤ 아이스크림 : 배합 → 살균 → 균질 → 프리징 → 충전 → 급속냉동 → 포장

해설

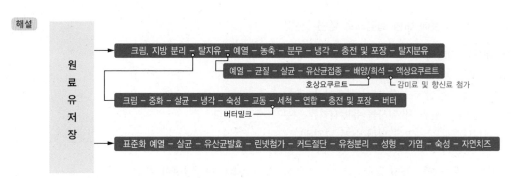

351 두류를 이용한 식품의 소화율로 옳은 것은?

① 두부 > 된장 > 콩장 > 비지　　② 비지 > 된장 > 두부 > 콩장

③ 콩장 > 두부 > 비지 > 된장　　④ 콩장 > 비지 > 두부 > 된장

⑤ 된장 > 콩장 > 비지 > 두부

> **해설**　두류 소화율
> 두부(약 95%) > 된장(약 85%) > 콩장(약 68%) > 비지(약 60%)

352 콩의 흡습성을 증가시켜 연화를 촉진시키는 방법으로 옳은 것은?

① 10%의 소금 첨가　　　　② 0.3%의 중조 첨가

③ 냉수에 침지　　　　　　④ 산의 첨가

⑤ 경수 사용

> **해설**　콩의 흡습성의 촉진 요인은 소금(1%), 중조(0.3%), 온수, 압력냄비 등이 있다.

353 콩에는 거의 없으나 콩이 발아하면서 증가하는 영양성분으로 옳은 것은?

① 칼 슘　　　　　　　　　② 무기질

③ 지방질　　　　　　　　④ 비타민 C

⑤ 탄수화물

> **해설**　콩류는 단백질과 비타민 B군의 함량은 많으나, 비타민 C는 거의 없다. 콩나물에 비타민 C가 많다.

354 대두의 영양성분에 대한 설명으로 틀린 것은?

① 대두는 리놀레산, 올레산 등의 불포화지방산이 많다.

② 완숙한 콩에는 전분이 많아 소화율이 낮다.

③ 곡류에 부족한 리신과 류신 함량이 높다.

④ 콩을 과량 섭취 시 설사를 유발시키는 성분은 사포닌이다.

⑤ 안티트립신은 가열에 의해 쉽게 파괴된다.

> **해설**　덜 익은 콩은 전분을 함유하지만 완숙한 콩에는 전분이 거의 없어 소화율이 낮다.

355 된장 발효 과정에서의 변화로 옳지 않은 것은?

① 당화작용
② 알코올 발효
③ 유기산 발효
④ 단백질 분해
⑤ 지질의 분해

해설 된장 발효 과정에서의 변화
  • 단맛 생성 : 탄수화물의 분해로 당 생성
  • 향미 생성 : 당분의 알코올 생성
  • 신맛 : 유기산 생성
  • 구수한 맛 : 단백질의 분해로 아미노산 생성

356 콩류의 조리에 대한 설명으로 옳은 것은?

① 콩장을 만들 때 철 냄비에 조리하면 콩의 플라보노이드 색소가 철에 의해 진해진다.
② 콩나물을 끓일 때 뚜껑을 열어야 비린 냄새가 덜 난다.
③ 간장의 갈색은 캐러멜화 반응에 의해 생성된 것이다.
④ 두부의 응고제 역할을 하는 것으로 산, $MgCl_2$, $CaSO_4$ 등이 있다.
⑤ 두부에 염을 첨가하여 가열 시 단단해진다.

해설 ① 철에 의해 안토시아닌 색소가 진해진다.
② 콩나물을 끓일 때 비린내의 주요 원인은 리폭시게나아제에 의한 불포화지방산의 산화 때문이며 뚜껑을 덮어야 비린 냄새가 덜 나게 된다.
③ 간장의 갈색은 마이야르 반응에 의해 멜라닌과 멜라노이딘 색소가 생성된 것이다.
⑤ 나트륨이온은 두부 속 단백질과 칼슘이온이 결합을 방해하여 덜 단단하게 만든다.

357 콩류의 가열 시 거품이 생기는 쓴맛 성분의 배당체는?

① 리보시드
② 사포닌
③ 갈락토시드
④ 페놀
⑤ 스테롤

해설 사포닌은 계면활성이 있는 식물 성분으로 주로 콩류, 시금치, 아스파라거스에 많이 들어 있다.

358 **동물성 유지보다 식물성 유지가 산패가 덜 일어나는 이유로 옳은 것은?**

① 천연 항산화제가 들어 있다.　　　　② 발연점이 낮다.

③ 시너지스트가 없다.　　　　　　　　④ 열에 안정하다.

⑤ 천연 항산화제인 EDTA가 들어 있다.

> **해설**　식물성 유지에는 BHT, BHA, 토코페롤, sesamol(참기름), Vitamin C 등의 천연 항산화제가 들어 있어 동물성 유지보다 산패가 덜 일어난다.

359 **유지의 불포화도와 굴절률의 관계를 바르게 설명한 것은?**

① 불포화도가 커질수록 굴절률도 커진다.

② 불포화도가 작을수록 굴절은 커진다.

③ 불포화도가 커져도 굴절률의 변화는 없다.

④ 불포화도가 작을수록 굴절률은 커다 굴절되지 않는다.

⑤ 불포화도가 커질수록 굴절률은 작아진다.

> **해설**　유지의 굴절률이 커지는 경우
> 탄소사슬이 길수록, 평균분자량이 클수록, 유지의 불포화도가 클수록 커진다.

360 **유지에 관한 설명으로 틀린 것은?**

① 버터의 보존 시 저급지방산이 분해되어 휘발성의 고소한 향이 난다.

② 융점이 낮은 기름은 입에서 쉽게 녹기 때문에 맛을 느낄 수 있고, 소화되기도 쉽다.

③ 기름의 올바른 보존 방법은 공기를 제거하기 위해 용기에 빈 공간 없이 가득 채워 밀봉하는 것이다.

④ 기름은 구성 지방산의 종류에 따라 융점이 달라진다.

⑤ 라드는 잘게 썬 돼지의 지방 조직을 정제하거나 녹여서 얻는 식용유지이다.

> **해설**　버터를 보존하게 되면 지방이 분해되면서 저급지방산이 유리되어 불쾌취를 유발한다.

361 **콩의 비린내를 유발시키는 데 관여하는 효소로 옳은 것은?** `2017.02` `2021.12`

① 티록시나아제　　　　　　　　　　② 폴리페놀옥시다아제

③ 아스코르비나아제　　　　　　　　④ 티로시나아제

⑤ 리폭시게나아제

> **해설**　콩나물을 끓일 때 비린내의 주요 원인은 리폭시게나아제(lipoxygenase)에 의한 불포화지방산의 산화 때문이며 뚜껑을 덮어야 비린 냄새가 덜 나게 된다.

362 다음 중 유지의 산패를 촉진시키는 요인으로 옳은 것은?

① 수소 첨가   ② 항산화제

③ 금속이온   ④ 갈색병 보관

⑤ 진공상태

> **해설** 유지 산패를 촉진시키는 요인은 산소, 빛, 금속이온, 열 등이 있다.

363 식물성 유지에 대한 설명으로 옳은 것은?

① 건성유에는 올리브유, 땅콩기름이 있다.

② 동유처리 과정을 거친 것은 올리브유다.

③ 반건성유에는 대두유, 참기름, 미강유 등이 있다.

④ 불건성유는 요오드값이 150 이상이다.

⑤ 융점이 높아 상온에서 액체로 존재한다.

> **해설** 식물성 유지
> - 불포화지방산이 많아 융점이 낮고 상온에서 액체로 존재한다.
> - 탈납은 동유처리한 것으로 샐러드유 등이 있다.
> - 요오드가 130 이상 : 건성유(대마유, 해바라기유, 호두유 등)
> - 요오드가 100~130 : 반건성유(옥수수유, 면실유, 대두유, 채종유, 참기름, 미강유 등)
> - 요오드가 100 이하 : 불건성유(올리브유, 피마자유, 동백유, 땅콩유 등)

364 유지의 쇼트닝성을 이용한 식품은? `2020.12`

① 파 이   ② 마가린

③ 마요네즈   ④ 국 수

⑤ 젤 리

> **해설** 유지의 쇼트닝성을 이용한 식품에는 파이, 페이스트리가 있다.

365 자동산화를 촉진시키는 직접적인 원인으로 유지의 품질평가에서 중요한 역할을 하는 것은?

① 색 소   ② 글리세리드의 양

③ 유리지방산 함량   ④ 지방분해효소의 양

⑤ 수분함량

366 수소를 첨가하여 만든 경화유로 옳은 것은?

① 팜 유 　　　　　　　　　　② 올리브유
③ 라 드 　　　　　　　　　　④ 버 터
⑤ 마가린

해설　경화유는 수소첨가유라고도 불리며 불포화지방산에 수소를 첨가하여 포화지방산으로 변환시킨 것이다.

367 조개의 해감에 사용하는 용액은? 2020.12

① 2% 농도의 염소수 　　　　　② 2% 농도의 알코올
③ 2% 농도의 소금물 　　　　　④ 2% 농도의 식초
⑤ 2% 농도의 중조수

해설　조개를 깨끗이 씻은 후에 약 2% 농도의 소금물에 1~2시간 담가 놓으면 입을 벌리고 모래나 흙 등이 나오게 된다.

368 과일의 숙성과정에서 일어나는 현상으로 옳은 것은? 2018.12

① 신맛이 증가한다.
② 향기성분인 에스테르 화합물이 많아진다.
③ 토마토에는 주석산이 많이 함유되어 있다.
④ 숙성될수록 프로토펙티나아제에 의해 불용성 펙틴으로 변한다.
⑤ 페놀 화합물 함량이 증가한다.

해설　과일 향기의 주성분은 ester류, terpene류, 방향족 alcohol 등이며, 토마토·감귤류는 유기산이 많이 함유되어 있고, 주석산이 많이 함유된 과일은 포도이다. 숙성될수록 프로토펙티나아제에 의해 수용성 펙틴으로 변하며, 페놀 화합물이 감소한다.

369 녹색 채소를 뚜껑을 덮고 데치게 되면 황변하게 되는데, 이는 어떤 것에 의한 변색인가?

① 단백질 　　　　　　　　　　② 무기질
③ 엽록소 　　　　　　　　　　④ 당 분
⑤ 효 소

해설　녹색 채소를 데칠 때 비타민 C의 손실과 엽록소 등의 황변이 될 수 있으므로 주의해야 한다.

370 완두 통조림의 가열, 살균, 조리과정에서 갈변을 막고 푸른색을 유지하기 위해 첨가하는 것은?

① 유기산
② 철분(Fe)
③ 황산구리($CuSO_4$)
④ 비타민 C
⑤ 소 금

> 해설 클로로필은 중금속이온과 결합하기 쉬운 성질이 있어 가열하게 되면 안전한 녹색의 Cu-chlorophyll이 되어 녹색식품의 가공·저장에 이용된다.

371 채소의 조리과정으로 변화되는 것으로 옳지 않은 것은?

① 녹색채소를 데칠 때 소금을 넣으면 녹색이 더욱 선명해진다.
② 흰색채소를 중조를 넣은 물에 데치게 되면 안토잔틴이 선명한 녹색으로 변한다.
③ 황산구리는 클로로필의 색소고정의 역할을 한다.
④ 시금치에 산을 가하여 조리하게 되면 녹갈색으로 변한다.
⑤ 데친 채소는 빠르게 찬물에서 식혀야 영양소 손실을 최소화할 수 있다.

> 해설 ② 안토잔틴은 산에는 안정하여 색의 변화가 없으나 알칼리에서는 황색으로 변한다.

372 사과의 박피 시 갈변반응에 대한 설명으로 옳지 않은 것은? 2019.12

① Cu^{2+}를 함유하는 효소이다.
② 갈색·흑색의 멜라닌 색소를 생성한다.
③ 당화작용에 의해 갈색으로 변한다.
④ 기질은 폴리페놀이다.
⑤ 냉장보관 시 효소반응이 억제된다.

> 해설 사과 박피·절단 → 산화 → 효소(polyphenol oxidase)와 반응 → 멜라닌 색소 생성(갈색·흑색의 갈변)
> ↓
> 퀴논 생성반응 촉매 효소
> 구리를 포함하는 효소

373 비타민 B₁의 흡수를 돕는 마늘의 성분으로 옳은 것은?

① sinigrin
② capsaicin
③ allicin
④ chavicine
⑤ vanillin

> 해설 알리신은 비타민 B₁과 결합하여 알리티아민으로 전환되는데 활성비타민 B₁이 되어 체내의 흡수율을 약 10~20배를 높여 에너지 대사를 활발하게 해준다.

374 가열하게 되면 매운맛이 propyl mercaptan을 형성해 단맛이 되는 식품은?

① 무

② 겨 자

③ 파

④ 양 파

⑤ 생 강

해설   양파의 매운맛의 성분인 propylallyl disulfide와 allyl sulfide는 가열 시 분해되어 설탕의 약 50배의 단맛을 내는 propyl mercaptan을 형성한다.

375 다음 중 채소의 맛성분의 특징이 다른 것은?

① 양파껍질 – 퀘세틴

② 오이 – 쿠쿠비타신

③ 홉 – 후물론

④ 밀감껍질 – 나린진

⑤ 감 – 탄닌

해설   퀘세틴, 쿠쿠비타신, 후물론, 나린진은 쓴맛 성분이며, 탄닌은 떫은맛 성분이다.

376 당근과 채소를 함께 섭취 시 비타민 C가 산화되는 이유는?   2019.12

① 당근 속 아스코르비나아제가 비타민 C를 파괴

② 채소 속 산화효소가 당근 속 비타민 C를 파괴

③ 당근이 산화하여 비타민 C를 파괴

④ 당근 속 β-카로틴이 비타민 C를 파괴

⑤ 폴리페놀 산화효소가 당근의 비타민 C를 파괴

해설   아스코르비나아제(ascorbinase)

비타민 C를 산화시켜 파괴하는 효소로 호박, 당근, 오이, 가지 등에 함유되어 있다. 껍질의 박피(껍질에 다량 함유)와 산을 첨가(산에 불안정)하여 섭취하면 좋다.

377 다음 중 채소 중에 황을 함유한 채소가 아닌 것은?

① 무

② 양 파

③ 파

④ 부 추

⑤ 미나리

해설   향미 채소

백합과 채소(무, 양파, 파, 부추)는 무취의 S-알킬시스테인 황 화합물을 갖고 있으며 이것은 효소작용에 의해 매운 향을 내는 물질로 분해된다.

378 뚜껑을 열고 시금치를 데칠 때 산화에 의해 누렇게 변화되는 이유는? `2017.12`

① 클로로필 노출　　　　　　　　② 페오포바이드 형성
③ 클로로필라이드 형성　　　　　④ 페오피틴 형성
⑤ 카로티노이드 형성

> **해설** 지용성의 클로로필(chlorophyll)은 청색을 나타내며, 산과 반응하게 되면 분자 가운데 위치한 Mg^{2+}이 H^+과 치환되어 갈색의 페오피틴(pheophytin)으로 변환된다.

379 브로콜리를 데칠 때 녹색을 유지하는 방법은? `2021.12`

① 조리수에 식초 넣기
② 높은 온도에서 단시간 가열하기
③ 소량의 조리수 사용하기
④ 브로콜리를 잘게 자르기
⑤ 냄비 뚜껑 닫기

> **해설** 녹색채소를 데칠 때에는 다량의 조리수를 사용하여 높은 온도에서 뚜껑을 열고 단시간에 조리한다. 산에 약하므로 식초를 넣으면 누런 갈색이 되므로 주의한다.

380 다음 중 감귤류에 다량 함유된 유기산으로 옳은 것은?

① 구연산　　　　　　　　　　　② 주석산
③ 호박산　　　　　　　　　　　④ 사과산
⑤ 초 산

> **해설** 구연산(citric acid)은 유기산의 하나로 감귤류에 존재하며 신맛을 낸다.

381 미역과 다시마에 대한 설명으로 옳지 않은 것은?

① 건조 다시마에는 칼슘, 요오드, 무기질이 다량 함유되어 있다.
② 건조 다시마는 빛깔이 검고 조직이 두꺼울수록 좋다.
③ 미역은 심해에서 서식할수록 지질 함량이 적다.
④ 미역의 점성물질인 알긴산은 점액선으로부터 분비되며, 뿌리보다 잎이나 줄기에 많이 들어 있다.
⑤ 미역의 다당류는 중요한 열량원이다.

> **해설** 미역의 다당류는 체내에서 소화되지 않고 그대로 배설되기 때문에 열량원으로 이용되지 않는다.

382 글루탐산나트륨은 감칠맛을 내는 주요 성분으로 이것을 함유하고 있는 해조류는? 2019.12

① 클로렐라   ② 다시마
③ 파 래   ④ 청 각
⑤ 우뭇가사리

> **해설** 다시마는 알긴산이 많이 들어있고 요오드·비타민 B_2·글루탐산 등의 아미노산을 함유하고 있는 갈조류이다.

383 건조시키면 레티오닌과 구아닐산이 생성되어 특유의 향과 감칠맛을 내는 식품은?

① 미 역   ② 느타리버섯
③ 다시마   ④ 표고버섯
⑤ 톳

384 표고버섯, 가다랑어 등의 식품에 함유되어 있는 에르고스테롤의 전구체는?

① Vitamin D   ② Vitamin C
③ Vitamin B   ④ Ca
⑤ Zn

385 혈관 질환과 성인병을 예방하는 후코이단 성분을 함유한 갈조류로 옳은 것은?

① 파 래   ② 청 각
③ 톳   ④ 김
⑤ 우뭇가사리

> **해설** 후코이단은 미역, 다시마, 톳 등의 갈조류에 들어있는 성분으로 혈중 콜레스테롤 수치를 낮추고, 혈관 질환 예방, 비만 예방, 항균작용, 면역세포 조절 등에 효과가 있다.

386 시금치를 데칠 때 중조를 넣게 되면 선명한 녹색이 되는데 이때 피톨기와 메틸기 모두 제거된 구조로 옳은 것은?

2018.12

① 클로로필린
② Cu-클로로필
③ 클로로필라이드
④ 페오포바이드
⑤ 페오피틴

해설

클로로필과 알칼리성의 반응	시금치 속 클로로필이 중조(알칼리)와 반응하게 되면 피톨기가 떨어져 나가 클로로필라이드(녹색)가 된다. 이때 지속적으로 알칼리와 반응(강알칼리 상태)을 하게 되면 메틸에스터 결합이 떨어져나가 클로로필린(녹색)이 형성된다.	클로로필 + 알칼리성 → 클로로필라이드(녹색, 피톨기 제거) + (강)알칼리성 ↓ 클로로필린(녹색, 메틸기 제거)
클로로필과 산성과의 반응	클로로필(Mg^{2+})이 산(H^+)과 반응 시 이온이 치환되어 페오피틴(갈색)이 되며 페오피틴에 유기산의 지속 작용(강산 상태) 시 페오포바이드(갈색)가 된다.	클로로필 + 산성 → 페오피틴(갈색) + (강)산성 ↓ 페오포바이드(갈색)
클로로필과 금속이온과의 반응	Cu-클로로필은 클로로필(Mg^{2+})과 구리(Cu^{2+})이온과 가열 시 이온이 치환되어 선명한 청록색이 된다.	

387 오이김치는 익어가면서 갈색을 띠는데, 그 원인색소는? 2020.12

① 페오피틴
② 클로로필린
③ 카로티노이드
④ 안토시아닌
⑤ 피코시아닌

해설 오이를 김치로 담갔을 때 시간이 흐름에 따라 갈색을 띠게 된다. 그 이유는 발효에 의하여 생성된 젖산이나 초산이 클로로필에 작용하여 페오피틴을 형성하기 때문이다.

영양사 완벽마무리를 책임진다!! ○

영양사 2교시

급식, 위생
및 관계법규
최종마무리

01 예비식 급식체계와 중앙공급식 급식체계의 특성에 대한 설명으로 옳지 않은 것은?

① 예비식 급식체계는 중앙공급식 급식체계보다 규모가 크다.
② 중앙공급식 급식체계는 생산과 소비가 시간과 지역적으로 분리된다.
③ 예비식 급식체계는 같은 장소에서 음식을 미리 준비해 저장하는 급식이다.
④ 중앙공급식 급식체계를 활용하고 있는 급식소는 케이터링 업체가 대표적이다.
⑤ 중앙공급식 급식체계는 배달과 음식 안전성에 유의해야 한다.

> **해설** 중앙공급식 급식체계(commissary foodservice system)
> • 지역 내 인접한 급식소들을 묶어 공동조리장에서 음식을 대량 생산한 후 단위 급식소로 운송하여 음식 분배와 배식이 이루어지는 방식이다.
> • 장점 : 시설비·경비·노동비·식재료비 절감, 음식의 질과 양의 표준화
> • 단점 : 중앙설비 투자비·운송비·운송 설비차의 투자비용 많이 소요, 배송 시 음식의 안전성 문제
>
> 예비(조리저장)식 급식체계(ready prepared foodservice system)
> • 조리된 음식을 저장해 두었다가 배식 직전 재가열하여 제공하는 방식(기내식 등)이다.
> • 장점 : 음식의 생산과 소비의 시간적 분리로 계획적 생산(식재료비 절감), 시간적 여유(급식질 향상, 인건비·노동력 절감)
> • 단점 : 투자시설비·운영기술 필요, 저장 시 저장비용·위생관리·품질유지 제어프로그램 필요, 재가열을 통한 품질 저하·미생물학적 안전성을 위한 레시피 개발 필요

02 한 곳에서 배식·조리·저장·서비스가 동시에 이루어지며 적온급식이 가능한 조리체계로 옳은 것은?

2017.12

① 중앙식 급식
② 전통식 급식
③ 조리저장식 급식
④ 편의식 급식
⑤ 조합식 급식

> **해설** 전통식 급식체계는 가장 오래된 형태로 음식의 생산·분배·서비스가 한 곳에서 연속적으로 이루어져 수요 예측이 가능하며, 음식물 보유 시간을 줄일 수 있는 분산조리가 가능하다.

03 위탁급식의 기대효과의 가장 큰 장점은?

① 급식비의 절감
② 서비스의 향상
③ 영양관리 철저
④ 위생관리 철서
⑤ 시설, 설비의 우수성

> **해설** 위탁급식의 장점
> • 서비스 좋고, 인건비가 없다.
> • 대량 구매와 경영 합리화로 운영비가 절감된다.
> • 소수 인원이 교육을 받아 관리하기 때문에 전문 관리층의 임금 지출이 적다.

04 다음 중 급식체계와 그에 대한 특징으로 옳은 것은?

① 조합식 급식체계 – 주방이 필요 없으며 최소한의 급식이 가능
② 조리저장식 급식체계 – 공동조리로 음식의 일정한 품질이 유지됨
③ 중앙공급식 급식체계 – 식품의 재가열로 단순조작 가능하여 빠른 서비스가 가능함
④ 전통식 급식체계 – 계획적인 생산이 가능하여 피크타임이 없어 시간적 여유가 있음
⑤ 편의 급식체계 – 생산·분배·서비스가 한 곳에서 연속적으로 이루어짐

> **해설**
> ② 조리저장식 급식체계 : 계획적인 생산이 가능하며 피크타임이 없어 시간적 여유가 있다.
> ③ 중앙공급식 급식체계 : 공동조리로 음식의 일정한 품질이 유지된다.
> ④ 전통식 급식체계 : 생산·분배·서비스가 한 곳에서 연속적으로 이루어진다.
> ⑤ 편의 급식체계 : 식품의 재가열로 단순조작이 가능하여 빠른 서비스가 가능하다.

05 조리(예비)저장식 급식체계의 설명이 아닌 것은? `2019.12`

① 조합식 급식체계에 비해 노동생산성이 낮다.
② 조리된 음식을 저장해 두었다가 배식 직전 재가열하여 제공한다.
③ 음식의 미생물학적 안전성, 관능적 품질 유지가 어렵다.
④ 음식의 생산과 소비가 시간적으로 분리되어 있다.
⑤ 전통적 급식체계보다 초기 시설·설비 투자 비용이 적게 든다.

> **해설** 예비(조리저장)식 급식체계(ready prepared foodservice system)는 조리된 음식을 저장해 두었다가 배식 직전 재가열하여 제공하는 방식(기내식 등)이다.
> • 장점 : 음식의 생산과 소비의 시간적 분리로 계획적 생산(식재료비 절감), 시간적 여유(급식질 향상, 인건비·노동력 절감)
> • 단점 : 투자시설비·운영기술 필요, 저장 시 저장비용·위생관리·품질유지 제어프로그램 필요, 재가열을 통한 품질 저하·미생물학적 안전성을 위한 레시피 개발 필요

06 공동조리장에서 음식을 대량으로 생산한 후 인근 단체급식소로 운송하여 배식하는 방식으로, 생산성 증가와 비용 절감 효과를 볼 수 있는 급식체계는? `2021.12`

① 중앙공급식 급식체계
② 조리저장식 급식체계
③ 조합식 급식체계
④ 전통적 급식체계
⑤ 분산식 급식체계

> **해설** 중앙공급식 급식체계(commissary foodservice system)
> • 지역 내 인접한 급식소들을 묶어 공동조리장에서 음식을 대량 생산한 후 단위 급식소로 운송하여 음식 분배와 배식이 이루어지는 방식이다.
> • 장점 : 시설비·경비·노동비·식재료비 절감, 음식의 질과 양의 표준화
> • 단점 : 중앙설비 투자비·운송비·운송 설비차의 투자비용 많이 소요, 배송 시 음식의 안전성 문제

07 단체급식의 경영관리 기능의 기본순환 순서 중 두 번째 과정으로 옳은 것은? `2018.12`

① 조 직　　　　　② 지 휘
③ 조 정　　　　　④ 통 제
⑤ 계 획

> **해설** 경영관리 기능의 기본순환 순서
> 계획 → 조직 → 지휘 → 조정 → 통제

08 카츠(Katz)는 "경영관리자에게 3가지 관리 능력이 필요하며, 계층별로 중요성에 차이가 있다."고 하였다. 최고경영자가 갖추어야 할 개념적 능력은? `2021.12`

① 의사결정 능력
② 전산프로그램 활용 능력
③ 메뉴개발 능력
④ 대량조리 감독 능력
⑤ 위생관리 능력

> **해설** 카츠(Katz)의 계층별 요구 능력
> • 최고 경영층 : 개념적 능력(의사결정 능력)
> • 중간 관리층 : 인간관계 관리 능력
> • 하위 관리층 : 기술적 능력

09 투입, 변형, 산출 3대 기본요소로 구성된 예방체계 모형 중 투입에 해당하는 요소는?

㉠ 노동력	㉡ 고객만족
㉢ 식재료	㉣ 양질의 식사

① ㉠, ㉡, ㉢
② ㉠, ㉢
③ ㉡, ㉣
④ ㉣
⑤ ㉠, ㉡, ㉢, ㉣

10 전략수립의 계획으로 옳은 것은?

① 식재료 납품업자 교체
② 작업장의 조리대 재배치
③ 급식설비 구입
④ 조리원의 추가 고용
⑤ 패밀리 레스토랑 같은 외식업으로 사업 확장

> **해설** 전략수립이란 최고경영자가 수립·결정하는 것으로 장기적 미래 투자성 계획이다.

11 급식일지가 속하는 것은?

① 이동성 장부
② 집합성 전표
③ 고정성 장부
④ 분리성 전표
⑤ 이동성 전표

> **해설** 장부와 전표
> - 장부의 성질
>   - 고정성 : 사무의 흐름에 따라 움직이지 않고 일정한 장소에 항상 머물러 있으며 사무가 반대로 장부가 있는 장소에 찾아와서 수행
>   - 집합성 : 정보의 기재 내용이 한군데 모여진다는 뜻으로 내면적으로 볼 때는 동일한 대상에 대해서만 여러 번 걸쳐 여러 가지가 기입
> - 전표의 성질
>   - 이동성 : 고정성과는 반대로 전표 자체가 사무의 흐름에 따라서 이동하면서 기록
>   - 분리성 : 장부의 집합성과는 반대로 보통 1매에 1개의 사항만을 1회에 한하여 기입

안심Touch

12 산업체 급식의 목적과 특징으로 옳은 것은? 2019.12

① 근로자의 인성교육이 가능하다.
② 기업의 생산성 향상, 이윤증대, 근로자의 건강유지에 기여할 수 있다.
③ 식대보험으로 급식의 질이 향상되었다.
④ 1회 급식인원 50명 이상의 경우 집단급식소에 영양사와 조리사를 의무 고용해야 한다.
⑤ 근로자의 영양 관리 및 교육이 의무화되어 있다.

> **해설** 산업체 급식의 목적
> • 기업의 생산성 향상
> • 근로자의 영양 관리 및 건강 유지
> • 근로 관리상의 능률과 편리성
> • 대량 구입과 조리에 의한 경제성 · 합리적인 식품 소비 유도 및 국가 식량 정책과 식생활 개선에 이바지
> • 같은 장소에서 같은 식사를 함으로써 동료 · 상급자와의 원만한 인간관계 유지

13 관리 순환의 5M이 아닌 것은?

① Motivation
② Market
③ Man
④ Money
⑤ Material

> **해설** 관리 순환의 5M
> Man, Material, Machine, Money, Market

14 분권적 관리조직의 특징으로 옳지 않은 것은?

① 결정과 집행이 느림
② 제품의 다양화로 시장의 위험성을 분산시킬 수 있음
③ 부문관리자에게 결정권이 주어지므로 유능한 간부 육성이 가능함
④ 연구개발, 회계, 판매 등을 일원화할 수 있어 경비가 절감됨
⑤ 현대적 대규모 조직의 관리에 적합함

> **해설** ④ 집권관리 조직의 장점이다.
> 분권적 관리조직
> • 의사결정 권한이 하위 관리자에게 위양
> • 민주적 관리 조직
> • 현대적 대규모 조직의 관리에 적합

15 다음 중 권한위임의 효과에 대한 설명으로 옳지 않은 것은?

① 상사의 부담을 줄인다.
② 부하의 사기를 고취시킬 수 있다.
③ 업무를 신속하게 처리할 수 있다.
④ 부하의 잠재능력을 발견할 수 있다.
⑤ 상사의 권한과 책임감이 줄어들어 부담이 덜해진다.

해설 권한위임의 장점
인재 육성 가능, 부하의 사기 고취, 신속한 업무처리, 부하의 잠재능력 발견, 상사의 적은 부담

16 급식조직 구조에서 직계참모 조직의 직무에 대한 설명으로 옳지 않은 것은?

① 참모조직으로 급식운영위원회, 연구개발부 등이 있다.
② 직계조직과 참모들 간에는 자칫 갈등이 생길 수 있다.
③ 급식관리업무는 직계조직의 핵심이 된다.
④ 참모조직이 직계조직보다 의사결정 면에서 권한이 우세하다.
⑤ 유능한 참모조직의 활용으로 직계조직이 강화된다.

해설 라인과 스태프 조직(직계참모 조직)
• 직능화의 원리와 명령일원화의 원칙을 조화시킨 형태로 모든 명령과 감독은 라인의 장을 통해 행해지고, 스태프(참모)의 전문가는 라인(직계)의 장에 대하여 고문의 역할을 한다.
• 장점 : 능률 상승, 조직의 안정, 조직 전체로서의 관리 통제 수월
• 단점 : 라인과 스태프의 혼동 우려, 라인 부분의 직원과 스태프 부문의 직원 간의 불화 우려, 라인은 스태프에 의존하는 경향

17 수의계약의 내용 중 옳지 않은 것은?

① 계약 내용을 이행할 수 있는 자격을 가진 특정인과 계약을 체결하는 방법
② 절차가 간편하고 경비와 인원을 줄일 수 있는 장점
③ 공평하고 경제적인 것이 장점
④ 의혹을 사기 쉬운 것이 단점
⑤ 특정업자와 계약이 유리하다고 판단될 때 이용하는 방법

해설 ③ 일반경쟁입찰의 장점이다.
• 수의계약 방식 : 신뢰가 있는 업체와 계약하는 방식으로 지정 업체의 단일 견적을 받는 방법과 두 업체 이상의 복수견적을 받고 적당한 업자를 선정하는 방식으로, 작은 급식소에서 사용하는 비공식적 구매방식이다. 절차 간편, 경비·인원 절감, 신속·안전 구매의 편의가 있으나 불리한 가격으로 계약하기 쉬운 단점이 있다.
• 경쟁입찰 방식 : 일반경쟁과 지명경쟁이 있다. 다수의 공급자로부터 응찰을 받아 공식적으로 구매하는 방식이다.

18 병동배선의 특징으로 바르지 않은 것은?

① 취사실이 크지 않아도 된다.　　　　② 적온급식이 용이하다.

③ 식품비가 많이 든다.　　　　　　　④ 시설비가 많이 든다.

⑤ 인건비가 절약된다.

> **해설** 병동배선방식(decentralized tray service)
> • 분산배식, 주조리장에서 검수와 조리를 하고 각 병동에서는 상차림 · 배선관리 · 식기 세정이 이루어짐
> • 장점 : 취사실이 크지 않아도 됨, 적온급식 유리
> • 단점 : 시설비 · 인건비 많이 필요

19 식단을 작성할 때 영양량 설정을 위해 고려해야 할 항목이 아닌 것은?

① 노동량　　　　　　　　　　　② 나 이

③ 기호도　　　　　　　　　　　④ 건강상태

⑤ 성 별

> **해설** 급식대상자의 식습관 · 기호도 충족을 위한 조리방법 등은 레시피 연구를 위해 고려해야 하는 것이다.

20 단체급식 관리에 있어서 고객의 기호도를 조사하는 목적으로 볼 수 없는 것은?

① 급식의 효과를 판정하기 위해서이다.

② 전체적인 음식 선호를 파악하기 위해서이다.

③ 잔반을 줄이기 위한 방법으로 원인을 파악하기 위해서이다.

④ 조리방법 및 개발을 위해서이다.

⑤ 경제적인 것을 고려하기 위해서이다.

> **해설** 급식대상자 개인의 기호도는 연령 · 성별 등에 따라 차이가 나기 때문에 급식의 만족도를 높이기 위한 메뉴계획에 앞서 기호도 조사를 한다.

21 노동 생산성이 가장 낮은 급식형태로 옳은 것은? `2017.12`

① 트레이 서비스　　　　　　　② 테이블 서비스

③ 셀프 서비스　　　　　　　　④ 일부 배식 서비스

⑤ 카운터 서비스

> **해설** 직원이 손님에게 주문을 받고 주방에 전달되어 고객의 테이블까지 음식을 서빙해 주는 급식 형태인 테이블 서비스는 일정량의 노동을 투입시켜 얻는 생산량이 낮다.

18 ⑤　19 ③　20 ⑤　21 ②　**정답**

22 카페테리아 서비스에 대한 장점으로 옳은 것은? `2018.12`

① 음식량과 횟수에 제한 없이 선택 가능하다.
② 영양관리가 잘 된다.
③ 개인의 기호와 가격에 맞춰 자유롭게 선택할 수 있다.
④ 주문부터 음식제공 상차림까지 모두 한 곳에서 맡기 때문에 신속한 서비스가 가능하다.
⑤ 균형 있는 영양섭취와 편식을 교정하여 올바른 식사태도와 바람직한 식습관을 형성시킨다.

해설 ③ 카페테리아 식단은 급식상자가 개인의 기호와 가격을 맞춰 자유롭게 음식을 선택할 수 있다는 장점이 있으나 양지식이 없는
급식관리자가 운영할 경우 영양부족 · 영양편중 초래가 나타날 수 있다.
① 뷔페 서비스의 장점
② 카페테리아 서비스의 단점
④ 카운터 서비스의 장점
⑤ 학교급식의 장점

23 메뉴의 선택의 폭이 넓은 급식형태로 자유롭게 선택하고 가격을 지불하는 방식은? `2017.12`

① 카페테리아 서비스   ② 부분급식 서비스
③ 테이블서비스   ④ 트레이 서비스
⑤ 기내식 서비스

해설 카페테리아 식단은 급식대상자는 개인의 기호와 가격을 맞춰 자유롭게 음식을 선택할 수 있어 다양한 고객의 기호를 충족시킬
수 있다.

24 직영방식 급식체계의 설명으로 옳지 않은 것은?

① 급식비를 식재료비에 대부분 사용할 수 있다.
② 비영리 목적이다.
③ 영양 · 위생 관리가 철저하다.
④ 다수인에게 영양 · 복지를 위해 급식소를 직접 운영한다.
⑤ 인건비가 저하된다.

해설 **직영방식 급식체계**
비영리 목적으로 특정 다수인에게 영양 · 복지를 위해 급식소를 직접 운영(학교, 산업시설, 복지시설, 병원 등)하는 급식체계이다.
• 장점 : 양질의 식사 · 서비스 제공하여 급식대상자의 생산성 높임, 영양 · 위생관리 철저
• 단점 : 서비스 저하, 인건비 · 생산비 상승

25 기내식이나 병원 환자식에 이용되는 배식 서비스 형태는? 2020.12

① 트레이 서비스   ② 카운터 서비스

③ 카페테리아 서비스   ④ 셀프 서비스

⑤ 테이블 서비스

> **해설**   트레이(쟁반) 서비스
>
> 병원 환자식, 기내식, 호텔 룸서비스에 이용되는 배식 서비스 형태로, 중앙조리장에서 조리하여 1인분씩 배분한 식사를 트레이에 차려서 고객이 있는 장소로 가져다주는 형태이다.

26 직무에 있어 3면 등가의 법칙의 3가지는?

① 권한, 책임, 의무   ② 권한, 책임, 감동

③ 권한, 통솔, 의무   ④ 명령, 책임, 분화

⑤ 위임, 권한, 책임

> **해설**   직무의 3면 등가법칙
>
> 직무 수행 시 권한, 책임, 의무를 가져야 하며, 이 세 가지의 범위는 같아야 한다는 원칙이다.

27 전문가 집단에게 설문을 발송하여 의견을 취합·분석한 후 집단적 합의를 도출해내는 수요예측법은?

① 델파이기법   ② 지수평활법

③ 이동평균법   ④ SWOT 분석기법

⑤ 포커스 집단기법

> **해설**   ① 델파이기법 : 구성원에게 설문지 발송 → 익명의 의견을 취합·분석 → 구성원에게 분석결과 발송 → 의견 일치될 때까지 반복하는 기법
>
> ② 지수평활법 : 가장 최근 기록에 가중치를 부여하여 수요 예측(단기적 수요 예측에 많이 사용)
>
> ③ 이동평균법 : 최근 일정기간의 기록을 평균하여 수요 예측(가장 오래된 기록 제외하며 가장 최근 기록 사용)
>
> ④ SWOT 분석기법 : 강점(Strength), 약점(Weakness), 기회(Opportunity), 위협(Threat) 요인을 분석하고 이를 토대로 경영 전략을 수립하는 기법
>
> ⑤ 포커스 집단기법 : 10명 이상의 중요 상에게 약 2시간 동안 문제점 토론 후 의견 제시하도록 하는 기법

28 기업 내부의 강점·약점, 외부환경의 기회·위협을 분석하여 경영전략을 수립하는 기법은?

① SWOT 분석기법   ② 목표관리법

③ ABM 경영기법   ④ 7S 분석기법

⑤ 델파이법

> **해설**   SWOT 분석기법이란 강점(Strength), 약점(Weakness), 기회(Opportunity), 위협(Threat) 요인을 분석하고 이를 토대로 경영 전략을 수립하는 기법이다.

29 테일러가 라인 조직의 단점을 보완하기 위해 만든 조직의 중심이 되는 조직화 원칙은?

① 전문화의 원칙
② 권한위임의 원칙
③ 기능화의 원칙
④ 조정의 원칙
⑤ 계층단축화의 원칙

> **해설** 테일러는 전문화의 원리와 분업화의 원칙을 합한 기능적 전문화의 원칙으로 라인 조직의 단점을 보완하기 위해 직능직(기능적) 조직을 만들었다.

30 프로젝트 조직에 대한 설명으로 옳은 것은?

① 가장 오래된 단순 조직의 형태로 명령일원화의 원칙에 따른 조직적 조직
② 일정기간 일시적 특정 사업계획을 위해 형성되었다가 목표 달성 후 해체되는 조직
③ 한 기업의 경영활동을 각 사업부별로 독자적으로 시장과 제품을 갖고 운영하는 조직
④ 수직적·수평적 권한이 결합된 조직
⑤ 의사결정이 하위 관리자에게 이양되어 있는 민주적 조직

> **해설** ① 라인조직, ③ 사업부제 조직, ④ 매트릭스 조직, ⑤ 분권적 조직에 해당한다.

31 최고경영층에게 권한이 집중될 때 나타나는 특징으로 옳은 것은?

① 정책·계획·관리가 통일된다.
② 하위 관리층의 자주성이 상승된다.
③ 의사결정의 합리화를 가져온다.
④ 관리자의 훈련·양성이 가능하다.
⑤ 하위 관리층에 권한의 위양이 이루어진다.

> **해설** 권한의 분배에 따른 조직
> • 집권적 조직
>   – 지휘, 명령 등의 결정권한이 상위 관리자에 집중, 독재형, 폐쇄적 조직
>   – 장점 : 신속성이 필요한 소규모 조직에 적용
>   – 단점 : 큰 조직에는 한계
> • 분권적 조직
>   – 의사결정권한이 하위 관리자에게 이양, 민주형
>   – 장점 : 하위 관리자의 자주성과 창의성 높아짐
>   – 단점 : 자본과 경비 증가

32 민츠버그의 경영자 역할 중 경영자가 내·외부, 상하 관계 등에 있어서 관계를 연결 짓는 대인 간의 역할은?

2018.12

① 대표자   ② 자원배분자

③ 협상자   ④ 문제 해결자

⑤ 연결자

> **해설** 민츠버그의 경영자 역할
> • 대인 간 역할(대표자, 리더, 연결자)
> • 정보 역할(감시자, 전달자, 대변인)
> • 의사결정 역할(창업가, 혼란중재자, 자원분배자, 협상자)

33 관리자 한 사람이 지휘·감독할 수 있는 하위 직원의 수를 적정하게 제한해야 한다는 원칙으로 옳은 것은?

① 계층단축화의 원칙   ② 조정의 원칙

③ 명령일원화의 원칙   ④ 감독 범위 적정화의 원칙

⑤ 전문화의 원칙

> **해설** ① 계층단축화의 원칙 : 상하 계층이 길어지면 의사소통 불통, 명령전달의 지연 등 폐단 발생하기에 조직의 계층을 단축시켜
>   업무의 효율화를 높여야 한다는 원칙이다.
>   ② 조정의 원칙 : 기업 전체의 관점에서 각 구성원에게 분담된 업무를 효율적 발휘를 위해 서로 조정 통합해야 한다는 원칙이다.
>   ③ 명령일원화의 원칙 : 하위 직원은 직속 상사로부터만 명령·지시를 받아야 한다는 원칙이다.
>   ⑤ 전문화의 원칙(분업의 원칙) : 특정 업무를 전문 부서에 분담시켜야 한다는 원칙이다.

34 공식조직에 대한 설명으로 바르게 설명된 것은?

① 권위에 의해 직무·권한이 나뉜다.

② 혈연·지연에 의한 조직이다.

③ 자연발생적인 조직이다.

④ 수용성이 높으며 사기가 향상된다.

⑤ 자칫 파벌 구성의 가능성이 생길 수 있다.

> **해설** ②·③·④·⑤ 비공식적 조직에 대한 설명이다.

35 주기(순환)메뉴에 관한 설명이 아닌 것은? 2019.12

① 조리작업 관리와 표준화가 용이하다.
② 학교급식에서 많이 쓰인다.
③ 식단주기가 짧으면 식단내용이 단조롭고 식비가 상승할 수 있다.
④ 식자재 관리가 효율적이다.
⑤ 병원, 연수원 등에서는 단기 순환메뉴의 사용이 식재료 관리의 효율성을 높인다.

해설 ② 학교급식, 산업체급식에서는 주기적으로 반복 없이 계속 변하는 변동메뉴(비순환메뉴)를 많이 사용한다.
순환메뉴(cycle menu = 주기메뉴)
• 일정한 주기로 메뉴가 반복되는 것으로 식자재의 효율적 관리로 재고통제가 쉽다.
• 조리작업 관리와 표준화가 용이하나 식단주기가 짧을 경우 고객의 불만과 식비가 상승할 수 있다.
• 주기식단의 주기가 짧으면 식단의 내용이 단조롭고 잔식량이 많아진다.

36 식단작성의 순서로 옳은 것은?

① 급여 영양량 결정 → 주식 결정 → 부식 결정 → 3식 영양량 배분
② 3식 영양량 결정 → 급여 영양량 배분 → 주식 결정 → 부식 결정
③ 급여 영양량 결정 → 3식 영양량 배분 → 주식 종류와 양의 결정 → 부식 결정
④ 3식 영양량 배분 → 주식 결정 → 부식 결정 → 급여 영양량 계산
⑤ 주식 종류와 양의 결정 → 부식 종류와 양의 결정 → 3식 영양량 배분 → 급여 영양량 산출

해설 식단작성 순서
급여 영양량 결정 → 식품 섭취량 산출 → 3식 영양량의 분배 결정 → 음식 계획 → 식품구성의 결정(주식, 부식 결정) → 미량영양소의 보급방법(강화식품, 강화제 첨가) → 식단표 작성 → 식단 평가

37 월별 또는 계절에 따라 반복되는 식단으로, 병원처럼 급식대상자가 자주 바뀌는 곳에서 사용하기 적합한 것은?
2021.12

① 선택식단   ② 변동식단
③ 순환식단   ④ 고정식단
⑤ 단일식단

해설 순환식단(회전식단)은 미리 짜여져 있는 음식의 식단을 주기적으로 바꾸어 제공하며, 단체급식에서 주로 사용된다(주간식단, 순간식단, 월간식단, 계간식단).

38 식단의 기능에 대한 설명으로 옳지 않은 것은?

① 급식업무의 요점
② 급식 관리 계획
③ 식습관이 고려된 식생활 설계
④ 급식기록서 및 보고서
⑤ 조리사에 대한 작업지시서

> **해설** 식단표의 기능
> 급식업무의 요점(중심), 급식 관리의 계획표, 급식관계자에 대한 작업지시서, 급식기록서 및 실시보고서

39 일정한 식단을 정해두어 선택할 여지가 없는 식단은?

① 자유식단
② 단일식단
③ 표준식단
④ 카페테리아 식단
⑤ 복수식단

> **해설** 단일식단(nonselective menu)은 선택의 여지없이 고정해 놓은 식단으로 식단의 변화가 부족할 경우 급식대상자들의 만족도가 낮을 수 있으며, 주로 학교급식, 대학기숙사 등에서 실시한다.

40 식단작성 시 일반적으로 고려되어야 할 사항으로 옳지 않은 것은?

① 색의 변화와 맛의 조화를 고려한다.
② 기호보다는 경제성 위주의 식단이 되도록 한다.
③ 대상자에게 적절한 1인분량을 설정하도록 한다.
④ 영양권장량에 근거한 균형 잡힌 식단을 작성한다.
⑤ 계절식품을 많이 활용한다.

> **해설** 식단작성 시 고려할 사항
> • 급식 대상자의 영양필요량
> • 식습관과 기호성
> • 식품의 선택과 조리 기술
> • 예산에 알맞은 식품소비
> • 조리에서 배식까지의 노동시간
> • 노동력과 필요 기구의 이용

41 성인이 1일 섭취해야 할 단백질의 양 중 동물성 단백질의 양은?

① 총 단백질량의 1/2
② 총 단백질량의 1/3
③ 총 단백질량의 1/4
④ 총 단백질량의 1/5
⑤ 총 단백질량의 1/6

> **해설** 필수아미노산의 섭취를 위해 1일 단백질 섭취량 중 총량의 1/3 이상은 동물성 단백질로 섭취해야 한다.

42 식단작성 시 미량원소를 보충하는 가장 좋은 방법은?

① 과일을 충분히 섭취한다.
② 신선한 채소를 활용한다.
③ 정제비타민을 복용한다.
④ 강화식품을 이용한다.
⑤ 영양이 풍부한 어류와 해조류를 이용한다.

> **해설** 부족한 영양소를 보충하기 위한 가장 좋은 방법은 강화식품을 사용하거나 강화제를 첨가하는 것이다.

43 표준레시피에 관한 설명으로 옳은 것은? `2019.12`

① 종사자의 숙련도에 따라 표준레시피를 조정한다.
② 식재료의 품질만 규격을 표시한다.
③ 에너지 소비량을 추정하는 방법이다.
④ 식재료명, 재료의 분량. 조리방법 등을 표기한다.
⑤ 식재료는 부피단위로 표기한다.

> **해설** 표준레시피(Standardized Recipe)는 음식별로 적정한 재료의 분량·조리 방법 등을 나타낸 것으로 적정구매량, 배식량의 기준이 될 뿐만 아니라 조리작업을 효율화하고 음식의 품질을 일정하게 유지하는 데 있어 매우 중요한 자료다.

44 다음 중 순환식 식단의 장점으로 옳지 않은 것은?

① 식단작성 시간의 절약
② 조리과정의 표준화로 작업 분배의 용이
③ 구매절차의 단순화로 재고관리의 용이
④ 짧은 식단주기로 다양한 식단 제공 가능
⑤ 식자재의 효율적 관리

> **해설** 순환식 식단은 일정한 주기로 메뉴가 반복되는 형태로 식자재의 효율적 관리로 재고통제가 쉽다. 조리작업 관리와 표준화가 용이하나 식단주기가 짧을 경우 고객의 불만과 식비가 상승할 수 있다.

45 성인 남자(19~29세)의 1일 단백질 평균필요량으로 옳은 것은?

① 50g ② 55g

③ 45g ④ 60g

⑤ 40g

해설

구 분	성인남자(19~29세)	성인여자(19~29세)
단백질 평균필요량	50g	45g
단백질 권장섭취량	65g	55g
에너지 필요추정량	2,600kcal	2,000kcal

46 다음 중 영양사의 임무 순서로 옳은 것은?

① 식단작성 → 급식운영계획 수립 → 식품구입 → 조리감독 → 검식 → 배식관리

② 급식운영계획 수립 → 식단작성 → 식품구입 → 검식 → 조리감독 → 배식관리

③ 식품구입 → 식단작성 → 급식운영계획 수립 → 검식 → 조리감독 → 배식관리

④ 급식운영계획 수립 → 식단작성 → 식품구입 → 조리감독 → 검식 → 배식관리

⑤ 급식운영계획 수립 → 식품구입 → 식단작성 → 검식 → 조리감독 → 배식관리

47 식단을 작성할 때 고려해야 할 점으로 옳지 않은 것은?

① 영양소 필요량 ② 피급자 기호도

③ 식재료비(예산) ④ 위생적 조리법

⑤ 영양사의 조리 숙련도

해설 식단작성 시 영양, 기호도, 예산, 능률, 위생을 고려해야 한다.

48 영양량의 설정을 위해 식단을 작성할 때 고려해야 할 항목으로 옳지 않은 것은?

① 연 령 ② 성 별

③ 노동 강도 ④ 건강상태

⑤ 기호도

해설 영양량을 결정할 때는 급식 대상자의 연령, 성별, 활동 강도, 건강상태에 따른 기준량을 알아야 한다.

49 **식단작성 시 고려해야 할 것으로 옳지 않은 것은?**

① 성인병 예방 식단에는 식염을 제한하도록 한다.
② 노인 식단작성 시 단백질을 권장한다.
③ 65세 이상의 남자와 여자는 칼슘 섭취를 권장한다.
④ 성장기 어린이의 식단에는 지방 섭취를 권장한다.
⑤ 스포츠 선수의 식단작성 시 당질 위주의 식단을 권장한다.

> 해설 성장기 어린이는 칼슘 섭취를 권장하며 지방의 과다 섭취는 비만을 초래할 수 있다.

50 **표준레시피를 개발하는 과정에서 조리된 메뉴의 맛, 향기, 조직감 등을 평가하는 것은?** 2021.12

① 레시피 수정
② 관능평가
③ 레시피 검증
④ 실험조리
⑤ 레시피 확정

> 해설 관능평가(sensory evaluation)
> 미리 계획된 조건하에 훈련된 검사원의 시각, 후각, 미각, 청각, 촉각 등을 이용하여 식품의 외관, 풍미, 조직감 등 관능적 요소들을 평가하고 그 결과를 통계적으로 분석하고 해석하는 것이다. 관능검사 결과는 제품의 특성을 파악하고 소비자 기호도에 미치는 영향력을 평가하는 데 이용되고 있으며 신제품 개발, 제품 안전성, 품질관리, 가공 공정, 판매 등 다양한 분야에서 널리 활용되고 있다.

51 **남고생에게 2,100kcal/일 급식을 제공하려고 한다. 에너지적정비율을 탄수화물 65%, 단백질 20%, 지질 15%로 정하였을 때, 제공해야 할 단백질의 양은?** 2020.12

① 85g
② 90g
③ 95g
④ 100g
⑤ 105g

> 해설 2,100kcal/일에서 단백질이 20%이므로, 420kcal/일을 단백질로 제공해야 한다. 단백질은 1g당 4kcal이므로, 105g을 단백질로 제공한다.

52 식단을 작성할 때 가장 중점을 두어야 하는 것으로 옳은 것은?

① 급식 대상자에게 균형 있는 영양을 제공하는 것
② 기호도에 맞게 제공하는 것
③ 색, 맛, 질감 등의 관능적 식단을 제공하는 것
④ 최소 비용으로 많은 양을 제공하는 것
⑤ 제철 생산된 신선한 식재료를 구매하는 것

> **해설** 대다수가 공통으로 선호하는 조건을 찾아 식단에 반영하여 급식대상자에게 필요한 영양량을 제공할 수 있도록 식단을 작성해야 한다.

53 균형 잡힌 식사를 유지하기 위한 권장섭취량 및 제한량으로 옳지 않은 것은?

① 지방은 총에너지의 15~25% 정도 섭취해야 한다.
② 곡류는 매일 2~4회 정도 섭취한다.
③ 고기·생선·콩류 등의 단백질은 매일 3~4회 정도 섭취한다.
④ 나트륨은 5g 이하로 섭취한다.
⑤ 당류 중 꿀은 되도록 많이 섭취하도록 권장한다.

> **해설** 첨가당(설탕·물엿 등)은 총에너지 섭취량의 10% 이내로 섭취한다(되도록 적게 섭취).

54 우유 100g 중 당질 5g, 단백질 3.5g, 지방 3.7g이 들어있다. 이때 우유 170g의 kcal로 옳은 것은? `2017.12`

① 83kcal
② 104kcal
③ 114kcal
④ 150kcal
⑤ 187kcal

> **해설** 탄수화물, 단백질 = 4kcal/g, 지방 = 9kcal/g
> 우유 100g의 kcal = (5 × 4) + (3.5 × 4) + (3.7 × 9) = 20 + 14 + 33.3 = 67.3kcal
> 100g : 67.3kcal = 170g : (A)kcal
> (A)kcal = 114.41

55 메뉴계획 시 사회적 측면으로 고려할 사항은?

① 식재료비   ② 종사자의 숙련도
③ 지역 농산물 사용   ④ 식습관
⑤ 영양요구량

> **해설** 메뉴계획 고려사항
> • 급식대상자 측면 : 영양요구량, 식습관, 기호
> • 급식관리자 측면 : 식재료비, 종사자의 숙련도, 설비, 급식체계 및 방법 등
> • 사회적 측면 : 음식물쓰레기 감소, 지역 농산물 사용

56 슈퍼마켓, 체인스토어와 같은 대량 수요자로서 도매시장 거래품목을 정기적으로 구입하는 자를 무엇이라 하는가?

① 중매인   ② 지정 도매인
③ 매매참가인   ④ 도매시장 개설자
⑤ 소매상

> **해설** 매매참가인
> • 슈퍼마켓, 체인스토어와 같은 대량수요자로서 도매시장 거래품목을 정기적으로 구입하는 자이다.
> • 시장개설자들에게 등록하여 승인을 받은 후, 지정도매인이 행하는 경매에 참가하여 상품을 사들이는 전문소매상 또는 대규모 수요자로서 중매인과 같이 소비자측의 일익을 담당한다.

57 식품의 구매 시 고려해야 할 사항이 아닌 것은?

① 제철식품으로 저렴하고 영양가가 높은가를 고려한다.
② 폐기부분이 적고 가식부율이 높은가를 고려한다.
③ 신선한 제품을 저렴하게 구매할 수 있는 유통단계인가를 고려한다.
④ 식품 규격과 품질이 좋은가를 고려한다.
⑤ 저렴한 가격이라면 물품 모두 구매할 수 있는가를 고려한다.

> **해설** 필요한 양이 아닌 무조건적인 대량구매를 목적으로 식품을 구매하지 않아야 한다.

안심Touch

58 **경쟁입찰 방식의 장점으로 옳은 것은?** `2018.12`

① 새로운 업체를 발견할 수 있다.
② 행정비가 적게 든다.
③ 긴급할 때 빠른 조달이 가능하다.
④ 업자의 담합이 불가능하다.
⑤ 자본·신용·경험이 충분한 업자들만 응찰이 가능하다.

> **해설** 일반경쟁입찰 방식
> 신문 또는 게시와 같은 방법으로 입찰·계약에 관한 사항을 일정기간 일반인에게 널리 공고해 응찰자를 모집하며 입찰에 있어서 상호경쟁을 시켜 가장 타당성 있는 입찰가격을 제시한 사람을 낙찰자로 정하는 방식이다.
> • 장점 : 경제적, 행정이 용이, 새로운 업자의 발견, 공개적·개관적(정실·의혹을 방지)
> • 단점 : 행정비가 많이 듦, 긴급할 때 조달시기 놓치기 쉬움, 업자의 담합으로 낙찰이 어려울 때가 있음, 공고로부터 개찰까지의 수속이 복잡, 자본·신용·경험 등이 불충분한 업자가 응찰하기 쉬움

59 **서로 다른 조직들이 구매단가를 절약하기 위해 구매하는 방식이나 물품 통일의 제약이 있는 것은?** `2017.12` `2020.12`

① 공동구매　　　　　　　　　② 중앙구매
③ 분산구매　　　　　　　　　④ 일괄위탁구매
⑤ 창고형 할인매장구매

> **해설** 공동구매는 소유자·경영자가 다른 조직들이 공동으로 물품을 구매하는 방법이다. 장점으로는 구매단가가 절약되고, 단점으로는 물품 통일의 제약이 있다.

60 **발주량 산출 방법이 옳은 것은?**

① 1인분당 중량 ÷ 가식부율 × 예상식수
② 1인분당 중량 × 출고계수 × 100 × 예상식수
③ 1인분당 중량 ÷ 폐기율 × 100 × 예상식수
④ 1인분당 중량 ÷ (100 − 폐기율) × 100 × 예상식수
⑤ 1인분당 중량 × 가식부율 × 예상식수

> **해설** 발주량
> • 폐기 부분이 있는 식품 = 순사용량/가식률 × 100 × 예상식수 = 순사용량/(100−폐기율) × 100 × 예상식수
> • 폐기 부분이 없는 식품 = 1인분량 × 예상식수

61 A 단체급식소의 아침 예상식수는 100이다. 오징어 16kg을 발주해 오징어 볶음을 준비하는데 1인분량을 120g으로 할 때의 오징어 폐기율은? (단, 재고량 없음) 2017.02

① 1.3% ② 2.5%

③ 13% ④ 25%

⑤ 100%

> 해설 발주량
> • 폐기 부분이 있는 식품의 발주량 = 1인분량 × 환산계수(출고계수) × 급식 예정 수
> • 오징어 출고계수 = $\dfrac{100}{100 - 폐기율}$
> • $\underset{\text{오징어 발주량}}{16,000g} = 120 × \dfrac{100}{100 - x} × 100 = 25\%$

62 육개장 100인분에 사용될 대파의 순사용량은 6kg이며, 폐기율은 20%이다. 육개장 400인분을 제공할 때 사용될 대파의 발주량은? 2017.02

① 1.2kg ② 24kg

③ 30kg ④ 100kg

⑤ 120kg

> 해설

	100인분	→	400인분
대파의 순사용량	6kg		24kg
폐기율	20%(=0.2)		
가식률	80%(=0.8)		

> • 발주량 × 가식률 = 순사용량
> • 발주량 × 0.8 = 24kg

63 다음 중 전수검사가 필요한 경우로 옳은 것은?

① 파괴검사일 경우
② 검사 항목이 많은 경우
③ 식품 등 위생과 관계되는 경우
④ 신뢰감을 높이고자 하는 경우
⑤ 생산자에게 품질 향상 의욕을 자극하고자 하는 경우

> 해설 전수검사
> 납품된 물품을 하나하나 전부 검사하는 방법으로, 식품 등 위생과 관계된 경우 손쉽게 검사할 수 있는 품목과 불량품이 조금이라도 들어가서는 안 되는 고가품목일 경우 실시한다.

64 한끼에 50식을 제공하는 소규모 급식소에서 특식으로 제공되는 자연산 송이버섯의 올바른 검사 방법은?

① 발췌검사법
② 부분검사법
③ 전수검사법
④ 미량검사법
⑤ 무작위검사법

> **해설** 전수검사법은 납품된 물품을 하나하나 전부 검사하는 방법으로 소규모 급식소의 경우 전수검사법을 실시한다.

65 물품의 명세와 거래대금에 대한 내용이 기록되어 있는 것으로, 공급업체가 물품 납품 시 구매담당자에게 제공하는 서식은? `2021.12`

① 식재료검수서
② 거래명세서
③ 구매명세서
④ 출고청구서
⑤ 구매청구서

> **해설** 송장(납품서, 거래명세서)
> 공급업자가 작성한 공급한 물건의 명세서와 대금에 대한 기록으로 대개는 물건과 함께 송부되나 물품이 배달되기 이전에 송부되기도 한다.

66 구매명세서 작성이 단점으로 작용할 수 있는 경우는?

① 품질의 균일성을 유지하고자 할 때
② 정확한 품질검사를 하려고 할 때
③ 구매하고자 하는 물품이 적을 때
④ 검사에 필요한 시간을 절약하고자 할 때
⑤ 많은 납품업자에게 경쟁입찰을 시키려고 할 때

> **해설** 물품 구매명세서
> 구매하고자 하는 물품의 정보를 담은 서식으로 물품명·규격·단위·단가 등 특성이 상세히 기재되며 물품 선별·검수 시 기준으로 사용된다. 구매하고자 하는 물품의 양이 적을 때는 구매명세서의 작성이 오히려 비경제적이고 번거로운 일이 된다.

67 발주량을 산출하는 데 필요한 방법으로 옳지 않은 것은?

① 표준레시피에 기록된 1인분의 양을 결정
② 급식될 식단의 수요인원 예측
③ 조리과정 중의 식품 폐기율을 고려
④ 영구재고조사 방법에서 기록된 재고량을 계산
⑤ 필요한 식품의 순사용량을 계산

> **해설** 발주량을 산출하는 데 필요한 방법
> • 표준레시피에 기록된 1인분의 양을 결정
> • 필요한 식품의 순사용량 계산
> • 조리과정 중의 식품 폐기율 고려
> • 급식될 식단의 수요인원을 예측

68 절차가 복잡하나 단가절약에 도움이 되며 구매 부서에서 조직 전체의 물품을 구매하는 방식은? `2017.12`

① 일괄위탁 구매   ② 독립구매
③ 공동구매   ④ 창고형 할인매장 구매
⑤ 중앙구매

> **해설** 구매의 유형
> • 독립구매 : 각 부서에서 독립적으로 필요한 물품을 단독으로 구매하는 방식. 구매절차 신속·간단, 구매단가 높아짐
> • 중앙구매 : 구매 부서에서 조직 전체의 물품을 구매하는 방식. 구매기록 관리 용이 및 단가 절약, 절차 복잡·신속성 저하 등 비능률적
> • 공동구매 : 소유자·경영자가 다른 조직들이 공동으로 물품 구매. 구매단가 절약, 물품 통일의 제약
> • 창고형 할인매장 구매 : 소규모 급식소가 창고형 매장에서 물품을 구매하는 방식
> • 일괄위탁 구매 : 구입 단가를 명확히 책정한 소량의 다양한 상품의 매매를 대행기관에 위탁하는 방식

69 단체급식소에서 식품구매 시 고려해야 할 사항 중 계절식품의 이용, 창고의 저장조건 등 반드시 반영해야 하는 사항은?

① 구매시기   ② 급식인원
③ 구매량   ④ 가격변동
⑤ 구매가격

> **해설** 원하는 품질과 최저 가격으로 최적시기에 구입하게 되면 식자재 저장관리 비용을 절약할 수 있으며 급식대상자에게는 좋은 품질의 급식을 제공할 수 있다.

70 효율적인 저장관리를 위한 원칙으로 옳지 않은 것은?

① 공간활용 극대화의 법칙   ② 품질보존의 원칙

③ 상호관리의 원칙   ④ 분류저장의 원칙

⑤ 저장위치 표시의 원칙

> **해설**   저장관리 원칙
> - 저장위치 표시의 원칙   • 분류저장의 원칙
> - 품질보존의 원칙   • 선입선출의 원칙
> - 공간활용 극대화의 원칙   • 저장품의 안전성 확보의 원칙

71 식재료의 저장 중 물품을 품목·규격·특성별로 분류하여 사용빈도 순으로 보관하는 저장관리의 원칙으로 옳은 것은? `2017.02` `2021.12`

① 품질보존의 원칙   ② 분류저장의 원칙

③ 저장위치 표시의 원칙   ④ 공간활용 극대화의 원칙

⑤ 선입선출의 원칙

> **해설**   식재료 저장관리의 원칙
> - 품질보존의 원칙 : 저장기준(온도·습도), 유통기한 준수
> - 분류저장의 원칙 : 품목·규격·품질 특성별 분류 후 사용빈도 순 정렬
> - 저장위치 표시의 원칙 : 물품 배치표 부착 → 시간·노력 절약
> - 선입선출의 원칙 : First-In First-Out(FIFO), 먼저 입고된 물품을 먼저 출고 사용
> - 저장품의 안전성 확보의 원칙 : 부정유출 방지를 위한 잠금장치 및 사용자·출입시간의 제한
> - 공간활용 극대화의 원칙 : 효율적인 저장·운반을 위한 공간 활용의 극대화

72 한 달간 입고된 50개의 식재료 중 가장 최근 구매한 식품의 10개가 재고로 남았다. 이때의 저장관리 원칙은? `2017.12`

① 품질보존의 원칙   ② 후입선출의 원칙

③ 분류저장의 원칙   ④ 선입선출의 원칙

⑤ 안전성 확보의 원칙

> **해설**   식재료 저장관리의 원칙
> - 선입선출의 원칙 : First-in, First-out(FIFO). 먼저 입고된 물품을 먼저 출고하여 사용
> - 품질보존의 원칙 : 저장기준(온도·습도), 유통기한 준수
> - 분류저장의 원칙 : 품목·규격·품질 특성별 분류 후 사용빈도 순 정렬
> - 저장위치 표시의 원칙 : 물품 배치표 부착 → 시간·노력 절약
> - 저장품의 안전성 확보의 원칙 : 부정유출 방지를 위한 잠금장치 및 사용자·출입시간의 제한
> - 공간활용 극대화의 원칙 : 효율적인 저장·운반을 위한 공간활용의 극대화

73 깍두기 1인분량이 40g, 깍두기 원재료인 무의 폐기율은 약 20%, 식수가 100명인 경우 무의 발주량은?

① 8kg
② 5kg
③ 3kg
④ 50kg
⑤ 80kg

해설
- 폐기 부분이 있는 식품의 발주량 = 1인분량 × 환산계수(출고계수) × 급식예정수
- 무 출고계수 = 100/(100 − 폐기율) = 100/(100 − 20) = 1.25
- 무 발주량 = 40g × 1.25 × 100 = 5kg

74 구매시장조사의 원칙으로 소정의 시기 안에 구매 업무를 완료하는 것은?

① 비용조사 경제성이 원칙
② 비용조사 적시성의 원칙
③ 비용조사 정확성의 원칙
④ 비용조사 계획성의 원칙
⑤ 비용조사 탄력성의 원칙

해설
구매시장조사 원칙
- 비용조사 적시성의 원칙 : 소정의 시기 안에 구매 업무를 완료하는 것
- 비용조사 경제성의 원칙 : 인력 · 시간 등 소요되는 비용을 최소화시키는 것
- 비용조사 탄력성의 원칙 : 시장 상황의 변동에 따라 탄력적 대응하는 것
- 비용조사 정확성의 원칙 : 시장조사 내용의 정확성을 기하는 것
- 비용조사 계획성의 원칙 : 조사 전 원칙에 맞게 계획을 수립하는 것

75 구매유형에 대한 설명으로 옳지 않은 것은?

① 독립구매의 장점은 구매절차가 신속 · 간단하나 구매 단가가 높아지는 단점이 있다.
② 중앙구매는 단가 절약과 구매 기록 관리가 용이하고, 절차가 간단하며 신속하여 능률적이다.
③ 공동구매는 구매단가의 절약이 장점이나 물품 통일의 제약이 있다.
④ 창고형 할인매장 구매는 소규모 급식소가 창고형 매장에서 물품을 구매하는 방식으로 구매가 용이하다.
⑤ 일괄위탁 구매는 소량의 다양한 상품의 매매를 대행기관에 위탁하는 방식이다.

해설
구매의 유형
- 독립구매(분산구매) : 각 부서에서 독립적으로 필요한 물품을 단독으로 구매하는 방식이다.
  - 장점 : 구매절차 신속 · 간단
  - 단점 : 구매단가 높음
- 중앙구매 : 구매 부서에서 조직 전체의 물품을 구매하는 방식이다.
  - 장점 : 구매 기록 관리 용이 및 단가 절약
  - 단점 : 절차 복잡 · 신속성 저하 등 비능률적
- 공동구매 : 소유자 · 경영자가 다른 조직들이 공동으로 물품을 구매하는 방식이다.
  - 장점 : 구매단가 절약
  - 단점 : 물품 통일의 제약
- 창고형 할인매장 구매 : 소규모 급식소가 창고형 매장에서 물품을 구매하는 방식이다.
- 일괄위탁 구매 : 구입 단가를 명확히 책정한 소량의 다양한 상품의 매매를 대행기관에 위탁하는 방식이다.

76 홈페이지 등에 공고하여 응찰을 받아 낙찰받은 업체와 계약하는 것으로 품질과 가격이 좋은 제품을 다량 구매하는 계약 방법은?

① 일반경쟁입찰

② 지명경쟁입찰

③ 수의계약

④ 제한경쟁입찰

⑤ 지정업체 단일 견적 방식

> **해설** 일반경쟁입찰
> • 홈페이지나 신문 등에 공고하여 응찰을 받아 낙찰받은 업체와 계약하는 방식이다.
> • 장점 : 공정하며 의혹 방지
> • 단점 : 수속이 복잡하며 긴급 시 조달시기를 놓일 수 있으며 자격이 불충분한 업체의 응찰 가능성 있음

77 다음 중 구매서식에 관련한 설명으로 옳지 않은 것은?

① 구매명세서는 거래품목, 수량, 단가 등 매출처와의 거래내용을 기재하는 문서이다.

② 구매요구서는 구매부서에 필요한 품목과 수량을 기재하여 청구하는 장표로 구매청구서라고도 한다.

③ 구매표는 구매요구서를 작성하여 구매부서에 발주하는 전표(발주전표)이며 구매자가 구매표를 발행 시 법률상 계약이 성립되어 판매자측은 대금 청구권을 가지게 된다.

④ 구매표는 발주일자, 주문번호, 납품업자 명칭·주소, 구매담당자 서명으로 간략히 기입되어야 한다.

⑤ 납품서는 송장이라고도 하며 물품을 판매하면서 종류·수량·공급가액·공급자명 등을 기재하는 문서이다.

> **해설** 구매표는 발주일자, 주문번호, 납품업자 명칭·주소, 물품명·가격, 수량, 구매담당자 서명 등 구체적으로 기입되어야 한다.

78 대규모 기업 체인점의 경우 가장 적합한 물품 구매유형으로 옳은 것은?

① 창고클럽구매   ② 공동구매

③ 단독구매   ④ 중앙구매

⑤ 일괄위탁구매

> **해설** 중앙구매는 구매 부서에서 조직 전체의 물품을 구매하는 방식으로 구매 기록 관리 용이 및 단가 절약의 장점이 있으나, 절차의 복잡과 신속성 저하 등 비능률적인 단점이 있다.

79 발주에 관한 설명으로 옳지 않은 것은?

① 냉장·냉동 등의 저장시설을 고려하여 발주한다.
② 식재료 발주 시 급식인원, 1인당 분량, 폐기율 등을 고려해야 한다.
③ 신선식품 발주는 당일 오전에 해야 한다.
④ 현 재고상태를 파악하여 발주한다.
⑤ 발주서는 구매부서에서 식재료명·수량·납품일시와 장소 등을 기입한다.

해설 정확한 식수 인원 파악과 표준레시피를 활용한 적정 식품재료량을 산출하며 발주와 발주 변경은 최소 3일 전에 해야 한다.

80 저장구역과 조리구역과 가까운 곳에 위치하여야 하고, 구근탈피기와 세미기 등의 기기를 설치해야 하는 작업구역은? `2021.12`

① 배식구역   ② 배선구역
③ 검수구역   ④ 세척구역
⑤ 전처리구역

해설 전처리구역
• 1차 처리가 안 된 식재료가 반입되므로 불필요한 부분을 제거하고 다듬고 씻는 작업을 하는 곳으로, 저장구역과 조리구역에서 접근이 쉬워야 한다.
• 채소 처리구역 : 2조 싱크, 작업대, 세미기, 구근탈피기, 채소절단기
• 육류·어류 처리구역 : 싱크대, 작업대, 분쇄기, 골절기

81 급식시설 중 저장구역과 전처리구역에 인접하며, 조도가 가장 높은 작업구역은? `2020.12`

① 식기반납구역   ② 검수구역
③ 조리구역   ④ 세척구역
⑤ 배식구역

해설 검수(receiving)
• 공급된 식재료의 수량·규격·품질·유통기간·위생상태 등 명세서·발주서·납품서의 내용과 일치하는지 검사하여 수령 여부를 판단하는 과정
• 검수구역
– 외부로부터 물품의 운송이 편리한 장소, 저장구역과 전처리구역에 인접
– 물품의 상태 판정과 정확한 계량을 위해 높은 조도 유지

82 검수자가 구매한 식품을 검수할 때 필요 및 확인해야 하는 장표가 아닌 것은?

① 견적서   ② 식품명세서
③ 검수일지   ④ 납품서
⑤ 발주서

> **해설** 식품을 검수할 때 필요한 장표로는 식품명세서, 검수일지, 납품서, 발주서가 있다.

83 급식소에서 식재료를 조리 시 필요할 때마다 수시로 구매해야 하는 식품으로 옳은 것은?

① 당 면   ② 고구마
③ 냉동육   ④ 보 리
⑤ 갈 치

> **해설** 신선식품류(과일, 채소, 육류, 어패류 등)는 신선도가 요구되어 필요할 때 수시로 구매해야 한다.

84 좋은 식재료를 구입하는 방법으로 옳지 않은 것은?

① 쌀을 고를 때 광택이 있고 투명하며 쌀알이 고른 것이 좋다.
② 어류 선별 시 아가미는 선홍색이며 눈알이 맑고 살이 단단하며 비늘에 광택이 있는 것으로 한다.
③ 돼지고기는 선홍색을 띠며 살에 탄력이 있어야 좋다.
④ 달걀은 난각이 거칠고 광택이 없는 것이 신선하다.
⑤ 양파의 껍질은 잘 벗겨져야 하고 과육은 꽉 찬 것이 좋다.

> **해설** 양파의 껍질은 잘 벗겨지지 않아야 하고 과육은 꽉 차 단단한 것이 좋다.

85 급식소에서 납품업체가 공급한 식재료에 대해 수량, 유통기한, 신선도 등 발주서와 일치하는지 확인하여 수령여부를 판단하는 과정은?

① 구 매   ② 발 주
③ 검 사   ④ 검 수
⑤ 반 품

> **해설** 검수란 공급된 식재료의 수량 · 규격 · 품질 · 유통기간 · 위생상태 등 명세서 · 발주서 · 납품서의 내용과 일치하는지 검사하여 수령 여부를 판단하는 과정이다.

86 물품의 품질관리를 할 때 일부를 선정해 검수한 것을 판정기준에 대조하는 검사 방법은?

① 관능검사 ② 전수검사
③ 발췌검사 ④ 물리적 검사
⑤ 이화학적 검사

> **해설** 검수방법
> • 전수검사 : 납품된 식재료 전부 검사
> • 발췌검사 : 샘플을 뽑아 검사하여 그 결과를 판정기준과 대조

87 다음 중 단체급식의 검수단계에서 달걀이 소금물에 떴을 때 검수자의 적절한 조치로 옳은 것은? `2017.02`

① 전수검사 ② 발췌검사
③ 반 품 ④ 관능검사
⑤ 가열조리 후 배식

> **해설** 검수 시 문제가 생겼을 경우의 적절한 조치로는 반품이 원칙이다.

88 물가가 인상되는 경제상황에서 재고가를 높게 책정하고자 할 때 사용하는 재고자산 평가법은? `2020.12`

① 선입선출법 ② 실제 구매가법
③ 최종 구매가법 ④ 후입선출법
⑤ 총 평균법

> **해설** 선입선출법은 시간의 변동에 따라 물가가 인상되는 상황에서 재고가를 높게 책정하고 싶을 때 사용할 수 있다.

89 경영자와 종업원이 함께 목표를 설정하고, 성과를 객관적으로 측정·평가하여 그에 상응하는 보상을 주는 경영기법은? `2021.12`

① 벤치마킹 ② 스왓분석
③ 경영혁신 ④ 지식경영
⑤ 목표관리법

> **해설** 목표관리법(MBO)
> 조직의 상하 구성원들이 참여의 과정을 통해 조직 단위와 구성원의 목표를 명확하게 설정하고, 그에 따라 생산 활동을 수행한 후 업적을 객관적으로 측정·평가함으로써 관리의 효율화를 기하려는 포괄적 조직관리 체제이다.

90 다음 중 효율적인 구매관리 효과가 아닌 것은?

① 질 좋은 음식의 품질을 유지할 수 있다.
② 공급하는 음식의 품질을 일정하게 유지할 수 있다.
③ 투자비용을 줄이는 효과가 있다.
④ 필요로 하는 물품의 공급이 원활해진다.
⑤ 시설의 기계화에 효과를 기대할 수 있다.

> **해설** 효율적인 구매관리는 제공하는 음식의 원활한 공급과 질 좋은 품질 유지를 통해 식품의 원가나 투자비용을 줄이는 효과가 있다.

91 특정 물품을 장기적으로 구매할 때 체결하는 계약으로 옳은 것은?

① 수시구매 계약
② 공동구매 계약
③ 중앙구매 계약
④ 당용구매 계약
⑤ 장기계약구매 계약

> **해설** 장기계약구매란 어떤 물품이 지속적으로 대량 필요할 경우 장기적으로 계약을 체결하고 일정 시기마다 일정량씩 납품되도록 하는 방법이다. 저렴한 가격과 안전한 물품공급이 장점이다.

92 급식업체에서 정량발주를 하는 경우로 적합한 것은?

① 조달 시간이 오래 걸릴 경우
② 항상 수요가 있는 경우
③ 가격이 비싼 경우
④ 재고부담이 큰 경우
⑤ 수요예측이 가능한 경우

> **해설** ①·③·④·⑤ 정기발주에 대한 내용이다.
> 정량발주의 경우
> • 재고가 일정 수준에 이르면 일정량 발주하는 방식으로 Q system이라 함
> • 저가품목으로 재고부담이 적은 것
> • 항상 수요가 있어 일정 재고량을 보유하는 품목
> • 수요예측이 어려운 것

93 발주량을 결정할 때 고려해야 하는 사항으로 옳지 않은 것은?

① 수량할인율   ② 재고수량
③ 창고의 저장공간   ④ 피급식자의 업무 강도
⑤ 가격의 변화

> **해설**   발주량 결정 시 가격의 변화, 수량의 할인율, 계절적 요인, 재료의 특성, 재고량, 저장공간 등을 고려해야 한다.

94 검수한 식재료를 창고에 보관할 때 포장과 용기에 생략해도 되는 내용으로 옳은 것은?

① 납품업자명   ② 입고 일자
③ 출고 일자   ④ 포장 내 무게
⑤ 물품 품목 및 간략한 명세서

> **해설**   식재료 창고에 입고 시 기록사항
> 물품 품목, 간단한 명세서, 입고 일자, 포장 내 무게, 수량, 납품업자명

95 단체급식소에서 전수검사를 해야 하는 품목으로 옳은 것은?

① 무   ② 총각무 김치
③ 꽁치 통조림   ④ 고가의 전복
⑤ 오이지

> **해설**   전수검사는 납품된 물품을 하나하나 전부 검사하는 방법으로 보석류, 고가품의 경우 전수검사를 해야 한다.

96 분산구매의 장점으로 옳은 것은?

① 구매 단가의 절약   ② 품질관리의 용이
③ 구매기능 향상   ④ 독립적 구매가능
⑤ 일관된 구매방법 확립

> **해설**   ① · ② · ③ · ⑤ 집중(중앙)구매의 장점이다.
> - 독립구매(분산구매) : 각 부서에서 독립적으로 필요한 물품을 단독으로 구매하는 방식이다.
>   - 장점 : 구매절차 신속 · 간단
>   - 단점 : 구매단가 높음
> - 집중(중앙)구매 : 구매 부서에서 조직 전체의 물품을 구매하는 방식이다.
>   - 장점 : 구매 기록 관리 용이 및 단가 절약
>   - 단점 : 절차 복잡 · 신속성 저하 등 비능률적

안심Touch

97 일반공개입찰로 식재료를 구입했을 때 장점으로 옳은 것은?

① 계약과 관련된 절차 간편
② 구매절차상 인원·경비 절약
③ 신용이 확실한 업자와의 거래
④ 상대방의 실정을 숙지하고 있기에 안정된 거래 가능
⑤ 계약에 공정성을 기할 수 있음

해설 ①·②·③·④ 수의계약의 장점이다.

98 재고회전율이 표준보다 낮을 때 나타나는 현상으로 옳지 않은 것은?

① 식품이 부정 유출될 가능성이 있다.
② 자본이 동결되므로 이익이 감소한다.
③ 심리적으로 식품의 낭비가 많아진다.
④ 고가로 물품을 긴급히 구매할 경우가 생긴다.
⑤ 보관비용이 증대된다.

해설 재고회전율을 감소시켜 회전율이 너무 낮게 되면 불필요하게 과다한 재고량을 보유하게 되어 보관비용이 증대되므로 표준 재고회전율을 설정하고 실제 재고회전율과 비교하여 차이를 줄여야 한다.

99 단체급식 중 조리종사원 1인당 담당하는 식수 인원이 가장 적은 곳은? 2019.12

① 초등학교 급식
② 신병 훈련소 급식
③ 대학교 기숙사 급식
④ 종합병원 환자식
⑤ 교도소 급식

해설 병원급식은 환자급식과 직원급식으로 분류되어 있으며 환자만을 대상으로 하는 급식의 식수는 학교급식, 산업체급식, 군대급식 등의 식수보다 적다.

97 ⑤ 98 ④ 99 ④ **정답**

100 급식소에서 입·출고되는 수량을 계속해서 기록하여 남아 있는 물품의 목록 및 수량을 파악하고 적정 재고량을 유지하는 재고관리 방식은? 2020.12

① 최소-최대 관리방식
② 실사 재고방식
③ ABC 관리방식
④ 영구 재고방식
⑤ 투 빈 시스템(Two-Bin System)

해설 영구 재고조사
• 입고되는 물품의 수량과 창고에서 출고되는 수량을 계속적으로 기록하여 적정 재고량을 유지하는 방법
• 장점 : 재고량과 재고금액을 어느 때든지 그 당시에 파악(수정)할 수 있어 적절한 재고량을 유지할 수 있음
• 단점 : 경비가 많이 들고 수작업으로 할 경우 오차가 생길 우려가 큼

101 급식시설의 설계를 계획할 때 고려할 사항이 아닌 것은?

① 작업동선
② 관련 법규
③ 기기의 설치 및 배치
④ 잔반 및 식품 폐기물
⑤ 조리작업의 순서

해설 급식시설 계획 시 고려할 사항
급식의 목표와 급식수, 급식 시간대와 영업일수 산정, 식사 내용 및 메뉴 패턴, 식품 내용과 가공식품 사용도, 식재료의 반입, 반출방법, 설치한 조리기기의 종류, 사용 연료, 후생복리시설, 장래의 계획(기구, 설비의 증설계획, 급식인원의 증가 등)

102 단체급식관리를 위한 기호도 조사의 목적으로 틀린 것은?

① 경제적인 면을 고려하기 위함이다.
② 급식의 효과를 판정하기 위함이다.
③ 전반적인 기호의 경향을 파악하기 위함이다.
④ 음식의 잔반 발생 이유를 파악하기 위함이다.
⑤ 조리방법의 변화를 주기 위함이다.

해설 급식대상자 개인의 기호도는 연령·성별 등에 따라 차이가 나기 때문에 급식의 만족도를 높이기 위한 메뉴계획에 앞서 기호도 조사를 해야 한다.

103 대량조리에 관한 설명으로 옳지 않은 것은?

① 한정된 시간 내에 조리기기를 사용하여 대량 생산 조리과정을 완료해야 한다.
② 음식의 맛과 질감의 변화가 빨리 진행되기 때문에 조리법에 제약이 있다.
③ 작업일정에 따른 계획적인 생산통제가 필요하다.
④ 음식의 관능적·미생물적 품질 관리를 위해 조리시간과 온도 통제가 필수적이다.
⑤ 고객수와 기기 용량에 맞게 시간 간격을 두고 조리해야 한다.

> **해설** ⑤ 분산조리에 관한 설명이다.
> 대량조리
> • 한정된 시간 내에 대량 생산 조리과정 완료 → 계획적 생산 통제 필요
> • 대량조리로 맛·질감 저하 급속히 진행 → 조리법의 제약 따름
> • 음식의 관능적·미생물적 품질관리 → 조리시간, 온도, 위생 통제 필요

104 미래의 요구를 예측하기 위해 체계적 방법에 의해 과거의 정보를 이용하는 분석법은?

① 시계열 분석법
② 인과형 예측법
③ 주관적 예측법
④ 수요예측법
⑤ 지수평활법

> **해설** 수요예측방법
> • 시계열 분석법 : 시간 경과에 따른 숫자의 변화로 추세·경향을 분석한다.
>   – 평균이동법 : 최근 일정 기간의 기록을 평균하여 수요를 예측하는 방법이다.
>   – 지수평활법 : 가장 최근의 기록에 가중치를 부여하여 미래의 수요를 예측하는 방법이다.
> • 인과형 예측법 : 외부환경과 내부조건에 대한 수학적 인과관계를 나타내는 모델을 만들어 예측하는 방법이다.
> • 주관적 예측법 : 경험이 많은 전문가의 주관적 판단에 의한 방법이다.

105 노력에 대한 대가를 기대한 일에 보상이 있을 때 동기부여가 된다는 이론으로 옳은 것은?

① 허시와 블랜차드의 이론
② 맥그리거의 X이론
③ 브룸의 기대이론
④ ERG 이론
⑤ 보상이론

> **해설** 브룸의 기대이론(expectancy theory of Vroom)
> 개인이 어떤 행동을 할 때 자신의 노력에 대한 성과·보상·미래의 얻을 수 있는 기대감을 위해 열심히 일을 하려고 하지만 원하는 보상 후 또 다른 기대감이 생기지 않으면 의욕이 떨어지기 때문에 기대에 따라 동기부여가 이루어진다는 이론이다.

106 급식생산계획에서 생산량 초과와 부족으로 인한 잘못된 수요예측으로 일어날 수 있는 경우로 바르게 설명되지 않은 것은?

① 생산량 초과 시 현금의 유동성 증가 발생
② 생산량 초과 시 과다 잔식 발생
③ 생산량 초과 시 음시이 품질 하라
④ 생산량 부족 시 긴급한 추가발주로 원가 상승
⑤ 생산량 부족 시 음식의 품절

해설 ① 생산량 초과 시에는 현금의 유동성 저하가 발생한다.
• 생산 초과 : 과다 잔식 발생(비용 낭비), 음식 품질 저하, 현금 유동성 저하
• 생산 부족 : 고객 불만, 원가 상승 초래

107 식중독 사고에 대한 보존식의 보관 관리법으로 바르지 않은 것은?

① 완제품으로 제공하는 경우 포장 그대로 보관한다.
② 보존식에 기록해야 할 사항은 채취자 성명, 날짜, 시간 등이다.
③ 보존 용기는 열탕소독 후 행주질하여 잘 건조시킨다.
④ 보존식 채취량은 1인분으로 하며 배식량이 적은 경우 100g 이상으로 한다.
⑤ 대체메뉴도 보존식을 실시하며 동일메뉴를 추가 조리한 경우 예외로 한다.

해설 세척 후 행주질하지 않고 건조시켜야 한다.

108 단체급식소에서 각 단계별 음식물 쓰레기 감량을 하기 위한 방법으로 옳지 않은 것은?

① 식사계획단계 - 계절·날씨·절기에 따른 특별식으로 식단을 다양화시킴
② 수요예측단계 - 기호도를 조사하여 식단을 수정·보완하여 작성함
③ 식품보관단계 - 선입선출에 의한 식품보관
④ 조리단계 - 식재료의 색·모양의 배합으로 시각적 식욕을 촉진시키며 표준조리법을 사용
⑤ 배식단계 - 자율배식·부분자율 배식 시행

해설 기호도를 조사하여 수정·보완하여 식단을 작성하는 것은 식사계획단계이고, 수요예측단계는 정확한 식수 및 표준레시피를 활용하는 단계이다.

109 다음 중 노동생산성 지표가 아닌 것은?

① 규정 근로시간당 식수　　　　　　② 노동시간당 식수
③ 노동시간당 식당량　　　　　　　④ 노동시간당 서빙수
⑤ 1식당 인건비

> **해설**　⑤ 비용생산성 지표이다.
> ・ 노동생산성 지표 : 규정 근로시간당 식수, 노동시간당 식수, 1식당 노동시간, 노동시간당 식당량, 노동시간당 서빙수
> ・ 비용생산성 지표 : 1식당 인건비, 1식당 비용

110 쟁반서비스의 급식형태인 중앙배선방식과 병동배선방식에 대한 설명으로 옳은 것은?

① 중앙배선방식은 인력이 많이 필요하다.
② 중앙배선방식은 적온급식이 어렵다.
③ 중앙배선방식은 간이취사실이 필요하며 시설비가 많이 든다.
④ 병동배선방식은 1인분량의 정량 공급이 용이하여 식품비가 절약된다.
⑤ 병동배선방식은 병동별 간이취사실 설치가 불필요하여 시설비가 적게 든다.

> **해설**　쟁반서비스의 두 가지 형태
> ・ 중앙배선방식
> 　– 중앙취사실에서의 모든 조리 → 환자개인별 상차림 → 냉장・온장장치가 된 배선차・컨베이너・카트 이용하여 이동 →
> 　　환자 배식 → 식기 회수 및 세정(중앙취사실)
> 　– 1인분량의 정량 공급이 용이하여 식품비 절약됨
> 　– 적온급식이 어려움
> 　– 취사실 면적은 커야 하며 병동별 간이취사실 설치가 불필요하여 시설비가 적게 듦
> 　– 인건비 절약
> ・ 병동배선방식(분산배식)
> 　– 주조리장에서 검수・조리 → 가열장치・냉장장치의 운반차・컨베이너로 이동 → 병동별 간이취사실에서의 상차림・배선관
> 　　리・식기세정
> 　– 많은 인력이 필요
> 　– 취사시설은 크지 않아도 가능하나 간이취사실이 필요하며 시설비가 많이 듦

111 병동배선방식의 특징으로 옳은 것은?

① 적온급식이 용이하다.　　　　　　② 인건비가 적게 든다.
③ 1인당 배식량을 조절할 수 있다.　　④ 식품의 낭비를 막을 수 있다.
⑤ 관리감독이 쉽다.

> **해설**　병동배선방식(decentralized tray service)
> ・ 분산배식, 주 조리장에서 검수와 조리를 하고 각 병동에서는 상차림・배선관리・식기 세정이 이루어진다.
> ・ 장점 : 취사실이 크지 않아도 되고, 적온급식에 유리하다.
> ・ 단점 : 시설비・인건비가 많이 필요하고, 관리가 잘 안 될 경우 1인당 배식량에 차질이 생긴다.

112 단체급식소가 대중음식점과 구별되는 가장 큰 특징으로 옳은 것은?

① 급식 기준이 정해져 있다.
② 위생관리가 철저하다.
③ 능률적인 기기와 설비를 갖추고 있다.
④ 저렴한 가격으로 양질의 식사를 제공한다.
⑤ 특정다수인에게 지속적으로 식사를 제공한다.

해설 • 단체급식소는 특정다수인을 대상으로 지속적으로 식사를 공급하는 곳이다.
• 대중음식점은 영리를 목적으로 불특정인의 급식을 제공하는 곳이다.

113 냉장고, 식기세척기, 전기살균소독기 등 급식소 기기의 감소하는 가치를 연도에 따라 할당하여 처리하는 비용은?

2020.12

① 수선비   ② 직접재료비
③ 간접재료비   ④ 감가상각비
⑤ 운영비

해설 감각상각비란 고정자산의 감소하는 가치를 연도에 따라 할당하여 처리하는 비용을 말한다.

114 식기에 잔류된 전분을 검사하는 데 사용되는 시약은?

① 0.1% 아밀 알코올액   ② 0.1N 차아염소산 소다액
③ 0.1N 질산액   ④ 0.1N 요오드용액
⑤ 0.1% 버터 Yellow 알코올액

해설 전분의 잔류 성분 검사는 0.1N 요오드용액을 사용하여 청색으로 변하는지 확인한다.

115 채소를 살균하기 위한 소독제이다. 옳은 것으로 조합된 것은?

㉠ 역성비누	㉡ 크롬 석회수
㉢ 계면활성제	㉣ 차아염소산 소다액

① ㉠, ㉡, ㉣   ② ㉠, ㉢
③ ㉡, ㉣   ④ ㉣
⑤ ㉠, ㉡, ㉢, ㉣

해설 크롬 석회수나 차아염소산 소다액은 식품에 사용하고, 역성비누와 계면활성제는 주로 식기나 손의 소독에 사용되며 식품에는 사용하지 않는다.

116   식품의 다량 조리 시 주의사항으로 옳지 않은 것은?

① 최대한 일찍 조리완료를 해놓고 배식시간을 기다린다.
② 가능한 한 가열한 요리를 제공한다.
③ 겨울에는 채소 세척에 주의한다.
④ 완성된 음식은 반드시 뚜껑을 덮어둔다.
⑤ 통조림, 가공식품 등은 제조일 확인 후 사용한다.

해설   조리 후 배식까지 시간은 가급적 단축시키고, 2시간을 초과하지 않도록 해야 한다. 음식의 다량 조리 시 미생물적 위해 우려가 크기 때문에 조리시간, 온도, 위생의 철저한 통제가 필요하다.

117   음식의 조리부터 배식까지의 올바른 보관방법으로 옳지 않은 것은?

① 잠재적 위험 온도인 5~60℃를 피해 보관해야 한다.
② 배식은 조리 후 4시간 이내에 제공해야 한다.
③ 보존식은 −18℃ 이하에서 144시간 보관한다.
④ 찌개의 배식 온도는 85±5℃이다.
⑤ 차(茶) 제공 시 100℃까지 끓인 후 65±5℃로 식혀서 제공한다.

해설   배식은 조리 후 2시간 이내에 제공해야 한다.

118   식기세척 방법으로 올바른 것은?

① 비눗물에 닦아 흐르는 물에 헹군 후 자연건조시킨다.
② 비눗물에 닦아 흐르는 물에 헹구고 행주로 깔끔하게 닦는다.
③ 비눗물을 푼 통에 두세 번 헹궈낸다.
④ 세정제를 푼 물에 삶아 헹군다.
⑤ 세제 없이 뜨거운 물로 계속 닦아낸다.

해설   일반 세균은 깨끗하고 건조한 상태에서 살지 못하기 때문에 꼭 삶을 필요는 없다. 세척 후 자연건조를 해야 하며 행주질은 안된다.

119 병원에서 사용하는 분산식 배식방법의 특징으로 옳은 것은?

① 식사온도를 맞추기 위해 소량씩 조리한다.
② 작업의 분업이 일정하지 못하나 생산성이 높다.
③ 완전 조리된 식품을 제조회사로부터 구입하여 사용한다.
④ 많은 수의 감독자와 종업원 수를 필요로 한다.
⑤ 큰 용량의 냉장고 및 냉동고를 필요로 한다.

> **해설** 분산식 배식방법
> • 많은 양의 음식을 한 곳에서 만들어 냉동차나 보온차를 이용해 여러 곳에 정해진 수량만큼 배분하고 쟁반에 담아 피급식자에게 배식하는 방법이다.
> • 장점 : 적온 급식에 유리하며 음식의 질을 높일 수 있다.
> • 단점 : 식기 저장 장소 및 냉동·보온차가 필요하며 종업원과 감독자 등의 인력이 많이 필요하다.

120 단체급식에서 생산성이 가장 낮은 상황은? `2020.12`

① 전처리 식재료를 사용하지 않았을 때
② 조리종사원의 교육과 훈련을 실시한 때
③ 작업 표준시간을 설정한 때
④ 작업동선을 개선한 때
⑤ 자동화기기를 사용한 때

> **해설** ① 전처리 식재료를 사용하였을 때 투여 인력의 감소와 인건비 절감에 효과가 있다.
> ②·③·④·⑤ 생산성이 높아지는 상황이다.

121 트랩을 설치하는 목적으로 가장 알맞은 것은? `2020.12`

① 주방의 바닥 청소를 효과적으로 할 수 있도록 하기 위해서이다.
② 더러운 물이 배수구로 직접 흘러들어 가도록 하기 위해서이다.
③ 하수도로부터의 악취를 방지하기 위해서이다.
④ 온수를 공급해 주기 위해서이다.
⑤ 단체급식 작업 중 발생되는 연기나 증기, 음식 냄새 등을 배출하기 위해서이다.

> **해설** 트랩은 하수도로부터의 악취 방지, 쥐·해충 방지, 하수관 역류 방지를 하기 위해 설치한다.

122 과일 및 채소의 표면을 소독하기 위한 차아염소산나트륨 소독액의 농도는? 2021.12

① 10ppm
② 100ppm
③ 300ppm
④ 400ppm
⑤ 500ppm

해설 채소는 차아염소산나트륨 원액을 100ppm의 농도로 물에 희석한 후 소독하고, 먹는 물로 3회 이상 세척한다.

123 교차오염 방지를 위해 냉장고 하단에 보관해야 하는 식품은? 2021.12

① 사 과
② 맛 살
③ 우 유
④ 황태포
⑤ 고등어

해설 교차오염을 방지하기 위하여 생선 · 육류 등 날음식은 냉장고 하단에, 가열조리 식품, 가공식품, 채소 등은 상부에 보관한다.

124 작업일정표를 작성하여 얻을 수 있는 효과는?

> ㉠ 종업원에 대한 평가의 용이
> ㉡ 작업이 체계적으로 이루어짐
> ㉢ 작업순서를 알 수 있음
> ㉣ 작업에 대한 책임소재가 분명해짐

① ㉠, ㉡, ㉢
② ㉠, ㉢
③ ㉡, ㉣
④ ㉣
⑤ ㉠, ㉡, ㉢, ㉣

해설 작업일정표(시간표)의 효과
• 작업순서를 알 수 있다.
• 작업에 대한 책임소재가 분명해진다.
• 종업원에 대한 평가가 용이해진다.
• 작업이 체계적으로 이루어진다.

125 작업공정별 식재료 위생에 관한 설명으로 옳은 것은?

① 구매 검수단계 – 발주서 수량의 동일 여부만 확인

② 보관 저장단계 – 즉시 제공하지 않을 조리된 음식은 서서히 냉각 후 냉장보관

③ 전처리 단계 – 채소·과일은 용기에 물을 담아 3~4회 세척

④ 전처리 단계 – 세척용기와 싱크대의 구분사용이 어려울 경우 채소류 → 육류 → 어류 → 가금류 순서로 사용 후 작업변경 시마다 세척하여 사용

⑤ 배식단계 – 배식 중 부족한 음식이 있을 경우 선입선출 방식으로 아래에 새로 조리완료된 음식을 담고 위에 배식 중인 음식을 담아 제공

> 해설
> • 구매 검수단계 : 품질의 선도·수량·위생상태 등 검사, 발주서와 동일여부 확인
> • 보관 저장단계 : 즉시 제공하지 않을 조리된 음식은 빠른 냉각 후 냉장보관
> • 전처리 단계 : 채소·과일은 흐르는 물에 3~4회 세척
> • 배식단계 : 배식 중인 음식과 조리완료된 음식의 혼합 배식 금지

126 급식소에서 식품 품질을 판단하기 위해 많이 사용하는 검사로 옳은 것은?

① 화학적 검사   ② 미생물적 검사
③ 생화학적 검사   ④ 관능적 검사
⑤ 물리적 검사

> 해설
> 관능적 검사는 맛, 색, 향기, 광택, 촉감 등의 외관적으로 식품을 관찰하여 품질을 감별하는 방법이다.

127 건강진단 결과 단체급식소의 종사원 중 조리업무를 할 수 있는 사람은? 2020.12

① 화농성 질환이 있는 자

② 콜레라 환자

③ A형간염 환자

④ 파라티푸스 환자

⑤ 비감염성 결핵 환자

> 해설
> 영업에 종사하지 못하는 질병의 종류(식품위생법 시행규칙 제50조)
> • 콜레라, 장티푸스, 파라티푸스, 세균성이질, 장출혈성대장균감염증, A형간염
> • 결핵(비감염성인 경우 제외)
> • 피부병 또는 그 밖의 고름형성(화농성) 질환
> • 후천성면역결핍증(성매개감염병에 관한 건강진단을 받아야 하는 영업에 종사하는 사람만 해당)

128 다음 중 교차오염 예방으로 옳은 것은?

① 된장국 간을 본 수저를 사용하여 어묵 볶음을 볶았을 때
② 채소볶음을 할 때 사용한 집게로 돼지주물럭을 배선했을 때
③ 다른 내용의 작업 변경 시 손을 세척·소독했을 때
④ 바닥에 물, 폐기물 등이 고였을 때
⑤ 가금류를 전처리한 장갑으로 김치를 버무렸을 때

해설 교차오염 예방법
• 세척용기·싱크대 등은 어류, 육류, 채소류로 구분하여 사용
  – 구분사용이 어려울 경우 채소류 → 육류 → 어류 → 가금류 순서로 세척하며 작업변경시 반드시 소독 후 사용
• 식품취급 등의 작업은 바닥으로부터 60cm 이상에서 실시
  – 바닥의 오염된 물이 튀어 들어가지 않도록 주의
• 전처리한 식재료와 전처리하지 않은 식재료를 구분하여 보관

129 소독에 관련한 내용으로 옳은 것은?

① 손소독은 70% 에탄올과 음성비누를 이용한다.
② 요오드 용액은 생채소의 살균에 이용된다.
③ 행주는 열탕 소독하여 자연건조시킨다.
④ 식기를 자외선 소독할 때는 잘 겹쳐 쌓아야 한다.
⑤ 자외선 소독은 모든 균종에 대한 살균이 가능하여 손소독에 이용된다.

해설 • 역성비누(양성) : 자극성·독성 약, 살균력 강, 세정력 약(손, 피부점막, 식기, 금속기구 등에 사용)
• 차아염소산나트륨 : 생채소, 과일 등 소독 시 사용
• 자외선 : 식기·조리기구 살균에 이용되며 물질의 표면만 조사되기 때문에 식기류를 겹치지 말아야 함

130 200ppm의 소독액 1L를 만들고자 할 때, 4%의 유효염소 농도를 가지는 용액을 몇 mL 넣어야 하는가?

2017.12   2020.12

① 5mL   ② 10mL
③ 15mL   ④ 20mL
⑤ 25mL

해설
$$희석농도(ppm) = \frac{염소용액의\ 양(mL)}{소독액의\ 양(mL)} \times 유효염소\ 농도(\%),\ 200ppm = \frac{x}{1,000mL} \times 4\%$$

131 식기의 소독방법으로 옳지 않은 것은?

① 증기소독 – 85℃, 10분 이상
② 열풍소독 – 80℃, 30분 이상
③ 자비소독 – 100℃, 3분 이상
④ 약품소독 – 0.5~1.3% 차아염소산나트륨액에서 5분간 침지
⑤ 약품소독 – 0.2~1% 역성비누

해설 증기소독은 100℃에서 15분 이상 해야 한다.

132 주방 배수 속 물질 중 유지를 제거하기 위해 물과 기름의 비중 차이를 이용한 배수관으로 옳은 것은? `2017.12`

① 그리스 트랩
② 관 트랩
③ 곡선형 트랩
④ 실형 트랩
⑤ 드럼 트랩

해설 그리스 트랩은 배수관 내벽에 유지가 부착되어 막히는 것을 방지하기 위해 설치한다.

133 배수의 형식 중 곡선형에 해당하는 것은?

① S 트랩
② 관 트랩
③ 실형 트랩
④ 그리스 트랩
⑤ 드럼 트랩

해설 배수관의 종류
• 곡선형 : S 트랩, P 트랩, U 트랩
• 수조형 : 관 트랩, 드럼 트랩, 그리스 트랩, 실형 트랩

134 공장이나 사업장의 이상적인 주방 면적은?

① 식당 면적 × 1/4
② 식당 면적 × 1/3
③ 식당 면적 × 1/2
④ 식당 면적과 동일하게
⑤ 식당 면적보다 크게

해설 주방 면적
• 공장·사업장의 주방 면적 : 식당 면적 × 1/3
• 사무실, 복지시설의 주방 면적 : 식당 면적 × 1/2
• 기숙사의 주방 면적 : 식당 면적 × 1/5~1/3

안심Touch

135 주방의 면적을 결정하는 요인이 아닌 것은?

① 식단의 종류　　　　　　　　　　② 배식 인원수
③ 조리 기기 종류　　　　　　　　　④ 급식인원
⑤ 조리인원

> **해설**
> • 주방 면적 결정 요인 : 식단의 종류, 배식 인원수, 조리 기기의 종류, 조리인원 등
> • 급식실 면적 결정 요인 : 요리의 종류, 급식인원, 작업 조건, 배선 방법 등

136 자외선 살균등에 대한 설명으로 옳지 않은 것은?

① 물질을 투과하지 않으므로 표면 살균에 적합
② 조사 후 피조사물에 물리적 변화를 거의 남기지 않음
③ 조도·습도·거리에 따라 살균 효과가 다름
④ 단시간의 조사로도 효과가 충분함
⑤ 조사물끼리 서로 겹치지 않도록 함

> **해설**
> ④ 자외선 살균등은 단시간 조사로는 큰 효과가 없다.
> 자외선 소독
> • 대상 : 물, 공기, 조리대, 무균실, 수술실, 제약실 등
> • 특징 : 살균력이 강한 파장 2,537 Å (250~260nm) 30~60분 조사
> • 15W 살균등은 50cm 직하에서 이질균이 1분 이내 사멸
> • 장점 : 사용 간편, 균에 내성을 주지 않음, 식품의 품질 변화 없음, 잔류효과 없음
> • 단점 : 침투력 약해 표면 살균만 가능(그늘진 곳 효력 없음, 포개거나 엎지 말 것), 각막염, 결막염, 피부점막 장애 가능성, 장시간 조사 시 지방 산패

137 단체급식소의 시설계획을 실시하기 위한 순서로 바르게 된 것은?

① 시설의 목적 → 전문가의 자문 → 예산작성 → 평면도면 제시 → 설계자와 접촉
② 시설의 목적 → 예산작성 → 설계자와 접촉·검토 → 평면도면 제시 → 기기·설비 전문가 접촉
③ 시설의 목적 → 예산작성 → 전문가의 자문 → 평면도면 제시 → 설계자와 접촉
④ 예산작성 → 전문가의 자문 → 평면도면 제시 → 설계자와 접촉
⑤ 예산작성 → 설계자와 접촉 → 평면도면 제사 → 전문가의 자문

> **해설**
> 시설계획 순서
> 시설의 목적 → 전문가의 자문 → 예산작성 → 평면도면 제시 → 설계자와 접촉 → 준공 후의 점검 → 기기관리대장 작성·기기관리

138 급식 시설·기기의 위생관리로 옳지 않은 것은?

① 검수대의 적절한 조도는 540Lux이다.
② 금속제 선반을 사용하며 벽과 바닥에서 15cm 간격을 두고 설치한다.
③ 행주는 5분 이상 열탕소독을 해야 한다.
④ 과일은 2종 세척제로 세척한다.
⑤ 오염물질의 낙하로 제품이 오염될 수 있으므로 뚜껑·덮개 등을 설치한다.

> **해설** 과일·채소는 1종 세척제, 식기세척은 2종 세척제, 주방기구는 3종 세척제이다.

139 직원수 600명, 예상회전수 3회전으로 운영계획을 세운 단체급식시설의 식당면적 크기는? (단, 1일당 필요한 면적은 1.5m²)

① 100m²
② 150m²
③ 200m²
④ 250m²
⑤ 300m²

> **해설**
> • 1회전 식사 인원 600명 ÷ 3 = 200명
> • 식당면적 200명 × 1.5m² = 300m²

140 단체급식시설의 시설·설비 조건으로 옳지 않은 것은?

① 음식의 위생적 처리가 가능할 것
② 능률적으로 취급할 수 있을 것
③ 안전하고 쾌적하게 일할 수 있을 것
④ 일정한 시간 내 조리와 배식이 가능할 것
⑤ 급식 대상자의 왕래가 편리할 것

> **해설** ⑤ 급식시설의 위치 조건에 해당한다.
> 급식시설의 위치 조건
> • 식재료의 반입, 폐기물의 반출이 편리해야 한다.
> • 음식의 운반과 배선이 편리해야 한다.
> • 급수·배수·냄새·연기 처리가 용이해야 한다.
> • 밝고 청결하며 통풍이 잘 되어야 한다.
> • 급식 대상자의 왕래가 편리해야 한다.

141 식품을 확인하기 위한 검수공간의 조건으로 옳은 것은?

① 검수대의 높이는 45cm로 한다.
② 충분한 조도가 유지되어야 하며 250Lux 이상이 적당하다.
③ 선반·책상 등 설치는 검수공간의 오염 가능성을 주기 때문에 설치하지 말아야 한다.
④ 외부로부터 식품운송이 편리해야 한다.
⑤ 검수로 인해 쉽게 더러워지기 때문에 청소가 용이한 야외에서 실시한다.

> **해설** 검수공간의 조건
> • 쉽게 더러워지므로 청소하기 쉬워야 한다.
> • 검수서류를 보관할 선반·책상을 설치해야 한다.
> • 식품별 검수에 필요한 계측기기를 구비해야 한다.
> • 검수대 높이는 60cm 이상으로 한다.
> • 조도 540Lux 이상을 유지해야 한다.

142 환기설비에 대한 설명으로 옳은 것은?

① 자연환기는 대류현상을 이용한 것으로 창문을 낮게 설치해야 좋다.
② 자연환기는 겨울보다 여름에 효과적이다.
③ 배기용 환풍기는 실내외 온도차가 클수록 효과적이다.
④ 후드의 크기는 열발생기보다 10cm 이상 넓어야 하며 경사각은 45~50°로 한다.
⑤ 배기용 환풍기의 흡입력은 증기·열·연기의 발생원 윗부분에 0.25~0.5m³/sec의 흡인력을 가진 것을 설치한다.

> **해설** • 자연환기
> – 대류현상을 이용한 것으로 창문을 높게 설치해야 한다.
> – 여름보다 겨울에 효과적이다.
> – 실내외 온도차가 클수록 효과적이다.
> • 송풍기(fan)
> – 강제적으로 내·외부 공기를 교환하는 기기로 배기량이 많은 대규모 급식시설에서 많이 사용한다.
> • 배기용 환풍기(hood)
> – 흡입력 : 증기·열·연기의 발생원 윗부분에 0.25~0.5m³/sec의 흡인력을 가진 것이 좋다.
> – 후드 크기 : 열발생기보다 15cm 이상 넓어야 한다.
> – 경사각 : 30~45°
> – 재질 : 녹이 슬지 않는 것으로 한다.

143 식품 취급 시 바닥으로부터의 최소 높이는? `2017.12`

① 15cm　　　　　　　　　　② 20cm
③ 30cm　　　　　　　　　　④ 45cm
⑤ 60cm

> **해설**　작업공정 중 전처리 단계에서 식재료의 취급은 바닥으로부터 60cm 높이 이상에서 실시한다.

144 급식용 식기류의 선정조건으로 고려할 사항이 아닌 것은?

① 내구성　　　　　　　　　　② 감각성
③ 위생성　　　　　　　　　　④ 경제성
⑤ 편리성

> **해설**　식기류 선택 시 위생성, 안정성, 내구성, 편리성, 경제성을 고려한다.

145 조리실 내부의 적절한 설비로 옳지 않은 것은?

① 조리실 벽은 내구성이 높고 흠이 없어야 한다.
② 조리실 벽은 청소하기 쉬우며 어두운 색이 좋다.
③ 조리실 바닥 재질은 세라믹 타일, 콘크리트, 고무 타일, non-slip 타일 등을 사용한다.
④ 바닥 마무리에는 작업위생 면에서 dry system이 많이 사용된다.
⑤ 위험물은 적·청·황·흑색으로 구분하여 사용해야 사고 방지에 도움이 된다.

> **해설**　② 조리실 벽은 밝은 것이 좋다.
> 　조리실 내장
> 　• 벽 : 내구성 높은 것, 흠이 없는 것, 청소가 쉽고 밝은 색(타일, 금속판, 내수합판 등)
> 　• 바닥 : 미끄럽지 않은 것, 내구성·위생성 좋은 것, 바닥 마무리는 dry-system(타일, 콘크리트, 화강석, 인조대리석, 고무 타일, non-slip 타일 등)

146 조리작업 효율화를 위한 조리장 설비에 대하여 옳은 것은?

① 조리대 면적은 작업 시 양손이 최대로 닿을 수 있는 1m 길이로 한다.

② 조리대 높이는 팔을 올리지 않고 작업할 수 있는 85~90cm가 적합하다.

③ 조리대 너비는 100cm 정도가 적합하다.

④ 작업면은 내구성이 있는 목재로 한다.

⑤ 동선은 개개인별 편리한 방향으로 계획한다.

> **해설** 효율적인 조리대 설비
> • 조리대 면적 : 작업 시 양손이 최대로 닿을 수 있는 1.8m 길이
> • 조리대 너비 : 55cm 정도
> • 조리대 높이 : 팔을 올리지 않고 작업할 수 있는 85~90cm 높이
> • 작업면 : 스테인리스 스틸, 코팅된 목재 등
> • 동선 : 일의 순서에 따라 일정한 방향으로 계획

147 주 5일, 식수 2,800인 급식소에서 노동자 5명 중 1명은 1일 8시간, 4명은 1일 5시간 일한다. 노동시간당 식수로 옳은 것은? 2017.12

① 15식수 ② 20식수

③ 25식수 ④ 30식수

⑤ 40식수

> **해설**
> $$\text{노동시간당 식수} = \frac{\text{일정기간 제공한 총 식수}}{\text{일정기간 총 노동시간}} = \frac{2{,}800}{(1명 \times 8시간) + (4명 \times 5시간) \times 5일} = 20$$

148 원가의 3요소 중 경비에 포함되지 않는 것은?

① 주식비 ② 보험료

③ 수도광열비 ④ 감가상각비

⑤ 전력비

> **해설** 원가 3요소
> • 재료비 : 주식비, 부식비
> • 인건비 : 임금, 상여금, 퇴직금, 각종 수당 등
> • 경비 : 재료비, 인건비를 제외한 모든 비용(수도광열비, 전력비, 보험료, 감가상각비 등)

149 재무제표에서의 회계보고서로 일정기간 기업의 경영성과를 보여주는 것은? `2017.02` `2020.12`

① 대차대조표　　　　　　　　　　② 손익계산서
③ 매출분석　　　　　　　　　　　④ 공헌마진
⑤ 손익분기점

> **해설** 손익계산서(Income Statement ; I/S)
> 일정기간 동안의 기업의 경영성과를 나타내기 위하여 결산 시 작성하는 재무제표이다. 즉, 기업의 일정 회계기간 동안에 발생한 수익과 비용을 각각 항목별로 분류하고 이를 대조, 표시함으로써 순이익을 산정해 놓은 표이다.

150 생산량과 비용의 관계에서 변동비로 옳은 것은? `2017.02`

① 식품비　　　　　　　　　　　　② 임대료
③ 관리비　　　　　　　　　　　　④ 보험료
⑤ 급 료

> **해설** • 변동비 : 생산량과 비례해 변동되는 비용(재료비, 부품비, 판매원 수수료비, 잔업수당, 연료비 등)
> • 고정비 : 생산량과 관계없이 고정적인 비용(관리비, 임대료, 급료, 보험료 등)

151 점포 운영 시 임대료와 직원의 잔업수당을 합한 제조비용으로 옳은 것은?

① 고정비　　　　　　　　　　　　② 변동비
③ 반변동비　　　　　　　　　　　④ 합성비
⑤ 반고정비

> **해설** 반변동비(준변동원가)는 고정비 + 변동비로 혼합비용이라고도 한다.

152 비용통제가 가능한 원가가 아닌 것은?

① 식재료비　　　　　　　　　　　② 인건비
③ 전화비　　　　　　　　　　　　④ 임대료
⑤ 사무비

> **해설** • 통제가능 원가 : 관리자의 통제에 의해 절약 가능(식재료비·인건비·전력비·수도비·사무비 등)
> • 통제불가능 원가 : 관리자의 통제 불가능. 항상 고정적 발생(임차료·감가상각비)

153 장표의 기능 중 장부의 기능으로 옳은 것은?

① 업무의 현황과 변화를 알 수 있으며 업무 운영관리에 사용된다.
② 거래가 발생될 때마다 작성된다.
③ 이동, 분리하는 성질이 있다.
④ 한 장에 한 가지 사항만 기재하여 그 자체를 그 대상의 상징으로 보고 처리한다.
⑤ 객관적으로 전달되며 구체적으로 관리할 수 있다.

> **해설** ②·③·④·⑤ 전표의 기능이다.

구 분	특 징		구 분	특 징	
장 부	일정한 장소에 비치, 동종의 기록이 계속적·반복적 기입		전 표	거래가 발생할 때마다 작성되어 업무의 흐름에 따라 이동하는 서식	
	기 능	• 현상의 표시 • 표준과 비교 → 관리 대상 통제		기 능	• 경영의사 전달 • 대상의 상징화
	성 질	고정성·집합성		성 질	이동성·분리성

154 고정비가 1,000만원, 변동비가 3,000원, 1식 단가가 4,000원일 때 몇 식을 판매해야 손익분기점이 되는가?

① 10,000식   ② 7,000식
③ 5,000식   ④ 3,333식
⑤ 2,000식

> **해설** 손익분기점
> 손익분기 판매량 = 고정비용/(판매가격 − 변동비) = 1,000만원/(4,000원 − 3,000원) = 10,000

155 A 기업에 자본 4,500만원, 채무 3,000만원이 있다. 이때 이 기업의 총자산은? `2017.12`

① 750만원   ② 1,500만원
③ 3,750만원   ④ 7,500만원
⑤ 7,700만원

> **해설** 자산 = 부채 + 자본 = 4,500 + 3,000

156 다음 중 A 대학의 단체급식소의 손익분기점 매출량으로 옳게 계산한 것은?

> • 급식비 : 4,000원
> • 1일 고정비 : 400,000원
> • 1식당 변동비 : 2,000원

① 100
② 150
③ 200
④ 250
⑤ 300

해설
• 손익분기점 매출량 = 고정비/단위당 공헌마진
• 단위당 공헌마진 = 메뉴판매가 − 메뉴 변동비
• 400,000/(4,000−2,000) = 200

157 다음 중 B 단체급식소의 손익분기점 매출액을 옳게 계산한 것은?

> • 급식비 : 6,000원
> • 1일 고정비 : 500,000원
> • 1식당 변동비 : 3,000원

① 500,000원
② 1,000,000원
③ 1,500,000원
④ 2,000,000원
⑤ 2,500,000원

해설
• 손익분기점의 매출액 = 고정비/공헌마진 비율
• 공헌마진 비율 = 1−변동비율 = 1−(3,000/6,000)
• 500,000/(1−0.5) = 1,000,000원

158 C 산업체 급식소에서 급식하는 식사의 변동비율은 30%이다. 연간 고정비가 2,800,000원일 경우 손익분기점에서의 판매량은?

① 2,000,000원
② 3,000,000원
③ 4,000,000원
④ 5,000,000원
⑤ 6,000,000원

해설
• 손익분기점의 매출액 = 고정비/공헌마진 비율
• 공헌마진 비율 = 1−변동비율
• 2,800,000/(1−0.3) = 4,000,000

159 보기와 같이 구청 내 위탁급식업체의 2월의 재고회전율은?

> • 2월 식재료비 총액 : 400,000원
> • 2월 초 재고액 : 100,000원
> • 2월 말 재고가액 : 200,000원

① 150% ② 230%
③ 266% ④ 360%
⑤ 425%

해설
• 평균재고가액 = (100,000+200,000)/2 = 150,000
• 식재료비 재고회전율(%) = (400,000/150,000)×100 = 266.666…

160 A 급식소는 배식직원이 불친절하다는 평가를 받은 후 친절도 1위로 평가받은 B 급식소의 서비스 운영방식을 도입하고자 한다. 이러한 경영기법은? 2020.12

① SWOT분석 ② 벤치마킹
③ 목표관리법 ④ 아웃소싱
⑤ 다운사이징

해설 벤치마킹
조직의 업적 향상을 위해 최고수준에 있는 다른 조직의 제품, 서비스, 업무방식 등을 서로 비교하여 새로운 아이디어를 얻고 경쟁력을 확보해 나가는 체계적이고 지속적인 개선활동 과정이다.

161 외부환경을 분석하여 조직이 처해있는 내부환경을 분석하기 위한 경영 관리 기법은? 2017.12

① 벤치마킹 ② 아웃소싱
③ SWOT 분석 ④ 다운사이징
⑤ TQM

해설 SWOT 분석
Strengths(강점), Weaknesses(약점), Opportunities(기회), Threats(위협)의 약자로, 장점과 기회를 규명하고 약점과 위협을 축소하기 위한 전략이며 조직이 처해있는 환경을 분석하기 위한 기법이다.

162 원래의 팀을 그대로 유지하면서 다른 조직을 만들어 프로젝트를 동시에 수행하는 조직형태는? `2018.12`

① 매트릭스 조직　　　　　　　　　② 네트워크 조직
③ 라인 스태프 조직　　　　　　　　④ 직능직 조직
⑤ 사업부제 조직

해설　매트릭스 조직(행렬식)
　　• 수직 · 수평적 권한의 결합, 2인 상사제도, 전통적인 '명령일원화의 원칙' 위반
　　• 장점 : 인력의 타부서 이동으로 시장 변화에 유연적 대처 가능
　　• 단점 : 2인 상사로 인한 이중 명령체계가 갈등 유발

163 인간존중을 바탕으로 구성원을 잘 보살펴 주면서 잠재력을 발휘할 수 있도록 앞에서 끌어주는 리더십은?

① 참여형 리더십　　　　　　　　　② 독재형 리더십
③ 민주형 리더십　　　　　　　　　④ 섬기는 리더십
⑤ 온정형 리더십

해설　섬기는 리더십
　　서번트리더십(Servant leadership)이라고도 불리며 인간존중을 바탕으로 구성원들이 스스로 잠재력을 발휘할 수 있도록 앞에서
　　이끌어주는 리더십으로 리더의 역할은 의견조율자, 방향제시자, 일 · 삶을 지원해 주는 조력자 등이 있다.

164 작업 중에 일어나는 동작들을 세분화해 각 단계별로 소요되는 시간을 분석하는 방법은? `2017.12`

① 시간연구법　　　　　　　　　　② 동작연구법
③ 작업의 분리법　　　　　　　　　④ 다운사이징법
⑤ 리스트럭처링법

해설　과업량 측정을 위한 과학적인 방법
　　• 시간연구법 : 작업 중 일어나는 동작을 세분화해 각 단계별 소요되는 시간을 분석
　　• 동작연구법 : 피로감소와 시간의 절약을 위한 연구법으로 불필요한 동작을 없애고 복잡한 동작의 순서 및 체계화

165 작업의 표준 시간을 설정하는 작업측정 기법이 아닌 것은? 2017.02

① 워크샘플링
② PTS
③ 스톱워치
④ 시간연구법
⑤ 인과형예측법

> **해설** 작업측정 기법에는 스톱워치(stop watch), 워크샘플링(work sampling), PTS(Predetermined Time Standard), 시간연구법, 실적기록법 등이 있다. 인과형예측법(causal model)은 급식생산의 수요예측 방법이다.

166 허즈버그(Herzberg)의 이론 중 동기요인으로 옳은 것은? 2021.12

① 직무 자체
② 작업조건
③ 감독자
④ 동 료
⑤ 기업정책

> **해설** 허즈버그의 동기-위생 이론(2요인 이론)
> • 동기요인(만족요인) : 직무에 대한 성취감, 인정, 승진, 직무 자체, 성장가능성, 책임감 등
> • 위생요인(불만요인, 유지요인) : 작업조건, 임금, 동료, 회사정책, 고용안정성 등

167 직무설계 방법의 하나로 직원에게 과업의 수와 직무의 책임·통제 범위를 증가하여 직무의 질을 높이는 동기부여 방법은? 2019.12

① 직무 확대
② 직무 충실화
③ 직무 순환
④ 직무 단순화
⑤ 직무 특성

> **해설** 직무 충실화(job enrichment)는 직원에게 업무(수평적 직무)의 추가와 책임(수직적 직무)을 부여하여 동기 유발과 직무의 만족감을 주는 직무설계 방법이다.

168 직무기술서상에 명시되어야 할 항목으로 옳은 것은?

> ㉠ 직무 요약　　　　　　　　㉡ 다른 직무와의 관계
> ㉢ 감독자와 피감독자　　　　 ㉣ 지적 능력

① ㉠, ㉡, ㉢　　　　　　　　　② ㉠, ㉢
③ ㉡, ㉣　　　　　　　　　　　④ ㉣
⑤ ㉠, ㉡, ㉢, ㉣

> **해설** 직무기술서의 주요내용은 직무구분, 직무요약, 수행되는 임무, 감독자와 피감독자, 다른 직무와의 관계, 기계, 도구, 작업요건, 특별한 용어의 정의 등이다.

169 인사고과에 대한 설명으로 옳게 묶인 것은?

> ㉠ 직무수행에 관계되지 않는 특성도 고과의 대상이다.
> ㉡ 사람과 직무와의 관계에서 사람, 직무를 모두 평가한다.
> ㉢ 어떤 사람의 현재, 과거의 능력, 실적을 평가한다.
> ㉣ 사람의 능력, 태도, 적성 및 업적 등 조직에 대한 유용성 관점에서 평가한다.

① ㉠, ㉡, ㉢　　　　　　　　　② ㉠, ㉢
③ ㉡, ㉣　　　　　　　　　　　④ ㉣
⑤ ㉠, ㉡, ㉢, ㉣

> **해설** 인사고과란 근로자 이동·승진 등의 재배치를 위해 근로자의 능력, 성적, 태도 등을 조직체의 유용성 관점에서 평가하여 상대적 가치를 결정하는 것이다.

170 직장 내의 훈련(OJT)의 효과가 가장 크게 나타나는 계층은?

① 기능공　　　　　　　　　　　② 중간 관리자
③ 관리자　　　　　　　　　　　④ 최고 경영자
⑤ 모든 계층

> **해설** OJT(On-the-Job Training)
> 직장 내 훈련 또는 현장훈련이라고 하며, 현장에 배치되어 감독자나 지도자로부터 직접 받는 훈련방법으로 비숙련·반숙련 기능공의 훈련에 특히 효과적이다.

171 '성공적인 리더는 외모·어휘능력·지적능력 등의 특성을 가지고 있다'라는 이론으로 옳은 것은? `2017.12`

① 특성이론　　　　　　　　　　　② 행동이론
③ 변형이론　　　　　　　　　　　④ 목표이론
⑤ 상황적응이론

> **해설**　리더십 이론은 특성·행동·상황적응의 3가지 이론으로 분류가 되며, 특히 특성이론은 '리더에게는 지적 능력·어휘능력·자신감·성취욕구 등의 특성이 있다'고 하는 이론이다.

172 노동조합이 조직을 강화하기 위한 가장 강력한 제도로 옳은 것은?

① 체크오프(check off) 제도
② 유니온 숍(union shop) 제도
③ 오픈 숍(open shop) 제도
④ 클로즈드 숍(closed shop) 제도
⑤ 메인터넌스 숍(maintenance of membership shop) 제도

> **해설**　클로즈드 숍(closed shop)
> 조합원만이 고용될 수 있는 제도이다(종업원의 채용, 해고 등은 노동조합의 통제에 따름).

173 직장 내 훈련에 대한 설명으로 옳은 것은? `2018.12`

① 교육기간 동안 업무에 방해받지 않고 훈련에 집중할 수 있다.
② 전문가의 고도의 교육을 받을 수 있다.
③ 훈련비용이 많이 든다.
④ 실질적인 훈련을 시킬 수 있다.
⑤ 대다수의 직원을 대상으로 교육시킬 수 있다.

> **해설**
> • 직장 내 훈련(OJT ; On the Job Training) : 직장 내에서 업무와 관련된 것을 교육받음
> 　– 직무 향상에 도움이 되는 관련된 내용의 실제적 교육
> 　– 훈련을 통해 직무 교육자와의 원활한 접촉 가능
> 　– 다수의 직원 대상의 훈련·교육 수행 어려움
> 　– 전문적인 지식·기능의 훈련·교육 어려움
> • 직장 외 훈련(OffJT ; Off The Job Training) : 직장 외부에서 교육받음
> 　– 다수의 직원을 대상으로 교육 가능
> 　– 전문가의 훈련·교육 가능(위탁 교육)
> 　– 훈련기간 동안 교육에 전념할 수 있으나 업무수행에 지장을 초래하며 훈련비용이 많이 듦

174 A 단체급식소에서 열등의식이 많아 퇴사를 결심한 여사원에게 영양사가 동기부여와 잠재능력을 계발하도록 도움을 주는 리더십으로 옳은 것은?　2017.02

① 변혁적 리더십　　　　　　　　　② 과업지향적 리더십
③ 문화적 리더십　　　　　　　　　④ 비전적 리더십
⑤ 거래적 리더십

해설　변혁적 리더십(transformational leadership)이란 조직구성원들의 변화를 이끌어 낼 수 있도록 동기부여와 비전을 제시할 수 있는 리더십이다.

175 동기 유발에 대한 이론의 설명으로 틀린 것은?

① A. H. Maslow의 욕구계층 이론 - 동기는 하위욕구로부터 상위욕구로 진행된다.
② C. P. Alderfer의 ERG 이론 - 존재·관계·성장에 관한 이론으로 상위욕구가 충족되지 않을수록 하위욕구가 커진다.
③ E. Herzberg의 2요인 이론 - 위생요인보다 동기요인이 만족 차원의 것이다.
④ D. McGregor의 XY이론 - X이론에 의한 인간형이 Y이론에 의한 인간형보다 성숙하고 자율적인 인간상이다.
⑤ J. S. Adam의 공정성 이론 - 직무에 대한 투입과 산출의 결과가 공정하지 못하면 직무의 성과에 지장을 준다.

해설　맥그리거의 XY이론
　　• X이론 : 수동적 인간관, 인간은 원래 게으르며 가능한 한 일을 하지 않으려 한다는 견해
　　• Y이론 : 자발적인 인간관, 인간은 본래 일을 즐기고 자아실현을 위해 노력하는 존재라는 견해

176 매슬로우의 5단계 욕구 중 2단계 욕구로 옳은 것은?　2017.12

① 자아실현의 욕구　　　　　　　　② 존경의 욕구
③ 안전의 욕구　　　　　　　　　　④ 사회적 욕구
⑤ 생리적 욕구

해설　매슬로우의 인간 욕구 5단계 이론

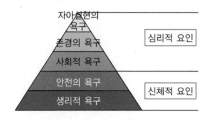

177 제안제도의 효과에 대한 설명으로 옳게 묶인 것은?

> ㉠ 원가 절감이 가능해짐　　　　　　㉡ 창의력을 개발시킴
> ㉢ 자기 직무에 관심이 생김　　　　　㉣ 조직에 대한 신뢰감이 생김

① ㉠, ㉡, ㉢　　　　　　　　　　② ㉠, ㉢
③ ㉡, ㉣　　　　　　　　　　　　④ ㉣
⑤ ㉠, ㉡, ㉢, ㉣

> **해설**　제안제도의 효과
> * 의사소통 촉진
> * 창의력 개발
> * 원가 절감화
> * 노사관계 원활화
> * 조직에 대한 일체감과 신뢰감이 생김
> * 자기 직무에 대한 관심과 흥미가 생김
> * 작업의욕을 높이고 작업능률 향상

178 경영조직의 원칙 중 '한사람의 상위자가 직접 지휘할 수 있는 하위자의 수에 한계가 있다'라는 원칙은?

① 전문화의 원칙　　　　　　　　　② 능률화의 원칙
③ 권한위임의 원칙　　　　　　　　④ 명령일원화의 원칙
⑤ 감독 적정 한계의 원칙

> **해설**　감독 적정 한계의 원칙
> 한사람이 업무를 수행하거나 감독할 수 있는 능력에는 한계가 있으므로 업무 범위와 감독할 수 있는 부하 직원의 수를 맞게 정해야 한다는 원칙이다.

179 인사고과 시 조리기술 평가점수가 높은 조리종사원의 생산량을 제대로 확인하지 않고 임의로 높게 평가하였다. 이때 해당하는 오류는 무엇인가? `2019.12`

① 중심화 경향　　　　　　　　　　② 관대화 경향
③ 대비오류　　　　　　　　　　　④ 상동적 태도
⑤ 논리적 오차

> **해설**　논리적 오차
> 개인이 가진 2가지 이상의 행동특성을 서로 관련이 깊은 것으로 생각하고 그중 하나의 특성만을 보고 다른 특성까지도 유사한 성질의 것으로 평가하는 것이다.

180 같은 지역 출신 사람에게 인사고과를 좋게 하는 평가오류로 옳은 것은? 2017.12

① 논리적 오차
② 현혹효과
③ 관대화 경향
④ 중심화 경향
⑤ 상동적(편견) 태도

해설 평가오류
• 논리적 오차 : 개인이 가진 2가지 이상의 행동특성을 서로 관련이 깊은 것으로 생각하고 그중 하나의 특성만을 보고 다른 특성까지도 유사한 성질의 것으로 평가하는 것
• 현혹(후광)효과 : 대상의 두드러진 특성이 다른 특성을 평가하는 데 영향을 미치는 것
• 관대화 경향 : 부하직원을 낮게 평가하여 적대적인 관계를 만들지 않기 위한 것으로 부하직원(피고과자)의 업무 수행력보다 더 높게 평가하는 것
• 중심화 경향 : 평가의 좋고 나쁨을 피해 보통의 점수를 주기 때문에 평가 점수가 중간으로 나타나기 쉽다는 것
• 상동적(편견) 태도 : 정치, 종교, 지연 등에 의해 고정관념(편견)을 가지고 평가하는 것

181 직계참모(Line and Staff) 조직은 어떠한 원칙을 도입하여 이루어지는가?

① 기능화의 원칙
② 전문화의 원칙
③ 명령일원화의 원칙
④ 기능화의 원칙과 전문화의 원칙
⑤ 전문화의 원칙과 명령일원화의 원칙

해설 라인과 스태프 조직(직계참모 조직)
에머슨에 의해 제창된 조직으로 라인을 지원하는 스태프를 결합시킨 조직으로, 전문화의 원칙과 명령일원화의 원칙을 함께 이용한 조직 형태이다.
• 장 점
 − 유능한 스태프의 활용으로 라인 조직의 강화·효율적이고 신중한 의사결정
 − 조직의 관리 및 통제가 용이
• 단 점
 − 라인과 스태프의 의견 불일치
 − 스태프의 조언 따른 의사결정 지연 및 불화
 − 명령체계와 조언·권고의 혼동
 − 큰 조직일 경우 유기적 조정이 어려움

182 기업의 직무를 효율적으로 수행하기 위해서 직무를 구성하는 업무의 내용과 직무에 필요한 인적요건 및 기업조건 등을 조사·연구하는 것을 무엇이라 부르는가?

① 직무분석   ② 인사고과
③ 직무만족   ④ 직무단순화
⑤ 직무확대

> **해설** 직무분석
> 특정 직무의 특성을 파악하여 그 직무를 수행하는 데 필요한 경험, 기능, 지식, 능력, 책임 등과 그 직무가 다른 직무와 구별되는 요인을 명확하게 분석하여 명료하게 기술하는 것을 말한다.

183 다음에 해당하는 동기부여 이론은? `2020.12`

> A 사업장 영양사가 자신의 업적에 대한 보상이 B 사업장 영양사보다 높다고 인식한 후 직무를 더 열심히 수행하였다.

① 맥그리거의 XY이론
② 허즈버그의 동기-위생 이론
③ 매슬로우의 욕구계층 이론
④ 아담스의 공정성 이론
⑤ 알더퍼의 E.R.G 이론

> **해설** 아담스의 공정성 이론
> 보상에 있어서 공정성을 가져야만 동기부여가 이루어질 수 있다고 보는 이론으로 불공정한 경우에는 불공정성을 시정하는 방향으로 동기부여가 된다.

184 동일직무에 대하여 동일임금을 지급하는 임금 제도는? `2021.12`

① 직능급   ② 직무급
③ 시간급   ④ 성과급
⑤ 연공급

> **해설** 임금체계
> • 연공급 체계 : 임금이 근속을 중심으로 변하는 것으로 일반적으로 낮은 임금에서 시작하여 정년에 이르기까지 정기승급제도를 통해 증액이 행해지며 종신 고용을 전제로 하고 있다.
> • 직능급 체제 : 직무수행능력에 따라 임금의 격차를 두는 체계이다.
> • 직무급 체계 : 직무의 중요성과 난이도 등에 따라서 각 직무의 상대적 가치를 평가하고 그 결과에 의거하여 임금을 결정하는 체계이다.

185 과업지향형 지도자의 특징으로 옳은 것은?

> ㉠ 수행해야 할 직무의 기준을 명확히 설정
> ㉡ 구성원 간의 만족과 신뢰를 존중
> ㉢ 주어진 과업의 책임을 부여하고 결과에 대해 통제
> ㉣ 다른 사람의 감정을 존중하며 우호적인 관계를 유지

① ㉠, ㉡, ㉢　　　　　　　　　　　② ㉠, ㉢
③ ㉡, ㉣　　　　　　　　　　　　　④ ㉣
⑤ ㉠, ㉡, ㉢, ㉣

해설 과업지향형 지도자는 인간적 요소를 배제하고 과업을 최고로 중시하며 냉정하게 처리하는 행동유형을 가진다.

186 종업원의 사기가 떨어졌을 때 사기를 높이는 방법이 아닌 것은?

① 공식조직의 강화　　　　　　　　　② 훌륭한 리더십
③ 원활한 의사소통　　　　　　　　　④ 적재적소의 배치
⑤ 합당한 경제적 보수 지불

해설 종업원의 사기를 높이기 위한 방법
　• 훌륭한 지도자의 리더십
　• 원활한 의사소통
　• 적재적소의 배치
　• 비공식조직의 활성화
　• 합당한 경제적 보수 지불

187 의사소통의 유형으로 중간 단계를 거치지 않고 권한계층이 다른 사람에게 메시지를 전달하는 방식은?

① 상향식 의사소통　　　　　　　　　② 하향식 의사소통
③ 수평식 의사소통　　　　　　　　　④ 대각식 의사소통
⑤ 불통식 의사소통

해설 의사소통 유형
　• 상향식 : 직원 → 상사(업무보고, 제안제도, 의견제시 등)
　• 하향식 : 상사 → 직원(작업지시, 업무지침 전달 등)
　• 수평적 : 부서 → 타부서 직원 → 직무 단위가 다른 사람(생산부서 ↔ 서비스부서)
　• 대각식 : 중간 단계를 거치지 않고 직무 단위 또는 권한계층이 다른 사람에게 메시지 전달(급식부서 → 주문담당자)

188 상향적 커뮤니케이션 방법에 해당하는 것은?

① 제안제도
② 작업지시
③ 업무지침 전달
④ 사내방송
⑤ 정책 설명회

> **해설** 상향적 의사소통
> 직원이 상사에게 업무보고, 제안제도, 의견제시 등의 메세지를 전달하는 방식이다.

189 조리부서에서 근무하는 A 직원을 본사 물류부서로 이동시켜 다양한 경험과 기회를 제공할 수 있도록 하는 직무설계 방법은? `2019.12` `2020.12`

① 직무 순환
② 직무 충실화
③ 직무 확대
④ 직무 특성
⑤ 직무 교차

> **해설** 직무설계
> • 직무 순환 : 다른 직무로의 이동
> • 직무 충실화 : 수평적 과업의 증가와 함께 수직적 책임·통제 범위를 부여
> • 직무 확대 : 직무의 수적 증가
> • 직무 특성 : 직원의 동기 부여와 직무 만족이 조직의 생산성을 향상시킴
> • 직무 교차 : 서로의 직무 일부를 함께 수행

190 해당 직무를 수행하기 위해 직무 구성요건 중에서 인적 자격요건에 중점을 두고 명시한 서식은? `2020.12`

① 직무평가표
② 직무명세표
③ 직업기술서
④ 직무분석표
⑤ 조직도

> **해설** 직무명세표는 직무 수행에 필요한 인적 특성(육체적·정신적 능력·지식·기능 등), 인적 자격요건을 명시한 서식이다.

188 ① **189** ① **190** ② **정답**

191 스태프부문의 특징으로 옳은 것은?

① 조언기관
② 명령권을 가짐
③ 결정권을 가짐
④ 집행기관
⑤ 경영활동을 일선에서 수행

해설 ②·③·④·⑤ 라인부문에 내용이다.
- 스태프부문 : 조언기관, 전문분야에서 라인부문을 보조, 목표를 달성하는 데 간접적 기여
- 라인부문 : 경영활동을 일선에서 수행, 수직적 조직, 상위자로부터의 명령으로 활동

192 이동·수단·교육개발·조직편성 등 기업 내부의 문제에 관해 전략적 의사결정을 구체화하는 데 필요한 의사결정은?

① 정형적 의사결정
② 비정형적 의사결정
③ 전략적 의사결정
④ 업무적 의사결정
⑤ 관리(식)적 의사결정

해설 의사결정의 유형
- 정형적 의사결정 : 일상적, 반복적 문제 해결을 위한 의사결정
- 비정형적 의사결정 : 애매한 문제 해결을 위한 의사결정
- 전략적 의사결정 : 기업 내의 문제보다 기업 외부 환경과의 관계에 관한 의사결정
- 업무적 의사결정 : 주로 하층 경영자들이 많이 하는 의사결정으로 업무 수행에 있어 수익성을 높이기 위한 의사결정

193 지리적·인구통계적·심리묘사적·행동적으로 집단을 나누어 마케팅활동을 하는 과정은 무엇인가? 2020.12 2021.12

① 집중적 마케팅
② 시장의 세분화
③ 포지셔닝
④ 표적시장 선정
⑤ 패널 조사

해설 시장의 세분화는 그 기준에 따라 나누어 마케팅 기법에 유용하게 사용한다. 마케팅 전략 중 STP인 세분화 → 표적화 → 포지셔닝의 첫 단계이다.

194 고객의 클레임에 대한 대처 방법으로 직원에게 화법과 태도 등의 응대 요령을 연습시켜 고객의 만족도를 높이게 하는 교육 기법은? 2019.12

① 강의식
② 시청각 교육
③ 도제훈련
④ 사례연구
⑤ 역할 연기

해설 역할 연기를 통해 고객의 관점에서 생각하여 문제점을 파악하거나 바람직한 행동을 찾아내어 자신과 타인을 이해하게 된다.

195 다음 중 마케팅 관리이념에 대한 설명으로 옳지 않은 것은?

① 생산 지향적 - 생산성 향상에 초점을 둠
② 마케팅 지향적 - 고객 만족을 충족시킬 수 있는 제품 생산에 중점을 둠
③ 사회 지향적 - 사회복지 증진에 초점을 두고 있으며 기업윤리를 강조
④ 제품 지향적 - 기술개발에 따른 품질개선을 중요시함
⑤ 판매 지향적 - 대량생산을 통한 원가 절감

> 해설 판매 지향적은 이윤 창출을 목적으로 판매기술 개선에 중점을 두는 관리이념이다.

196 목표를 충족시키기 위해 아이디어 · 제품 · 서비스의 개발 · 가격 책정 · 촉진 · 유통을 계획하고 실행하는 과정은?

① 서비스   ② 경 영
③ 판 매   ④ 마케팅
⑤ 생 산

> 해설 마케팅이란 개인 · 조직의 목표를 충족시키기 위해 아이디어 · 제품 · 서비스의 개발 · 가격 책정 · 촉진 · 유통을 계획하고 실행하는 과정이다.

197 단체급식에서 서비스의 특성으로 옳은 것은? 2018.12

① 무형성, 소멸성   ② 소멸성, 일관성
③ 동시성, 저장성   ④ 이질성, 분리성
⑤ 무형성, 분리성

> 해설 서비스의 특성
> • 무형성 : 만지거나 볼 수 없으며 소유할 수 없는 속성
> • 동시성 : 상품을 제공하는 순간 서비스도 함께 소멸되는 속성
> • 소멸성 : 서비스는 상품 제공과 함께 소멸 및 남는 서비스가 저장되지 않아 사라지는 속성
> • 이질성 : 제공되는 서비스의 품질(조직의 수준, 개인 능력)의 다양한 속성

198 마케팅의 종류로 세분시장의 매력도를 평가해 진입할 세분시장을 선정하는 것은?

① 표적시장 선정   ② 시장세분화
③ 시장위치 선정   ④ 포지셔닝
⑤ 단체마케팅

> 해설 표적시장 선정
> • 기업은 여러 세분시장에 대해 충분히 검토한 후 하나 혹은 소수의 세분시장에 진입할 수 있다.
> • 표적시장 선정은 각 세분시장의 매력도를 평가해 진입할 하나 혹은 그 이상의 세분시장을 선정하는 과정이다.

199 다음에서 설명하는 급식서비스의 특성은? 2020.12

> 산업체 급식소 영양사가 저녁으로 200인분의 식사를 준비하였지만 그날 퇴근을 빨리 하는 직원들이 많아서 80인분의 식사가 남았다. 이후 영양사는 잔식이 많이 남는 것을 예방하기 위해 효과적인 수요・공급관리 전략책을 수립하였다.

① 비분리성   ② 소멸성
③ 동시성   ④ 유형성
⑤ 이질성

해설 서비스의 특성
- 무형성 : 만지거나 볼 수 없으며 소유할 수 없는 속성
- 동시성 : 상품을 제공하는 순간 서비스도 함께 소멸되는 속성
- 소멸성 : 서비스는 상품 제공과 함께 소멸 및 남는 서비스가 저장되지 않아 사라지는 속성
- 이질성 : 제공되는 서비스의 품질(조직의 수준, 개인 능력)의 다양한 속성

200 식품의 부패방지에 관한 설명으로 옳지 않은 것은?

① pH를 4.5 이하로 낮춘다.
② 온도를 -10℃ 이하로 낮추어 미생물의 생장을 방지한다.
③ 식품 내 수분을 없앤다.
④ 식품을 소금에 절이면 식품 내 영양소 파괴로 미생물의 성장이 중지된다.
⑤ 자외선 조사, 가열, 첨가물, 가스치환 등의 방법을 이용하여 미생물의 성장을 저해시킨다.

해설 염장은 식품 중의 수분을 탈수시키므로 미생물이 이용할 수 있는 유리수를 감소시켜 부패를 지연해 방지시키는 방법이다.

201 역성비누의 설명으로 옳은 것은?

① 세정력이 강하나 살균력은 없다.
② 4급암모늄염의 일종인 염화벤잘코늄 등이 사용된다.
③ 주로 락스라는 이름으로 많이 사용된다.
④ 음성비누와 함께 사용하면 효과가 증가한다.
⑤ 유기물이 많은 곳에 사용하면 효과가 좋다.

해설

종 류	음성비누(Anionic soap)	역성비누 = 양성비누(Invert soap)
특 징	• 보통비누를 말함 • 살균력 약, 세정력 강(세정에 의한 균 제거 목적)	• 양이온성 계면활성제로 수중에서 양이온으로 해리 • 4급암모늄염(염화벤잘코늄, 염화세틸피리디늄 등) • 자극성・독성 약 • 살균력 강, 세정력 약 • 세균, 진균, 바이러스 유효(gram 양성세균에 활성 강, gram 음성세균 중 녹농균 제외하고는 비교적 활성 강) • 아포와 결핵균에는 효과 없음 • 유기물, 보통비누와 혼용 시 효과↓ • 세포막 손상과 단백질 변성

202 우유의 세균 오염도를 간접적으로 측정하는 데 사용하는 방법으로 생균수가 많을수록 탈수소 능력이 강해지는 성질을 이용한 것으로 옳은 것은?

① 산도시험
② 메틸렌블루 환원시험
③ phosphatase 시험
④ 알코올침전 시험
⑤ 가열시험

> **해설** methylene blue법(환원 test)
> 세균에 의해 생성된 reductase(효소)가 메틸렌블루를 환원·탈색시킨다. 탈색시간이 짧을수록 오염도가 높다.

203 다음 중 호기성 미생물에 의해 단백질이 변질되는 것은?

① 후 란
② 부 패
③ 변 패
④ 산 패
⑤ 발 효

> **해설** 식품의 성분이나 원인에 따른 변화
> • 변질(섭취 불가능)
> – 후란 : 호기성 미생물에 의한 단백질 식품이 변질되는 현상
> – 부패 : 단백질 식품이 혐기성 미생물에 의해 분해되어 변질되는 현상
> – 변패 : 단백질 이외의 당질·지질식품이 미생물 및 기타의 영향으로 변질되는 현상
> – 산패 : 유지가 산화되어 불결한 냄새가 나고 변질·풍미 등의 노화 현상
> • 변화(섭취 가능)
> – 발효 : 당질이 미생물에 의해 알코올 또는 각종 유기산을 생성하는 경우로 생성물을 식용으로 유용하게 사용하기 때문에 식품의 변질과 구분

204 식품의 부패와 관련해 연결이 옳은 것은?

① 곡류 – 세균
② 육류 – 곰팡이
③ 우유 – 수중세균
④ 통조림 – 포자형성세균
⑤ 어류 – 곰팡이

> **해설** 식품의 종류별 부패에 관여하는 미생물
> • 곡류 : 수분함량이 낮으므로 주로 곰팡이 관여
> • 신선어패류 : 수중세균으로 Achromobacter, Pseudomonas 등
> • 소시지 표면 부착균 : Micrococcus속, 점질물질 생성
> • 우유 : 저온성 세균
> • 계란 : lysozyme이 gram 양성균을 용혈시키므로 다른 물질에 비해 부패가 느림
> • 통조림 : 포자형성세균
> • 육류 : 장내세균, 토양세균

205 살균방법과 살균조건이 잘못 연결된 것은?

① 건열살균법 – 160℃, 1시간
② 고압증기멸균법 – 121℃, 15분
③ 저온 장시간살균법 – 63~65℃, 30분
④ 고온 단시간살균법 – 100℃, 10분
⑤ 초고온 단시간살균법 – 130~150℃, 0.5~5초

해설 우리나라 식품공전에 우유의 저온 장시간살균법은 63~65℃에서 30분간, 고온 단시간살균법은 72~75℃에서 15~20초간, 초고온 단시간살균법은 130~150℃에서 0.5~5초간 살균한다.

206 다음 중 미생물학적 측면에서 잠재적 위해식품(PHF)에 해당되는 식품으로 옳은 것은?

① 단백질 함량이 높고 수분활성도가 0.9 이상인 식품
② 단백질 함량이 낮고 pH가 4.6 이하인 식품
③ 탄수화물 함량이 높고 pH가 4.6 이하인 식품
④ 지방 함량이 높고 수분활성도가 0.9 이하인 식품
⑤ 탄수화물 함량이 높고 수분활성도가 0.7 이하인 식품

해설 잠재적 위해식품은 세균성질환을 일으키는 감염·독소형 미생물의 증식 및 독소생성 가능성이 있는 식품이다(고단백식품, pH 4.6 이상, 수분활성도 0.85 이상 식품).

207 우유의 저온살균에 대한 실시여부를 알 수 있는 시험법은?

① 포스파타아제 측정
② 산도측정
③ 메틸렌블루 시험법
④ 에탄올 시험법
⑤ 비중 측정

해설 Phosphatase 측정
우유 중 포스타파아제(phosphatase)는 61.7℃, 30분 가열로 대부분 활성을 잃으며, 62.8℃, 30분 가열로 완전히 활성을 잃는다. 이 조건이 우유 살균효과와 대략 일치하므로 phosphatase 측정으로 음성이면 저온살균이 완전하게 되었다는 것을 의미한다.

208 식품의 부패 초기단계에서의 1g당 세균수는 어느 정도인가?

① $1\sim10^2$
② $10^2\sim10^3$
③ $10^4\sim10^6$
④ $10^7\sim10^8$
⑤ $10^9\sim10^{10}$

해설 일반 세균수를 측정하여 선도를 측정한다. 10^5는 안전단계, $10^7\sim10^8$이면 초기 부패단계이다(식품 1g 또는 1mL당).

209 어육의 초기부패를 나타내는 트리메틸아민 함량과 K값으로 옳게 연결된 것은?

① 4~6mg, 30~40%
② 3mg 이하, 20%
③ 4~6mg, 60~80%
④ 30~40mg, 40~50%
⑤ 50mg 이상, 60~80%

> **해설** K 값
> • 매우 신선함 : 10% ↓
> • 신선도 양호 : 20% ↓
> • 신선도 떨어짐 : 40~60%
> • 초기부패 : 60~80%
> Trimethylamine(TMA)
> • 신선한 어패류 : 3mg ↓
> • 초기부패 어패류 : 4~6mg

210 소독제에 대한 설명으로 옳은 것은?

① 손소독에 적합한 양성비누는 세정력은 약하나 모든 세균에 대해 살균력이 강하다.
② 살균력을 평가하는 기준이 되는 석탄산은 계수가 낮을수록 소독효과가 크며 소독 시 3~5%의 수용액을 사용한다.
③ 자외선 살균법은 살균력이 가장 강한 파장인 2,537Å을 사용하여 미생물의 DNA에 작용해 사멸시키나 자주 사용 시 균에 내성을 가져올 수 있다.
④ 세균의 탈수와 응고작용을 하는 에틸알코올은 60%의 농도에서 살균효과가 가장 크다.
⑤ 차아염소산나트륨의 유효염소는 4% 이상 되어야 하며 음료수, 과일, 채소, 참깨 등의 소독에 사용된다.

> **해설** • 양성비누 : 손소독, 세정력 약, 자극성 · 독성 약, 바이러스 · 진균 · 세균(아포 · 결핵군 제외)에 대해 살균력 강, 유기물 · 보통비누와 혼용 시 효과가 떨어짐
> • 석탄산 : 살균력을 평가하는 기준, 석탄산 계수가 높을수록 소독효과가 큼, 소독 시 3~5%의 수용액을 사용
> • 에틸알코올 : 세균의 탈수와 응고작용, 70%의 농도에서 살균효과 가장 큼
> • 차아염소산나트륨 : 음료수, 과일, 채소 등의 소독에 사용되며 참깨에는 쓸 수 없음, 유효염소 4% 이상

211 미생물에 관한 설명으로 옳은 것은?

① Enterococcus faecalis는 식품위생검사의 분변오염지표로 이용된다.
② 수중세균 중 하나로 패류의 부패에 관여하는 것은 호기성의 Clostridium perfringens이다.
③ 단백질 분해력이 강한 Morganella norganii에 의해 히스타민이 히스티딘으로 변하여 알레르기성 식중독을 일으킨다.
④ 어패류의 부패에 가장 많이 관여하는 것은 Pseudomonas이다.
⑤ Escherichia coli는 냉동식품의 오염지표가 되는 균이다.

> **해설** • Enterococcus faecalis : 냉동식품의 오염지표이다.
> • Morganella morganii : 단백질 분해력이 강하고, 히스티딘이 히스타민으로 변하여 알레르기성 식중독을 일으킨다.
> • Escherichia coli : 식품위생검사의 분변오염지표로 이용한다.
> • Clostridium perfringens : 혐기성의 토양세균이다.

212 통조림 식품에서 발생하는 신경 독소는? `2020.12`

① 보툴리눔 독소(botulinum toxin)
② 아미그달린(amygdalin)
③ 무스카린(muscarine)
④ 시트리닌(citrinin)
⑤ 아플라톡신(aflatoxin)

해설 통조림에서 클로스트리디움 보툴리눔(Clostridium botulinum)균이 자라면서 신경계 마비를 일으키는 보툴리눔 독소(botulinum toxin)를 생성한다.

213 집단급식소에서 대량으로 가열조리한 동물성 단백질 식품을 실온에서 장시간 방치하게 되면 증식하게 되는 식중독균은? `2020.12`

① Morganella morganii
② Clostridium perfringens
③ Yersinia enterocolitica
④ Vibrio parahaemolyticus
⑤ Campylobacter jejuni

해설 클로스트리디움 퍼프린젠스(Clostridium perfringens)
웰치균 식중독의 원인균으로, 집단급식소, 뷔페 등 대량 조리시설에서 많이 발생한다. 대량으로 가열조리한 동물성 단백질 식품을 실온에서 장시간 방치 시 증식하게 되므로 즉시 섭취하거나 가능하면 빨리 냉각・냉장 보관하도록 한다.

214 냉장온도에서 생육이 가능하며 임산부, 영유아, 노인 등 면역력이 저하된 사람에게 패혈증과 유산을 일으키는 인수공통감염병으로 옳은 것은? `2017.02`

① 결 핵　　　　　　　　　　　　② 리스테리아
③ 야토병　　　　　　　　　　　④ 살모넬라
⑤ 콜레라

해설 리스테리아증
• Gram(+), 간균, 주모성, 통성혐기성, 저온균(5℃ 이하 생존)
• 잠복기 : 3일~수일
• 경구감염 : 오염된 식육, 유제품 등을 섭취
• 경피감염 : 동물과 직접 접촉(소, 말, 양 등 가축・가금류)
• 경기도감염 : 오염된 먼지 흡입
• 특징 : 임산부 유산, 패혈증, 뇌척수막염, 신생아 감염 시 높은 사망률

215 다음 중 콜레라에 대한 설명으로 옳지 않은 것은?

① Cyanosis(청색증) 증상과 관련되는 감염병이다.
② 외래감염병으로 주 발생지역은 동남아이며 검역법의 검역감염병이다.
③ 분변, 오염된 식품 등을 통해 감염되며 급성설사(수양성 설사)와 중증 탈수 증상을 나타낸다.
④ 원인균은 Vibrio parahaemolyticus이다.
⑤ 열에 약하여 56℃에서 15분 가열 시 사멸한다.

> **해설** 콜레라(Cholera)
> • 병원체 : Vibrio cholerae
> • 잠복기 : 10시간∼5일인데 보통 1∼3일
> • 증상 : 설사(쌀뜨물 모양), 구토, 탈수에 의한 구갈, 근육통, 피부건조, 무뇨, 무성, 체온의 저하 등
> • 발생상황 : 치명률은 60%로서 노년과 유년층일수록 높아짐
> • 감염 : 환자의 구토물과 환자나 보균자의 분변으로 인해 오염된 음식물, 음료수 등에 의해서 감염이 일어남
> • 예방 및 치료 : 외래감염병으로 철저한 검역으로 국내에 침입되지 않도록 해야 하고, 사균백신에 의한 예방접종

216 손에 상처가 있는 조리사가 음식취급을 하여 식중독이 발생하였다면 관련된 식중독균은?

① 보툴리누스균   ② 포도상구균
③ 대장균   ④ 살모넬라
⑤ 장구균

> **해설** 포도상구균 식중독의 감염경로 예방법으로 식품·조리기구의 멸균, 저온보관, 교차오염 방지, 조리실 청결 유지, 화농성 질환자의
> 식품취급 금지, 조리된 식품의 신속한 섭취 등이 있다.

217 감염형 식중독이 아닌 것은?

① Yersinia enterocolitica
② Staphylococcus aureus
③ Salmonella typhimurium
④ Vibrio parahaemolyticus
⑤ Escherichia coli

> **해설** ② 포도상구균 식중독의 원인균이며 독소형이다.

식중독의 분류

분 류	감염형	독소형
	식품에 증식한 다량의 세균 섭취	세균이 생산한 독소에 의해 발생
특 징	• 잠복기 긺(12~24시간) • 구토, 두통, 복통, 설사 • 발열 있음	• 잠복기 짧음 • 구토, 두통, 복통, 설사 • 발열 없음
	• 2차 감염 없음 • 면역 생기지 않음	
원인균	• Salmonella ssp.(살모넬라) • Escherichia coli(병원성 대장균) • Vibrio parahaemolyticus(장염비브리오) • Campylobacter jejuni(캠필로박터제주니) • Yersinia enterocolitica(여시니아) • Listeria monocytogenes(리스테리아)	• Staphylococcus aureus(포도상구균) • Clostridium botulinum(보툴리누스균)

218 Staphylococcus(포도상구균)에 대한 설명으로 틀린 것은?

① 생화학적 성상에 따라 황색·표피·부패성 포도상구균으로 나누어지며 enterotoxin을 생산하는 식중독 원인균은 황색포도상구균이다.

② 독소인 enterotoxin은 내열성이며 120℃에서 20분간 가열하여도 독소가 완전히 파괴되지 않는다.

③ 감염원은 화농소, 손 등이고 감염경로인 손, 조리기구를 통하여 2차 오염을 일으킨다.

④ 잠복기간은 약 12~36시간으로 가장 길다.

⑤ 식품오염의 예방법은 화농성 질환·인두염에 걸린 사람의 식품취급 금지와 조리종사자의 손 청결, 위생복과 마스크 착용의 개인위생이 필요하다.

해설
포도상구균 식중독
• 원인균 : Staphylococcus aureus
• 특징 : 그람양성, 통성혐기성
• 식중독 증상의 원인이 되는 것은 enterotoxin이며, 이것은 내열성이 강하여 218~248℃에서 30분 이상 가열하여야 파괴되기 때문에 일반 가열조리법으로는 파괴되지 않는다.
• 6℃ 이하에서는 4주, 9℃에서는 7일, 25~30℃에서는 5시간으로, 식품을 6℃ 이하에 저장하면 독소의 생성이 억제된다.
• 잠복기 : 1~6시간으로 평균 3시간
• 증상 : 구역질, 구토, 복통, 설사이며 열은 거의 없다. 일반적으로 증상이 가볍고 경과가 빨라 1~3일이면 회복되며 사망하는 경우는 거의 없다.

219 식품위생상 대장균이 중요한 이유는?

① 가공품의 주요 부패균이다.
② 어패류의 대표적인 부패균이다.
③ 분변 오염지표의 미생물이다.
④ 병독성이 크고 감염력이 강하다.
⑤ 해수에는 서식이 불가능하기 때문이다.

> **해설** 대장균은 동물의 대장 내에 서식하며 분변을 통해 토양·물·식품 등을 오염시키기 때문에 식품위생의 지표로 삼고 있다(식품의 동결 시 사멸되기 때문에 대장균군의 다른 세균들과 구별이 쉽지 않은 단점이 있음).

220 사카자키 식중독에 대한 설명으로 옳지 않은 것은?

① 임산부에게는 조산, 유아에게는 장염·뇌수막염·패혈증의 증세를 일으키며 치사율이 높다.
② 생후 1년 이하 유아 및 저체중아에게 감염될 가능성이 높다
③ 세균은 Enterobacter sakazakii(Cronobacter spp.)이다.
④ 조제분유 등 영유아 식품에 존재한다.
⑤ 열저항성이 약하여 45℃ 이상의 물로 분유를 조제한다.

> **해설** ⑤ 열저항성이 강하여 70℃ 이상의 물로 분유를 조제한다.
> Enterobacter sakazakii(Cronobacter spp.)
> • 감염경로 : 분말 유아식의 건조·포장과정에서 오염, 수유 직전 조제 시 분유가 오염된 경우
> • 특징 : 장내세균, 그람음성의 간균, 20~50% 치사율
> • 증상 : 면역력이 약한 신생아 및 저체중아에 감염될 위험 높음, 장염·수막염 유발
> • 예방 : 분말유아식 조제 시 손과 스푼 등도 청결히 하여 70℃ 이상의 물로 조제 후 흐르는 물로 식힌 후 즉시 수유, 수유 후 남은 것은 보관하지 말고 버리기, 젖병과 젖꼭지의 살균

221 대장균의 특징으로 옳은 것은? `2017.12`

① 그람음성의 간균이다.
② enterotoxin을 생산한다.
③ 호기성으로 락토오스를 분해한다.
④ 냉동식품의 오염지표의 미생물이다
⑤ kanagawa 현상으로 용혈독을 생성한다.

> **해설** ① 대장균은 통성혐기성의 그람음성 간균으로 장내세균과에 속하며 대부분이 락토오스를 분해한다.
> ② 포도상구균이 enterotoxin을 생산한다.
> ④ 냉동식품의 오염지표 세균은 장구균이다.
> ⑤ 장염비브리오 식중독균은 kanagawa 현상의 원인균이다.

222 Salmonella균 식중독과 관계가 없는 사항은?

① 원인식품은 난류, 육류 및 그 가공품이다.
② 인수공통감염병이다.
③ 주요 증상은 메스꺼움, 구토, 설사, 복통, 발열 등이다.
④ 원인식품은 해수성 어패류이다.
⑤ 열에 약해 62~65℃에서 20분간 가열로 사멸하므로 식품의 가열이 식중독 방지에 가장 효과적이다.

> **해설** 살모넬라균
> • 원인식품 : 육류 및 그 가공품이며, 인수공통감염병이며, 난류에 의해서도 감염되고, 보균자, 쥐, 애완동물이 매개
> • 잠복기는 6~48시간으로 광범위(통상 12~24시간 정도에 대부분의 환자 발병), 연중 발생하지만 주로 6~9월에 특히 많이 발생
> • 특징 : 그람음성, 무포자 간균으로 colony를 형성하는 호기성·통성혐기성균
> • 최적온도 37℃, 최적 pH 7~8로서 포도당, 맥아당, mannitol을 분해하여 산과 가스를 생성
> • 증상 : 급성 위장염 증상, 발열이 심함(38~40℃), 오한, 2차 감염 가능
> • 예방 : 음식 섭취 전 60℃에서 20분간 가열로 사멸

223 세균성 식중독의 특징으로 바르게 설명된 것은?

① 면역성이 있다.
② 전염되지 않는다.
③ 잠복기가 감염병보다 길다.
④ 체내독소가 원인이다.
⑤ 다량의 균으로 나타나며 2차 감염이 있다.

> **해설** 세균성 식중독의 특징
> • 면역성이 없고, 잠복기간이 비교적 짧음
> • 미량의 균으로는 나타나지 않음
> • 식품에서 사람으로 최종 감염되며 2차 감염은 거의 없음
> • 수인성 전파는 드물고, 원인식품에 기인함

224 돼지고기가 원인식품이며 잠복기는 1주일 전후로, 설사, 구토, 두통, 고열, 급성위장염·맹장염 증상과 유사한 복통, 패혈증, 관절염 등의 증상을 나타내는 식중독균은? `2020.12`

① Brucella suis
② Vibrio parahaemolyticus
③ Listeria monocytogenes
④ Staphylococcus aureus
⑤ Yersinia enterocolitica

> **해설** 여시니아 식중독의 원인균인 여시니아 엔테로콜리티카(Yersinia enterocolitica)에 대한 설명이다.

225 장독소 enterotoxin을 생산하는 균으로 옳은 것은?

① 대장균균   ② 보툴리누스균
③ 포도상구균   ④ 리스테리아균
⑤ 여시니아균

해설   포도상구균이 생산하는 enterotoxin은 내열성으로 100℃에서 20분간 가열해도 파괴되지 않는다.

226 통조림과 병조림이 원인식품인 식중독으로 내열성 포자를 생성하는 혐기성 균은?   `2019.12`

① Staphylococcus aureus
② Yersinia enterocolitica
③ Clostridium botulinum
④ Listeria monocytogenes
⑤ Escherichia coli

해설   Clostridium botulinum은 편성혐기성의 그람양성 간균으로 포자를 가지고 있으며, 균자체는 내열성이 강하나 신경계 독소인 neurotoxin은 내열성이 약하여 80℃, 20분 또는 100℃, 1~2분 가열로 파괴된다. 치명률은 약 50%이며 발열이 없는 것이 특징이다. 원인식품은 통조림, 병조림, 소시지 등이 있다.

227 Clostridium perfringens균의 특징에 대한 설명으로 잘못된 것은?

① gram 양성 간균으로 아포형성균이다.
② 원인식품은 단백질 식품, 튀긴 식품, 식육 및 그 가공품, 가열조리식품이다.
③ 독소의 종류는 현재 A~F형까지 6형으로 분류되었는데, A형이 주요 식중독 원인독소로 알려져 있다.
④ Welchii균의 아포는 90℃에서 30분 가열하면 완전히 사멸하나 A형은 내열성으로 100℃에서 1~3시간에도 견딘다.
⑤ 증상으로 신경장애와 호흡곤란이 있다.

해설   주요 증상은 심한 복통과 설사이다.

228 노로바이러스 식중독에 대한 설명으로 틀린 것은?

① 일 년 중 주로 기온이 낮은 겨울철에 발생건수가 증가하는 경향이 있다.
② 항바이러스 백신이 개발되어 예방이 가능하다.
③ 보육시설 등 집단으로 발생하는 경우가 많다.
④ 오염원은 생굴, 오염된 식수 등이며 예방을 위해 86℃에서 1분 이상 가열하여 섭취해야 한다.
⑤ 주로 분변-구강 경로(fecal-oral route)를 통하여 감염된다.

> 해설　노로바이러스로 인한 감염증은 항생제로 치료되지 않으며, 특별한 예방 백신도 개발되지 않았으며, 특별한 치료법은 없다. 탈수나 전해질 불균형에 대해서 대증치료를 한다.

229 노로바이러스 식중독에 걸린 성인에게서 나타나는 주 증상은?　2020.12

① 설 사
② 몸 살
③ 흑피증
④ 시야협착
⑤ 보행곤란

> 해설　노로바이러스 식중독에 걸리면 소아는 구토, 성인은 설사가 흔하게 나타난다.

230 닭고기 등의 가금류 섭취와 관련이 있는 잠복기간이 긴 고온성 세균으로 옳은 것은?　2017.12

① 살모넬라
② 포도상구균
③ 여시니아
④ 장염비브리오
⑤ 캠필로박터 제주니

> 해설　Campylobacter jejuni는 대기의 산소 농도보다 25% 낮은 산소 농도대에서 증식하는 미호기성 세균으로 유산을 일으킨 양에서 분리된 균이며 닭고기 섭취와 관련 있는 캠필로박터 식중독의 원인균이다.

231 식중독균 중 특정조건에서 사람이나 토끼의 혈구를 용혈시키는 kanagawa 현상을 일으키는 것은?

① Campylobacter jejuni
② Vibrio parahaemolyticus
③ Salmonella arizona
④ Vibrio vulnificus
⑤ Clostridium perfringens

> 해설　② 카나가와 현상의 원인균은 Vibrio parahaemolyticus(장염비브리오 식중독균)이다.
> • Vibrio vulnificus(비브리오 패혈증)
> • Vibrio cholerae(콜레라를 일으키는 균)

232 패혈증을 일으키는 원인균으로 바르게 묶인 것은? `2020.12`

① Vibrio vulnificus, Yersinia enterocolitica
② Yersinia enterocolitica, Vibrio parahaemoliticus
③ Yersinia pestis, Listeria monocytogenes
④ Listeria monocytogenes, Vibrio cholerae
⑤ Vibrio vulnificus, Bacillus cereus

해설 Vibrio vulnificus(비브리오 패혈증), Listeria monocytogenes(리스테리아증), Yersinia enterocolitica(여시니아 식중독)의 공통점은 패혈증 증상이다.

233 비브리오 불니피쿠스(Vibrio vulnificus)의 특징은? `2020.12`

① 그람양성균
② 호염성균
③ 내열성균
④ 아포형성균
⑤ 구 균

해설 비브리오 불니피쿠스(Vibrio vulnificus)
• 호염성 해수세균
• 그람음성, 간균, 무포자(무아포)

234 그람음성, 무포자간균, 통성혐기성균으로 유당을 분해하여 산과 가스를 생성하는 위생지표균은? `2020.12`

① Staphylococcus aureus
② Clostridium botulinum
③ Escherichia coli
④ Pseudomonas aeruginosa
⑤ Campylobacter jejuni

해설 Escherichia coli
그람음성, 무포자간균, 주모성 편모, 호기성 또는 통성혐기성, 유당을 이용하여 산과 가스를 생성하는 위생지표균이다.

235 냉동식품의 분변오염의 지표로 옳은 것은? `2017.12` `2021.12`

① Enterococcus   ② Escherichia coli

③ Staphylococcus   ④ Campylobacter

⑤ Salmonella

> **해설** 장구균(Enterococcus)은 그람양성 구균으로 냉동 시 사멸률이 대장균군보다 낮아 냉동식품의 오염지표균으로 삼는다.

236 도자기 공장, 인쇄소, 통조림 등에서 나오는 유해성 금속물질로 중독되면 빈혈, 시력장애 등의 증상이 나타나는 중금속으로 옳은 것은?

① 비 소   ② 수 은

③ 크 롬   ④ 카드뮴

⑤ 납

> **해설** 중금속
> - 납(Pb)
>   - 원인 : 통조림 땜납, 도자기 유약성분, 법랑제품 유약성분에서 검출, 산성식품을 담을 때 용출
>   - 증상 : 연연(잇몸에 녹흑색의 착색), 연산통, 복부의 산통, 구토, 설사, 사지마비, 빈혈, 중추신경장애, coproporphyrin이 요로 배설, 칼슘대사이상 등 일으킴
> - 크롬 : 비중격천공, 인후점막에 염증, 폐기종, 폐부종
> - 비소 : 흑피증
> - 카드뮴 : 이타이이타이병
> - 수은 : 미나마타병
> - 구리 : 효소작용을 저해, 간세포의 괴사 및 간에 색소침착

237 다음 중 PCB에 관한 설명으로 옳지 않은 것은?

① 전기 절연성이 높아 절연유, 열매체, 콘덴서 등의 제조에 사용된다.

② 수용성 특성으로 체내에 흡수가 용이하다.

③ DDT와 화학적으로 구조가 유사하다.

④ 생물 농축에 의해 축적된다.

⑤ 카네미유증 증세로 색소침착 등의 피부병이 있다.

> **해설** 폴리염화비페닐(PCB ; polychlorinated biphenyl 카네미유증)
> - 미강유 탈취공정에서 사용된 후 심각한 중독사건을 일으켰던 화합물로 매우 안정해 오랜 시간 동안 물, 토양 등에 잔류. 지용성으로 지방조직에 축적
> - 열매체, 접착제, 합성수지 등의 원료로 쓰이는 화합물
> - 중독 증상 : 위장장애, 근육마비, 신경장애, 피부발진, 발한, 털구멍의 검은 색소 침착, 가려움증, 관절통, 안면부종, 피부의 각질화, 손톱변색 등

238 다음 중 법랑 기구에 의해 용출로 이행되는 식중독 물질로 옳은 것은?

① Pb   ② Cu

③ Zn   ④ Sb

⑤ Cu

> **해설** Sb(안티몬)
> 코팅의 벗겨짐으로 인해 노출된 안티몬이 식품으로 이행되어 식중독을 일으키며 구토, 설사, 호흡곤란, 복통 등의 증상을 일으킨다.

239 통조림의 납땜과 김치독이나 설렁탕 등의 용기로 사용하는 옹기그릇으로부터 오염될 수 있는 유해금속은?

① 구 리   ② 아 연

③ 카드뮴   ④ 납

⑤ 비 소

> **해설** 납(Pb)
> • 원인 : 통조림 땜납, 도자기 유약성분, 법랑제품 유약성분에서 검출, 산성식품을 담을 때 용출된다.
> • 증상 : 연연(잇몸에 녹흑색의 착색), 연산통, 복부의 산통, 구토, 설사, 사지마비, 빈혈, 중추신경장애, coproporphyrin이 요로 배설, 칼슘대사 이상 등을 일으킨다.

240 쓰레기를 소각할 때 주로 발생하는 유독물질로 베트남 전쟁에서 고엽제로 쓰여 피부독성과 발암성이 문제되었던 물질은 무엇인가?

① 안티몬

② 유기수은제

③ 다이옥신

④ 카바메이트

⑤ 파라티온

> **해설** 다이옥신(dioxin)
> • 본래 자연에서 존재하지 않은 물질로 유기염소화합물을 소각하는 과정에서 발생하며 최기형성과 발암성을 나타내어 환경호르몬이라 한다.
> • 특징 : 화학구조 매우 안정, 상온에서 색이 없는 결정으로 존재, 물에 녹지 않고 지방에 잘 녹아 몸속의 지방조직에 축적된다.

238 ④   239 ④   240 ③   **정답**

241 도금한 산성식품 통조림통에서 용출되어 구토·복통·설사의 위장염 증상을 일으키는 중금속으로 허용기준량이 200ppm 이하인 것은?

① Sn   ② Cd
③ Pb   ④ Sb
⑤ Cr

> **해설** 주석(Sn)
> • 도금한 통조림통에 산성식품(과일 등) 보관 시 용출된다.
> • 고둥류의 성전환이 유발된다.
> • 위장염 증상(구토, 복통, 설사)이 나타난다.
> • 허용기준 : 통조림식품 100ppm 이하, 산성조리식품 200ppm 이하
> • 치사량 : 1,000ppm 이하

242 다음 감염병 중 세균성 병원체에 의한 것은?

① A형간염   ② 장티푸스
③ 이즈미열   ④ 급성회백수염
⑤ 아메바성 이질

> **해설** A형간염, 이즈미열, 급성회백수염의 병원체는 virus이며, 아메바성 이질의 병원체는 원충이다.

243 폐광 주변 지역에서 생산된 농산물을 장기간 섭취 후 온몸에 통증이 나타나고, 작은 충격에도 골절이 쉽게 되는 골연화증으로 진단을 받았다. 원인으로 의심되는 중금속은? `2021.12`

① 구 리   ② 카드뮴
③ 안티몬   ④ 크 롬
⑤ 납

> **해설** 카드뮴(Cd)
> • 축전지 공장, 아연, 제련공장 등의 폐수에 함유되어 있다.
> • 각종 식기 도금에서 용출되며, 특히 산성에서 잘 용출된다. 아연과 공존하여 용출 시에 위험성이 크다.
> • 이타이이타이(itaiitai)병, 만성중독 때는 허리통증, 보행불능, 골연화증, 뼈 연화, 단백뇨 등의 증상이 나타난다.

244 감미료류 중 phenylalanine과 aspartic acid의 두 가지의 결합으로 만들어진 것은?

① 사카린나트륨
② 아스파탐
③ 글리실리진산나트륨
④ D-소르비톨
⑤ 토코페롤

해설 아스파탐(aspartame)은 디펩타이드에스터인 합성감미료로 설탕의 340배의 감미를 가진다. 빵류·건과류와 이들의 제조용 믹스에는 0.5% 이하로 사용할 수 있고, 기타 식품은 자유로이 쓸 수 있다.

245 amine과 아질산염의 반응으로 생성되는 발암물질로 옳은 것은?

① 니트로소아민
② 헤테로사이클릭아민
③ 포름알데히드
④ 페릴라틴
⑤ 론갈리트

해설 ① 니트로소아민 : 아질산염과 2급 아민(식품 속)이 반응하여 생성되는 발암성 물질
② 헤테로사이클릭아민 : 식품 제조·조리 시 생성되는 유해물질
③ 포름알데히드 : 유해성 보존료
④ 페릴라틴 : 유해성 감미료
⑤ 론갈리트 : 유해성 표백제(발암성)

246 식품에 사용이 금지된 유해성 표백제는?

① 과산화수소
② 아황산나트륨
③ rongalite
④ dulcin
⑤ ρ-nitroaniline

해설 유해성 식품첨가제
• 유해성 감미료 : dulcin(설탕의 250배 감미, 혈액독, 간장장애), cyclamate(설탕의 40~50배 감미, 발암성), ρ-nitro-o-toluidine (설탕의 200배 감미, 위통, 식욕부진, 메스꺼움, 권태), perillartine(설탕의 2,000배 감미, 신장염)
• 유해성 착색료 : auramine, rhodamine B, ρ-nitroaniline
• 유해성 보존료 : 붕산, formaldehyde, β-naphtol
• 유해성 표백제 : rongalite, 삼염화질소(NCl_3)

247 다음 중 허용이 금지된 착색제가 아닌 것은?

① 파라니트로아니린(ρ-nitroaniline)

② 인디고카민(indigo carmine)

③ 아우라민(auramine)

④ 로다민(rhodamine)

⑤ 메틸 바이올렛(methyl violet)

해설 ② 인디고카민은 식용색소 청색 2호를 말한다.
① 파라니트로아니린(ρ-nitroaniline) : 황색의 결정성 분말로 혈액독·신경독 등의 증세가 있어 사용금지이다(대부분의 유해 착색제는 발암성과 장에 대한 만성질환 등의 문제).
③ 아우라민(auramine) : 엷은 녹색을 띤 황색의 염기성 색소로 독성이 강해 사용금지이다.
④ 로다민(rhodamine) : 핑크빛의 색소로 과자·어묵 등의 착색에 사용되었으나 전신착색, 색소뇨 등의 증세로 사용금지이다.
⑤ 메틸 바이올렛(methyl violet) : 염기성 보라색 색소로 팥앙금 등에 사용되었으며 만성섭취 시 발암을 유발하여 사용금지이다.

248 발암성 물질로 햄·소시지 등의 제조 시 아질산염과 2급아민이 반응하여 생성되는 것은?

① nitroso 화합물

② 메탄올

③ 다환 방향족 탄화수소

④ hydroperoxide류

⑤ 삼염화질소

해설 nitroso 화합물은 햄·소시지 등 제조 시 발색제로 사용되며, 아질산염과 식품 중의 2급아민이 반응하여 생성되며 체내의 위에서 생성되기도 하는 발암성 물질이다.

249 수돗물의 염소 소독 시 유기물과 염소의 반응에 의해 생성되는 발암물질은 무엇인가?

① DDT ② benzopyrene

③ THM ④ auramine

⑤ PCB

해설 Trihalomethane(THM)은 발암성 유해물질로 수돗물 소독 시 생성된다.

250 다음 중 차아염소산나트륨의 사용 용도로 옳은 것은?

① 밀가루의 표백
② 식기 등의 소독
③ 과실의 피막제
④ 육류의 발색제
⑤ 치즈, 버터 등의 보존제

해설　① 과산화벤조오일 사용
　　　　③ 몰포린지방산염 사용
　　　　④ 아질산나트륨 사용
　　　　⑤ 디히드로초산 사용

251 염소계 살균소독제이면서 표백과 탈취의 목적으로도 사용되는 것은?

① 역성비누
② 차아염소산나트륨
③ 크레졸
④ 승 홍
⑤ 과산화수소

해설　**차아염소산나트륨**(Sodium Hypochlorite)
　　　　수산화나트륨 용액 등에 염소가스를 이용해 만든 염소계 살균소독제로, 과채류·용기·식기 등에 이용되며, 표백과 탈취의 목적으로도 사용된다.

252 다음 중 가짜 양주·과실주·정제가 불충분한 증류주를 마셨을 때 두통·현기증을 일으키며 심하면 실명·사망에 이르게 하는 유해물로 옳은 것은?

① 에틸렌글리콜
② 다환 방향족 탄화수소
③ 니트로소 화합물
④ 아우라민
⑤ 메탄올

해설　• 에틸렌글리콜은 단맛이 나는 유해성 감미료로 자동차 엔진의 냉각수 부동액으로 사용된다.
　　　　• 다환 방향족 탄화수소(PAH)는 석탄, 석유, 쓰레기 소각 등 불완전한 연소로 생성되는 발암성 물질이다.

250 ②　251 ②　252 ⑤　**정답**

253 다음 중 식품첨가물에 관한 설명으로 틀린 것은?

① 허가받은 화학적 합성품만 사용할 수 있다.
② 식품첨가물은 일반적으로 크게 화학적 합성품과 천연물로 나눈다.
③ 식품첨가물 공전의 사용기준은 식품의 종류·사용량·사용방법 등을 한정하기 위함이다.
④ 식품첨가물의 화학적 합성품 심사에서 가장 중점을 두는 사항은 영양가이다.
⑤ 비영양물질인 식품첨가물은 필요에 따라 최소량을 사용하는 것이 바람직하다.

해설　화학적 합성품을 심사할 때 인체에 대한 안전성에 중점을 두어 충분한 검토를 해야 한다.

254 보존료에 대한 설명으로 옳지 않은 것은?

① 보존료의 효과는 pH에 의해 크게 변하는 것이 많고, pH가 낮을수록 작아진다.
② 산성보존료는 용액 중에서 일정한 비율로 해리되어 비해리분자와 해리분자로 존재한다.
③ 용액의 수소이온 농도가 증가하면 비해리분자의 증가로 효과가 증대된다.
④ 보존료의 사용에 있어서는 그 작용에 효과적인 pH의 조정과 가열살균·냉장·냉동을 동시에 실시하는 것이
　바람직하다.
⑤ 지정된 보존료일지라도 가능한 한 적게 사용해야 한다.

해설　현재 허용되어 있는 대부분의 보조제들은 산성보존제이며, 산성보존제들은 낮은 pH(산성)에서 해리 정도가 낮아 전하를 적게
　　　보유하므로 균체 세포로의 침투가 더 잘 일어난다.

255 물과 기름처럼 서로 혼합이 잘되지 않는 두 종류의 액체를 분리되지 않도록 해주는 기능의 식품첨가물은?

① 용 제　　　　　　　　　　　　② 소포제
③ 호 료　　　　　　　　　　　　④ 유화제
⑤ 추출제

해설　유화제(emulsifier)란 서로 섞이지 않는 두 개의 액체를 안정한 에멀전으로 만드는 물질이다.

256 다음 감미료 중 사용기준의 제한이 없는 것은?

① 자일리톨　　　　　　　　　　② 글리실리진산나트륨
③ 둘 신　　　　　　　　　　　　④ 글리신
⑤ 사카린나트륨

해설　D-소르비톨, 아스파탐, 자일리톨, 이소말트 등은 사용기준의 제한이 없다.

257 진균독증에 대한 설명으로 거리가 먼 것은?

① 대부분 곡류가 원인식품이다.
② 감염성이 없다.
③ 곰팡이의 대사산물에 의한 급성 또는 만성의 질병을 의미한다.
④ 항생물질로 치료할 수 있다.
⑤ 계절적 특색을 많이 나타낸다.

> **해설** 진균독증(Mycotoxin)
> • 경구적으로 섭취하여 급·만성 건강장애를 일으킨다.
> • 쌀·땅콩 등 곡류 특정식품의 섭취와 관련이 있다.
> • 동물에서 동물로, 사람에서 사람으로 이행되지 않는다.
> • 봄·여름은 Aspergillus속과 Penicillum속, 겨울은 Fusarium속으로 계절적 관계가 있다.
> • 발병된 동물에게는 항생물질·약제요법을 해도 질병의 경과에 큰 효과가 없다.

258 덜 익은 매실의 유독성분은? `2021.12`

① 콜 린
③ 무스카린
⑤ 솔라닌
② 아코니틴
④ 아미그달린

> **해설** 식품과 관련된 자연독
> • 바지락·모시조개·굴 : 베네루핀(venerupin)
> • 섭조개·홍합·대합조개 : 삭시톡신(saxitoxin)
> • 독버섯 : 무스카린(muscarine)
> • 감자싹 : 솔라닌(solanine)
> • 부패된 감자 : 셉신(sepsin)
> • 오두 : 아코니틴(aconitine)
> • 벌꿀 : 안드로메도톡신(andromedotoxin)
> • 면실유 : 고시폴(gossypol)
> • 미숙한 청매 : 아미그달린(amygdalin, 청산배당체)
> • 수수 : 둘린(dhurrin)
> • 독미나리 : 시쿠톡신(cicutoxin)

259 다음 중 식품과 식중독의 관계로 틀린 것은?

① 바지락 – venerupin
③ 감자 – solanine
⑤ 면실유 – muscarine
② 땅콩 – aflatoxin
④ 청매 – amygdalin

> **해설** 면실유의 식중독 물질은 고시폴(gossypol)이다.

260 독성분에 대한 설명으로 옳지 않은 것은?

① 브로콜리, 양배추 등의 십자화과 식물은 isothiocyanate를 다량 함유하고 있어 과잉 섭취하게 되면 갑상선 비대증을 나타낼 수 있다.

② solanine은 싹에 함유되어 있고 cholinesterase 작용을 억제하고 용혈을 일으키는 수용성의 알칼로이드 배당체이다.

③ gossypol은 면실유의 독소성분이며 ricin은 피마자의 독성물질이다.

④ 시안배당체를 함유한 식물로 살구씨, 복숭아씨, 수수, 라마콩, 미숙한 매실 등이 있다.

⑤ 벌꿀과 관련 있는 독성분은 muscarine이다.

해설 벌꿀의 독성분은 andromedotoxin이다.

261 다음 중 감자에서 생성될 수 있는 독성물질로 옳은 것은?

① gossypol
② solanine
③ phalloidin
④ amygdalin
⑤ dhurrin

해설 solanine은 싹에 함유되어 있고 cholinesterase 작용을 억제하고 용혈을 일으키는 수용성의 알칼로이드 배당체이다.

262 곡류의 저장 중 내건성 곰팡이의 피해를 방지하기 위한 적절한 Aw는?

① 0.95 이하
② 0.90 이하
③ 0.88 이하
④ 0.80 이하
⑤ 0.65 이하

해설 수분활성도
• 세균 : 0.90~0.94
• 효모 : 0.88
• 곰팡이 : 0.80
• 내건성 곰팡이 : 0.65
• 내삼투압성 곰팡이 : 0.60

263 아플라톡신에 대한 설명으로 옳은 것은? 2021.12

① 탄수화물이 풍부한 곡류가 주 오염원이다.
② 수분활성도를 높이면 생성을 멈출 수 있다.
③ 85℃에서 10분간 가열하면 분해된다.
④ 아플라톡신 G_2가 가장 독성이 강하다.
⑤ Penicillium속 곰팡이가 생성하는 독소이다.

> **해설** Aflatoxin
> • Aspergillus flavus, Aspergillus parasiticus에 의하여 생성되는 형광성 물질로 간암을 유발하는 발암물질이다.
> • 기질수분 16% 이상, 상대습도 80% 이상, 온도 25~30℃인 봄~여름 또는 열대지방 환경의 전분질 곡류에서 aflatoxin이 잘 생성된다.
> • 열에 안정해서 270~280℃ 이상 가열 시에 분해된다.
> • $B_1 > M_1 > G_1 > M_2 > B_2 > G_2$ 순으로 독성이 강하다.

264 독성물질인 베네루핀을 함유한 식품은? 2021.12

① 모시조개　　　　　　　　　② 고사리
③ 꽃무릇　　　　　　　　　　④ 피마자
⑤ 광대버섯

> **해설** 베네루핀(venerupin)
> 모시조개, 바지락, 굴, 고둥 등에 존재하는 독소로, pH 5~8, 100℃ 1시간에도 파괴되지 않는다. 간장비대·황달, 출혈반점, 복통, 구토, 의식장해 등이 나타나며 치사율은 50% 정도로 높은 편이다.

265 살균하지 않은 우유 섭취 후 감염될 수 있는 인수공통감염병은? 2021.12

① 결 핵　　　　　　　　　　② 야토병
③ 비 저　　　　　　　　　　④ 돈단독
⑤ 탄 저

> **해설** 결 핵
> 병원체인 Mycobacterium tuberculosis에 감염되어 결핵을 일으킨다. 특히 살균이 되지 않은 우유를 통해서 사람에게 쉽게 감염되고, 오염된 식육을 통해서도 감염된다. 결핵균은 저온살균으로 사멸되므로 우유의 살균을 철저히 한다.

266 인수공통감염병으로 바르게 묶인 것이 아닌 것은?

① 돈단독증, Q열
② 야토병, 리스테리아증
③ 탄저, 요네병
④ 결핵, 파상열
⑤ 렙토스피라증, 톡소플라즈마

> **해설** ③ 요네병은 소, 양, 산양 등에게 만성 장염을 일으키는 전염병이다.
> **인수공통감염병**
> 탄저(Anthrax), 파상열(Brucellosis), 야토병(Tularemia), 결핵(Tuberculosis), Q열, 돈단독증, 리스테리아증, 렙토스피라증(Leptospira), 톡소플라즈마(Toxoplasmosis) 등

267 간디스토마의 제1중간숙주와 제2중간숙주가 바르게 연결된 것은?

① 다슬기 – 가재
② 물벼룩 – 연어
③ 물벼룩 – 민물고기
④ 크릴새우 – 고등어
⑤ 왜우렁이 – 참붕어

> **해설** 간디스토마(간흡충)
> 제1중간숙주 – 왜우렁이, 제2중간숙주 – 담수어(참붕어, 잉어)

268 조리가 충분하지 않은 햄버거의 섭취로 발생했던 사례가 있으며 발열을 동반하지 않는 verotoxin을 생산하는 감염병으로 옳은 것은?

① 장출혈성대장균감염증 ② 비 저
③ 톡소플라즈마 ④ 공수병
⑤ 탄 저

> **해설** 장출혈성대장균은 대장균 O157로 알려져 있다. 전파경로는 분변에 오염된 물, 쇠고기, 우유, 채소 등의 섭취로 감염되며, 고령자와 유아에게 많이 발생한다.

269 탄저균에 대한 설명으로 옳은 것은?

① 원인균은 Baillus anthracis이며 가축전염병이다.
② 그람음성의 유포자를 형성하며 내열성이 있는 것이 특징이다.
③ 포자 흡입(폐탄저), 수육의 섭취(장탄저), 경피감염(피부탄저)에 의해 발병된다.
④ 예방은 가축의 예방접종뿐이다.
⑤ 항생물질에 의한 치료가 되지 않는다.

> **해설** 탄저균
> • 원인균 : Baillus anthracis이며 인수공통감염병이다.
> • 특징 : 그람양성의 유포자를 형성하고, 내열성이다.
> • 감염경로 : 포자 흡입(폐탄저), 수육의 섭취(장탄저), 경피감염(피부탄저)이다.
> • 예방 : 이환동물 사체의 철저한 소독(소각, 고압증기 등)과 가축의 예방접종, 그리고 가축 사육 농부의 피부로 감염이 이루어지므로 취급 시 주의한다.
> • 치료 : 페니실린 등의 항생물질을 사용하여 치료한다.

270 다음 중 기생충과 중간숙주와의 연결이 옳은 것은?

① 간디스토마 : 왜우렁이·다슬기 → 담수 및 반담수어(연어·농어)
② 폐흡충 : 물벼룩 → 잉어·붕어
③ 요코가와흡충 : 다슬기 → 은어·잉어·붕어
④ 유극악구충 : 다슬기 → 뱀장어·가물치·미꾸라지·도루묵·조류
⑤ 광절열두조충 : 물벼룩 → 게·가재

> **해설** 기생충과 중간숙주
> • 간디스토마 : 왜우렁이·다슬기 → 잉어·붕어
> • 폐흡충 : 다슬기 → 게·가재
> • 광절열두조충 : 물벼룩 → 담수 및 반담수어(연어·농어)
> • 만손열두조충 : 물벼룩 → 담수어·조류·포유류(개, 고양이 제외)
> • 아니사키스 : 갑각류(크릴새우) → 해산어류(오징어·가다랭이·대구·청어 등)
> • 요코가와흡충 : 다슬기 → 은어·잉어·붕어
> • 유극악구충 : 물벼룩 → 뱀장어·가물치·미꾸라지·도루묵·조류

271 다음 중 경구감염병의 특징으로 옳지 않은 것은?

① 잠복기간이 길다.

② 2차 감염이 잘된다.

③ 미량의 균에 감염되어도 발병한다.

④ 예방접종의 효과가 있다.

⑤ 경구감염병은 환자의 접촉에 의해서 감염된다.

> **해설** 경구감염병은 보균자에게서 배출된 병원균이 토양 등을 숙주로 자연계에 존재하다가 음식물 등을 매개체로 전염된다. 대부분 면역성이 있으나 전염을 예방하기에는 어렵고 병원균의 독력이 강하다.

272 어패류 식중독에 관한 설명으로 옳은 것은?

① 유독성분은 지용성이며 열에 약해 가열하면 제거된다.

② 조개가 식중독 균에 감염된 해수에 의해 독성이 체내에 축적된다.

③ saxitoxin의 치사율은 50%이다.

④ venerupin은 마비, 호흡 곤란 등의 신경마비성 패독소이다.

⑤ 조개류의 중독성 물질은 중장선이나 흡배수공에 축적된다.

> **해설**

삭시톡신(saxitoxin)	베네루핀(venerupin)
• 수온이 16℃가 되는 2~6월 시기에 발생 • 유독 플랑크톤 섭취·축적하여 독을 함유	
• 섭조개, 홍합, 대합조개, 굴 등 • 열에 안정 • 신경마비성 패독소(염기성, 복어독과 비슷) • 유독시기 5~9월	• 조개류 모시조개, 바지락, 굴, 고둥 등 • 열에 안정(pH 5~8, 100℃ 1시간에도 파괴 안 됨) • 물·메탄올에 잘 녹음(에테르, 에탄올에 녹지 않음) • 간독소 • 유독시기 2~4월
• 혀·입술의 마비, 호흡 곤란, 침흘림, 구토, 복통 • 치사율 10%	• 간장비대·황달 등 간기능 저하 • 출혈반점, 복통, 구토, 의식장해 • 치사율 50%
• 조개독 발생예보 발표 후 섭취 금지 • 수용성 특성상 끓임 등 가공과정 중 다른 부분으로 이행 가능성 높아 주의 필요 • 중장선에 축적된 독성 물질 제거	

273 유구조충에 관련된 설명으로 옳은 것은?

① 민촌충이라고 하며 갈고리가 없다.
② 감염증상은 장폐색증, 빈혈, 설사 등이 있다.
③ 근육, 피하조직·안구·중추신경계를 침범하여 소화불량, 오심, 설사, 중추신경 장애를 일으킨다.
④ 배변 시 편절에 의해 항문 주위에 불쾌감을 준다.
⑤ 사람에게 감염되면 성충으로 자라지는 못하고 피부종양을 일으킨다.

해설   ①·②·④ 무구조충, ⑤ 유극악구충에 대한 설명이다.

274 다음 중 곤충과 매개 질병으로 바르게 설명된 것은?

① 쥐 – 렙토스피라증, 유행성출혈열
② 바퀴 – 장티푸스, 결핵, 콜레라
③ 이 – 참호열, 재귀열, 발진열
④ 벼룩 – 페스트, 발진티푸스
⑤ 진드기 – 재귀열, 장티푸스

해설   ② 바퀴 : 장티푸스, 결핵, 살모넬라
③ 이 : 참호열, 재귀열, 발진티푸스
④ 벼룩 : 페스트, 발진열
⑤ 진드기 : 진드기 뇌염, Q열, 록키산홍반열, 양충병

275 작업 위생관리 중 교차오염 방지를 위한 방법으로 틀린 것은?

① 고무장갑은 전처리 및 세척, 조리, 청소용으로 구분하여 사용한다.
② 식품취급 등의 작업은 바닥에서부터 30cm 이상에서 실시하며 바닥의 오염된 물이 튀어 들어가지 않도록 주의한다.
③ 싱크대 구분 사용이 어려울 경우 채소류 → 육류 → 어류 순의 각 작업 변경마다 반드시 소독 후 사용한다.
④ 조리가 완료된 식품과 세척된 용기 등은 타 공정품·용기 등과 접촉하여 오염되지 않도록 관리한다.
⑤ 조리되지 않은 생식품과 조리된 식품은 냉장고에 분리하여 저장한다.

해설   식품취급 등의 작업은 바닥에서부터 60cm 이상에서 실시해야 한다.

276 집단급식소에서 준수해야 할 사항으로 옳은 것은?

① 검수대, 선별작업대 등의 육안확인 구역의 조도는 200Lux 이상이며 검수·선별 위치 외의 조리장에서는 바닥으로부터 60cm되는 곳에서 측정한다.

② 금속재 기구류의 세척 및 소독은 60℃ 이상에서 30초 이상 열탕소독 해야 한다.

③ 식기의 세척은 식기세척제를 이용하되 식판 표면온도가 71℃ 이상 되도록 관리해야 한다.

④ 가열조리가 끝난 식품을 냉각하려면 1시간 이내에 5℃ 이하의 온도로 낮춰야 한다.

⑤ HACCP 관련 기록은 최소 1년 이상 보관한다.

> **해설** 집단급식소 준수사항
> • 조도 : 검수대·선별작업대 등의 육안확인 구역의 조도는 540Lux 이상이며 검수·선별위치 외의 조리장에서는 바닥으로부터 80cm되는 곳에서 측정한다.
> • 식기의 세척 온도 : 식기세척제를 이용하되 식판 표면온도가 71℃ 이상 되도록 관리한다.
> • 금속재 기구류의 세척 : 77℃ 이상에서 30초 이상 열탕소독한다.
> • 냉각 온도 : 가열조리가 끝난 식품은 4시간 이내에 10℃ 이하의 온도로 낮춰야 한다.
> • HACCP 관련 기록의 보관 기간 : 최소 2년 이상 보관한다.

277 HACCP 제도의 7원칙 중 원칙 3단계로 옳은 것은?

① 위해요소분석   ② 중요관리점 결정
③ CCP 한계기준 설정   ④ CCP 모니터링 체계 확립
⑤ 개선조치방법 수립

> **해설** HACCP 7원칙
> 위해요소분석 → 중요관리점(CCP) 결정 → CCP 한계기준 설정 → CCP 모니터링 체계 확립 → 개선조치방법 수립 → 검증절차 및 방법 수립 → 문서화, 기록유지방법 설정

278 다음 중 설명하는 식품안전관리인증기준으로 옳은 것은? 2017.02

> 중요관리점에 설정된 한계기준을 적절히 관리하고 있는지 여부를 확인하기 위하여 수행하는 일련의 계획된 관찰이나 측정하는 행위 등이다.

① 적정제조기준   ② 위해 분석
③ 중요관리점   ④ 모니터링
⑤ 개선조치

279 HACCP 7원칙을 적용하기 위한 사전단계에 속하는 것은? 2021.12

① 개선조치방법 수립
② HACCP팀 구성
③ 기록유지 방법 설정
④ 중요관리점(CCP) 결정
⑤ 위해요소 분석

> 해설 HACCP 준비단계
> HACCP팀 구성 → 제품설명서 작성 → 용도 확인 → 공정흐름도 작성 → 공정흐름도 현장확인

280 식재료 검수 시 배송온도에 문제가 생겨 반품하게 될 때 HACCP에서 취하는 원칙으로 옳은 것은? 2017.02

① 위해요소분석
② 개선조치 방법
③ 한계기준 설정
④ 검증절차 및 방법 수립
⑤ 모니터링

> 해설 개선조치(corrective action)란 모니터링 결과 중요관리점의 한계기준을 이탈할 경우에 취하는 일련의 조치이다.

281 HACCP 적용업소에서 관리하는 모든 기록은 특별히 규정된 것을 제외하고 최소 얼마간 보관해야 하는가? 2020.12

① 3개월
② 6개월
③ 1년
④ 2년
⑤ 3년

> 해설 HACCP 적용업소는 관계 법령에 특별히 규정된 것을 제외하고는 관리되는 사항에 대한 기록을 2년간 보관하여야 한다.

282 「식품위생법」상 기구에 해당하는 것은? 2020.12

① 도 마
② 위생물수건
③ 일회용 행주
④ 헹굼보조제
⑤ 종이냅킨

> 해설 기구(법 제2조 제4호)
> 다음의 어느 하나에 해당하는 것으로서 식품 또는 식품첨가물에 직접 닿는 기계·기구나 그 밖의 물건(농업과 수산업에서 식품을 채취하는 데에 쓰는 기계·기구나 그 밖의 물건 및 위생용품은 제외)을 말한다.
> • 음식을 먹을 때 사용하거나 담는 것
> • 식품 또는 식품첨가물을 채취·제조·가공·조리·저장·소분(완제품을 나누어 유통을 목적으로 재포장하는 것)·운반·진열할 때 사용하는 것

279 ② 280 ② 281 ④ 282 ① 정답

283 「식품위생법」상 집단급식소는 1회 몇 명 이상에게 식사를 제공하는 급식소를 뜻하는가?

① 10명 　　　　　　　　　　　② 20명
③ 30명 　　　　　　　　　　　④ 40명
⑤ 50명

> **해설**　집단급식소는 1회 50명 이상에게 식사를 제공하는 급식소를 말한다(시행령 제2조).

284 「식품위생법」상 용어에 대한 정의로 옳지 않은 것은?

① '식품'이란 의약으로 섭취하는 것을 포함한 모든 음식물을 말한다.
② '식중독'이란 식품 섭취로 인하여 인체에 유해한 미생물 또는 유독물질에 의하여 발생하였거나 발생한 것으로 판단되는 감염성 질환 또는 독소형 질환을 말한다.
③ '용기 · 포장'이란 식품 또는 식품첨가물을 넣거나 싸는 것으로서 식품 또는 식품첨가물을 주고받을 때 함께 건네는 물품을 말한다.
④ '위해'란 식품, 식품첨가물, 기구 또는 용기 · 포장에 존재하는 위험요소로서 인체의 건강을 해치거나 해칠 우려가 있는 것을 말한다.
⑤ '화학적 합성품'이란 화학적 수단으로 원소 또는 화합물에 분해 반응 외의 화학 반응을 일으켜서 얻은 물질을 말한다.

> **해설**　① "식품"이란 모든 음식물(의약으로 섭취하는 것은 제외)을 말한다(법 제2조 제1호).

285 「식품위생법」상 수출할 식품의 기준과 규격은 어디에 따르는가?

① 외교부의 수출 식품의 기준과 규격
② 한국식품의약품안전처의 식품공전
③ 미FDA의 기준과 규격
④ 농림축산식품부의 기준과 규격
⑤ 수입자가 요구하는 기준과 규격

> **해설**　수출할 식품 또는 식품첨가물의 기준과 규격은 수입자가 요구하는 기준과 규격을 따를 수 있다(법 제7조 제3항).

286 「식품위생법」상 식품의약품안전처장은 식품 등의 기준·규격 관리 기본계획을 몇 년마다 수립·추진할 수 있는가?

① 1년   ② 2년
③ 3년   ④ 4년
⑤ 5년

> **해설** 식품의약품안전처장은 관계 중앙행정기관의 장과의 협의 및 심의위원회의 심의를 거쳐 식품 등의 기준 및 규격 관리 기본계획을 5년마다 수립·추진할 수 있다(법 제7조의4 제1항).

287 「식품위생법」상 국민보건에 필요할 경우 판매·영업에 사용하는 기구·포장·용기에 관한 기준과 규격을 고시하는 자는?

① 보건복지부장관   ② 식품의약품안전처장
③ 식품안전관리인증원장   ④ 질병관리청장
⑤ 보건환경연구원장

> **해설** 식품의약품안전처장은 국민보건을 위하여 필요한 경우에는 판매하거나 영업에 사용하는 기구 및 용기·포장에 관하여 사항을 정하여 고시한다(법 제9조 제1항).

288 「식품위생법」상 식품위생감시원의 직무가 아닌 것은?

① 식품조리법에 대한 기술지도
② 시설기준의 적합 여부의 확인·검사
③ 식품 등의 압류·폐기 등
④ 행정처분의 이행 여부 확인
⑤ 영업자 및 종업원의 건강진단 및 위생교육의 이행 여부의 확인·지도

> **해설** 식품위생감시원의 직무(시행령 제17조)
> - 식품 등의 위생적인 취급에 관한 기준의 이행 지도
> - 수입·판매 또는 사용 등이 금지된 식품 등의 취급 여부에 관한 단속
> - 식품 등의 표시·광고에 관한 법률에 따른 표시 또는 광고기준의 위반 여부에 관한 단속
> - 출입·검사 및 검사에 필요한 식품등의 수거
> - 시설기준의 적합 여부의 확인·검사
> - 영업자 및 종업원의 건강진단 및 위생교육의 이행 여부의 확인·지도
> - 조리사 및 영양사의 법령 준수사항 이행 여부의 확인·지도
> - 행정처분의 이행 여부 확인
> - 식품 등의 압류·폐기 등
> - 영업소의 폐쇄를 위한 간판 제거 등의 조치
> - 그 밖에 영업자의 법령 이행 여부에 관한 확인·지도

289 「식품위생법」상 특별자치시장·특별자치도지사 또는 시장·군수·구청장에게 영업허가를 받아야 하는 업종은?

① 식품조사처리업
② 즉석판매제조업
③ 단란주점영업
④ 위탁급식영업
⑤ 일반음식점영업

> **해설** 허가를 받아야 하는 영업·허가관청(시행령 제23조)
> • 식품조사처리업 : 식품의약품안전처장
> • 단란주점영업과 유흥주점영업 : 특별자치시장·특별자치도지사 또는 시장·군수·구청장

290 「식품위생법」상 식품조사처리업의 허가권자는?

① 원자력안전위원장
② 식품의약품안전처장
③ 농림축산식품부장관
④ 시·도지사
⑤ 보건복지부장관

> **해설** 허가를 받아야 하는 영업·허가관청(시행령 제23조)
> • 식품조사처리업 : 식품의약품안전처장
> • 단란주점영업과 유흥주점영업 : 특별자치시장·특별자치도지사 또는 시장·군수·구청장

291 「식품위생법」상 집단급식소의 설치·운영하려는 자는 누구에게 신고해야 하는가?

① 식품의약품안전처장
② 시·도지사
③ 시장·군수·구청장
④ 보건소장
⑤ 보건복지부장관

> **해설** 영업신고를 하여야 하는 업종(시행령 제25조 제1항)
> 특별자치시장·특별자치도지사 또는 시장·군수·구청장에게 신고를 하여야 하는 영업은 다음과 같다.
> • 즉석판매제조·가공업
> • 식품운반업
> • 식품소분·판매업
> • 식품냉동·냉장업
> • 용기·포장류제조업(자신의 제품을 포장하기 위해 제조하는 경우 제외)
> • 휴게음식점영업, 일반음식점영업, 위탁급식영업 및 제과점영업

292 「식품위생법」상 건강진단 결과 영업에 종사할 수 있는 사람은?

① 비감염성의 결핵 질환자
② 장티푸스 감염자
③ 화농성 질환자
④ 콜레라 환자
⑤ A형간염 환자

해설 영업에 종사하지 못하는 질병의 종류(시행규칙 제50조)
- 결핵(비감염성인 경우 제외)
- 콜레라, 장티푸스, 파라티푸스, 세균성이질, 장출혈성대장균감염증, A형간염
- 피부병 또는 그 밖의 고름형성(화농성) 질환
- 후천성면역결핍증(성매개감염병에 관한 건강진단을 받아야 하는 영업에 종사하는 사람만 해당)

293 「식품위생법」상 식품의 조리에 직접 종사하는 영업자 및 종업원은 건강진단을 받아야 한다. (   ) 안에 들어갈 내용으로 옳은 것은? 2020.12

> 건강진단을 받아야 하는 사람은 직전 건강진단 검진을 받은 날을 기준으로 (   )마다 1회 이상 건강진단을 받아야 한다.

① 매 3개월
② 매 6개월
③ 매 1년
④ 매 2년
⑤ 매 3년

해설 건강진단을 받아야 하는 사람은 직전 건강진단 검진을 받은 날을 기준으로 매 1년마다 1회 이상 건강진단을 받아야 한다(식품위생분야 종사자의 건강진단 규칙 제2조 제2항).

294 「식품위생법」상 집단급식소 종사자가 받아야 할 식품위생교육 내용으로 옳지 않은 것은?

① 식품위생 교육
② 개인위생 교육
③ 식품위생시책 교육
④ 식품의 품질관리 교육
⑤ HACCP 인증 준비 교육

해설 식품위생교육 및 위생관리책임자에 대한 교육의 내용은 식품위생, 개인위생, 식품위생시책, 식품의 품질관리 등으로 한다(시행규칙 제51조 제2항).

295 「식품위생법」상 식품접객업을 하려는 경우 식품위생교육을 받지 않아도 되는 경우는?

① 식품위생관리사
② 한의사 면허 소지자
③ 간호조무사 자격증 소지자
④ 의사 면허 소지자
⑤ 위생사 면허 소지자

해설 　조리사 면허, 영양사 면허, 위생사 면허를 받은 자가 식품접객업을 하려는 경우에는 식품위생교육을 받지 아니하여도 된다(법 제41조 제4항).

296 「식품위생법」상 집단급식소를 설치·운영하려고 교육을 받는 자와 시설의 유지·관리 등 급식을 위생적으로 관리하기 위해 교육을 받는 자의 교육시간은?

① 8시간, 4시간
② 8시간, 2시간
③ 6시간, 3시간
④ 6시간, 2시간
⑤ 4시간, 2시간

해설 　교육시간(시행규칙 제52조)
• 영업자와 종업원이 받아야 하는 식품위생교육 시간은 다음과 같다.
  - 식품제조·가공업, 즉석판매제조·가공업, 식품첨가물제조업. 식품운반업. 식품소분·판매업(식용얼음판매업자, 식품자동판매기영업자는 제외), 식품보존업, 용기·포장류제조업, 식품접객업, 공유주방 운영업 : 3시간
  - 유흥주점영업의 유흥종사자 : 2시간
  - 집단급식소를 설치·운영하는 자 : 3시간
• 영업을 하려는 자가 받아야 하는 식품위생교육 시간은 다음과 같다.
  - 식품제조·가공업, 즉석판매제조·가공업, 식품첨가물제조업, 공유주방 운영업 : 8시간
  - 식품운반업, 식품소분·판매업, 식품보존업, 용기·포장류제조업 : 4시간
  - 식품접객업(휴게음식점영업, 일반음식점영업, 단란주점영업, 유흥주점영업, 위탁급식영업, 제과점영업) : 6시간
  - 집단급식소를 설치·운영하려는 자 : 6시간

297 「식품위생법」상 영업질서와 선량한 풍속을 유지하기 위해 식품접객영업자와 그 종업원에 대해 영업시간·행위를 제한할 수 있는 자는?

① 식품의약품안전처장
② 경찰서장
③ 보건복지부장관
④ 특별자치시장
⑤ 보건환경연구원장

해설 영업 제한(법 제43조 제1항)
특별자치시장·특별자치도지사·시장·군수·구청장은 영업 질서와 선량한 풍속을 유지하는 데에 필요한 경우에는 영업자 중 식품접객영업자와 그 종업원에 대하여 영업시간 및 영업행위를 제한할 수 있다.

298 「식품위생법」상 선량한 풍속을 방해하고 영업질서를 지키지 않은 영업소에 대해서 특별자치시가 영업을 제한할 수 있는 시간은?

① 1일 4시간 이내
② 1일 8시간 이내
③ 2일 15시간 이내
④ 3일 20시간 이내
⑤ 1주일간

해설 영업 제한 등(시행령 제28조)
특별자치시·특별자치도·시·군·구의 조례로 영업을 제한하는 경우 영업시간의 제한은 1일당 8시간 이내로 하여야 한다.

299 「식품위생법」상 식품안전관리인증기준 적용업소 종업원의 신규 교육훈련 시간은?

① 2시간 이내
② 4시간 이내
③ 6시간 이내
④ 8시간 이내
⑤ 16시간 이내

해설 식품안전관리인증기준적용업소의 영업자 및 종업원에 대한 교육훈련(시행규칙 제64조 제3항)
• 신규 교육훈련 : 영업자의 경우 2시간 이내, 종업원의 경우 16시간 이내
• 정기교육훈련 : 4시간 이내
• 식품의약품안전처장이 식품위해사고의 발생·확산이 우려되어 영업자 및 종업원에게 명하는 교육훈련 : 8시간 이내

300 「식품위생법」상 조리사 면허를 받을 수 있는 자로 옳은 것은?

① 정신질환자
② 감염병환자
③ B형간염환자
④ 마약 중독자
⑤ 조리사 면허의 취소처분을 받고 그 취소된 날부터 1년이 지나지 아니한 자

> **해설** 결격사유(법 제54조)
> 다음의 어느 하나에 해당하는 자는 조리사 면허를 받을 수 없다.
> • 정신질환자. 다만, 전문의가 조리사로서 적합하다고 인정하는 자는 그러하지 아니하다.
> • 감염병환자. B형간염환자는 제외한다.
> • 마약이나 그 밖의 약물 중독자
> • 조리사 면허의 취소처분을 받고 그 취소된 날부터 1년이 지나지 아니한 자

301 「식품위생법」상 식품위생 수준 및 자질의 향상을 위해 필요한 경우 조리사와 영양사에게 교육받을 것을 명할 수 있는 자는? 2018.12

① 보건복지부장관
② 교육청장
③ 식품안전정보원장
④ 식품의약품안전처장
⑤ 보건환경연구원장

> **해설** 교육(법 제56조 제1항)
> 식품의약품안전처장은 식품위생 수준 및 자질의 향상을 위하여 필요한 경우 조리사와 영양사에게 교육(조리사의 경우 보수교육을 포함)을 받을 것을 명할 수 있다. 다만, 집단급식소에 종사하는 조리사와 영양사는 1년마다 교육을 받아야 한다.

302 「식품위생법」상 영양사의 식품위생관련 교육으로 옳은 것은?

① 식품위생법령 및 시책
② 집단급식 홍보관리
③ 감염병예방 및 관리를 위한 대책
④ 영양사의 면허 갱신을 위한 교육
⑤ 식단 작성, 검식, 검수의 관리 교육

> **해설** 교육기관의 교육 내용(시행규칙 제84조 제2항)
> • 식품위생법령 및 시책
> • 집단급식 위생관리
> • 식중독 예방 및 관리를 위한 대책
> • 조리사 및 영양사의 자질향상에 관한 사항
> • 그 밖에 식품위생을 위하여 필요한 사항

303   「식품위생법」상 식품안전정보원의 사업으로 옳은 것은?

① 식품이력추적관리의 등록·관리
② 식품산업에 관한 조사·연구
③ 건강 위해가능 영양성 함량 모니터링
④ 식품 등의 기준과 규격에 관한 사항
⑤ 식품위생에 관한 교육·홍보

> **해설**   정보원의 사업(법 제68조)
> • 국내외 식품안전정보의 수집·분석·정보제공 등
> • 식품안전정책 수립을 지원하기 위한 조사·연구 등
> • 식품안전정보의 수집·분석·식품이력추적관리 등을 위한 정보시스템의 구축·운영 등
> • 식품이력추적관리의 등록·관리 등
> • 식품이력추적관리에 관한 교육 및 홍보
> • 식품사고가 발생한 때 사고의 신속한 원인규명과 해당 식품의 회수·폐기 등을 위한 정보제공
> • 식품위해정보의 공동활용 및 대응을 위한 기관·단체·소비자단체 등과의 협력 네트워크 구축·운영
> • 소비자 식품안전 관련 신고의 안내·접수·상담 등을 위한 지원
> • 그 밖에 식품안전정보 및 식품이력추적관리에 관한 사항으로서 식품의약품안전처장이 정하는 사업

304   「식품위생법」상 조리사 면허를 취소하여야 하는 경우는?   2020.12

① 정신질환자 중 전문의가 조리사로서 적합하다고 인정하는 자가 조리를 할 경우
② 타인에게 면허를 대여할 경우
③ B형간염환자가 조리를 할 경우
④ 위생교육을 불참한 자
⑤ 면허 취소를 받고 1년이 지나지 않았는데 조리를 한 경우

> **해설**   면허취소 등(법 제80조 제1항)
> 식품의약품안전처장 또는 특별자치시장·특별자치도지사·시장·군수·구청장은 조리사가 다음의 어느 하나에 해당하면 그 면허를 취소하거나 6개월 이내의 기간을 정하여 업무정지를 명할 수 있다. 다만, 조리사가 제54조(결격사유) 어느 하나에 해당하게 된 경우 또는 업무정지기간 중에 조리사의 업무를 하는 경우에 해당할 경우 면허를 취소하여야 한다.
> • 제56조(교육)에 따른 교육을 받지 아니한 경우
> • 식중독이나 그 밖에 위생과 관련한 중대한 사고 발생에 직무상의 책임이 있는 경우
> • 면허를 타인에게 대여하여 사용하게 한 경우

305 「식품위생법」상 식중독 환자나 식중독이 의심되는 자를 진단한 의사가 보고해야 하는 대상은? `2017.12`

① 특별자치시장·시장·군수·구청장   ② 식품의약품안전처장

③ 보건환경연구원장   ④ 보건복지부장관

⑤ 시·도지사

> **해설** 식중독에 관한 조사 보고(법 제86조 제1항)
> 다음의 어느 하나에 해당하는 자는 지체 없이 관할 특별자치시장·시장·군수·구청장에게 보고하여야 한다. 이 경우 의사나 한의사는 대통령령으로 정하는 바에 따라 식중독 환자나 식중독이 의심되는 자의 혈액 또는 배설물을 보관하는 데에 필요한 조치를 하여야 한다.
> • 식중독 환자나 식중독이 의심되는 자를 진단하였거나 그 사체를 검안한 의사 또는 한의사
> • 집단급식소에서 제공한 식품 등으로 인하여 식중독 환자나 식중독으로 의심되는 증세를 보이는 자를 발견한 집단급식소의 설치·운영자

306 「식품위생법」상 식중독에 관한 조사 보고 내용으로 옳지 않은 것은?

① 의사는 식중독 환자의 혈액·배설물을 조속히 폐기물 처리한 후 소독하는 조치를 해야 한다.

② 식중독 환자를 진단한 한의사는 특별자치시장·시장·군수·구청장에게 보고하여야 한다.

③ 특별자치시장·시장·군수·구청장은 보고를 받은 때에는 지체 없이 식품의약품안전처장 및 시·도지사에게 보고해야 한다.

④ 식품의약품안전처장은 식중독 발생의 원인을 규명하기 위하여 식중독 의심환자가 발생한 원인시설 등에 대한 조사절차와 시험·검사 등에 필요한 사항을 정할 수 있다.

⑤ 식품의약품안전처장은 보고의 내용이 국민보건상 중대하다고 인정하는 경우에는 해당 시·도지사 또는 시장·군수·구청장과 합동으로 원인을 조사할 수 있다.

> **해설** ① 의사나 한의사는 대통령령으로 정하는 바에 따라 식중독 환자나 식중독이 의심되는 자의 혈액 또는 배설물을 보관하는 데에 필요한 조치를 하여야 한다(법 제86조 제1항).

307 「식품위생법」상 의사가 식중독 환자에 관해 보고해야 할 사항이 아닌 것은?

① 식중독의 원인

② 보고자의 주소 및 성명

③ 발병 연월일

④ 식중독 사망자의 같은 병실의 환자성명

⑤ 식중독을 일으킨 환자의 주소·성명·생년월일·소재지

> **해설** 식중독환자 또는 그 사체에 관한 보고(시행규칙 제93조 제1항)
> 의사 또는 한의사가 식중독에 관한 조사 보고에는 다음의 사항이 포함되어야 한다.
> • 보고자의 주소 및 성명
> • 식중독을 일으킨 환자, 식중독이 의심되는 사람 또는 식중독으로 사망한 사람의 주소·성명·생년월일·사체의 소재지
> • 식중독의 원인
> • 발병 연월일
> • 진단 또는 검사 연월일

308 「식품위생법」상 식품 제조 원료로 사용할 수 있는 것은? `2021.12`

① 마 황   ② 백부자
③ 곰 취   ④ 천 오
⑤ 사리풀

> **해설**   벌칙(법 제93조 제2항)
> 마황, 부자, 천오, 초오, 백부자, 섬수, 백선피, 사리풀 원료 또는 성분 등을 사용하여 판매할 목적으로 식품 또는 식품첨가물을 제조·가공·수입 또는 조리한 자는 1년 이상의 징역에 처한다.

309 「식품위생법」상 단체급식소에서 영양사를 고용하지 않고 운영하였을 때 처하는 벌칙은? `2017.12`

① 1년 이하의 징역 또는 1천만원 이하의 벌금
② 2년 이하의 징역 또는 2천만원 이하의 벌금
③ 3년 이하의 징역 또는 3천만원 이하의 벌금
④ 5년 이하의 징역 또는 5천만원 이하의 벌금
⑤ 7년 이하의 징역 또는 1억원 이하의 벌금

> **해설**   벌칙(법 제96조)
> 집단급식소 운영자는 영양사를 두어야 하는데 이를 위반한 자는 3년 이하의 징역 또는 3천만원 이하의 벌금에 처하거나 이를 병과할 수 있다.

310 「학교급식법」상 학교급식의 경비 중 보호자가 경비를 부담하는 부분은?

① 유지비   ② 인건비
③ 연료비   ④ 식품비
⑤ 소모품비

> **해설**   경비부담 등(법 제8조)
> • 학교급식의 실시에 필요한 급식시설·설비비는 해당 학교의 설립·경영자가 부담하되, 국가 또는 지방자치단체가 지원할 수 있다.
> • 급식운영비는 해당 학교의 설립·경영자가 부담하는 것을 원칙으로 하되, 대통령령으로 정하는 바에 따라 보호자(친권자, 후견인 그 밖에 법률에 따라 학생을 부양할 의무가 있는 자)가 그 경비의 일부를 부담할 수 있다.
> • 학교급식을 위한 식품비는 보호자가 부담하는 것을 원칙으로 한다.
> • 특별시장·광역시장·도지사·특별자치도지사 및 시장·군수·자치구의 구청장은 학교급식에 품질이 우수한 농수산물 사용 등 급식의 질 향상과 급식시설·설비의 확충을 위하여 식품비 및 시설·설비비 등 급식에 관한 경비를 지원할 수 있다.

311 「학교급식법」상 학교급식시설에서 갖추어야 할 시설이 아닌 것은? 2017.02

① 식품분석실   ② 편의시설

③ 식품보관실   ④ 조리장

⑤ 급식관리실

해설 시설·설비의 종류와 기준(시행령 제7조)
학교급식시설에서 갖추어야 할 시설·설비의 종류와 기준은 다음과 같다
- 조리장 : 교실과 떨어지거나 차단되어 학생의 학습에 지장을 주지 않는 시설로 하되, 식품의 운반과 배식이 편리한 곳에 두어야 하며, 능률적이고 안전한 조리기기, 냉장·냉동시설, 세척·소독시설 등을 갖추어야 한다.
- 식품보관실 : 환기·방습이 용이하며, 식품과 식재료를 위생적으로 보관하는데 적합한 위치에 두되, 방충 및 쥐막기 시설을 갖추어야 한다.
- 급식관리실 : 조리장과 인접한 위치에 두되, 컴퓨터 등 사무장비를 갖추어야 한다.
- 편의시설 : 조리장과 인접한 위치에 두되, 조리종사자의 수에 따라 필요한 옷장과 샤워시설 등을 갖추어야 한다.

312 「학교급식법」상 학생의 식생활 관련 지도에 있어 학교급식의 목적이 아닌 것은? 2018.12

① 가공식품을 이용한 기호도 향상

② 식량생산 및 소비에 관한 이해 증진

③ 올바른 식생활습관의 형성

④ 전통 식문화의 계승·발전

⑤ 식생활 관련 교육 및 지도

해설 식생활 지도 등(법 제13조)
학교의 장은 올바른 식생활습관의 형성, 식량생산 및 소비에 관한 이해 증진 및 전통 식문화의 계승·발전을 위하여 학생에게 식생활 관련 교육 및 지도를 하며, 보호자에게는 관련 정보를 제공한다.

313 「학교급식법」상 영양교사의 직무로 옳지 않은 것은?

① 식단작성, 식재료의 선정 및 검수

② 위생·안전·작업관리 및 검식

③ 식생활 지도, 정보 제공 및 영양상담

④ 조리실 종사자의 지도·감독

⑤ 식품의 검사, 수거 등의 업무

해설 영양교사의 직무(시행령 제8조)
- 식단작성, 식재료의 선정 및 검수
- 위생·안전·작업관리 및 검식
- 식생활 지도, 정보 제공 및 영양상담
- 조리실 종사자의 지도·감독
- 그 밖에 학교급식에 관한 사항

314 「학교급식법」상 학교급식에 관한 영양·위생·안전관리기준을 정하는 곳은? 2018.12

① 식품의약품안전처   ② 보건복지부
③ 보건환경연구원   ④ 교육부
⑤ 시장·군수·구청장

해설   영양관리(법 제11조 제2항)
       학교급식의 영양관리기준은 교육부령으로 정하고, 식품구성기준은 필요한 경우 교육감이 정한다.

       위생·안전관리(법 제12조 제2항)
       학교급식의 위생·안전관리기준은 교육부령으로 정한다.

315 「학교급식법」상 학교급식 관계공무원이 학교급식 관련 시설에 출입하여 식품·시설·서류 또는 작업상황 등을 검사하는 것을 정당한 사유 없이 거부하거나 방해 또는 기피한 자에 대한 벌칙은? 2021.12

① 1년 이하의 징역 또는 1천만원 이하의 벌금
② 2년 이하의 징역 또는 2천만원 이하의 벌금
③ 3년 이하의 징역 또는 3천만원 이하의 벌금
④ 4년 이하의 징역 또는 4천만원 이하의 벌금
⑤ 5년 이하의 징역 또는 5천만원 이하의 벌금

해설   벌칙(법 제23조 제3항)
       다음의 어느 하나에 해당하는 자는 3년 이하의 징역 또는 3천만원 이하의 벌금에 처한다.
       • 제16조(품질 및 안전을 위한 준수사항) 제1항 제4호의 규정을 위반한 학교급식공급업자
       • 제19조(출입·검사·수거 등) 제1항의 규정에 따른 출입·검사·열람 또는 수거를 정당한 사유 없이 거부하거나 방해 또는 기피한 자

316 「국민건강증진법」상 식품섭취조사 항목에 해당하는 것은?

① 신체상태
② 영양관계 증후
③ 조사가구의 일반사항
④ 가구원의 식사 일반사항
⑤ 일정한 기간에 사용한 식품의 조달방법

해설   식품섭취조사 항목(시행령 제21조)
       • 조사가구의 일반사항
       • 일정한 기간의 식사상황
       • 일정한 기간의 식품섭취상황

317 「국민건강증법」상 국민영양조사 중 식생활조사 내용에 포함되는 사항이 아닌 것은? 2017.02

① 규칙적인 식사여부에 관한 사항
② 식품섭취의 과다여부에 관한 사항
③ 식품의 섭취횟수 및 섭취량에 관한 사항
④ 외식의 횟수에 관한 사항
⑤ 2세 이하 영유아의 수유기간 및 이유보충식의 종류에 관한 사항

해설 조사내용(시행규칙 제12조)
조사사항의 세부내용은 다음과 같다.
• 건강상태조사 : 급성 또는 만성질환을 앓거나 앓았는지 여부에 관한 사항, 질병·사고 등으로 인한 활동제한의 정도에 관한 사항, 혈압 등 신체계측에 관한 사항, 흡연·음주 등 건강과 관련된 생활태도에 관한 사항 기타 질병관리청장이 정하여 고시하는 사항
• 식품섭취조사 : 식품의 섭취횟수 및 섭취량에 관한 사항, 식품의 재료에 관한 사항 기타 질병관리청장이 정하여 고시하는 사항
• 식생활조사 : 규칙적인 식사여부에 관한 사항, 식품섭취의 과다여부에 관한 사항, 외식의 횟수에 관한 사항, 2세 이하 영유아의 수유기간 및 이유보충식의 종류에 관한 사항 기타 질병관리청장이 정하여 고시하는 사항

318 「국민건강진법」상 국민영양조사 조사사항의 세부내용 중 식품섭취조사에 해당하는 것은? 2021.12

① 외식의 횟수에 관한 사항
② 식품의 재료에 관한 사항
③ 규칙적인 식사여부에 관한 사항
④ 영유아의 수유기간에 관한 사항
⑤ 혈압 등 신체계측에 관한 사항

해설 식품섭취조사 세부내용(시행규칙 제12조 제2호)
식품의 섭취횟수 및 섭취량에 관한 사항, 식품의 재료에 관한 사항 기타 질병관리청장이 정하여 고시하는 사항

319 「국민건강진법」상 영양조사원을 임명 또는 위촉할 수 있는 자는? 2019.12

① 대한영양사협회장
② 식품의약품안전처장
③ 보건복지부장관
④ 보건소장
⑤ 질병관리청장 또는 시·도지사

해설 영양조사원 및 영양지도원(시행령 제22조 제1항)
영양조사원은 질병관리청장 또는 시·도지사가 다음의 어느 하나에 해당하는 사람 중에서 임명 또는 위촉한다.
• 의사·치과의사(구강상태에 대한 조사만 해당)·영양사 또는 간호사의 자격을 가진 사람
• 전문대학 이상의 학교에서 식품학 또는 영양학의 과정을 이수한 사람

320 「국민건강증진법」상 영양조사원의 업무에 해당하지 않는 것은?

① 영양지도의 기획·분석 및 평가
② HACCP 준수 확인
③ 집단급식시설에 대한 현황 파악
④ 영양교육자료의 개발
⑤ 지역주민에 대한 영양상담

해설   영양지도원의 업무(시행규칙 제17조)
• 영양지도의 기획·분석 및 평가
• 지역주민에 대한 영양상담·영양교육 및 영양평가
• 지역주민의 건강상태 및 식생활 개선을 위한 세부 방안 마련
• 집단급식시설에 대한 현황 파악 및 급식업무 지도
• 영양교육자료의 개발·보급 및 홍보
• 그 밖에 규정에 준하는 업무로서 지역주민의 영양관리 및 영양개선을 위하여 특히 필요한 업무

321 영양·식생활 교육의 내용이 아닌 것은?   2021.12

① 식품의 영양과 안전
② 영양 및 건강을 고려한 음식만들기
③ 질병 예방 및 관리
④ 공중위생에 관한 사항
⑤ 비만 및 저체중 예방·관리

해설   영양·식생활 교육의 내용 등(국민영양관리법 시행규칙 제5조)
• 생애주기별 올바른 식습관 형성·실천에 관한 사항
• 식생활 지침 및 영양소 섭취기준
• 질병 예방 및 관리
• 비만 및 저체중 예방·관리
• 바람직한 식생활문화 정립
• 식품의 영양과 안전
• 영양 및 건강을 고려한 음식만들기
• 그 밖에 보건복지부장관, 시·도지사 및 시장·군수·구청장이 국민 또는 지역 주민의 영양관리 및 영양개선을 위하여 필요하다고 인정하는 사항

322 「국민영양관리법」상 영양사의 보수교육 시간과 기간은? `2017.02`

① 1년마다 2시간 이상
② 1년마다 6시간 이상
③ 2년마다 2시간 이상
④ 2년마다 6시간 이상
⑤ 3년마다 8시간 이상

> **해설** 보수교육의 시기·대상·비용·방법 등(시행규칙 제18조 제2항)
> 협회의 장은 보수교육을 2년마다 실시해야 하며, 교육시간은 6시간 이상으로 한다.

323 「국민영양관리법」상 영양취약계층 임산부 및 영유아에게 영양문제를 개선하고 건강을 증진시키기 위한 제도는?
`2017.12`

① 학교급식사업
② we start 사업
③ 영양교육사업
④ 식생활 조사사업
⑤ 영양관리사업

> **해설** 영양취약계층 등의 영양관리사업(법 제11조)
> 국가 및 지방자치단체는 다음의 영양관리사업을 실시할 수 있다.
> • 영유아, 임산부, 아동, 노인, 노숙인 및 사회복지시설 수용자 등 영양취약계층을 위한 영양관리사업
> • 어린이집, 유치원, 학교, 집단급식소, 의료기관 및 사회복지시설 등 시설 및 단체에 대한 영양관리사업
> • 생활습관질병 등 질병예방을 위한 영양관리사업

324 「국민영양관리법」상 영양사 면허를 받지 아니한 사람이 영양사라는 명칭을 사용 경우에 처하는 벌칙은? `2017.12`

① 300만원 이하의 벌금
② 1년 이하의 징역 또는 1천만원 이하의 벌금
③ 2년 이하의 징역 또는 2천만원 이하의 벌금
④ 3년 이하의 징역 또는 3천만원 이하의 벌금
⑤ 5년 이하의 징역 또는 5천만원 이하의 벌금

> **해설** 영양사 면허를 받지 아니한 사람이 영양사라는 명칭을 사용한 경우 300만원 이하의 벌금에 처한다(법 제28조 제2항).

325 「국민영양관리법」상 영양사가 면허정지처분 기간 중에 영양사의 업무를 하는 경우 1차 위반의 행정처분은?

2017.12

① 시정명령
② 업무정지 1개월
③ 업무정지 2개월
④ 업무정지 3개월
⑤ 면허취소

해설　행정처분의 개별기준(시행령 별표)

위반행위	행정처분 기준		
	1차 위반	2차 위반	3차 이상 위반
결격사유(정신질환자, B형간염 환자를 제외한 감염병환자, 마약·대마 또는 향정신성의약품 중독자)에 해당하는 경우	면허취소	-	-
면허정지처분 기간 중에 영양사의 업무를 하는 경우	면허취소	-	-
영양사가 그 업무를 행함에 있어서 식중독이나 그 밖에 위생과 관련한 중대한 사고 발생에 직무상의 책임이 있는 경우	면허정지 1개월	면허정지 2개월	면허취소
면허를 타인에게 대여하여 사용하게 한 경우	면허정지 2개월	면허정지 3개월	면허취소

326 「농수산물의 원산지 표시에 관한 법률」상 농산물이나 수산물이 생산·채취·포획된 국가·지역이나 해역을 뜻하는 용어는?

① 규 격
② 제조국
③ 원산지
④ 인 증
⑤ 소재지

해설　"원산지"란 농산물이나 수산물이 생산·채취·포획된 국가·지역이나 해역을 말한다(법 제2조 제4호).

327 「농수산물의 원산지 표시에 관한 법률」상 국내에서 중국산 쌀을 사용하여 죽을 만들었을 때 원산지 표시방법은?

① 죽

② 죽(중국산)

③ 죽(쌀 : 중국산)

④ 죽(쌀 : 외국산)

⑤ 죽(쌀 : 국내산)

해설　외국산의 경우 쌀을 생산한 해당 국가명을 표시한다(시행규칙 별표 4).

328 「농수산물의 원산지 표시에 관한 법률」상 집단급식소에서 원산지를 표시해야 하는 원재료는?

① 가공두부　　　　　　　　　② 북 어

③ 황 태　　　　　　　　　　④ 유 바

⑤ 고등어

해설　원산지 표시 대상(시행령 제3조 제5항)
쇠고기・돼지고기・닭고기・오리고기・양고기・염소(유산양을 포함)고기(식육・포장육・식육가공품을 포함), 밥, 죽, 누룽지에 사용하는 쌀(쌀가공품을 포함, 쌀에는 찹쌀, 현미 및 찐쌀을 포함), 배추김치(배추김치가공품을 포함)의 원료인 배추(얼갈이배추와 봄동배추를 포함)와 고춧가루, 두부류(가공두부, 유바는 제외), 콩비지, 콩국수에 사용하는 콩(콩가공품을 포함), 넙치, 조피볼락, 참돔, 미꾸라지, 뱀장어, 낙지, 명태(황태, 북어 등 건조한 것은 제외), 고등어, 갈치, 오징어, 꽃게, 참조기, 다랑어, 아귀 및 주꾸미(해당 수산물가공품을 포함), 조리하여 판매・제공하기 위하여 수족관 등에 보관・진열하는 살아있는 수산물

329 「농수산물의 원산지 표시에 관한 법률」상 (　　) 안에 들어갈 내용으로 옳은 것은?　2021.12

> 대통령령으로 정하는 농수산물을 판매하는 자가 원산지 표시를 거짓으로 하여 그 표시의 변경명령 처분이 확정된 경우, 그 사람은 농수산물 원산지 표시제도 교육을 (　　) 이상 이수하여야 한다.

① 1시간　　　　　　　　　　② 2시간

③ 3시간　　　　　　　　　　④ 4시간

⑤ 6시간

해설　농수산물 원산지 표시제도 교육(시행령 제7조의2 제2~3항)
• 원산지 교육은 2시간 이상 실시되어야 한다.
• 원산지 교육의 대상은 법 제9조 제2항 각 호의 자 중에서 다음의 어느 하나에 해당하는 자로 한다.
　－ 법 제5조를 위반하여 농수산물이나 그 가공품 등의 원산지 등을 표시하지 않아 법 제9조 제1항에 따른 처분을 2년 이내에 2회 이상 받은 자
　－ 법 제6조 제1항이나 제2항을 위반하여 법 제9조 제1항에 따른 처분을 받은 자

330 「식품 등의 표시·광고에 관한 법률」상 나트륨 함량 비교 표시 대상 식품은?

① 즉석섭취식품 중 김밥
② 즉석섭취식품 중 햄버거
③ 과자류
④ 식육가공품 중 햄류
⑤ 식육가공품 중 소시지류

> **해설** 조미식품이 포함되어 있는 면류 중 유탕면(기름에 튀긴 면), 국수 또는 냉면, 즉석섭취식품 중 햄버거 및 샌드위치는 나트륨
> 함량 비교 표시를 하여야 한다(시행규칙 제7조 제1항).

331 「식품 등의 표시·광고에 관한 법률」상 알레르기 유발물질 표시대상 원재료는?

① 돼지고기
② 포 도
③ 고구마
④ 북 어
⑤ 최종 제품에 이산화황이 1kg당 1mg 이상 함유된 경우

> **해설** 알레르기 유발물질 표시대상 원재료(시행규칙 별표 2)
> 알류(가금류만 해당), 우유, 메밀, 땅콩, 대두, 밀, 고등어, 게, 새우, 돼지고기, 복숭아, 토마토, 아황산류(이를 첨가하여 최종
> 제품에 이산화황이 1kg당 10mg 이상 함유된 경우만 해당), 호두, 닭고기, 쇠고기, 오징어, 조개류(굴, 전복, 홍합을 포함), 잣

332 「식품 등의 표시·광고에 관한 법률」상 표시·광고에 대해 미리 심의를 받아야 하는 식품은?

① 식용유지가공품
② 특수영양식품
③ 즉석섭취식품
④ 레토르트식품
⑤ 식육가공품

> **해설** 표시 또는 광고 심의 대상 식품 등(시행규칙 제10조)
> 식품 등에 관하여 표시 또는 광고하려는 자가 자율심의기구에 미리 심의를 받아야 하는 대상은 다음과 같다.
> • 특수영양식품
> • 특수의료용도식품
> • 건강기능식품
> • 기능성표시식품

좋은 책을 만드는 길
독자님과 함께하겠습니다.

도서나 동영상에 궁금한 점, 아쉬운 점, 만족스러운 점이
있으시다면 어떤 의견이라도 말씀해 주세요.
SD에듀는 독자님의 의견을 모아 더 좋은 책으로 보답하겠습니다.

www.sdedu.co.kr

新2022 SD에듀 영양사 2교시 완벽마무리를 책임진다!

개정7판1쇄 발행	2022년 07월 05일 (인쇄 2022년 05월 20일)
초 판 발 행	2016년 12월 09일 (인쇄 2016년 12월 09일)
발 행 인	박영일
책 임 편 집	이해욱
저 자	김민정
편 집 진 행	박종옥 · 윤소진
표지디자인	김도연
편집디자인	하한우 · 이은미
발 행 처	(주)시대고시기획
출 판 등 록	제10-1521호
주 소	서울시 마포구 큰우물로 75 [도화동 538 성지 B/D] 9F
전 화	1600-3600
팩 스	02-701-8823
홈 페 이 지	www.sdedu.co.kr
I S B N	979-11-383-2550-9 (13590)
정 가	22,000원

혼자 공부하기 힘드시다면 방법이 있습니다.
SD에듀의 동영상강의를 이용하시면 됩니다.
www.sdedu.co.kr → 회원가입(로그인) → 강의 살펴보기

SD에듀와 함께
면허증 취득의 영광을 누려라!

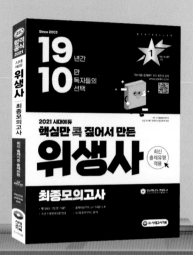

가장 최근에 출제된 시험유형 반영 / 손에 잡힐듯한 완전컬러 화보의 실기
출제 빈도가 높은 예상문제 엄선 / 개정법 반영 / 실제시험 형식의 5회 모의고사

실제 시험에 합격한 선배의 노하우 / 반드시 알아야 할 내용의 중요도 표시
출제 빈도가 높은 예상문제 엄선 / 개정법 반영 / 실제시험 형식의 6회 모의고사

※ 도서의 이미지 및 세부사항은 변경될 수 있습니다.

9급 지방직·교육청 채용을 위한
기술직 공무원 합격 완벽 대비서

2022 기술직공무원 식품위생직 식품위생 한권으로 끝내기   가격 | 23,000원

2022 기술직공무원 식품위생직 식품화학 한권으로 끝내기   가격 | 20,000원

※도서의 이미지와 가격은 변경될 수 있습니다.